高等院校
信息技术应用型
规划教材

计算机科学技术概论

闫鸿滨 王琼瑶 阳俐君 王海峰 主编

清华大学出版社

北京

内 容 简 介

作为一名计算机科学与技术专业的学生,当他踏进大学校门时就有着对这门学科所学内容的无限向往。计算机科学与技术学科到底是什么内容? 在未来的学习生涯中有哪些专业知识要学? 计算机科学与技术专业的学生将来应该成为怎样的人? 他们将来可以从事哪些工作? 这些问题在本书中都有比较详细的阐述。

本书在研究 CC2004 课程体系的基础上,介绍了《中国计算机科学与技术学科教程 2002》中有关计算机系统、程序设计语言、软件工程等专业的相关知识点及与信息技术有关的社会人文等知识,力求使学生对所学专业有比较深入的了解,树立专业学习的责任感和自豪感。

本书可作为应用型本科及高职高专学生"计算机科学技术概论"课程的教材,也可作为相关专业的读者了解和学习计算机科学技术的参考书。

图书在版编目(CIP)数据

计算机科学技术概论/闫鸿滨等主编.--北京:清华大学出版社,2013
高等院校信息技术应用型规划教材
ISBN 978-7-302-32901-5

Ⅰ. ①计…　Ⅱ. ①闫…　Ⅲ. ①计算机科学—高等学校—教材　Ⅳ. ①TP3

中国版本图书馆 CIP 数据核字(2013)第 136357 号

责任编辑:陈砺川
封面设计:傅瑞学
责任校对:袁　芳
责任印制:杨　艳

出版发行:清华大学出版社
　　　　网　　　址:http://www.tup.com.cn,http://www.wqbook.com
　　　　地　　　址:北京清华大学学研大厦 A 座　　　　邮　　编:100084
　　　　社　总　机:010-62770175　　　　　　　　　　邮　　购:010-62786544
　　　　投稿与读者服务:010-62776969,c-service@tup.tsinghua.edu.cn
　　　　质　量　反　馈:010-62772015,zhiliang@tup.tsinghua.edu.cn
　　　　课　件　下　载:http://www.tup.com.cn,010-62795764
印　刷　者:北京市人民文学印刷厂
装　订　者:三河市溧源装订厂
经　　　销:全国新华书店
开　　　本:185mm×260mm　　　印　　张:20.5　　　字　　数:474 千字
版　　　次:2013 年 9 月第 1 版　　　　　　　　　印　　次:2013 年 9 月第 1 次印刷
印　　　数:1~3000
定　　　价:39.00 元

产品编号:054106-01

前 言

计算机学科是一个充满挑战和机遇的年轻学科,而"计算机科学技术概论"课程则是这门学科的重要基础。随着计算机在各行各业的普遍应用,很多非计算机专业也把"计算机科学技术概论"课程列为公共基础课之一。

既然是基础课的教材,那么本书所设定的读者可以既不具有计算机应用技术,也不知晓太多的计算机知识。即使是一个对计算机一无所知的人,也能通过学习本书而获取大量的计算机科学的基本知识。如果读者已有一定的计算机应用经验,那就更好,能在本书中发现很多有用的理论知识,可以提高自己的专业水平。

作为 IT 专业基础教材,本书力求做到知识体系完整、内容翔实、讲述深入浅出。

最重要的一点,本书符合《中国计算机科学与技术学科教程 2002》(China Computing Curricula 2002,CCC2002)和教育部高等学校计算机科学与技术教学指导委员会在 2006 年 9 月颁布的"计算机科学与技术本科专业规范(计算机科学方向)"中对"计算机导论"课程的知识要求,同时吸收国内同类课程教学改革经验,参考美国计算机协会(Association for Computing Machinery,ACM)推荐的 CS0、CS1、CS2 课程设计,使其从广度上覆盖了计算机学科的主要领域,尽量做到符合 ACM 的 CC2004 课程体系,与国际 IT 教材接轨。

CCC2002 中提出了作为一名计算机科学与技术学科的专业人员所应掌握的最基本的知识领域。作为计算机科学与技术专业学生的第一门与所学专业有关的入门教材,本书介绍了 CCC2002 中有关计算机系统、程序设计语言、软件工程等的入门知识及与信息技术有关的社会人文知识,力求为计算机及其相关专业的应用型本科或高职高专学生勾画出计算机学科的体系框架,为有志于 IT 行业的学生奠定计算机科学知识的基础,铺设进一步深入学习专业理论和技能的桥梁,使读者对后续课程的学习有一个概括的了解,为今后的学习打下良好的基础。为达到上述目的,本书在内容和形式上都力求实现以下理念。

(1) 以国际国内教学研究成果为指导,涵盖 CCC2002 中对"计算机导论"课程所要求的知识点,参考了 ACM 推荐的 CS0、CS1、CS2 课程设计,并注意反映信息技术发展的最新成就。

(2) 除了知识介绍外,对学科的研究范畴及学习方法也进行了介绍,力求在大学学习的开始阶段就培养学生对计算机科学技术的学习和研究兴趣。

(3) 体现"以学生为本"的教育思想,强调学生自身的活动和体会,培养学生主动获取知识的能力。

(4) 体现对学生有关人文方面的要求,介绍了社会对 IT 技术人员的要求,对学生的择业和就业进行初步指导,明白自己将来可以做什么。

本书共 11 章,各章的主要内容和建议学时如下。

第 1 章:绪论。介绍计算机的发展简史,计算机的分类、应用、特点及发展趋势,计算机学科的课程体系及学科的方法论。建议教学学时为 4～6 学时。

第 2 章:数据信息的表示与编码。介绍计算机的基础知识,包括数制及其相互转换、二进制数的运算、逻辑代数基础、数值型数据在计算机系统内的表示方法、非数值型数据在计算机中的表示方法等,为进一步学习本书的后续各章和后续课程打下基础。建议教学学时为 6～8 学时。

第 3 章:计算机硬件系统。以微型计算机为例介绍计算机硬件系统的组成,通过本章的学习,读者应掌握计算机硬件系统的基本结构和工作原理,能够根据自己的需要选购计算机部件。建议教学学时为 4～6 学时。

第 4 章:计算机软件系统。介绍操作系统及其他系统软件、常用工具软件的功能和使用方法。建议教学学时为 4～6 学时。

第 5 章:计算机程序设计。介绍计算机程序设计,包括程序设计语言、程序设计过程、数据结构的基本知识、算法和算法分析的基本知识等。建议教学学时为 6～8 学时。

第 6 章:数据库系统。介绍数据库系统的基本概念、体系结构,数据库的设计要求和步骤,数据库标准语言 SQL,数据库管理系统的基本知识。建议教学学时为 4～8 学时。

第 7 章:软件工程。介绍软件开发的基本概念、产生背景、研究的内容,软件生存周期、软件开发模型、软件开发过程、软件开发方法及软件项目管理的基本知识。建议教学学时为 4～6 学时。

第 8 章:计算机网络基础知识。介绍计算机通信与网络的基本知识、计算机网络的体系结构、网络互联设备、Internet 的有关技术及应用、计算机网络的接入技术等。建议教学学时为 6～8 学时。

第 9 章:多媒体技术基础。介绍多媒体处理技术、多媒体技术应用、多媒体工具等内容。建议教学学时为 4～6 学时。

第 10 章:计算机信息系统安全。介绍计算机信息安全技术,包括计算机信息系统、计算机网络所面临的各种威胁,计算机病毒基本知识,信息安全常用技术等内容。建议教学学时为 4～6 学时。

第 11 章:计算机行业与职业。介绍计算机行业的专业岗位与择业,计算机专业人员的职业道德,计算机行业的法律、法规等内容。建议教学学时为 2～4 学时。

在授课过程中,教师可根据学校和学生的情况及教学要求适当调整学时,授课内容也可以根据学校和专业的实际情况进行剪裁处理。教学时数建议安排在 48～72 学时。

本书由闫鸿滨负责全书统稿并编写了第 2 章部分内容、第 3 章、第 8 章和第 9 章;王琼瑶编写了第 1 章、第 4 章和第 2 章部分内容;阳俐君编写了第 5 章、第 6 章和第 11 章;王海洋编写了第 7 章和第 10 章。

由于计算机科学技术发展迅速,新技术、新知识不断涌现,加之作者水平有限,书中难免有疏漏和不妥之处,恳请广大读者不吝赐教。

编　者

2013 年 5 月

目　录

第 *1* 章
绪　论

[本章学习目标]

知识点：计算学科的发展，计算机的分类、特点、用途和发展等基本概念。

重点：计算机发展的历史，计算机的分类方法，计算机的应用领域及计算机学科的课程体系。

难点：计算机学科的课程体系。

技能点：会对计算机进行分类。

1.1　计算学科与计算工具

人们对计算学科根本问题的认识过程与对计算的认识过程是紧密联系在一起的。因此，要分析计算学科的根本问题，首先要分析人们对计算本质的认识过程。

1.1.1　计算工具的发展概况

计算作为人类社会生活、生产中总结发展起来的一门知识，已经经历了漫长的发展阶段。

在远古时代的人类就已经开始使用工具进行计算。《易·系辞》中记载了"结绳而治"的计算方法。大约在 3 000 年以前，中国古人已经知道自然数的四则运算，这些运算结果被保存在古代的文字和典籍中。

中国最早的计算工具是算筹。计数时以纵的"筹"表示单位数、百位数、万位数等；用横的"筹"表示十位数、千位数等。"筹算"在春秋时代已经很普遍。公元 600 年左右，我国出现新的计算工具——算盘。算盘作为主要的计算工具流行了相当长的一段时间。很早以前我国的学者就认为：对于一个数学问题，只有当确定了可用算盘解算它的规则时，这个问题才算可解。这就是古代中国的算法思想。它蕴含着中国古代学者对计算的根本问题即可计算性问题的理解，这种理解对现代计算学科的研究仍具有重要的意义。

在历史上，西方思想家一直把推理作为人类精神活动的中心，企图把一切推理都归结为某种计算。伽利略发现可以忽略感官感觉的物体的性质（如色、声、味等），找到一种描写物质运动的纯形式系统。这样的方法也逐渐被研究人类行为的思想家所采用。而中世纪欧洲的哲学家则提出了思维机器的设想。

1642 年,法国物理学家、数学家布莱斯·帕斯卡耗时 3 年制造的"帕斯卡加法器"问世。它是利用齿轮传动原理制成的机械式计算机,通过手摇方式操作运算。操作者用铁笔拨动转轮以输入数字,旋紧发条后启动,可以进行 6 位加法和减法的计算。帕斯卡称"这种算术机器所进行的工作,比动物的行为更接近人类的思维"。这一思想对以后计算机的发展产生了重大的影响。

1671 年,德国数学家戈特弗里德·威廉·莱布尼茨在"帕斯卡加法器"的基础上创制了第一台能够进行加、减、乘、除四则运算的机械式计算机,为现代计算机的产生奠定了基础。他还率先系统性地提出了二进制数的运算法则,直到今天,二进制数仍然左右着现代计算机的高速运算。

19 世纪上半叶,英国数学家查理斯·巴贝奇提出通用计算机的基本设计思想,认为可以使机器按照一定的程序去做一系列简单的计算,以代替人去完成一些复杂、烦琐的计算工作。他所设计的分析机引入了"程序控制"的概念。尽管由于当时技术上和工艺上的局限性,这种机器未能完成制造,但它的设计思想可以说是现代计算机的雏形。

19 世纪中叶,英国数学家乔治·布尔用数学方法研究逻辑推理,将逻辑表述映射到符号,使这些符号和运算类似于代数的符号和运算。他用等式表示判断,把推理看作等式的变换,这种变换的有效性不依赖人们对符号的解释,只依赖于符号的组合规律。这一理论被称为布尔代数。布尔奠定了智慧机器的思维结构与方法,布尔代数被称为现代计算机的逻辑基础。

1931 年,奥地利数理逻辑学家科特·哥德尔提出关于形式系统的不完备性定理,指出形式系统不能穷尽全部数学命题,任何形式系统中都存在着该系统所不能判定其真伪的命题。

在哥德尔等人的研究成果的影响下,20 世纪 30 年代后期,英国数学家阿兰·麦席森·图灵从计算一个数的一般过程入手对计算的本质进行了研究,从而实现了对计算本质的真正认识。1936 年,图灵向伦敦权威的数学杂志投了一篇论文,题为《论数字计算在决断难题中的应用》。在这篇开创性的论文中,图灵给"可计算性"下了一个严格的数学定义,并提出著名的"图灵机"的设想。在该设想中,图灵机可以读入一系列的 0 和 1,这些数字代表了解决某一问题所需要的步骤,按这个步骤走下去,经过有限的步骤,最后得到一个满足预先规定的符号串,这个变换过程可以解决某一特定的问题。"图灵机"不是一种具体的机器,而是一种思想模型,可制造一种十分简单但运算能力极强的计算装置,用来计算所有能想象得到的可计算函数。"图灵机"与"冯·诺依曼机"齐名,被永远载入计算机的发展史。1950 年 10 月,图灵又发表了另一篇题为《机器能思考吗》的论文,成为划时代之作。也正是这篇文章,为图灵赢得了"人工智能之父"的桂冠。由于图灵对计算机科学所作出的杰出贡献,美国计算机学会(Association for Computing Machinery, ACM)于 1966 年设立了以图灵命名的计算机科学大奖——图灵奖,以纪念这位杰出的科学家。

1938 年,美国数学家克劳德·艾尔伍德·申农发表了著名的论文《继电器和开关电路的符号分析》。该文中首次用布尔代数进行开关电路分析,指出符号逻辑的二值和电路的二进制值之间的一致性,第一次提出 bit(比特)的概念。这篇论文被称为开关电路理论的开端。1948年,申农又出版了《通信的数学理论》一书,确定了信息量的定量单位和信息熵的概念,创立了信息论,使信息论成为现代通信的基础理论,并在计算技术和自动控制及通信技术中得到广泛应用。

1.1.2 现代计算机的产生及计算学科的定义

1. 现代计算机的产生

在图灵机模型提出不到10年的时间里,由于应用的需求及电子技术的发展,1946年2月,世界上第一台数字电子计算机ENIAC(Electronic Numerical Integrator and Calculator)在美国宾夕法尼亚大学研制成功。ENIAC是第一台使用电子线路来执行算术和逻辑运算及信息存储的真正工作的计算机器。它的成功研制显示了电子线路的巨大优越性,但是ENIAC的结构在很大程度上是依照机电系统设计的,还存在重大的线路结构等问题,要计算一个新的题目,就得将线路另外重新搭接一次。

1944年夏季的一天,正在火车站候车的美籍匈牙利数学家冯·诺依曼巧遇戈尔斯坦,并同他进行了短暂的交谈。当时,戈尔斯坦是美国弹道实验室的军方负责人,他正参与ENIAC计算机的研制工作。在交谈时,戈尔斯坦告诉了诺依曼有关ENIAC的研制情况。具有远见的诺依曼为这一研制计划所吸引,他意识到了这项工作的深远意义。

诺依曼由ENIAC机研制组的戈尔斯坦中尉介绍参加ENIAC机研制小组后,便带领这批富有创新精神的年轻科技人员向着更高的目标进军。1945年,他们在共同讨论的基础上,发表了一个全新的"存储程序通用电子计算机方案"(Electronic Discrete Variable Automatic Computer,EDVAC)。

EDVAC方案明确确定了新机器由5个部分组成,包括运算器、逻辑控制装置、存储器、输入和输出设备,并描述了这五部分的职能和相互关系。该方案根据电子元件双稳工作的特点,建议在电子计算机中采用二进制。方案预言,二进制的采用将大大简化机器的逻辑线路。

通过对ENIAC的考察,诺依曼敏锐地抓住了它的最大弱点——没有真正的存储器。ENIAC只有20个暂存器,它的程序是外插型的,指令存储在计算机的其他电路中。这样,解题之前,必须先想好所需的全部指令,通过手工把相应的电路联通,这种准备工作要花几小时甚至几天时间,而计算本身只需几分钟。计算的高速与手工操作的费时存在很大的矛盾。针对这个问题,诺依曼提出了程序内存的思想:把运算程序存在机器的存储器中,程序设计员只需要在存储器中寻找运算指令,机器就会自行计算,这样就不必为每个问题都重新编程,从而大大加快了运算进程。这一思想标志着自动运算的实现,标志着电子计算机的成熟,已成为电子计算机设计的基本原则。

1946年7月,诺依曼等人在EDVAC方案的基础上为普林斯顿大学高级研究所研制IAS计算机时,又提出了一个更加完善的设计报告——《电子计算机逻辑设计初探》。其综合设计思想便是著名的"冯·诺依曼机",其中心就是存储程序原则——指令和数据一起存储。这个概念被誉为计算机发展史上的一个里程碑,为现代计算机的研制奠定了基础。冯·诺依曼也被人们誉为"计算机之父"。

2. 计算学科的定义

美国的普渡大学于 1962 年开设了最早的计算机科学学位课程。在计算机产生之初及随后的十几年时间里，计算机主要用于数值计算。大多数科学家认为使用计算机仅为编程问题，不需作任何深刻的科学思考，计算机科学技术从本质上说是一种职业而不单纯是一门学科。

到了 20 世纪七八十年代，计算机技术得到了迅猛的发展和广泛的应用，并开始渗透到大多数科学领域。这时人们普遍争论的问题是：计算机科学技术是否作为一门学科？它是科学还是工程？它属于理科还是工科？或者只是一门技术、一个计算商品的研制者或销售者？

1985 年春，美国计算机协会（ACM）和国际电子电气工程师学会计算机分会（IEEE-CS）组成联合攻关小组，开始了对"计算作为一门学科"的存在性证明。1989 年 1 月，该小组提交了《计算作为一门学科》的报告。第一次给出了计算学科一个透彻的定义，回答了计算学科中长期以来一直争论的一些问题，完成了计算学科的"存在性"证明，还提出了未来计算科学教育必须解决的两个重大问题——整个学科核心课程详细设计及整个学科综述性导引课程的构建。

攻关小组的结论是：计算学科所研究的根本问题是"能行问题"（什么能被自动进行）。计算学科的基本原理已纳入理论、抽象和设计这 3 个具有科学技术方法意义的过程中。学科的各分支领域正是通过这 3 个过程来实现它们各自的目标的。而这 3 个过程要解决的都是计算过程中的"能行性"和"有效性"的问题。这两个问题渗透在包括硬件和软件在内的理论、方法、技术的应用的研究和开发之中，且学科的方法论的主要理论基础——以离散数学为代表的构造性数学与能行性问题形成了天然的一致。ACM 和 IEEE-CS 联合攻关小组将计算机科学、计算机工程、计算机科学与工程、计算机信息学及其他类似名称的研究范畴统称为计算学科。

计算学科研究的是可计算性的有关内容，是对信息描述和变换的算法过程的系统研究，包括对其理论、分析、设计、效率、实现和应用等过程的研究。尽管计算学科已经成为一个极为宽广的学科，但计算学科所有分支领域的根本任务就是进行计算，其实质是符号的变换。

1.2 计算机的发展简史

计算机的发明和应用是 20 世纪人类最重要的成就，它标志着信息时代的开始。在此后的 60 多年时间里，计算机技术得以飞速发展，现在计算机及其应用已经渗透到社会的各个领域，有力地推动了社会信息化的发展。目前，一个国家计算机的应用水平直接标志着一个国家的科学现代化水平。

按照采用的电子器件划分，计算机大致已经历了如下四代。

1. 第一代计算机（1946—1957 年）

第一代计算机的逻辑器件使用电子管，用穿孔卡片机作为数据和指令的输入设备，用磁鼓或磁带作为外存储器。第一代计算机需要工作在有空调的房间里,如果希望它处理什么事情,需要把线路重新接一次,把成千上万的线重新焊一下。

1949 年发明了可以存储程序的计算机。这些计算机使用机器语言编程,可存储信息和自动处理信息。人类存储和处理信息的方法开始发生革命性的变化。

第一代计算机有如下特征。

(1) 电子管元件,体积庞大、耗电量高、可靠性差、维护困难。

(2) 运算速度慢,一般为每秒钟 1 000～10 000 次。

(3) 使用机器语言,没有系统软件。

(4) 采用磁鼓、小磁芯作为存储器,存储空间有限。

(5) 输入/输出设备简单,采用穿孔纸带或卡片。

(6) 主要用于科学计算。

2. 第二代计算机(1958—1964 年)

第二代计算机使用晶体管代替了电子管,内存储器采用了磁芯体,引入了变址寄存器和浮点运算硬件,利用 I/O 处理机提高了输入/输出能力;在软件方面配置了子程序库和批处理管理程序,并且推出了一些高级程序设计语言及相应的编译程序。

第二代计算机有如下特征。

(1) 采用晶体管元件作为计算机的器件,体积大大缩小,可靠性增强,寿命延长。

(2) 运算速度加快,达到每秒几万次到几十万次。

(3) 提出了操作系统的概念,开始出现了汇编语言,产生了如 FORTRAN 和 COBOL 等高级程序设计语言和批处理系统。

(4) 普遍采用磁芯作为内存储器,磁盘、磁带作为外存储器,容量大大提高。

(5) 计算机应用领域扩大,从军事研究、科学计算扩大到数据处理和实时过程控制等领域,并开始进入商业市场。

3. 第三代计算机(1965—1971 年)

第三代计算机用小规模或中规模集成电路来代替晶体管等分立元件;用半导体存储器代替磁芯存储器;使用微程序设计技术简化处理机的结构;在软件方面则广泛地引入多道程序、并行处理、虚拟存储系统和功能完备的操作系统,同时还提供了大量面向用户的应用程序。

第三代计算机有如下特征。

(1) 采用中小规模集成电路元件,体积进一步缩小,寿命更长。

(2) 内存储器使用半导体存储器,性能优越,运算速度加快,每秒可达几百万次。

(3) 外围设备开始出现多样化。

(4) 高级语言进一步发展。操作系统的出现使计算机功能更强,提出了结构化程序的设计思想。

(5) 计算机应用范围扩大到企业管理和辅助设计等领域。

4. 第四代计算机(1972 年到现在)

第四代计算机使用了大规模集成电路和超大规模集成电路。微型计算机、笔记本型和掌上型等超微型计算机的诞生是超大规模集成电路应用的直接结果。完善的系统软件、丰富的系统开发工具和商品化的应用程序的大量涌现,以及通信技术和计算机网络的飞速发展,使计算机进入了一个大发展的阶段。

第四代计算机有如下特征。

(1) 采用大规模和超大规模集成电路逻辑元件,体积与第三代计算机相比进一步缩小,可靠性更高,寿命更长。

(2) 运算速度加快,每秒可达几千万次到几十亿次。

(3) 系统软件和应用软件获得了巨大的发展,软件配置丰富,程序设计部分自动化。

(4) 计算机网络技术、多媒体技术、分布式处理技术有了很大的发展,微型计算机大量进入家庭,产品更新速度加快。

(5) 计算机在办公自动化、数据库管理、图像处理、语言识别和专家系统等各个领域得到应用,电子商务已开始进入家庭,计算机的发展进入一个新的历史时期。

1.3　计算机的分类与发展趋势

1.3.1　计算机的分类

计算机的种类很多,可以按不同的标准进行分类。

(1) 根据计算机的工作原理、运算方式及计算机中信息表示形式和处理方式的不同,计算机可分为数字式电子计算机(digital computer)、模拟式电子计算机(analog computer)和数字模拟混合计算机(hybrid computer)。

① 数字式电子计算机是通过电信号的有无来表示数,并利用算术和逻辑运算法则进行计算的。它具有运算速度快、精度高、灵活性大和便于存储等优点,适用于科学计算、信息处理、实时控制和人工智能等。当今广泛应用的是数字计算机,因此,常把数字式电子计算机(electronic digital computer)简称为电子计算机或计算机。

② 模拟式电子计算机:是通过电压的大小来表示数,即通过电的物理变化过程来进行数值计算的。其优点是速度快,适合于解高阶的微分方程。在模拟计算和控制系统中应用较多,但通用性不强,信息不易存储,且计算机的精度受到了设备的限制。因此,不如数字式电子计算机应用普遍。

③ 数字模拟混合计算机中输入/输出的既可以是数字信号也可以是模拟信号。

(2) 按计算机的用途不同,可分为通用计算机(general purpose computer)和专用计算机(special purpose computer)两大类。通用计算机能解决多种类型问题,是具有较强通用性的计算机。一般的数字式电子计算机多属此类。专用计算机是为解决某些特定问题而专门设计的计算机,如嵌入式系统。

(3) 根据计算机的总体规模(按照计算机的字长、运算速度、存储量大小、功能强弱、配套设备多少、软件系统的丰富程度)不同,可分为巨型机(super computer)、大/中型计算机(mainframe)、小型机(mini computer)、微型机(micro computer)和工作站五大类。

① 巨型机又称为高性能计算机或超级计算机。研究巨型机是现代科学技术,尤其是

国防尖端技术发展的需要。巨型机的特点是运算速度快、存储容量大。巨型机主要应用于天文、气象、地质、核反应、航天飞机和卫星轨道计算等尖端科学技术领域和国防事业领域，巨型机的研制水平、生产能力及其应用程度是衡量一个国家经济实力和科学水平的重要标志。

1983年12月22日，我国第一台每秒钟运算1亿次以上的计算机——"银河一号"巨型机在国防科技大学的成功研制，使我国跨进了世界上研制巨型机国家的行列，标志着我国计算机技术发展到了一个新阶段；2004年6月，曙光4000A研制成功，其运算速度进入世界前十，中国成为继美、日后第三个能够研制10万亿次超性能计算机的国家；2009年10月，名为"天河一号"的计算机以每秒钟1 206万亿次的峰值速度使中国成为继美国之后世界上第二个能够自主研制千万亿次超级计算机的国家。2010年11月，全新升级后的"天河一号 A"被国际 TOP500 组织认定为当时世界上最快的计算机。

目前，我国的巨型机形成了三大系列，即银河系列、曙光系列和神威系列。

② 大/中型机具有较高的运行速度、较大的存储空间，其特点有通用性强、具有很强的综合处理能力、性能覆盖面广等，主要应用在公司、银行、政府部门、社会管理机构和制造厂家等，通常人们称大型机为企业计算机。大型机在未来将被赋予更多的使命，如大型事务处理、企业内部的信息管理与安全保护、科学计算等。

③ 小型机规模小，结构简单，设计周期短，便于及时采用先进工艺。这类机器因其可靠性高、对运行环境要求低、易于操作且便于维护，为中小型企事业单位所常用，也应用于工业自动控制、测量仪器、医疗设备中的数据采集等方面。小型机具有规模较小、成本低、维护方便等优点。小型机在用做巨型机系统的辅助机方面也起到了重要作用。

④ 微型机又称个人计算机（personal computer，PC），其中央处理器采用微处理器芯片。它是日常生活中使用最多、最普遍的计算机，具有价格低廉、性能强、体积小、功耗低等特点。现在微型计算机已进入千家万户，成为人们工作、生活的重要工具。常见的微型机还可以分为台式机、便携机、笔记本电脑、掌上型电脑等多种类型。

⑤ 工作站是一种高档微机系统。它具有较高的运算速度，具有大小型机的多任务、多用户功能，且兼具微型机的操作便利和良好的人机界面。它可以连接到多种输入/输出设备，具有易于联网、处理功能强等特点。其应用领域也已从最初的计算机辅助设计扩展到商业、金融、办公领域，并充当网络服务器的角色。

1.3.2　计算机的发展趋势

由于计算机应用的不断深入，对巨型机、大型机的需求稳步增长，巨型机、大型机、小型机、微型机各有自己的应用领域，形成了一种多极化的形势。从规模上来看，一方面，计算机朝着巨型化的方向发展，即追求更强大的功能、更快的速度；另一方面，为了满足用户携带方便的需要，个人电脑正朝着微型化的方向发展。

未来计算机的研究目标是试图打破计算机现有的体系结构，使得计算机能够具有像人一样的思维能力。已经实现的非传统计算技术有超导计算、量子计算、生物计算、光计算等。

1. 超导计算机

超导计算机是使用超导体元器件的高速计算机。所谓超导，是指有些物质在接近绝对零度（相当于−269℃）时，电流的流动是无阻力的。1962年，英国物理学家约瑟夫逊提出了超导隧道效应原理，即由超导体、绝缘体、超导体组成器件，当两端加电压时，电子便会像通过隧道一样无阻挡地从绝缘介质中穿过去，形成微小电流，而这一器件的两端是无电压的。

目前制成的超导开关器件的开关速度，已达到几微微秒（0.000 000 000 001秒）的高水平。这是当今所有电子、半导体、光电器件都无法比拟的，比集成电路还要快几百倍。超导计算机的运算速度比现在的电子计算机快100倍，而电能消耗仅是现在的电子计算机的千分之一。不过，现在这种超导组件的电路还一定要在低温下工作。若将来发明了常温超导材料，计算机的整个世界将发生改变。

2. 量子计算机

量子计算机以处于量子状态的原子作为中央处理器和内存，利用原子的量子特性进行信息处理。由于原子具有在同一时间处于两个不同位置的奇妙特性，即处于量子位的原子既可以代表0或1，也能同时代表0和1及0和1之间的中间值，故无论从数据存储还是处理的角度，量子位的能力都是晶体管电子位的两倍。对此，有人曾经作过这样一个比喻：假设一只老鼠准备绕过一只猫，根据经典物理学理论，它要么从左边过，要么从右边过，而根据量子理论，它却可以同时从猫的左边和右边绕过。

量子计算机与传统计算机在外形上有较大差异：它没有传统计算机的盒式外壳，看起来像是一个被其他物质包围的巨大磁场；它不能利用硬盘实现信息的长期存储等。但高效的运算能力使量子计算机具有广阔的应用前景，这使得众多国家和科技实体对量子计算机的研究乐此不疲。尽管目前量子计算机的研究仍处于实验室阶段，但在不久的将来它很有可能会取代传统计算机进入寻常百姓家。

3. 神经网络计算机

人脑总体运行速度相当于每秒1 000万亿次的计算机，可把生物大脑神经网络看成一个大规模并行处理、紧密耦合、能自行重组的计算网络。从大脑工作的模型中抽取计算机设计模型，用许多处理机模仿人脑的神经元机构，将信息存储在神经元之间的联络中，并采用大量的并行分布式网络就构成了神经网络计算机。

4. DNA计算机

1994年11月，美国南加州大学的阿德勒曼博士提出一个奇思妙想，即以DNA碱基对序列作为信息编码的载体，利用现代分子生物技术，在试管内控制酶的作用下，使DNA碱基对序列发生反应，以此实现数据运算。

DNA计算机的最大优点在于其惊人的存储容量和运算速度：$1cm^3$的DNA存储的信息比1万亿张光盘存储的还多；十几个小时的DNA计算，就相当于所有计算机问世以来的总运算量。更重要的是，它的能耗非常低，只有电子计算机的一百亿分之一。

现今科学家已研制出了许多DNA计算机的主要部件——生物芯片。生物芯片的蛋白质具有生物活性，能够跟人体的组织结合在一起，特别是可以和人的大脑和神经系统有机地连接,使人机接口自然吻合,免除了烦琐的人机对话,这样,DNA 计算机就可以听人指挥,成为人脑的外延或扩充部分,还能够从人体的细胞中吸收营养来补充能量,不要任何外界的能源,由于 DNA 计算机的蛋白质分子具有自我组合的能力,从而使 DNA 计算机具有自调节能力、自修复能力和自再生能力,更易于模拟人类大脑的功能。

5. 光计算机

与传统硅芯片计算机不同,光计算机用光束代替电子进行运算和存储。它以不同波长的光代表不同的数据,以大量的透镜、棱镜和反射镜将数据从一个芯片传送到另一个芯片。以光互连来代替导线制成数字计算机。

研制光计算机的设想早在 20 世纪 50 年代就已提出。1986 年,贝尔实验室的戴维·米勒研制出小型光开关,为同实验室的艾伦·黄研制光处理器提供了必要的元件。1990 年 1 月,艾伦·黄的实验室开始用光计算机工作。

光计算机是"光"导计算机,光在介质中以许多个波长不同或波长相同而振动方向不同的光波传输,不存在寄生电阻、电容、电感和电子相互作用问题,光器件没有电位差,因此光计算机的信息在传输中畸变或失真很小。然而,要想研制出光计算机,需要开发出可用一条光束控制另一条光束变化的光学"晶体管"。现有的光学"晶体管"庞大而笨拙,若用它们造成台式计算机将有一辆汽车那么大。因此,要想短期内使光计算机实用化还很困难。

1.4 计算机的特点及应用

1.4.1 计算机系统

现在,计算机已发展成为一个庞大的家族,其中的每个成员,尽管在规模、性能、结构和应用等方面存在着很大的差别,但是它们的基本结构是相同的。计算机系统包括硬件系统和软件系统两大部分。硬件系统由中央处理器(CPU)、内存储器、外存储器和输入/输出设备组成。软件系统分为两大类,即系统软件和应用软件。

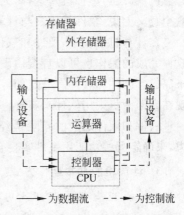

图 1.1　计算机系统的组成框架

计算机通过执行程序而运行。计算机工作时,软、硬件协同工作,两者缺一不可。计算机系统的组成框架如图 1.1 所示。

1. 硬件系统

硬件系统是构成计算机的物理装置,是指在计算机中看得见、摸得到的有形实体,由一系列电子元器件按照一定逻辑关系连接而成。硬件是计算机运行的物质基础,计算机的性能如运算速度、存储容量、计算和可靠性等,在很大程度上取决于硬件的配置。

仅有硬件而没有任何软件支持的计算机称为裸机。在裸机上只能运行机器语言程序,使用很不方便,效率也低。所以早期只有少数专业人员才能使用计算机。

计算机的基本工作原理是存储程序和程序控制。该原理最初是由冯·诺依曼提出来的,故称为冯·诺依曼原理。计算机发展到今天,基本上仍然遵循着冯·诺依曼原理和结构。

概括起来,冯·诺依曼结构有 3 条重要的设计思想。

(1) 计算机应由运算器、控制器、存储器、输入设备和输出设备五大部分组成,每个部分有一定的功能。

(2) 以二进制的形式表示数据和指令。二进制是计算机的基本语言。

(3) 程序预先存入存储器,使计算机在工作中能自动地从存储器中取出程序指令并加以执行。

但是,为了提高计算机的运行速度,实现高度并行化,当今的计算机系统已对冯·诺依曼结构进行了许多变革,如指令流水线技术。

2. 软件系统

软件系统是指使用计算机所运行的全部程序的总称。软件是计算机的灵魂,是发挥计算机功能的关键。有了软件,人们可以不必过多地去了解机器本身的结构与原理,可以方便、灵活地使用计算机,从而使计算机有效地为人类工作、服务。

随着计算机应用的不断发展,计算机软件在不断积累和完善的过程中形成了极为宝贵的软件资源。它在用户和计算机之间架起了桥梁,给用户的操作带来极大的方便。

在计算机的应用过程中,软件开发是个艰苦的脑力劳动过程,软件生产的自动化水平还很低。所以,许多国家投入大量人力从事软件开发工作。正是有了内容丰富、种类繁多的软件,使用户面对的不但是一部实实在在的计算机,而且是包含许多软件的抽象的逻辑计算机(称之为虚拟机),这样,人们可以采用更加灵活、方便、有效的手段使用计算机。从这个意义上说,软件是用户与计算机的接口。

在计算机系统中,硬件和软件之间并没有一条明确的分界线。一般来说,任何一个由软件完成的操作也可以直接由硬件来实现,而任何一个由硬件执行的指令也能够用软件来完成。硬件和软件有一定的等价性,例如,如图像的解压,以前低档微机是用硬件解压,现在高档微机则用软件来实现。

软件和硬件之间的界限是经常变化的。要从价格、速度、可靠性等多种因素综合考虑,来确定哪些功能用硬件实现合适,哪些功能由软件实现合适。

3. 计算机的基本运作方式

计算机的基本运作方式可以概括为所谓的“IPOS 循环”,即输入(input)、处理(processing)、输出(output)和存储(storage)。“IPOS 循环”反映了计算机进行数据处理的基本步骤。

(1) 输入。接受由输入设备(如键盘、鼠标、扫描仪等)提供的数据。

(2) 处理。对数值、逻辑、字符等各种类型的数据进行操作,按指定的方式进行转换。

(3) 输出。将处理所产生的结果等数据由输出设备(如显示器、打印机、绘图仪等)进行输出。

(4) 存储。计算机可以存储程序和数据。

1.4.2　计算机的特点

计算机具有以下特点。

1.　自动地运行程序

计算机能在程序控制下自动、连续地高速运算。由于采用存储程序控制的方式,因此一旦输入编制好的程序,启动计算机后,就能自动地执行下去直至完成任务。这是计算机最突出的特点。

2.　运算速度快

计算机能以极快的速度进行计算。现在普通的微型计算机每秒可执行几十万条指令,而巨型机则达到每秒几十亿次甚至几百亿次运算。随着计算机技术的发展,计算机的运算速度还在提高。例如天气预报,由于需要分析大量的气象资料数据,单靠手工完成计算是不可能的,而用巨型计算机只需十几分钟就可以完成。

3.　运算精度高

电子计算机具有以往计算机无法比拟的计算精度,目前已达到小数点后上亿位的精度。

4.　具有记忆和逻辑判断能力

人是有思维能力的。而思维能力本质上是一种逻辑判断能力。计算机借助于逻辑运算,可以进行逻辑判断,并根据判断结果自动地确定下一步该做什么。计算机的存储系统由内存和外存组成,具有存储和"记忆"大量信息的能力,现代计算机的内存容量已达到上百兆甚至几千兆,而外存也有惊人的容量。如今的计算机不仅具有运算能力,还具有逻辑判断能力,可以使用其进行诸如资料分类、情报检索等具有逻辑加工性质的工作。

5.　可靠性高

随着微电子技术和计算机技术的发展,现代电子计算机连续无故障运行时间可达到几十万小时以上,具有极高的可靠性。例如,安装在宇宙飞船上的计算机可以连续几年时间可靠地运行。计算机应用在管理中也具有很高的可靠性,而人却很容易因疲劳而出错。另外,计算机对于不同的问题,只是执行的程序不同,因而具有很强的稳定性和通用性。用同一台计算机能解决各种问题,应用于不同的领域。

1.4.3　计算机的应用领域

进入 20 世纪 90 年代以来,计算机技术作为科技的先导技术之一得到了飞跃发展,超级并行计算机技术、高速网络技术、多媒体技术、人工智能技术等相互渗透,改变了人们使用计算机的方式,从而使计算机几乎渗透到人类生产和生活的各个领域,对工业和农业都有极其重要的影响。计算机的应用范围归纳起来主要有以下几个方面。

1.　科学计算

科学计算也称为数值计算,是指用计算机完成科学研究和工程技术中所提出的数学问题。计算机作为一种计算工具,科学计算是它最早的应用领域,也是计算机最重要的应用之一。在科学技术和工程设计中存在着大量的各类数字计算,如求解几百乃至上千阶的线性方程组、大型矩阵运算等。这些问题广泛出现在导弹实验、卫星发射、灾情预测等领域,其特点是数据量大、计算工作复杂。在数学、物理、化学、天文等众多学科的科学研究中,经常遇到许多数学问题,这些问题用传统的计算工具是难以完成的,有时人工计算需要几个月、几年,而且不能保证计算准确,使用计算机则只需要几天、几小时甚至几分钟就可以精确地解决。所以,计算机是发展现代尖端科学技术必不可少的重要工具。

2. 数据处理

数据处理又称信息处理,它是指信息的收集、分类、整理、加工、存储等一系列活动的总称。信息是指可被人类感受的声音、图像、文字、符号、语言等。数据处理还可以在计算机上加工那些非科技工程方面的计算,管理和操纵任何形式的数据资料。其特点是要处理的原始数据量大,而运算比较简单,有大量的逻辑与判断运算。

在信息处理领域,由于计算机技术和卫星通信技术的结合,产生了全球卫星定位系统(global positioning system,GPS)、地理信息系统(geographic information system,GIS)等。

据统计,目前在计算机应用中,数据处理所占的比重最大。其应用领域十分广泛,如人口统计、办公自动化、企业管理、邮政业务、机票订购、情报检索、图书管理、医疗诊断等。

3. 计算机辅助设计/制造/教学

(1) 计算机辅助设计(computer aided design,CAD)是指使用计算机的计算、逻辑判断等功能,帮助人们进行产品和工程设计。它能使设计过程自动化,设计合理化、科学化、标准化,大大缩短设计周期,以增强产品在市场上的竞争力。CAD技术已广泛应用于建筑工程设计、服装设计、机械制造设计、船舶设计等行业。使用CAD技术可以提高设计质量、缩短设计周期、提高设计自动化水平。

(2) 计算机辅助制造(computer aided manufacturing,CAM)是指利用计算机通过各种数值控制生产设备,完成产品的加工、装配、检测、包装等生产过程的技术。将CAM进一步集成形成了计算机集成制造系统(computer integrated manufacturing system,CIMS),从而实现了设计生产自动化。利用CAM可提高产品质量、降低成本和降低劳动强度。

(3) 计算机辅助教学(computer aided instruction,CAI)是指将教学内容、教学方法及学生的学习情况等存储在计算机中,帮助学生轻松地学习所需要的知识。它在现代教育技术中起着相当重要的作用。

除了上述计算机辅助技术外,还有其他的辅助功能,如计算机辅助出版、计算机辅助管理、计算机辅助绘制和计算机辅助排版等。

4. 过程控制

过程控制也称为实时控制,是用计算机及时采集数据,按最佳值迅速对控制对象进行自动控制或采用自动调节。利用计算机进行过程控制,不仅大大提高了控制的自动化水平,而且大大提高了控制的及时性和准确性。

过程控制的特点是及时收集并检测数据,按最佳值调节控制对象。在电力、机械制造、化工、冶金、交通等部门采用过程控制,可以提高劳动生产效率、产品质量、自动化水平和控制精确度,减少生产成本,减轻劳动强度。在军事上,可使用计算机实时控制导弹根据目标的移动情况修正飞行姿态,以准确击中目标。

5. 人工智能

人工智能(artificial intelligence,AI)一词是在 1956 年最早提出的。所谓人工智能,就是让计算机能够像人一样思考,让计算机代替人类进行简单的智力活动,把人类解放用于其他更有益的工作。人工智能用计算机模拟人类的智能活动,如判断、理解、学习、图像识别、问题求解等。它涉及计算机科学、信息论、仿生学、神经学和心理学等诸多学科。在人工智能中,最具代表性、应用最成功的两个领域是计算机专家系统和机器人。

计算机专家系统是一个具有大量专门知识的计算机程序系统。它总结了某个领域的专家知识构建了知识库。根据这些知识,系统可以对输入的原始数据进行推理,作出判断和决策,以回答用户的咨询,这是人工智能的一个成功的例子。

机器人是人工智能技术的另一个重要应用。在现代社会中,有许多机器人工作在各种恶劣环境下,如高温、高辐射、剧毒等。虽然目前的机器人已经具有一定的视觉、听觉、触觉和行走的能力,但其智能还十分有限。未来的机器人的视觉、听觉、触觉、行走能力及其所具有的智能都将进一步提高,在工业生产、航天航空、宇宙探索乃至服务业等领域将得到更加广泛的应用。

6. 计算机网络

把计算机的超级处理能力与通信技术结合起来就形成了计算机网络。人们熟悉的全球信息查询、邮件传送、电子商务等都是依靠计算机网络来实现的。20 世纪 90 年代以来,计算机网络技术得到了飞速发展,信息的处理和传递突破了时间和地域的限制,网络化与全球化成为不可抗拒的世界潮流,Internet 已进入社会生活的各个领域和环节,并越来越成为人们关注的焦点。

Internet 最大的优点是消除了地域上的障碍,使得地球上的每一个人均可方便地与另一端的用户通信。由于网络交易的实时性、方便性、快捷性及低成本性,随着计算机的网络化和全球化,人们日常生活中的许多活动将逐步转移到网络上来。企业用户可以通过网络进行信息发布、广告、营销、娱乐和客户支持等,同时可以直接与商业伙伴直接进行合同签订和商品交易,用户通过网络可以获得各种信息资源和服务,如购物、娱乐、求职、教育、医疗、投资等。Internet 大大促进了现代社会信息化、全球化的进程,对社会政治、经济、生活带来了深刻的影响。

7. 多媒体

多媒体计算机是当前计算机领域中最引人注目的高新技术之一。多媒体计算机就是利用计算机技术、通信技术和大众传播技术,来综合处理多种媒体信息的计算机。这些信息包括文本、视频图像、图形、声音、文字等。多媒体技术使多种信息建立了有机联系,并集成为一个具有人机交互性的系统。多媒体计算机将真正改善人机界面,使计算机朝着人类接受和处理信息的最自然的方式发展。计算机虚拟现实(virtual reality,VR)就是多媒体系统最突出的应用领域。

8. 云计算

云计算(cloud computing)的概念是由 Google 提出来的。云计算是由分布式计算(distributed computing)、并行处理(parallel computing)、网格计算(grid computing)发展来的,是一种新兴的商业计算模型。目前,对于云计算的认识在不断地发展变化,云计算仍没有普遍一致的定义。狭义的云计算指 IT 基础设施的交付和使用模式,指通过网络以按需、易扩展的方式获得所需资源;广义的云计算指服务的交付和使用模式,指通过网络以按需、易扩展的方式获得所需服务。这种服务可以是 IT 和软件、互联网相关,也可以是其他服务。

云计算的核心思想是将大量用网络连接的计算资源统一管理和调度,构成一个计算资源池向用户按需服务。提供资源的网络被称为“云”。“云”中的资源在使用者看来是可以无限扩展的,并且可以随时获取,按需使用,随时扩展,按使用付费。云计算的最终目标是将计算、服务和应用做为一种公共设施提供给公众,使人们能够像使用水、电、煤气和电话那样使用计算机资源。

虽然目前在国际上还没有对云计算的统一定义,但并不影响对云计算应用趋势的研究,而且有庞杂的各类厂商在开发不同的云计算服务。云计算的表现形式多种多样,简单的云计算在人们日常网络应用中随处可见,如腾讯 QQ 空间提供的在线制作 Flash 图片,Google 的搜索服务、Google Doc、Google Apps 等。

可以看出,计算机应用向系统网络化、信息传输高速化、世界时空整体化、人类活动协同化等方向发展。

1.5　计算机学科的课程体系

1.5.1　计算机学科课程体系的形成与发展

计算机科学是从电子学、科学、数理逻辑和计算数学的交界处发展起来的。在 20 世纪 50 年代初到 60 年代中期,数值分析、开关理论、逻辑设计、计算模型构成这一领域的核心,而把操作系统、编译器、数据库、网络、处理器硬件作为其应用。20 世纪 80 年代及 90 年代初期开展的关于计算机科学教育的争论,重点似乎都放在如何教问题求解技巧及编程语言的选择上,而忽略了计算机科学教育目的本身。

1991 年 ACM/IEEE 计算机课程体系(CC1991 教程)提出了计算机学科的 9 个主科目,即算法与数据结构、计算机体系结构、人工智能与机器人、数据库与信息检索、人机通信、数值与符号计算、操作系统、程序设计语言、软件方法学与工程。每个科目领域都有理论基础、抽象和程序设计 3 个过程,贯穿于 9 个主科目的始终。

CC1991 课程体系鼓励了计算机科学和工程中教学计划的多样性,并要求保有公共内核。该内核定义成一系列知识单元(KUs),可用这些知识单元组合课程。目的在于为学生提供设计与构造计算机系统的基本原理,通过程序设计语言训练学生掌握自动处理数据与信息的算法过程。重点放在用于开发计算机应用的软件、硬件工具的开发,而不是那些应用的本身。

ACM 与 IEEE 联合起草的 CC2001 课程标准主要体现了技术的发展变化,特别是计算机网络与通信和多媒体技术的发展。CC2001 中把学科所包含的教学内容归结为 14 个知识体,提炼出了更精简的核心知识单元。在技术方面增加了网络技术及应用、软件安全及嵌入式系统等内容。在课程方面,除了提出对算法、离散结构应加强外,还将计算机学科中许多以前的研究成果(如视觉、图形学、模式识别等)也列入了本科课程。

在 CC2001 的 14 个知识体中还专门列有一个对学生人文知识和职业道德等方面内容的传授。包括贯彻爱国主义教育的研究、培养辩证唯物主义观点的研究及培养学生优良品德和科学态度的研究等。

为了适应目前技术和应用的需要,CC2001 提出把原来的计算机学科划分成计算机科学、计算机工程、软件工程、信息系统 4 个方向,并准备分别制订各自的教学计划纲要。

从上述课程体系的历史发展可见,计算机学科课程体系模型一直在推陈出新,不断发展。无论如何,未来计算机课程体系都必将提供统一的形式,但这并不意味课程实验的结束。伴随着这种过程,受教育者终身学习变得越来越重要,面对终身学习和职业常变的未来必须具有适应新模式的能力。这必然强调计算机科学课程体系基本的核心理论课程和应用技术课程,使之在二者之间求得平衡。

1.5.2　计算机学科的知识体系

按课程之间的关系粗略地分,计算机学科课程体系可分为基础层、操作系统及计算机网络层、中间系统层、应用层 4 层。其中基础层包括硬件逻辑基础及软件基础。

计算机学科课程体系的教学内容归结为如下 14 个知识体。

1. 离散结构

计算学科是以离散型变量为研究对象,离散数学对计算技术的发展起着十分重要的作用。随着计算技术的迅猛发展,离散数学越来越受到重视。CC2001 报告为了强调它的重要性,特意将它从 CC1991 报告的预备知识中抽取出来,列为计算机学科的第一个主领域,并命名为"离散结构"以强调计算机学科对它的依赖性。

该主领域的主要内容包括集合论、数理逻辑、近世代数、图论及组合数学等。该领域与计算机学科各主领域有着紧密的联系。该主领域以抽象和理论两个过程出现在计算学科中。它为计算学科各分支领域解决其基本问题提供了强有力的数学工具。

2. 程序设计基础

该主领域的主要内容包括程序设计结构、算法问题求解和数据结构等。

《计算作为一门学科》报告指出了程序设计在计算学科的正确地位:程序设计是计算学科课程中固定练习的一部分,是每一个计算学科专业的学生应具备的能力,是计算学科核心科目的一部分,程序设计语言还是获得计算机重要特性的有力工具。

该主领域要解决的基本问题包括:对给定的问题如何进行有效的描述并给出算法?如何正确选择数据结构?如何设计编码测试和调试程序?

3. 算法与复杂性

该主领域的主要内容包括：算法的复杂度分析、典型的算法策略、分布式算法、并行算法、可计算理论 P 类和 NP 类问题、自动机理论、密码算法及几何算法等。

该主领域要解决的基本问题包括：对于给定的问题类，最好的算法是什么？要求的存储空间和计算时间有多少？空间和时间如何折中？访问数据的最好方法是什么？算法最好和最坏的情况是什么？算法的平均性能如何？算法的通用性如何？

4. 体系结构

该主领域的主要内容包括数字逻辑、数据的机器表示、汇编级机器组织、存储技术、接口和通信、多道处理和预备体系结构、性能优化、网络和分布式系统的体系结构等知识。

该主领域要解决的基本问题包括：实现处理器内存和机内通信的方法是什么？如何设计和控制大型计算系统，使其令人相信，尽管存在错误和失败，但它仍然是按照意图工作的？哪种类型的体系结构能够有效地包含许多在一个计算中，能够并行工作的处理元素？如何度量性能？

5. 操作系统

该主领域的主要内容包括操作系统的逻辑结构、并发处理、资源分配与调度存储管理、设备管理文件系统等。

该主领域要解决的基本问题包括：在计算机系统操作的每一个级别上可见的对象和允许进行的操作各是什么？对于每一类资源能够对其进行有效利用的最小操作集是什么？如何组织接口才能使得用户只需与抽象的资源而非硬件的物理细节打交道？作业调度内存管理通信软件资源访问并发任务间的通信及可靠性与安全的控制策略是什么？通过少数构造规则的重复使用进行系统功能扩展的原则是什么？

6. 网络计算

该主领域的主要内容包括计算机网络的体系结构、网络安全、网络管理、无线和移动计算及多媒体数据技术等。

该主领域要解决的基本问题包括：网络中的数据如何进行交换？网络协议如何验证？如何保障网络的安全？分布式计算如何组织，才能够使通过通信网连接在一起的自主计算机参加到一项计算中？如何评价分布式计算的性能？

7. 程序设计语言

该主领域的主要内容包括程序设计模式、虚拟机、类型系统、执行控制模型、语言翻译系统、程序设计语言的语义学、基于语言的并行构件等。

该主领域要解决的基本问题包括：语言（数据类型、操作、控制结构、引进新类型和操作的机制）表示的虚拟机的可能组织结构是什么？语言如何定义机器？机器如何定义语言？什么样的表示法（语义）可以有效地用于描述计算机应该做什么？

8. 人机交互

该主领域的主要内容包括以人为中心的软件开发和评价、图形用户接口设计、多媒体系统的人机接口等。

该主领域要解决的基本问题包括：表示物体和自动产生供阅览的影像的有效方法是什么？接受输入和给出输出的有效方法是什么？怎样才能减小产生误解和由此产生的人为错误的风险？图表和其他工具怎样才能通过存储在数据集中的信息去理解物理现象？

9. 图形学与可视化计算

该主领域的主要内容包括计算机图形学、可视化、虚拟现实、计算机视觉 4 个学科子领域的研究内容。

该主领域要解决的基本问题包括：支撑图像产生及信息浏览的更好模型是什么？如何提取科学的计算和医学和更抽象的相关数据？图像形成过程的解释和分析方法是什么？

10. 智能系统

该主领域的主要内容包括约束可满足性问题、知识表示和推理、代理、自然语言处理、机器学习和神经网络、人工智能规划系统和机器人学等。

该主领域要解决的基本问题包括：基本的行为模型是什么？如何建造模拟它们的机器？规则评估、推理、演绎和模式计算在多大程度上描述了智能？通过这些方法模拟行为的机器的最终性能如何？传感数据如何编码才使得相似的模式有相似的代码？电机编码如何与传感编码相关联？学习系统的体系结构怎样？这些系统是如何表示它们对这个世界的理解的？

11. 信息管理

该主领域的主要内容包括信息模型与信息系统、数据库系统、数据建模、关系数据库、数据库查询语言、关系数据库设计、事务处理、分布式数据库、数据挖掘、信息存储与检索、超文本和超媒体、多媒体信息与多媒体系统、数字图书馆等。

该主领域要解决的基本问题包括：使用什么样的建模概念来表示数据元素及其相互关系？怎样把基本操作如存储定位匹配和恢复组合成有效的事务？这些事务怎样才能与用户有效地进行交互？高级查询如何翻译成高质量的程序？哪种机器体系结构能够进行有效的恢复和更新？怎样保护数据以避免非授权访问泄露和破坏？如何保护大型的数据库以避免由于同时更新引起的不一致性？当数据分布在许多机器上时如何保护数据保证性能？文本如何索引和分类才能够进行有效的恢复？

12. 软件工程

该主领域的主要内容包括软件过程、软件需求与规格说明、软件设计、软件验证、软件演化、软件项目管理、软件开发工具与环境、基于构件的计算形式化方法、软件可靠性、专用系统开发等。

该主领域要解决的基本问题包括：程序和程序设计系统发展背后的原理是什么？如何证明一个程序或系统满足其规格说明？如何编写不忽略重要情况且能用于安全分析的规格说明？软件系统是如何历经不同的各代进行演化的？如何从可理解性和易修改性着手设计软件？

13. 科学计算

该主领域的主要内容包括数值分析、运筹学、模拟和仿真、高性能计算。

该主领域要解决的基本问题包括：如何精确地以有限的离散过程近似表示连续和无限的离散过程？如何处理这种近似产生的错误？给定某一类方程在某精确度水平上能以多快的速度求解？如何实现方程的符号操作，如积分、微分及到最小项的归约？如何把这些问题的答案包含到一个有效、可靠、高质量的数学软件包中？

14. 社会和职业问题

该主领域的主要内容包括计算的历史、计算的社会背景、分析方法和工具、专业和道德责任、基于计算机系统的风险与责任、知识产权、隐私与公民的自由、计算机犯罪、与计算有关的经济问题、哲学框架等。

该主领域要解决的基本问题包括：计算学科本身的文化社会法律和道德的问题；有关计算的社会影响问题及如何评价可能的一些答案的问题；哲学问题；技术问题及美学问题。

目前高等院校的计算机学科的课程体系已发生了一些变化，但其核心课程却变化不大，因为计算机学科已经进入一个工程学科的正常发展轨道。随着计算机技术的飞速发展，计算机学科的应用越来越广泛，计算机学科的分支也越来越多，这使得课程体系的构成既要具有核心集，又要灵活和富有弹性，凸显教育的个性化。对于专科院校来说，计算机课程体系的特点主要表现在与计算技术有关的学位教学计划的多样性和计算机科学本身课程体系的多样性上。同时，由于计算机学科的理论与实践密切联系，在教学计划中既重视基本理论的掌握又重视基本技能的培养。

习题与思考

1. 按计算机硬件的元器件划分，计算机大致经历了哪几个发展阶段？每个阶段有什么特点？

2. 冯·诺依曼体系结构的主要特征是什么？

3. 简述计算机系统的组成。

4. 第一台通用电子数字计算机在哪一年诞生？名字是什么？

5. 计算机有哪些特点？可以分为几类？

6. 计算机传统的应用领域有哪些？

7. 计算机学科课程体系的核心内容包括哪些？

8. 设想一下，未来的计算机会是什么样子？能够为人类做什么事情？

第 2 章
数据信息的表示与编码

[本章学习目标]

知识点：计算机系统中的数制及其相互转换，计算机中数据的表示及运算，数值数据及汉字编码，逻辑代数及逻辑电路基础知识。

重点：数制及其转换，数据的表示方法，ASCII 码和汉字编码，逻辑电路基础。

难点：数据表示及运算。

技能点：数制之间的转换，表示计算机中的数值数据。

2.1 数据信息处理的逻辑基础

计算机硬件实际上是数字系统的物理构成，数字系统是用数字逻辑设计的，其物理实现是由成千上万的电子器件来完成的。电子器件用实现逻辑运算的方式，经由计算机内部 0 与 1 的变化，控制着电路中电流的流向。

2.1.1 数字信号与数字电路

在电子设备中，通常把电路分为模拟电路和数字电路两类，前者涉及模拟信号，即连续变化的物理量；后者涉及数字信号，即离散的物理量。对模拟信号进行传输、处理的电子线路称为模拟电路。对数字信号进行传输、控制或变换数字信号的电子电路称为数字电路。

数字电路工作时通常只有两种状态：高电位（又称高电平）或低电位（又称低电平）。通常把高电位用代码"1"表示，称为逻辑"1"；低电位用代码"0"表示，称为逻辑"0"（按正逻辑定义的）。

注意：有关产品手册中常用"H"代表"1"、"L"代表"0"。讨论数字电路问题时，也常用代码"0"和"1"表示某些器件工作时的两种状态，例如，"0"代表开关断开状态，"1"代表接通状态。

1. 数字电路的特点

（1）工作信号是二进制的数字信号，在时间上和数值上是离散的（不连续），反映在电路上就是低电平和高电平两种状态（即 0 和 1 两个逻辑值）。

（2）在数字电路中，研究的主要问题是电路的逻辑功能，即输入信号的状态和输出信号的状态之间的关系。

（3）在数字电路中使用的主要方法是逻辑分析和逻辑设计，主要工具是逻辑代数。

（4）组成数字电路的元器件的精度要求不高，只要在工作时能够可靠地区分 0 和 1 两种状态即可。

实际的数字电路中，到底要求多高或多低的电位才能表示"1"或"0"，要由具体的数字电路来定。例如，一些 TTL 数字电路的输出电压等于或小于 0.2V，均可认为是逻辑"0"；等于或者大于 3V，均可认为是逻辑"1"（即电路技术指标）。CMOS 数字电路的逻辑"0"或"1"的电位值是与工作电压有关的。

2. 数字电路的分类

（1）按集成度不同，数字电路可分为小规模（SSI，每片数十器件）、中规模（MSI，每片数百器件）、大规模（LSI，每片数千器件）和超大规模（VLSI，每片器件数目大于 1 万）数字集成电路。集成电路从应用的角度又可分为通用型和专用型两大类型。

（2）按所用器件制作工艺的不同，可分为双极型（TTL 型）和单极型（MOS 型）两类。

（3）按照电路的结构和工作原理的不同，可分为组合逻辑电路和时序逻辑电路两类。组合逻辑电路没有记忆功能，其输出信号只与当时的输入信号有关，而与电路以前的状态无关。时序逻辑电路具有记忆功能，其输出信号不仅和当时的输入信号有关，而且与电路以前的状态有关。

2.1.2   逻辑代数基础

逻辑代数是按一定的逻辑关系进行运算的代数，是分析和设计数字电路的数学工具。在逻辑代数中，只有 0 和 1 两种逻辑值，有与、或、非 3 种基本逻辑运算，还有与或、与非、与或非、异或几种导出逻辑运算。

逻辑是指事物的因果关系，或者说条件和结果的关系，这些因果关系可以用逻辑运算来表示，也就是用逻辑代数来描述。事物往往存在两种对立的状态，在逻辑代数中可以抽象地表示为 0 和 1，称为逻辑 0 状态和逻辑 1 状态。

逻辑代数中的变量称为逻辑变量，用大写字母表示。逻辑变量的取值只有两种，即逻辑 0 和逻辑 1，0 和 1 称为逻辑常量，并不表示数量的大小，而是表示两种对立的逻辑状态。

1. 基本的逻辑运算

（1）与逻辑（与运算）

与逻辑指的是仅当决定事件（Z）发生的所有条件（A，B，C，…）均满足时，事件（Z）才能发生。其函数表达式为

$$Z = A \cdot B$$

在图 2.1(a)中的与逻辑电路图中，只有当开关 A 和开关 B 都合上时，灯 Z 才会亮，即对灯亮这件事情来说，开关 A 和开关 B 闭合是与的逻辑关系，通过上述分析，可以列出功能表，如图 2.1(c)所示。其逻辑符号如图 2.1(b)所示。

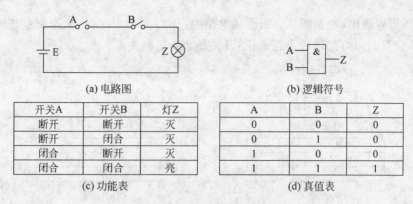

図 2.1　与逻辑的表示

设定变量：分别用 A、B 表示开关 A 和开关 B，用 Z 表示灯泡。

状态赋值：用 0、1 分别表示开关和电灯有关状态的过程，称为状态赋值。现用 0 表示开关断开和灯灭；用 1 表示开关闭合和灯亮。

列真值表：根据功能表，经过设定变量和状态赋值之后，便可以得到反映开关状态与电灯之间因果关系的数学表达形式——逻辑真值表，简称真值表。由图 2.1(c)所示功能表可以很容易地列出如图 2.1(d)所示的真值表。

（2）或逻辑（或运算）

或逻辑指的是当决定事件（Z）发生的各种条件（A，B，C，…）中，只要有一个或多个条件具备，事件（Z）就发生。其函数表达式为

$$Z = A + B$$

由分析可以得出，在图 2.2 所示的电路中，当开关 A 或开关 B 至少有一个合上时，灯 Z 就会亮。对灯亮这件事情来说，开关 A 和开关 B 闭合是或的逻辑关系。

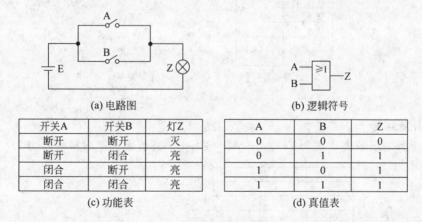

図 2.2　或逻辑表示

（3）非逻辑（非运算）

非逻辑指的是逻辑的否定。当决定事件（Z）发生的条件（A）满足时，事件不发生；条件不满足时，事件反而发生。其函数表达式为

$$Z = \overline{A}$$

由分析可以得出,在如图 2.3 所示的电路中,开关 A 合上时,灯 Z 会灭;当开关 A 断开时,灯 Z 会亮。对灯亮这件事情来说,开关是非的逻辑关系。

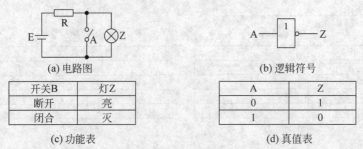

(a) 电路图   (b) 逻辑符号

开关B	灯Z
断开	亮
闭合	灭

(c) 功能表

A	Z
0	1
1	0

(d) 真值表

图 2.3 非逻辑表示

2. 常用的复合逻辑运算

（1）与非运算

与非运算的函数表达式为 $Z=\overline{AB}$。真值表和逻辑符号如图 2.4 所示。

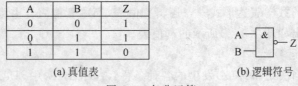

A	B	Z
0	0	1
0	1	1
1	1	0

(a) 真值表   (b) 逻辑符号

图 2.4   与非运算

（2）或非运算

或非运算的函数表达式为 $Z=\overline{A+B}$。真值表和逻辑符号如图 2.5 所示。

A	B	Z
0	0	1
0	1	0
1	0	0
1	1	0

(a) 真值表   (b) 逻辑符号

图 2.5   或非运算

（3）异或运算

异或运算的函数表达式为 $Z=\overline{A}B+A\overline{B}=A\oplus B$。真值表和逻辑符号如图 2.6 所示。

A	B	Z
0	0	0
0	1	1
1	0	1
1	1	0

(a) 真值表   (b) 逻辑符号

图 2.6 异或运算

（4）同或运算

同或运算的函数表达式为 $F=A\odot B=AB+\overline{A}\overline{B}$。真值表和逻辑符号如图 2.7 所示。

输入变量		同或逻辑
A	B	A⊙B
0	0	1
0	1	0
1	0	0
1	1	1

(a) 真值表

(b) 逻辑符号

图 2.7 同或运算

(5) 与或非运算

与或非运算的函数表达式为 $Z=\overline{AB+CD}$。逻辑符号和等效电路如图 2.8 所示。

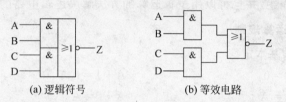

(a) 逻辑符号 (b) 等效电路

图 2.8 与或非运算

2.1.3 逻辑代数基本运算

1. 逻辑函数

(1) 逻辑表达式。它是指由逻辑变量和与、或、非等逻辑运算符连接起来所构成的式子。在逻辑表达式中,等式右边字母 A、B、C、D 等称为输入逻辑变量,等式左边的字母 Z 称为输出逻辑变量,字母上面没有非运算符的叫作原变量,有非运算符的叫作反变量。

(2) 逻辑函数。如果对应于输入变量 A,B,C,…的每一组确定值,输出逻辑变量 Y 就有唯一确定的值,则称 Y 是 A,B,C,…的逻辑函数,记为

$$Y = f(A,B,C,\cdots)$$

注意:在逻辑代数中,不管是变量还是函数,其取值都只能是 0 或 1,并且这类的 0 和 1 只表示两种不同的状态,没有数量的含义。

(3) 逻辑函数相等的概念。设有两个逻辑函数:

$$Y_1 = f(A,B,C,\cdots), \quad Y_2 = g(A,B,C,\cdots)$$

它们的变量都是 A,B,C,…,如果对应于变量 A,B,C,…的任何一组变量取值,Y_1 和 Y_2 的值都相同,则称 Y_1 和 Y_2 是相等的,记为 $Y_1=Y_2$。

若两个逻辑函数相等,则它们的真值表一定相同;反之,若两个函数的真值表完全相同,则这两个函数一定相等。因此,要证明两个逻辑函数是否相等,只要分别列出它们的真值表,看看它们的真值表是否相同即可。

【例 2.1】 试证明等式 $\overline{AB}=\overline{A}+\overline{B}$。

列出真值表,如表 2.1 所示。

表 2.1　$\overline{AB}$ 与 $\overline{A}+\overline{B}$ 的真值表

A	B	$\overline{AB}$	$\overline{A}+\overline{B}$
0	0	1	1
0	1	1	1
1	0	1	1
1	1	0	0

通过比较表 2.1 右边两列的值,可以看出等式左右两边相等,命题得证。

逻辑代数是分析和设计数字电路的重要工具。利用逻辑代数,可以把实际逻辑问题抽象为逻辑函数来描述,并且可以用逻辑运算的方法解决逻辑电路的分析和设计问题。

2. 逻辑代数的运算规则

(1) 逻辑代数的基本定律

0-1 律：　$A \cdot 0 = 0$　　　　　　　　　　$A + 1 = 1$

自等率：　$A \cdot 1 = A$　　　　　　　　　　$A + 0 = A$

重叠率：　$A \cdot A = A$　　　　　　　　　　$A + A = A$

互补率：　$A \cdot \overline{A} = A$　　　　　　　　　$A + \overline{A} = A$

交换律：　$A \cdot B = B \cdot A$　　　　　　　　$A + B = B + A$

结合律：　$A \cdot (B \cdot C) = (A \cdot B) \cdot C$　　　$A + (B + C) = (A + B) + C$

分配率：　$A \cdot (B + C) = A \cdot B + A \cdot C$　　$A + B \cdot C = (A + B) \cdot (A + C)$

吸收率：　$A \cdot (A + B) = A$　　　　　　　$A + A \cdot B = A$

反演率：　$\overline{A \cdot B} = \overline{A} \cdot \overline{B}$　　　　　　　　$\overline{A + B} = \overline{A} \cdot \overline{B}$

非非律：　$\overline{\overline{A}} = A$

(2) 逻辑代数的 3 个规则

① 代入规则。在任一逻辑等式中,如果将等式两边所有出现的某一变量都代之以一个逻辑函数,则此等式仍然成立,这一规则称为代入规则。

② 反演规则。已知一逻辑函数 F,求其反函数时,只要将原函数 F 中所有的原变量变为反变量,反变量变为原变量；"＋"变为"·","·"变为"＋"；"0"变为"1","1"变为"0"即可,这就是逻辑函数的反演规则。

③ 对偶规则。已知一逻辑函数 F,只要将原函数 F 中所有的"＋"变为"·","·"变为"＋"；"0"变为"1","1"变为"0",而变量保持不变,原函数的运算先后顺序保持不变,那么就可以得到一个新函数,这新函数就是对偶函数 F′。

原函数与对偶函数互为对偶函数；任两个相等的函数,其对偶函数也相等。这两个特点即是逻辑函数的对偶规则。

2.1.4　逻辑电路的分析与设计

逻辑代数是分析和设计逻辑电路的有力工具。将逻辑代数应用于逻辑电路,可以解决逻辑电路分析和逻辑电路设计这两个基本问题。

逻辑设计的步骤如下：

（1）分析逻辑构成，即描述逻辑电路应具备的逻辑功能。

（2）构造真值表，即构造能够实现逻辑电路的逻辑功能的真值表。

（3）构造逻辑表达式，即根据真值表构造相应的逻辑表达式并进行化简。

（4）画逻辑电路图，即按照化简后的逻辑表达式画出逻辑电路图。

【例 2.2】 设计一个三变量的表决器，当多数人同意时，提议通过；否则不通过。

从题目要求可能看出其有 3 个输入变量，输出仅一个。设输入的 3 个变量分别为 A、B、C，输出变量用 F 表示，当输入同意时用 1 表示，否则为 0；输出状态为 1 时表示通过，输出为 0 时表示否决。

第一步，根据上面的假设列出其状态真值表，如表 2.2 所示。

表 2.2　表决电路真值表

输　　入			输　　出
A	B	C	F
0	0	0	0
0	0	1	0
0	1	0	0
0	1	1	1
1	0	0	0
1	0	1	1
1	1	0	1
1	1	1	1

第二步，由真值表写出表达式，并化简。由真值表可得
$$F = \overline{A}BC + A\overline{B}C + AB\overline{C} + ABC = AB + BC + AC$$
用与非门实现得
$$F = \overline{\overline{AB + BC + AC}} = \overline{\overline{AB}\,\overline{AC}\,\overline{BC}}$$

第三步，根据逻辑表达式画出逻辑电路图。

用与非门实现的表决电路如图 2.9 所示。

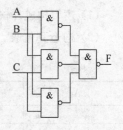

图 2.9　表决电路

【例 2.3】 半加器的设计。

半加器是实现两个一位二进制数加法的逻辑电路，该电路将两个二进制数产生和及向高位的进位，但没有考虑从低位来的进位，故称半加器。

半加器的设计过程如下：

（1）逻辑分析。输入 A_i 和 B_i 为一位二进制数，输出和 S_i 及进位 C_i，使得
$$\begin{array}{r} A_i \\ + B_i \\ \hline C_i S_i \end{array}$$

（2）构造真值表，如表 2.3 所示。

表 2.3   半加器的真值表

A_i	B_i	S_i	C_i
0	0	0	0
0	1	1	0
1	0	1	0
1	1	0	1

（3）构造逻辑表达式。

$$S_i = \overline{A}_i B_i + A_i \overline{B}_i = \overline{A}_i A_i + \overline{A}_i B_i + B_i \overline{B}_i + A_i \overline{B}_i$$

$$= (A_i + B_i)(\overline{A}_i + \overline{B}_i) = (A_i + B_i) \overline{A_i B_i}$$

$$C_i = A_i B_i$$

（4）画出逻辑电路图，如图 2.10 所示。

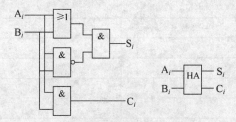

图 2.10   半加器的逻辑电路图和逻辑符号

【例 2.4】   全加器的设计。

全加器是考虑了从低位来的进位情况的两个一位二进制数加法电路。

全加器设计过程如下：

（1）逻辑构成。输入 A_2、B_2 和低位来的进位 C_1 为一位二进制数，输出和 S_2 及进位 C_2。

（2）构造真值表，如表 2.4 所示。

表 2.4   全加器的真值表

A_2	B_2	C_1	S_2	C_2
0	0	0	0	0
0	0	1	1	0
0	1	0	1	0
0	1	1	0	1
1	0	0	1	0
1	0	1	0	1
1	1	0	0	1
1	1	1	1	1

（3）构造逻辑表达式。

$$S_2 = \overline{A}_2 B_2 \overline{C}_1 + A_2 \overline{B}_2 \overline{C}_1 + \overline{A}_2 \overline{B}_2 C_1 + A_2 B_2 C_1$$

$$= \overline{C}_1 (\overline{A}_2 B_2 + A_2 \overline{B}_2) + C_1 (\overline{A}_2 \overline{B}_2 + A_2 B_2)$$

$$= \overline{C}_1(\overline{A}_2B_2 + A_2\overline{B}_2) + C_1(\overline{A}_2B_2 + A_2\overline{A}_2 + B_2\overline{B}_2 + A_2B_2)$$

$$= \overline{C}_1(\overline{A}_2B_2 + A_2\overline{B}_2) + C_1(A_2 + \overline{B}_2)(\overline{A}_2 + B_2)$$

$$= \overline{C}_1(\overline{A}_2B_2 + A_2\overline{B}_2) + C_1(\overline{\overline{A_2 + \overline{B}_2}} + \overline{\overline{A}_2 + B_2})$$

$$= \overline{C}_1(\overline{A}_2B_2 + A_2\overline{B}_2) + C_1(\overline{A}_2B_2 + A_2\overline{B}_2)$$

$$= \overline{C}_1 S_0 + C_1 \overline{S}_0$$

类似地，可得

$$C_2 = A_2 B_2 + C_1 S_0$$

（4）画出逻辑电路图，如图 2.11 所示。

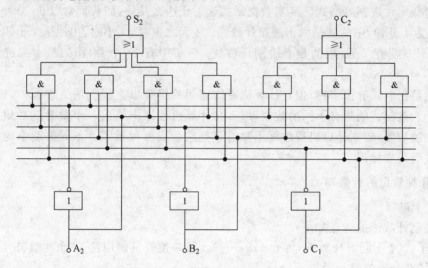

(a) 全加器的逻辑电路图

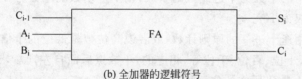

(b) 全加器的逻辑符号

图 2.11　全加器的逻辑电路图和逻辑符号

以上设计的全加器只能进行两个一位二进制数的加法。对于两个多位二进制数的加法，可以使用多个一位全加器串接起来构成串行进位加法器。当低位全加器产生进位时传送给高一位的全加器，使其形成全加和及向下一个高位的进位。由于在整个加法运算过程中，进位是从最低位逐一传送到最高位的，所以称其为串行进位加法器。4 位串行进位加法器的原理图如图 2.12 所示。

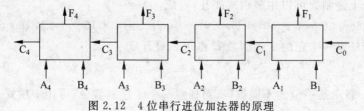

图 2.12　4 位串行进位加法器的原理

2.2　数据信息处理的运算基础

2.2.1　数制及其相互转换

数制的全称就是数据制式,是指数据的进位计数规则,所以又称为进位计数制,简称进制。在日常生活中经常要用到数制,我们日常所使用的数都是十进制的,如 3 000 元工资、1.5 元/斤的菜价等。

除了十进制计数以外,还有许多非十进制的计数方法。在计算机中常见的还有二进制、八进制、十六进制等制式。其实数据制式远不止这么几种,如我们常以 60 分钟为 1 小时,60 秒为 1 分钟,用的就是六十进制计数法;一天之中有 24 小时,用的是二十四进制计数法;而一星期有 7 天,用的是七进制计数法;一年中有 12 个月,用的是十二进制计数法等。

虽然数据制式有很多种,但在计算机通信遇到的仍是以上提到的二进制、八进制、十进制和十六进制。既然有不同的数制,那么在计算机程序中给出一个数时就必须指明它属于哪一种数制,否则计算机程序就不知道该把它看成哪种数了。不同数制中的数可以用下标或后缀来标识。

1.　几种常见的计数制

（1）十进制

十进制计数法的特点如下:

① 有 10 个不同的计数符号:0,1,2,…,9。每一位数只能用这 10 个计数符号之一来表示,称这些计数符号为数码。

② 十进制数数码的个数为十进制数的基数,则十进制数的基数为 10。

③ 十进制数的权为 10^i。

④ 十进制数采用逢十进一的原则计数,或者说高位数是低位的十倍。小数点前面自右向左,分别为个位、十位、百位、千位等,相应的,小数点后面自左向右,分别为十分位、百分位、千分位等。各个数码所在的位置称为数位。

十进制数的标志为 D,如(1250)D,表示这个数是十进制数,也可用下标"10"来表示,如 $(1250)_{10}$。

【例 2.5】　十进制数 666.66。

该数个位的 6 表示其本身的数值;而十位的 6,表示其本身数值的 10 倍,即 6×10;百位的 6,则代表其本身数值的 100 倍,即 6×100;而小数点右边第一位小数位的 6 表示的值为 6×0.1;第二位小数位的 6 表示的值为 6×0.01。

因此这个十进制数可以用多项式展开,写成

$$666.66 = 6 \times 10^2 + 6 \times 10^1 + 6 \times 10^0 + 6 \times 10^{-1} + 6 \times 10^{-2}$$

所以对于任意一个正的十进制数 D 都可以展开成

$$D = \sum k_i 10^i \quad (k = 0 \sim 9, i \text{ 为整数}) \tag{2.1}$$

如果用 a_i 表示某一位的不同数码,对任意一个十进制数 A,可用多项式表示为

$$A = a_{n-1}10^{n-1} + \cdots + a_1 10^1 + a_0 10^0 + a_{-1}10^{-1} + \cdots + a_{-m}10^{-m} \qquad (2.2)$$

在式(2.2)中,m,n 为正整数,n 为小数点左边的位数,m 为小数点右边的位数,即 m,n 为相应的数位值。各个数码由于所在数位不同而乘以 10 的若干次幂称为相应数位的"权"。"权"的底数称为进位制的基数。在这里,因为是十进制数,所以基数是 10。

以上是十进制数的计数机理,在正常书写时,各数码的"权"隐含在数位之中,即

$$A = a_{n-1}a_{n-2}\cdots a_1 a_0 a_{-1}\cdots a_{-m}$$

(2) 二进制

二进制计数法的特点如下:

① 二进制的数码为 0 和 1。

② 二进制的基数为 2。

③ 二进制数的权为 2^i。

④ 二进制用 B 作为后缀,如 01000101B。采用逢二进一的原则计数,即高一位的权是低一位的两倍。

【例 2.6】 将二进制数转换为十进制数。

$$(10110.1)_2 = 1 \times 2^4 + 0 \times 2^3 + 1 \times 2^1 + 0 \times 2^0 + 1 \times 2^{-1} = (22.5)_{10}$$

任意一个二进制数可以展开成多项式之和:

$$D = \sum k_i 2^i \quad (k = 0,1,i \text{ 为整数})$$

即

$$D = b_{n-1}2^{n-1} + b_{n-2}2^{n-2} + \cdots + b_1 2^1 + b_0 2^0 + b_{-1}2^{-1} + \cdots + b_{-m}2^{-m}$$

其中,b_i 的取值为 0 或 1;n 为小数点左边的位数;m 为小数点右边的位数。

二进制计数法各数位的"权",整数部分从小数点开始向左分别为 $1,2,4,8,16,32,\cdots$;小数部分的"权"从小数点向右分别为 $0.5,0.25,0.125,\cdots$。

二进制的基数是 2,数位的"权"是以 2 为底数的幂。一般书写时,各数码的"权"隐含在数位之中,即

$$D = b_{n-1}b_{n-2}\cdots b_1 b_0 b_{-1}\cdots b_{-m}$$

(3) 八进制

八进制计数法的两个特点如下:

① 采用 8 个不同的计数符号,即数码 0~7。

② 采用逢八进一的进位原则。在不同的数位,数码所表示的值等于数码的值乘上相应数位的"权"。

【例 2.7】 将八进制数转换为十进制数。

$$(456.45)_8 = 4 \times 8^2 + 5 \times 8^1 + 6 \times 8^0 + 4 \times 8^{-1} + 5 \times 8^{-2}$$
$$= (302.578\,125)_{10}$$

一般的,任意一个八进制数可以表示为

$$D = c_{n-1}8^{n-1} + c_{n-2}8^{n-2} + \cdots + c_1 8^1 + c_0 8^0 + c_{-1}8^{-1} + \cdots + c_{-m}8^{-m}$$

即

$$D = \sum k_i 8^i \quad (k = 0 \sim 7, i \text{ 为整数})$$

其中，k_i 只能取 $0\sim7$ 之一的值，八进制的基数是 8。

（4）十六进制

十六进制记数法也有如下两个特点。

① 它采用 16 个不同的计数符号，即数码 $0\sim9$ 及 A，B，C，D，E，F。其中 A 表示十进制数 10，B 表示 11，C 表示 12，D 表示 13，E 表示 14，F 表示 15。

② 它用 H 作为后缀，如 23BDH，采用逢十六进一的进位原则，各位数的"权"是以 16 为底数的幂。

【例 2.8】 将十六进制数转换为十进制数。

$$(2AF)_{16} = 2\times16^2 + A\times16^1 + F\times16^0$$
$$= 2\times16^2 + 10\times16 + 15\times1$$
$$= (687)_{10}$$

一个任意的十六进制数可以表示为

$$D = d_{n-1}16^{n-1} + d_{n-2}16^{n-2} + \cdots + d_1 16^1 + d_0 16^0 + d_{-1}16^{-1} + \cdots + d_{-m}16^{-m}$$

其中，d_i 可以取 $0\sim F$ 之一的值，十六进制的基数是 16，即一个任意的十六进制数可以展开为

$$D = \sum k_i 16^i \quad (k = 0\sim F, i\text{ 为整数})$$

（5）任意 J 进制数

任意 J 进位制有如下特点。

① 数码：$0\sim(J-1)$。

② J 进制数的基数为 J。

③ J 进制数的权为 J^i。

④ J 进制数采用逢 J 进一的进位原则。

一个任意 J 进制数可表示为

$$D = \sum k_i j^i \quad (k = 0\sim J-1, i\text{ 为整数})$$

2. 几种常见进制数间的转换

（1）任意进制数转换为十进制数

根据公式

$$D = k_{n-1}J^{n-1} + \cdots + k_1 J^1 + k_0 J^0 + k_{-1}J^{-1} + \cdots + k_{-m}J^{-m}$$

将待转换的该进制数按各数位的权展开成一个多项式，求出该多项式的和就可以了。

【例 2.9】 将下列各进制数转化成十进制数。

$(1101.01)_2 = 1\times2^3 + 1\times2^2 + 0\times2^1 + 1\times2^0 + 0\times2^{-1} + 1\times2^{-2} = (13.25)_{10}$

$(732.6)_8 = 7\times8^2 + 3\times8^1 + 2\times8^0 + 6\times8^{-1} = (474.75)_{10}$

$(A5B)_{16} = 10\times16^2 + 5\times16^1 + 11\times16^0 = (2651)_{10}$

（2）十进制数转换成任意 J 进制

十进制转换成 J 进制时，整数部分与小数部分转换的方法不一样，可分别进行转换，然后再组合起来。

十进制的整数转换成 J 进制的整数采用除 J 取余法，即将十进制数除以 J，得到一个

商数和余数,再将商数除以 J,又得到一个商数和余数,直到商等于零为止。所得各次余数,就是所求 J 进制数的各位数字,并且最后的余数为 J 进制数的最高位数字,即"用 J 除后取余,逆序排列"。

十进制小数转换成 J 进制小数采用乘 J 取整法,即将十进制小数乘以 J,然后取出所得乘积的整数部分,再将纯小数部分乘以 J,又取出所得乘积的整数部分,直到小数部分为零或满足精度为止,并且最先取出的整数为二进制数的最高位数字。注意,有时所得乘积的整数部分为零,取出的整数也是零,即"用 J 乘后取整,顺序排列"。

【例 2.10】 将 $(179.48)_{10}$ 化为二进制数。

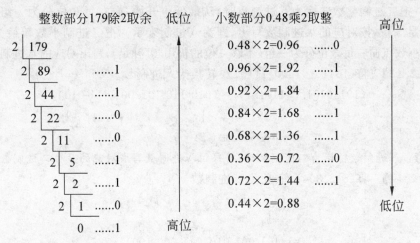

其中,$(179)_{10}=(10110011)_2$,$(0.48)_{10}=(0.0111101)_2$(近似取 7 位),因此,$(179.48)_{10}=(10110011.0111101)_2$。

从此例我们可以看出,一个十进制的整数可以精确转化为一个二进制整数,但是一个十进制的小数并不一定能够精确地转化为一个二进制小数。

【例 2.11】 将 $(179.48)_{10}$ 转换为八进制数。

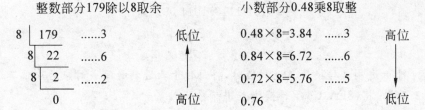

其中,$(179)_{10}=(263)_8$,$(0.48)_{10}=(0.365)_8$(近似取 3 位),因此,$(179.48)_{10}=(263.365)_8$。

【例 2.12】 将 $(179.48)_{10}$ 转换为十六进制数。

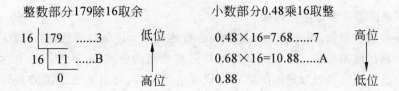

其中，$(179)_{10}=(B3)_{16}$，$(0.48)_{10}=(0.7A)_{16}$（近似取 2 位），因此，$(179.48)_{10}=(B3.7A)_{16}$。

与十进制数转换为二进制数类似，当我们将十进制小数转换为八进制或十六进制小数的时候，同样会遇到不能精确转化的问题。那么，到底什么样的十进制小数才能精确地转化为一个 J 进制的小数呢？

事实上，一个十进制纯小数 p 能精确表示成 J 进制小数的充分必要条件是此小数可表示成 k/J^m 的形式（其中，k、m、J 均为整数，k/J^m 为不可约分数）。

（3）二进制数与八进制数之间的转换

在二进制数与八进制数的转换中，由于 $2^3=8$，所以，一位八进制数恰好等于 3 位二进制数。把二进制整数转换为八进制数时，从最低位开始，向左每 3 位分为一组，不够的用"0"补足 3 位，按对应的八进制数写出，即为八进制表示。把二进制小数转换为八进制时，则从小数点向右每 3 位分为一组（不够三位的仍用"0"补足），写出对应的八进制数即可。

【例 2.13】　将 $(10110101.00111101)_2$ 转换为八进制数。

$$(10110101.00111101)_2=(010\ 110\ 101.001\ 111\ 010)_2$$
$$\downarrow\ \ \ \ \downarrow\ \ \ \ \downarrow\ \ \ \ \downarrow\ \ \ \ \downarrow\ \ \ \ \downarrow$$
$$=(\ 2\ \ \ \ 6\ \ \ \ 5.\ \ \ \ 1\ \ \ \ 7\ \ \ \ 2)_8$$

注意：八进制数转换为二进制数时，将每位八进制数写成对应的 3 位二进制数。

【例 2.14】　将 $(512.304)_8$ 转化为二进制数。

$$(\ 5\ \ \ \ 1\ \ \ \ 2.\ \ \ \ 3\ \ \ \ 0\ \ \ \ 4)_8$$
$$\downarrow\ \ \ \ \downarrow\ \ \ \ \downarrow\ \ \ \ \downarrow\ \ \ \ \downarrow\ \ \ \ \downarrow$$
$$=(101\ 001\ 010.011\ 000\ 100)_2$$

（4）二进制数与十六进制数之间的转换

一个十六进制数恰好等于 4 位二进制的数（$2^4=16$），所以十六进制数与二进制数的转换方法类似于八进制数与二进制数的转换方法，只是将三位分组法改成四位。

【例 2.15】　将 $(01011110.10110010)_2$ 转化为十六进制数。

$$(01011110.10110010)_2$$
$$=(0101\ 1110.1011\ 0010)_2$$
$$\downarrow\ \ \ \ \ \ \downarrow\ \ \ \ \ \ \downarrow\ \ \ \ \ \ \downarrow$$
$$=(\ 5\ \ \ \ \ \ E.\ \ \ B\ \ \ \ \ \ 2)_{16}$$

注意：十六进制数转换为二进制数时，将每位十六进制数写成对应的 4 位二进位数。

【例 2.16】　将 $(8FA.C6)_{16}$ 转换为二进制数。

$$(\ 8\ \ \ \ \ F\ \ \ \ \ A.\ \ \ C\ \ \ \ \ \ 6)_{16}$$
$$\downarrow\ \ \ \ \ \ \downarrow\ \ \ \ \ \ \downarrow\ \ \ \ \ \ \downarrow\ \ \ \ \ \ \downarrow$$
$$=(1000\ \ \ 1111\ \ \ 1010.1100\ \ \ 0110)_2$$

（5）任意两种进制之间的转换

对于一般的进位制，可先将已知进位制的数转换成十进位制的数，再由该十进位制的数转换成待求进位制的数。对于以 2 为基数进制之间的转换，可参考八—十六进位制之间的转换方法。即先将已知进制的数转换成二进制的数，再由该二进制的数转换成待求进制的数。表 2.5 为几种常用数制的对比。

表 2.5　几种常用数制的对比

十进制	二进制	八进制	十六进制	十进制	二进制	八进制	十六进制
0	0	0	0	9	1001	11	9
1	1	1	1	10	1010	12	A
2	10	2	2	11	1011	13	B
3	11	3	3	12	1100	14	C
4	100	4	4	13	1101	15	D
5	101	5	5	14	1110	16	E
6	110	6	6	15	1111	17	F
7	111	7	7	16	10000	20	10
8	1000	10	8	17	10001	21	11

2.2.2　二进制数据的运算

二进制数在计算机中是应用最广的,因为它最简单,数码仅两个(1 和 0),也可以用来代表电平的高和低,或者电压的正和负,或者电路的开与关等。对于二进制数,除了与十进制数一样可以进行四则算术运算外,还可以进行逻辑运算,因为它只有两个数码,可以代表两种截然相反的状态。

1. 算法规则

二进制数与十进制数一样,同样可以进行加、减、乘、除四则算术运算。其算法规则如下:

加运算:$0+0=0,0+1=1,1+0=1,1+1=10$　　＃逢 2 进 1

减运算:$1-1=0,1-0=1,0-0=0,0-1=1$　　＃向高位借 1 当 2

乘运算:$0\times0=0,0\times1=0,1\times0=0,1\times1=1$　　＃只有同时为"1"时结果才为"1"

除运算:二进制只有两个数(0,1),因此它的商是 1 或 0。

2. 加、减法运算示例

在进行二进制加减法运算时,最关键的一点就是逢 2 进 1,进 1 当 1,而借 1 当 2。

例如,求$(10010)_2+(11010)_2$之和,求$(111010)_2-(101011)_2$之差,这两个计算过程分别如下所示,结果分别为 101100 和 1111。

```
      被加数   10010            被减数   111010
      加数    11010            减数    101011
  +   进位     1 1         -   借位     1111
           101100                    001111
```

下面详细阐述以上两个示例的加、减法运算步骤。

加法运算步骤如下:

(1) 首先是最右位相加。这里加数和被加数的最后一位都为"0",根据加法原则可以知道,相加后为"0"。

(2) 再进行倒数第一位相加。这里加数和被加数的倒数第一位都为"1",根据加法原则可以知道,相加后为"$(10)_2$",此时把后面的"0"留下,而把第一位的"1"向高一位进"1"。

（3）再进行倒数第二位相加。这里加数和被加数的倒数第二位都为"0"，根据加法原则可以知道，本来结果应为"0"，但倒数第一位已向这位进"1"了，相当于要加"被加数"、"加数"和"进位"这三个数，所以结果应为 0＋0＋1＝1。

（4）再进行第四位的相加。这里加数和被加数的倒数第四位分别为"1"和"0"，根据加法原则可以知道，相加后为"1"。

（5）最后是最高位相加。这里加数和被加数的最高位都为"1"，根据加法原则可以知道，相加后为"(10)₂"。但一位只能有一个数字，所以需要再向前进"1"，本身位留下"0"，这样该位相加后就得到"0"，同时产生新的最高位，值为"1"（如果超出了字长的限制，则新产生的最高位将溢出）。

$(10010)_2 ＋ (11010)_2$ 的最后运算结果为 101100。

减法运算步骤如下。

（1）首先是最后一位相减。被减数的最后为"0"，而减数的最后为"1"所以不能直接相减，需要向倒数第一位借"1"，这样相当于得到了十进制数中的"2"，用 2 减 1 结果得 1。

（2）再计算倒数第一位的减法运算。本来被减数和减数的该位都为"1"，但是被减数的该位被最后一位在上一步中借走了，所以为"0"了。这时也就不能直接与减数的倒数第一位相减了，需要再向倒数第二位借位。同样是借 1 当 2。这样两数的倒数第一位相减后的结果仍是 2－1＝1。

（3）用与步骤（2）同样的方法计算倒数第二位和倒数第四位的减法运算，结果都为 1。

（4）再计算被减数和减数的倒数第五位减法运算。在被减数上的该位原来为"1"，可是已被倒数第四位借走了，所以成了"0"，而减数的倒数第五位也为"0"，可以直接相减，得到的结果为"0"。

（5）最后是最高位的相减了，被减数和减数的该位都是"1"，可以直接相减，得到的结果为"0"。

这样一来，$(111010)_2 － (101011)_2$ 的结果是 $(001111)_2$，前面的两个"0"可以不写，所以最后结果就是 $(1111)_2$。

3. 乘、除法运算示例

二进制的乘、除法运算规则在本节前面已有介绍，那就是"0"乘"1"或者"0"结果都为"0"，只有"1"与"1"相乘等于"1"。乘法运算中，被乘数也是需要由乘数一位位地去乘（同样需要对齐积的数位，与十进制的乘法一样）。除法运算时，当被除数大于除数时，商是"1"；当被除数小于除数时不够除，商只能是"0"，这与十进制的除法也类似。

$(1010)_2 × (101)_2$ 和 $(11001)_2 ÷ (101)_2$ 的结果如下：

```
    被乘数    1010              商      101
  ×  乘数     101      除数  101 )‾11001   被除数
            ────              −    101
            1010                 ─────
            0000                   101
  +         1010                 − 101
          ────────              ─────
      积  110010                  000
```

2.3 数据信息的表示

如今的计算机主要用于信息处理,对计算机处理的各种信息进行抽象后,可以分为数字、字符、图形图像和声音等几种主要的类型。在计算机内部,各种信息都必须经过数字化编码后才能被传送、存储和处理。编码就是采用少量的基本符号,选用一定的组合原则,来表示大量复杂多样的信息的过程。基本符号的种类和这些符号的组合规则是一切信息编码的两大要素。例如,用 10 个阿拉伯数码表示数字,用 26 个英文字母表示英文词汇等,都是编码的典型例子。

计算机的内部信息分为两大类型:控制信息和数据信息。控制信息也称为指令信息,指计算机进行的一系列操作;数据信息是计算机加工处理的对象,包括数值型数据和非数值型数据。数值型数据能表示大小,可以在数轴上找到确定的点;非数值型数据没有确定的数值,如字符、汉字、图形、图像和声音等,又称为符号数据。具体如图 2.13 所示。

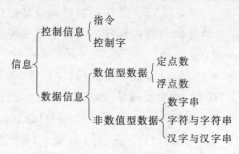

图 2.13 信息的分类

2.3.1 数值型数据在计算机系统内的表示

计算机中的所有信息全由二进制数来表示。各种数据在计算机中表示的形式称为机器数,其特点是采用二进制计数制,数的符号用 0、1 表示,小数点则隐含表示而不占位置。简单地说,机器数是在计算机中使用的连同数据符号一起数码化的数。机器数对应的实际数值称为数的真值。

机器数有无符号数和带符号数之分。无符号数表示正数,在机器数中没有符号位。对于无符号数,若约定小数点的位置在机器数的最低位之后,则是纯整数;若约定小数点的位置在机器数的最高位之前,则是纯小数。

对于带符号数,机器数的最高位是表示正、负的符号位,其余位则表示数值。若约定小数点的位置在机器数的最低数值位之后,则是纯整数;若约定小数点的位置在机器数的最高数值位之前(符号位之后),则是纯小数。

1. 数值型数据的机器码表示

二进制数与十进制数一样有正负之分。在计算机中,常采用数的符号和数值一起编码的方法来表示数据。常用的有原码、反码、补码、移码等。这几种表示法都将数据的符号数码化。为了区分一般书写时表示的数和机器中编码表示的数,我们称前者为真值,后者为机器数或机器码。

（1）原码表示法

数值 X 的原码记为$[X]_原$，如果机器字长为 n（即采用 n 个二进制位表示数据），则最高位是符号位，0 表示正号，1 表示负号，其余的 $n-1$ 位表示数值的绝对值，数值部分按一般二进制形式表示。

【例 2.17】 写出 13 和 -13 的原码（取 8 位码长）

解：因为 $13=(1101)_2$，所以 13 的原码是 00001101，-13 的原码是 10001101。

$$[+1]_原=00000001 \qquad [-1]_原=10000001$$
$$[+127]_原=01111111 \qquad [-127]_原=11111111$$

采用原码，优点是转换非常简单，只要根据正负号将最高位置 0 或 1 即可。但原码表示在进行加减运算时很不方便，符号位不能参与运算，并且 0 的原码有两种表示方法：$[+0]_原=00000000$，$[-0]_原=10000000$。

（2）反码表示法

数值 X 的反码记作$[X]_反$，如果机器字长为 n，则最高位是符号位，0 表示正号，1 表示负号，反码表示法规定：正数的反码与原码相同；负数的反码是对该数的原码除符号位外的各位求反，即 0 变 1、1 变 0。

【例 2.18】 写出 13 和 -13 的反码（取 8 位码长）。

解：因为 $13=(1101)_2$，所以 13 的反码是 00001101，-13 的反码是 11110010。

$$[+1]_反=00000001 \qquad [-1]_反=11111110$$
$$[+127]_反=01111111 \qquad [-127]_反=10000000$$

反码跟原码相比较，符号位虽然可以作为数值参与运算，但计算完后，仍需要根据符号位进行调整。另外 0 的反码同样也有两种表示方法：$[+0]_反=00000000$，$[-0]_反=11111111$。

（3）补码表示法

数值 X 的补码记作$[X]_补$，如果机器字长为 n，则最高位是符号位，0 表示正号，1 表示负号，补码表示法规定：正数的补码和原码相同；负数的补码是该数的反码末位加 1。0 的补码表示方法也是唯一的，即 00000000。

【例 2.19】 写出 13 和 -13 的补码（取 8 位码长）。

解：因为 $13=(1101)_2$，所以 13 的补码是 00001101，-13 的补码是 11110011。

$$[+1]_补=0000001 \qquad [-1]_补=11111111$$
$$[+127]_补=01111111 \qquad [-127]_补=10000001$$

补码表示法中，不但 0 的表示是唯一的，而且在进行数学运算时，不需要事先进行符号位判断，而是让符号位与数值一起参与运算。有了补码可以把减法运算转化为加法运算，可以提高计算机的运算速度。因此，补码是计算机中最为实用的数的表示方法。

（4）移码表示法

移码表示法是在数 X 上增加一个偏移量来定义的，常用于表示浮点数中的阶码。如果机器字长为 n，在偏移 2^{n-1} 的情况下，只要将补码的符号位取反便可获得相应的移码表示。

若机器字长 n 等于 8,则有:

$$[+1]_{移} = 10000001 \qquad [-1]_{移} = 01111111$$
$$[+127]_{移} = 11111111 \qquad [-127]_{移} = 00000001$$

2. 定点数与浮点数

计算机处理的数值数据多数带有小数,小数点在计算机中通常有两种表示方法,一种是约定所有数值数据的小数点隐含在某一个固定位置上,称为定点表示法,简称定点数;另一种是小数点位置可以浮动,称为浮点表示法,简称浮点数。

(1) 定点数表示法

定点数即约定计算机中所有数据的小数点位置是固定不变的数。定点数有两种:定点小数和定点整数。定点小数将小数点位置固定在最高数据位的左边,因此,它只能表示小于 1 的纯小数。定点整数将小数点位置固定在最低数据位的右边,因此,定点整数表示的也只是纯整数。

定点小数是纯小数,约定的小数点位置在符号位之后、有效数值部分最高位之前。若数据 x 的形式为 $x = x_0 x_1 x_2 \cdots x_n$(其中,$x_0$ 为符号位,$x_1 \sim x_n$ 是数值的有效部分,也称为尾数,x_1 为最高有效位),则在计算机中的表示形式如下:

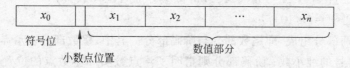

一般说来,如果最末位 $x_n = 1$,前面各位都为 0,则数的绝对值最小,即 $|x|_{\min} = 2^{-n}$。如果各位均为 1,则数的绝对值最大,即 $|x|_{\max} = 1 - 2^{-n}$。所以定点小数的表示范围为 $2^{-n} \leqslant |x| \leqslant 1 - 2^{-n}$。

定点整数是纯整数,约定的小数点位置在有效数值部分最低位之后。若数据 x 的形式为 $x = x_0 x_1 x_2 \cdots x_n$(其中 x_0 为符号位,$x_1 \sim x_n$ 是尾数,x_n 为最低有效位),则在计算机中的表示形式如下:

定点整数的表示范围是 $1 \leqslant |x| \leqslant 2^n - 1$。

当数据小于定点数能表示的最小值时,计算机将它们作 0 处理,称为下溢;大于定点数能表示的最大值时,计算机将无法表示,称为上溢,上溢和下溢统称为溢出。

计算机采用定点数表示时,对于既有整数又有小数的原始数据,需要设定一个比例因子,数据按其缩小成定点小数或扩大成定点整数再参加运算,运算结果,根据比例因子,还原成实际数值。若比例因子选择不当,往往会使运算结果产生溢出或降低数据的有效精度。

对于长度为 8 位的定点整数,表示数值范围的情况如下。

① 作为无符号数时,其表示的数值范围为 $0 \sim +255$。

② 若为原码表示，其表示的数值范围为 $-127\sim+127$，其中，$[-127]_原=11111111$，$[+127]_原=01111111$。

③ 若为反码表示，其表示的数值范围为 $-127\sim+127$，其中，$[-127]_反=10000000$，$[+127]_反=01111111$。

④ 作为补码时，其表示的数值范围为 $-128\sim+127$，其中，$[-128]_补=10000000$，$[+127]_补=01111111$。

可以得出，当存储位数为 n 时，无符号数的表示范围为 $0\sim(2^n-1)$，原码和反码的表示范围为 $-(2^{n-1}-1)\sim(2^{n-1}-1)$，补码的表示范围为 $-2^{n-1}\sim(2^{n-1}-1)$。

虽然定点格式容许的数值范围有限，但要求的硬件结构比较简单。

（2）浮点数的表示法

当机器字长为 n 时，定点数的补码和移码可表示 2^n 个数，而其原码和反码只能表示 2^n-1 个数，因此，定点数所能表示的数值范围比较小，运算中很容易因结果超出范围而溢出。因此引入浮点数，浮点数是小数点位置不固定的数，它能表示更大范围的数。

通常，任意一个二进制数总可以表示为一个纯小数和一个 2 的整数次幂的乘积。例如，任意二进制数 N 可以写成 $N=S\times2^P$。其中，S 称为尾数，P 称为阶码，S 和 P 都采用二进制表示。二进制数 $N=0.001101$，可以表示成 $N=0.1101\times2^{-10}$；其中尾数 $S=(0.1101)_2$，阶码 $P=(-10)_2$。

浮点数由两部分组成，即尾数部分与阶码部分。其中，尾数部分表示浮点数的有效数字，是一个有符号的纯小数；阶码部分则指明了浮点数实际小数点的位置与尾数约定的小数点位置之间的位移量 P（阶码）。P 是一个有符号的整数，当阶码为 $+P$ 时，表示浮点数的实际小数点应为尾数中约定小数点向右移动 P 位；当阶码为 $-P$ 时，表示浮点数的实际小数点应为尾数中约定小数点左移动 P 位。

浮点数有两种表示形式，如图 2.14(a)、(b)所示。在实际机器中，通常都采用后一种表示格式。

尾数部分的符号位确定浮点数的正负。阶码的符号位确定小数点移动的方向，为正时向右移，为负时向左移。另外尾数部分与阶码部分分别占若干个二进制位，究竟需要占多少个二进制位，可以根据实际需要及数值的范围确定。以下各例中，均假设机器字长为 16 位，其中阶码部分占 6 位，尾数部分占 10 位。

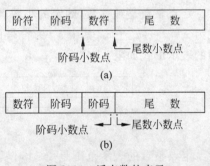

图 2.14　浮点数的表示

【例 2.20】 将 16 位浮点数 0000111111000000 转换成十进制数，该数的计算机表示如下：

| 1 | 0 | 00011 | 111000000 |

即 -0.111×2^{11}。阶码等效于十进制的 $+3$，确定小数点向右移动 3 位，则得出该浮点数表示二进制数 -111，相当于十进制数 -7。

在浮点表示中,假设计算机中浮点数的阶码为 $m+1$ 位,尾数为 $n+1$ 位,则浮点数的取值范围为 $2^{-n} \times 2^{-(2^m-1)} \leqslant |N| \leqslant (1-2^{-n}) \times 2^{+(2^m-1)}$。

由此可见,浮点数表示的数值范围远远大于定点数表示的数值范围。浮点数中,尾数 S 表示浮点数的全部有效数字,采用的位数越多,表示的数值精确度也越高;阶码 P 则指明了浮点数小数点的实际位置,采用的位数越多,可表示的数值范围就越大。因此,当字长一定的条件下,必须合理地分配阶码和尾数的位数,以满足应用的需要。

为了得到较高的精度和较大的数据表示范围,在很多机器中都设置单精度浮点数和双精度浮点数等不同的浮点数格式。单精度浮点数就是用一个字长表示一个浮点数。双精度浮点数是用两个字长表示一个浮点数。

与定点数相比,浮点数表示范围大,但运算复杂、实现设备多、成本高。计算机中采用浮点数还是定点数,必须根据实际要求来进行设计。通常,微型机或单片机多采用定点数制,而大型机、巨型机及高档型微机中多采用浮点数制。

(3) 浮点数的规格化表示

为了使计算机在运算过程中,尽量减少有效数字的丢失,提高运算精度,一般都采用规格化的浮点数。所谓规格化,就是指浮点数的尾数 S 的绝对值小于 1 且大于或等于 1/2,即小数点后面的第一位数必须是"1"。例如,$N_1 = 0.11010 \times 2^{-11}$ 是一个规格化的浮点数,而 $N_1 = 0.01101 \times 2^{-10}$ 就不是一个规格化的浮点数,但实际 N_1 和 N_2 的值相等。

浮点数采用规格化表示方法的目的如下:

① 为了提高运算精度,充分利用尾数的有效数位,尽可能占满位数,以保留更多的有效数字。

② 为了浮点数表示的唯一性。

2.3.2　机器数的运算

1. 机器数的加减运算

当引入了补码概念后,加减法运算就可以用加法来实现了。在计算机中,可以只设置加法器,将减法运算转换为加法运算来实现。

(1) 原码加法和减法

当两个相同符号的原码数相加时,只需将数值部分直接相加,运算结果的符号与两个加数的符号相同。若两个加数的符号相异,则应进行减法运算。其方法是:先比较两个数绝对值的大小,然后用绝对值大的绝对值减去绝对值小的绝对值,结果的符号取绝对值大的符号。因此,原码表示的机器数进行减法运算是很麻烦的,所以在计算机中很少被采用。

(2) 补码加法和减法

① 补码加法的运算法则是:和的补码等于补码求和,即 $[X+Y]_补 = [X]_补 + [Y]_补$。

② 补码减法的方法是:差的补码等于被减数的补码加上减数取负后的补码。因此,在补码表示中,可将减法运算转换为加法运算,即 $[X-Y]_补 = [X]_补 + [-Y]_补$。

由此可得到两数加减步骤:先求两数的补码,再求补码之和,最后求和的补码,即得到结果。

【例 2.21】 用机器数的表示方式,求 $13-17$ 和 $17-13$ 的差。

第一步,分别求补码。

$$[+13]_原=00001101 \quad [-13]_补=00001101$$
$$[-17]_原=10010001 \quad [-17]_补=11101111$$
$$[+17]_原=00010001 \quad [+17]_补=00010001$$
$$[-13]_原=10001101 \quad [-13]_补=11110011$$

第二步,求补码之和。

$$[+13]_补+[-17]_补=1111100$$
$$[+17]_补+[-13]_补=00000100$$

第三步,求和的补码。

$$[11111100]_补=10000100,即-4$$

和的补码 00000100,即 $+4$

与原码减运算相比,补码减运算的过程要简便得多。在补码加减运算中,符号位和数值位一样参加运算,无须作特殊处理。因此,多数计算机都采用补码加减运算法。

(3) 溢出及判定

在确定了运算的字长和数据的表示方法后,数据的范围也就确定了。一旦运算结果超出所能表示的数据范围,就会发生溢出。发生溢出时,运算结果肯定是错误的。

只有当两个同符号的数相加(或者是相异符号数相减)时,运算结果才有可能溢出。

常用的溢出检测机制主要有如下几种。

① 双符号位判决法。若采用两位表示符号,即 00 表示正号、11 表示负号,则溢出时两个符号位就不一致了,从而可以判定发生了溢出。

若运算结果两符号分别用 S_1 和 S_2 表示,则判别溢出的逻辑表示式为 $VF=S_1 \oplus S_2$。

② 进位判决法。令 C_{n-1} 表示最高数值位向最高位的进位,C_n 表示符号位的进位,则 $C_{n-1} \oplus C_n=1$ 表示溢出。

③ 根据运算结果的符号位和进位标志判别。该方法适用于两同号数求和或异号数求差时判别溢出。根据运算结果的符号位和进位标志,溢出的逻辑表达式为 $VF=SF \oplus CF$。

④ 根据运算前后的符号位进行判别。若用 X_s、Y_s、Z_s 分别表示两个操作数及运算结果的符号位,当两个同符号数求和或异符号数求差时,就有可能发生溢出。溢出是否发生可根据运算前后的符号位进行判别,其逻辑表达式为 $VF=X_s \cdot Y_s \cdot \overline{Z_s}+\overline{X_s} \cdot \overline{Y_s} \cdot Z_s$。

2. 机器数的乘除运算

在计算机中实现乘除法运算,通常有如下 3 种方式。

(1) 纯软件方案,在只有加法器的低档计算机中,没有乘、除法指令,乘除运算是用程序来完成的。这种方案的硬件结构简单,但作乘除运算时速度很慢。

(2) 在现有的能够完成加减运算的算术逻辑单元的基础上,通过增加少量的实现左、右移位的逻辑电路,来实现乘除运算。与纯软件方案相比,这种方案增加硬件不多,而乘除运算的速度有了较大提高。

(3) 设置专用的硬件阵列乘法器(或除法器),完成乘(除)法运算。该方案需付出较高的硬件代价,可获得最快的执行速度。

2.3.3 非数值型数据在计算机内的表示

为了处理非数值领域的问题,需要在计算机中引入文字、字母及一些专用符号等,以便表示文字语言、逻辑语言等信息。但由于计算机硬件能够直接识别和处理的只是 0、1二进制信息,因此在计算机中对这类数据必须用二进制代码来表示。

非数值型数据包括逻辑数、字符、字符串、文字及某些专用符号等的二进制代码。这些二进制代码并不表示数值,所以称为非数值型数据或符号数据。

1. BCD 码

在计算机信息处理中,一个十进制数在计算机中是以二进制形式存放的。将一个十进制数变成二进制数需要有一个转换过程。但在计算机输入/输出时,通常是以人们习惯的十进制进行的。这就产生一个问题:在将十进制数的每一位输入到计算机中之后就要用二进制表示,但是,在将所有位的数字输入完之前又不可能转换成完整的二进制数。为此,在计算机中还设计了一种中间数字编码形式,它把每一位十进制数用 4 位二进制编码表示,称为二进制编码的十进制表示形式,简称 BCD 码(binary coded decimal),又称为二-十进制数。

4 位二进制数码,可编码组合成 16 种不同的状态,而十进制数只有 0~9 这 10 个数码,因此选择其中的十种状态作 BCD 码的方案有许多种,如 8421BCD 码、格雷码、余 3 码等,编码方案如表 2.6 所示。

表 2.6 用二进制编码表示的十进制数

十进制数	8421 码	2421 码	5211 码	余 3 码	格雷码
0	0000	0000	0000	0011	0000
1	0001	0001	0001	0100	0001
2	0010	0010	0011	0101	0011
3	0011	0011	0101	0110	0010
4	0100	0100	0111	0111	0110
5	0101	1011	1000	1000	1110
6	0110	1100	1010	1001	1010
7	0111	1101	1100	1010	1000
8	1000	1110	1110	1011	1100
9	1001	1111	1111	1100	0100

最常用的 BCD 码是 8421BCD 码。8421BCD 码选取 4 位二进制数的前 10 个代码分别对应表示十进制数的 10 个数码,1010~1111 这 6 个编码未被使用。从表 2.6 中可以看到这种编码是有权码。4 个二进制位的位权从高向低分别为 8、4、2 和 1,若按权求和,和数就等于该代码所对应的十进制数。例如,$0110 = 2^2 + 2^1 = 6$。

把一个十进制数变成它的 8421BCD 码数串,仅对十进制数的每一位单独进行即可。

例如,变 1986 为相应的 8421BCD 码表示,结果为 0001 1001 1000 0110。反转换过程也类似,例如变 0101 1001 0011 0111 为十进制数,结果应为 5937。

8421BCD 码的编码值与字符 0~9 的 ASCII 码的低 4 位相同,有利于简化输入/输出过程中从字符→BCD 和从 BCD→字符的转换操作,是实现人机联系时比较好的中间表示。需要译码时,译码电路也比较简单。

8421BCD 码的主要缺点是实现加减运算的规则比较复杂,在某些情况下,需要对运算结果进行修正。

2. 字符与字符串

字符主要指数字、字母、通用符号、控制符号等,在机内它们都被变换成计算机能够识别的十进制编码形式。这些字符编码方式有很多种,国际上广泛采用的有 ASCII 码和 Unicode 码。

(1) ASCII 码

ASCII 码是美国国家信息交换标准代码(American Standard Code for Information Interchange)的简称,如表 2.7 所示。

ASCII 码规定每个字符用 7 位二进制编码表示,表 2.7 中横坐标是第 6、5、4 位的二进制编码值,纵坐标是第 3、2、1、0 位的十进制编码值,两坐标交点则是指定的字符。7 位二进制可以给出 128 个编码,表示 128 个常用的字符。编码值 0~31 不对应任何可印刷(或称有字形)字符,通常称它们为控制字符,用于通信中的通信控制或对计算机设备的功能控制。编码值为 32 的是空格(或间隔)字符 SP。编码值为 127 的是删除控制 DEL 码。其余的 94 个字符称为可印刷字符。

表 2.7　ASCII 字符编码表

$b_3 b_2 b_1 b_0$ ＼ $b_6 b_5 b_4$	000	001	010	011	100	101	110	111
0000	NUL	DLE	SP	0	@	P		p
0001	SOH	DC_1	!	1	A	Q	a	q
0010	STX	DC_2	"	2	B	R	b	r
0011	ETX	DC_3	#	3	C	S	c	s
0100	EOT	DC_4	$	4	D	T	d	t
0101	ENQ	NAK	%	5	E	U	e	u
0110	ACK	SYN	&	6	F	V	f	v
0111	DEL	ETB		7	G	W	g	w
1000	BS	CAN	(	8	H	X	h	x
1001	HT	EM	)	9	I	Y	i	y
1010	LF	SUB	*	:	J	Z	j	z
1011	VT	ESC	+	;	K	[	k	{
1100	FF	FS	,	<	L	\	l		
1101	CR	GS	—	=	M	]	m	}
1110	SO	RS	.	>	N	↑	n	~
1111	SI	US	/	?	O	_	o	DEL

【例 2.22】 当一个程序要求用户在终端上输入一个十进制数 10 时,这个数值信息怎样传递给程序呢?

解:其步骤如下。

① 用户在键盘上先后按 1 和 0 两个键。

② 终端的编码电路依次接收到这两个键的状态变化,并先后产生对应于 1 和 0 的用 ASCII 码表示的字符数据(31H 和 30H),然后送往主机。

③ 主机的终端接口程序一方面将接收到的两个 ASCII 码回送给终端(这样,当用户敲入 1 时,终端屏幕上就显示出 1);另一方面将它们依次传给有关程序。

④ 程序根据本意,将这两个字符数据转换成相应十进制数的二进制表示(00001010)。

在计算机中,通常用一个字节表示一个字符。由于 ASCII 编码为七位二进制,字节的最高位就空了出来。最高位的作用如下。

- 用做奇偶校验位,用来检测错误。
- 用于表示字符,形成扩展的 ASCII 码,如 EBCDIC 码,EBCDIC(Extended Binary Coded Decimal Interchange Code),即扩展的二一十进制交换码,是 IBM 公司常用的一种字符编码,它采用 8 位二进制数表示一个字符。
- 在我国用于区分汉字和字符。如规定字节的最高位为 0 表示 ASCII 码,为 1 表示汉字编码。

(2) Unicode 码

虽然 ASCII 码在字符编码领域占据主要地位,但是现在其他更具扩展性的代码也越来越普及,这些代码能够表示各种语言的文档资料。其中之一是 Unicode,它是由硬件及软件的多家主导厂商共同研制开发的,并很快得到计算界的支持。

Unicode 码采用唯一的 16 位模式来表示每一个符号。因此,Unicode 由 65 536 个不同的位模式组成——足以表示用中文、日文和希伯来文等语言书写的文档资料,则是 Unicode 对比 ASCII 码最大的优势。

Unicode 即统一码,又称万国码,是一种以满足跨语言、跨平台进行文本转换、处理的要求为目的而设计的计算机上字符编码。它为每种语言中的每个字符设定了统一并且唯一的二进制编码。Unicode 的编码方式与 ISO 10646 的通用字元集(亦称通用字符集)概念相对应,使用 16 位的编码空间,也就是每个字符占用 2 个字节。

对于中文而言,Unicode 16 编码里面已经包含了 GB 18030 里面的所有汉字(27 484 个字)。

Unicode 扩展自 ASCII 字元集。其使用 16 位元编码,并可扩展到 32 位,这使得 Unicode 能够表示世界上所有的书写语言中可能用于计算机通信的字元、象形文字和其他符号,这使其有可能成为 ASCII 的替代者。

(3) 字符串的表示

字符串是指连续的一串字符。通常一个字符串占用主存中多个连续的字节进行存放。一个字符串在主存中按字节编址存放时,既可以按从低位字节向高位字节的顺序存放,也可按从高位字节向低位字节的顺序存放。

当主存字由多个字节组成时,在同一个主存字中,字符串既可以按从低位字节向高位字节的顺序存放,也可按从高位字节向低位字节的顺序存放。不同的机器选用不同的方式。

3. 汉字编码

为使计算机能够处理各种汉字信息,必须对汉字进行编码。

汉字在计算机中的表示比较特殊。因为在计算机中使用汉字,需要涉及汉字的输入、存储与处理、汉字的输出等几方面的问题,因此汉字的编码也有多种类型。

（1）汉字在计算机中的处理过程

在汉字信息处理系统中,人们使用键盘把汉字以汉字输入码的形式输入到计算机内,将其变换成计算机内部表示的汉字机内码,进行存储和处理。处理结果,如果送往终端设备或其他汉字系统,则把汉字机内码变换成标准汉字交换码,再传送出去。如果把处理结果显示或打印,则把汉字机内码变换成汉字地址码到字库取出汉字字形码送往显示器或打印机,如图 2.15 所示。

图 2.15   汉字在计算机中的处理

（2）汉字输入码

汉字输入码是指汉字输入操作者使用的汉字编码,有音码、形码、音形结合码和数字码几种。

① 音码是利用汉字的字音属性对汉字的编码,如全拼、双拼、智能 ABC、紫光拼音输入法等。其特点是易记,但击键次数多、重码多、不能盲打。

② 形码也称字形编码,是以汉字的笔画和顺序为基础的编码,如五笔字型、郑码等。其特点是便于快速输入和盲打,但要经过训练和记忆。

③ 音形结合码是将音码和形码结合起来的编码,如声韵笔形码。

④ 数字码是用固定数目的数字来代表汉字,如电报码、区位码。电报码用 4 位十进制数字表示一个汉字。区位码用数字串代表一个汉字输入。常用的是国标区位码,数字码的特点是无重码,输入码与机内码的转换比较方便,但难记忆。

（3）汉字交换码

汉字交换码用于在不同汉字系统间交换汉字信息,具有统一的标准。

国家标准汉字编码简称国标码,其全称是"信息交换用汉字编码字符——基本集",国家标准号是 GB 2312—80。该编码的主要用途是作为汉字信息交换码使用。

GB 2312—80 标准含有 6 763 个汉字,其中一级汉字 3 755 个,按汉语拼音顺序排列;二级汉字 3 008 个,按部首和笔画排列;还包括 682 个西文字符、图符。GB 2312—80 标准将汉字分成 94 个区,每个区又包含 94 个位,每位存放一个汉字,这样一来,每个汉字就有一个区号和一个位号,所以我们也经常将国标码称为区位码,区码和位码各两位十进制数字,因此输入一个汉字需按键 4 次。例如,汉字"青"在 39 区 64 位,其区位码是 3964;汉字"岛"在 21 区 26 位,其区位码是 2126。

国标码规定每个汉字、图形符号都用两个字节表示,每个字节只使用最低七位。将区位码的区号和位号分别由十进制转换成对应的十六进制后加 2020H 即为国标码，即国标码＝区位码＋2020H。

其他汉字交换码还有 UCS 码、Unicode 码、GBK 码、BIG5 码等。

(4) 汉字内码

汉字内码是用于汉字信息的存储、交换、检索等操作的机内代码，汉字内码是与 ASCII 对应的，一般采用两个字节表示。前一字节由区号与十六进制数 A0 相加，后一字节由位号与十六进制数 A0 相加，因此，汉字编码两字节的最高位都是 1，这种形式避免了国标码与标准 ASCII 码的二义性(用最高位来区别)。

英文字符的机内代码是七位的 ASCII 码，当用一个字节表示时，最高位为 0。

为了与英文字符能相互区别，目前我国的计算机系统中汉字内码都是以国标码为基础，在国标码的基础上把每个字节的最高位置 1 作为汉字标识符，即机内码＝国标码＋8080H。

比如，二进制编码 00111100 和 01000110 两个字节分别表示 ASCII 码字符的“<”和“F”；而二进制编码 10111100 和 11000110 两个字节一起表示一个汉字的内码，这两个字节是汉字“计”的汉字内码。

有些系统中，字节的最高位作为奇偶校验位，在这种情况下就用 3 个字节表示汉字内码。

(5) 汉字字形码

字形码又称字模，是用点阵表示的汉字字形代码，它是汉字的输出形式。

根据汉字输出的要求不同，点阵的多少也不同。简易型汉字为 16×16 点阵，多用于显示。提高型汉字为 24×24 点阵、32×32 点阵、48×48 点阵、64×64 点阵、128×128 点阵，甚至更高，多用于打印。

比如，16×16 的汉字字形点阵，每个汉字要占用 32 个字节。汉字“次”的字形点阵如图 2.16 所示。

	高字节								低字节								
	7	6	5	4	3	2	1	0	7	6	5	4	3	2	1	0	
0									●								00,80
									●								00,80
			●						●								20,80
3				●					●								10,80
				●				●	●	●	●	●	●	●	●		11,FE
						●		●							●		05,02
					●			●			●			●			09,24
7					●		●				●		●				OA,28
				●							●						10,20
				●							●						10,20
		●	●							●		●					60,50
11			●							●		●					20,50
			●						●				●				20,88
			●						●				●				20,88
			●					●						●			21,04
15						●	●								●	●	06,03

图 2.16 汉字的字形点阵

对于 16×16 的汉字字形点阵,国标两级 7 445 个汉字和符号要占用 256KB。如果有 4 种字体,则需 1MB 的存储空间。

因为字形点阵的信息量很大,所占存储空间也很大,因此字形点阵不用于机内存储,而采用汉字库存储。字库中存储了每个汉字的点阵代码。当显示输出或打印输出时才检索字库,输出字形点阵,得到字形。

当机内装有多种汉字系统时,各系统自带的字库在同时使用时会发生冲突。

特别要强调的是,汉字的输入码、机内码、字形码是计算机中用于输入、内部处理、输出 3 种不同用途的编码,不能混为一谈。

4. 图像、声音、视频等信息的表示

(1) 声音的数字化

音频是连续变化的模拟信号,而计算机只能处理数字信号,要使计算机能处理音频信号,必须把模拟音频信号转换成用 0、1 表示的数字信号,这就是音频的数字化,将模拟信号通过音频设备(如声卡)数字化,会涉及采样、量化及编码等多种技术。

(2) 图像的数字化

传统的绘画可以复制成照片、录像带或印制成印刷品,这样的转化结果称为模拟图像。它们不能直接用电脑进行处理,还需要进一步转化成用一系列的数据所表示的数字图像。这个进一步转化的过程也就是模拟图像的数字化,通常采用采样的方法来解决。

(3) 视频的数字化

模拟视频的数字化过程首先需要通过采样,将模拟视频的内容进行分解,得到每个像素点的色彩组成,然后采用固定采样率进行采样,生成数字化视频。数字化视频和传统视频相同,由帧的连续播放产生视频连续的效果,在大多数数字化视频格式中,播放速度为每秒钟 24 帧(24fps)。

习题与思考

一、选择题

1. 执行下列逻辑与运算:10111111 · 11100011,其运算结果是_____。

    A. 10100011   B. 10010011   C. 10000011   D. 10100010

2. 计算机中数据的表示形式是_____。

    A. 八进制   B. 十进制   C. 二进制   D. 十六进制

3. 计算机中,一个浮点数由两部分组成,它们是_____。

    A. 阶码和尾数   B. 基数和尾数

    C. 阶码和基数   D. 整数和小数

4. 在计算机中采用二进制,是因为_____。

    A. 这样可以降低硬件成本   B. 两个状态的系统具有稳定性

    C. 二进制的运算法则简单   D. 上述 3 个原因

5. 利用标准 ASCII 码表示一个英文字母和利用国际 GB 2312—80 码表示一个汉字,分别需要_____个二进制位。

A. 7 和 8   B. 7 和 16   C. 8 和 8   D. 8 和 16

6. 按照 GB 2312—80 标准,在计算机中,汉字系统把一个汉字表示为_____。

     A. 汉语拼音字母的 ASCII 代码   B. 十进制数的二进制编码

     C. 按字形笔画设计的二进制码   D. 两个字节的二进制编码

7. 与十六进制数(BC)等值的二进制数是_____。

     A. 10111011   B. 10111100   C. 11001100   D. 11001011

8. 汉字从键盘录入到存储,涉及汉字输入码和_____。

     A. DOC 码   B. ASCII 码   C. 区位码   D. 机内码

9. 十进制整数 100 化为二进制数是_____。

     A. 1100100   B. 1101000   C. 1100010   D. 1110100

10. 为了避免混淆,八进制数在书写时常在后面加字母_____。

     A. H   B. O   C. D   D. B

11. 根据国标规定,每个汉字在计算机内占用_____存储。

     A. 1 个字节   B. 2 个字节   C. 3 个字节   D. 4 个字节

二、简答题

1. 将下列十进制数转换成二进制、八进制、十六进制数。

     (1) 123   (2) 78   (3) 54.613   (4) 37.859

2. 用 8 位二进制数写出下列各数的原码、反码和补码。

     (1) 15   (2) 113   (3) -76 (4) -121

3. 完成下列不同进制数之间的转换。

$(246.625)_{10} = ($ $)_2 = ($ $)_8 = ($ $)_{16}$

$(AB.D)_{16} = ($ $)_2 = ($ $)_8 = ($ $)_{10}$

$(1110101)_2 = ($ $)_{10} = ($ $)_8 = ($ $)_{16}$

三、简述题

1. 谈谈二进制、八进制和十六进制等数字表示方法各有什么优点和缺点。

2. 反码和补码相对于原码有什么优点?计算机中的数是用原码表示的还是用反码、补码表示的?

3. 汉字编码有哪几种?各自的特点是什么?

4. 为什么使用二进制计算的时候会出现溢出?

第 3 章
计算机硬件系统

3.1　计算机的系统结构

　　计算机，准确地应称为计算机系统，是指按人的要求接收和存储信息，按程序自动进行处理和计算，并输出结果信息的机器系统。计算机系统是由硬件系统和软件系统两部分组成的，而人们平时只能看到计算机的硬件，软件是在计算机系统内部运行的程序，其实现过程是无法看到的。

　　计算机系统结构的概念是从软件设计者的角度对计算机硬件系统的观察和分析。结构是指各部分之间的关系。计算机的系统结构通常是指程序设计人员所见到的计算机系统的属性，是硬件子系统的结构及其功能特性。这些属性是机器语言程序设计者为其所设计的程序能在机器上正确运行所需遵循的计算机属性，包含概念性结构和功能特性结构两个方面。

　　随着计算机技术的发展，计算机体系结构所包含的内容也在不断变化和发展。目前使用的是广义的计算机体系结构的概念，它既包括经典计算机体系结构的概念，又包括对计算机组成和计算机实现技术的研究。

3.1.1　冯·诺依曼体系结构

　　阿兰·图灵在 1937 年首次提出：所有的可计算问题都可以在一种特殊的机器上执行。这就是现在所说的图灵机。基于图灵机构造的计算机都是在存储器中存储数据的。20 世纪 40 年代，冯·诺依曼指出，鉴于程序和数据在逻辑上是相同的，所以程序也能存储在解释的存储器中。他提出：抛弃十进制，采用二进制作为数字计算机的数制基础。同时提出预先编制计算机程序，然后由计算机来按照事先制定的计算机顺序来执行数值计算工作的思想，这奠定了冯·诺依曼结构的理论基础，也就是著名的"存储程序控制原理"。

1. 冯·诺依曼体系结构的特点及其组成

1946 年 7 月，冯·诺依曼在"电子计算机逻辑设计初探"的报告中正式提出了以二进制、程序存储和程序控制为核心的一系列思想，对 ENIAC 的缺陷进行了有效的改进，从而奠定了冯·诺依曼计算机的体系结构基础。

（1）冯·诺依曼理论要点

冯·诺依曼理论的要点如下。

① 指令像数据那样存放在存储器中，并可以像数据那样进行处理。

② 指令格式使用二进制机器码表示。

③ 使用程序存储控制方式工作。

EDVIC 是最早采用冯·诺依曼体系结构的计算机。半个多世纪过去了，直到今天，商品化的计算机还基本遵循着冯·诺依曼提出的理论。

（2）冯·诺依曼结构的特点

从冯·诺依曼理论的角度看，一台完整的计算机系统必须具有如下功能：运算、自我控制、存储、输入/输出和用户界面。其中，运算、自我控制、存储、输入/输出功能由相应功能模块实现，各模块之间通过连接线路传输信息，我们称为计算机硬件系统；用户界面主要由软件来实现，我们称其为软件系统。冯·诺依曼结构主要有以下特点。

① 指令与数据均是用二进制代码形式表现，电子线路采用二进制。

② 存储器中的指令与数据形式一致，机器对它们同等对待，不加区分。

③ 指令在存储器中按执行顺序存储，并使用一个指令计数器来控制指令执行的方向，实现顺序执行或转移。

④ 存储器的结构是按地址访问的顺序线性编址的一维结构。

⑤ 计算机由五大部分组成：运算器、控制器、存储器、输入设备、输出设备。

⑥ 一个字长的各位同时进行处理，即在运算器中是并行的字处理。

⑦ 运算器的基础是加法器。

⑧ 指令由操作码和地址码两个部分组成。操作码确定操作的类型，地址码指明操作数据存储的地址。

（3）冯·诺依曼结构组成

目前的各种微型计算机系统，无论是简单的单片机、单一板机系统，还是较复杂的个人计算机（PC 机）系统，甚至超级微机和微巨型机系统，从硬件体系结构来看，采用的基本上是计算机的经典结构——冯·诺依曼结构，如图 3.1 所示，整个结构以运算器为中心，数据流动必须经过运算器，并由控制器进行控制。其基本工作原理是存储程序和程序控制。

冯·诺依曼结构计算机由五大部分构成，各部分的功能如下。

① 运算器。它是计算机中进行算术运算和逻辑运算的主要部件，是计算机的主体。在控制器的控制下，运算器接收待运算的数据，完成程序指令指定的基于二进制数的算术

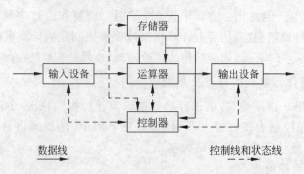

图 3.1　冯·诺依曼结构计算机

运算或逻辑运算。

　　② 控制器。它是计算机的指挥控制中心。控制器从存储器中逐条取出指令、分析指令,然后根据指令要求完成相应操作,产生一系列控制命令,使计算机各部分自动、连续并协调动作,成为一个有机的整体,实现程序的输入、数据的输入、运算并输出结果。

　　③ 存储器。存储器是用来保存程序和数据,以及运算的中间结果和最后结果的记忆装置。计算机的存储系统分为内部存储器(简称内存或主存储器)和外部存储器(简称外存或辅助存储器)。主存储器中存放将要执行的指令和运算数据,容量较小,但存取速度快。外存容量大、成本低、存取速度慢,用于存放需要长期保存的程序和数据。当存放在外存中的程序和数据需要处理时,必须先将它们读到内存中,才能进行处理。

　　④ 输入设备。它是用来完成输入功能的部件,即向计算机送入程序、数据及各种信息的设备。常用的输入设备有键盘、鼠标、扫描仪、磁盘驱动器和触摸屏等。

　　⑤ 输出设备。它是用来将计算机工作的中间结果及处理后的结果进行表现的设备。常用的输出设备有显示器、打印机、绘图仪和磁盘驱动器等。

2. 冯·诺依曼体系结构的演变

　　冯·诺依曼体系结构是一种最为简单且容易实现的计算机结构,在当时元器件可靠性较低的情况下,也是一种很合适的结构。以后,在计算机技术发展的很长一段时期内,基本上没有离开这一结构模式。这种结构存在的主要缺点如下:

　　(1) 存在有两个主要的瓶颈。一是在 CPU 和存储器之间存在频繁的信息交换,而处理器的速度要远远高于存储器的处理速度;二是处理器执行指令是串行的,即每次只能顺序地执行一条指令,指令执行的低效率不能充分发挥处理器的功效。

　　(2) 低级的机器语言和高级的程序设计语言之间存在着巨大的语义差距,此差距往往要靠大量复杂的软件程序来填补。

　　(3) 复杂的数据结构对象无法直接存放到一维线性地址空间的存储器中,必须经过地址映像。

　　半个世纪以来,对冯·诺依曼型计算机结构已做了许多改进。归纳起来采用了两种方法。一种是"改良"方法,即基本上仍保留原来的工作方式,但做了许多重大改进以提高计算机系统性能,并称为改进的冯·诺依曼型计算机结构。另一种是"革命"方法,即彻底推翻冯·诺依曼计算机系统结构,重新设计更完整、更合理的系统。

随着电子技术的发展和实际使用的需要,现代计算机在结构设计上比起冯·诺依曼型结构有了进一步的演变,特别是在微观结构方面,主要表现在以下方面。

(1) 将运算器和控制器集成于一块芯片,称为处理器,并作为中央处理器件,有时甚至将部分存储器和输入/输出接口都集中到微处理器上,称为单片机。

(2) 采用先行控制技术和流水线技术,提高系统作业的吞吐率。引入流水线技术,将传统的串行执行方式转变为并行方式,充分利用处理器内部的功能部件,采用精简指令系统,单周期执行一条或多条指令以提高程序的执行效率。

(3) 采用多体交叉存储器,增加存储带宽。采用多体交叉存储器,可以在一个存储器访问周期中同时对多个存储单元进行访问,可以进行多字的一次性存取,从而增加存储带宽。

(4) 采用总线结构。总线的作用是将计算机的各个部件连接起来,并实现正确的数据传输。总线包括单总线、双总线和多总线。

总线结构的优点如下。

① 简化了系统结构,便于系统设计制造。

② 大大减少了连线数目,便于布线,减小体积,提高系统的可靠性。

③ 便于接口设计,所有与总线连接的设备均采用类似接口。

④ 便于系统的扩充、更新与灵活配置,易于实现系统的模块化。

⑤ 便于设备的软件设计,所有接口的软件就是对不同的口地址进行操作。

⑥ 便于故障诊断和维修,同时也降低了成本。

(5) 以存储器为核心,使 I/O 设备和处理器可并行工作。传统的冯·诺依曼结构以运算器为核心,存储器、输入/输出设备都直接对应运算器,从而使得各种 I/O 设备无法与处理器并行工作。而采用以存储器为核心的结构,可以提高 I/O 设备和处理器并行工作能力。

3.1.2 体系结构的实现——计算机组成

体系结构的实现是依据计算机体系结构的,在确定并且分配了硬件系统的概念结构和功能特性的基础上,设计计算机各个组成部件的具体组成和它们之间的连接关系,实现机器指令级的各种功能和特性。同时,为实现指令的控制功能,还需要设计相应的软件系统来构成整个完整的运算系统。

1. 系列机

同一个计算机体系结构可以对应多个不同的计算机组成,最典型的例子就是系列机。系列机的出现被认为是计算机发展史上的一个重要的里程碑。直到现在,各计算机厂商仍按系列机的思想发展自己的计算机产品。现代计算机不但系统系列化,其构成部件也系列化,如处理器、硬盘等。

系列机是指在同一厂家内生产的具有相同系统结构,但具有不同组成和实现的一系列的机器。它要求预先确定好一种系统结构(软硬件界面)。然后,软件设计者依此进行系统软件设计,硬件设计者则根据不同性能、价格要求,采用各种不同的组成和物理实现技术,向用户提供不同档次的机器。如 Intel 公司推出了 80X86 微机系列,IBM 370 系列有 370/115、125、135、145、158、168 等从低速到高速的各种型号。它们各有不同的性能和价格,采用不同的组成和实现技术。但在中央处理器中,它们都执行相同的指令集,在低档机上可以采用指令分析和指令执行顺序进行的方式,而在高档机上则采用重叠、流水和其他并行处理方式等。

采用这样的方法后,由于机器语言程序员或者编译程序设计者所看到的这些机器的概念性结构和功能属性都是一样的,即机器语言都是一样的。因此,按这个属性(体系结构)编制的机器语言程序及编译程序都能通用于各档机器,我们称这种情况下的各种机器是软件兼容的,即同一个软件可以不加修改地运行于体系结构相同的各档机器上,而且它们所获得的结果一样,差别只在于运行的时间不同。

2. 兼容机

长期以来,软件工作者希望有一个稳定的环境,使他们编制处理的程序能得到广泛的应用,机器设计者又希望根据硬件技术和器件技术的进展不断推出新的机器,而采用系列机的方法较好地解决了硬件技术更新发展快而软件编写开发周期比较长之间的矛盾。由于系列机中的系统结构在相当长的时期内不会改变,改变的只是组成和实现技术,从而使得软件开发有一个较长的相对稳定的周期,有利于计算机系统随着硬件器件技术的不断发展而升级换代,对计算机的发展起到了很大的推动作用。但是,这种兼容性仅限于某一厂商所生产的某一系列机内部,用户不能在不同厂商的产品中进行选择。系列机的思想后来在不同厂家间生产的机器上也得到了体现,出现了兼容机。我们把不同厂家生产的具有相同体系结构的计算机称为兼容机。兼容机一方面由于采用新的计算机组成和实现技术,因此具有较高的性能价格比;另一方面又可能对原有的体系结构进行某种扩充,使它具有更强的功能,因此在市场上具有较强的竞争力。

系列机方法较好地解决了软件移植的问题,但由于这种方法要求系统结构不能改变,这也就在较大程度上限制了计算机系统结构发展,而且所有的软件兼容也是有一定条件约束的。

软件兼容按性能上的高低和时间上推出的先后还可分为向上、向下、向前、向后 4 种兼容。

向上(下)兼容是指按某档机器编制的软件,不加修改就能运行于比它高(低)档的机器上。同一系列内的软件一般应做到向上兼容,向下兼容就不一定,特别是与机器速度有关的实时性软件向下兼容就难以做到。

向前(后)兼容是指在按某个时期投入市场的该型号机器上编制的软件,不用修改就能运行于在它之前(后)投入市场的机器上。同一系列机内的软件必须保证做到向后兼容,不一定非要向前兼容。

3. 微型计算机的组成

微型计算机包含了多种系列、档次、型号的计算机。如 IBM PC 等。这些计算机的共同特点是体积小,适合放在办公桌上使用,而且每个时刻只能一人使用,因此,又称为个人计算机。图 3.2 是 IBM PC 系列机的典型结构。

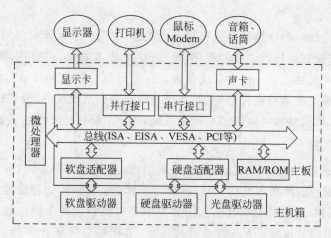

图 3.2 微型机的典型结构

（1）主板

主板是固定在主机箱箱体上的一块电路板，主板上装有大量的有源电子元件。其中主要组件有：CMOS、基本输入/输出系统（basic input and output system，BIOS）、高速缓冲存储器（cache）、内存插槽、CPU 插槽、键盘接口、软盘驱动器接口、硬盘驱动器接口、总线扩展插槽（提供 ISA、PCI 等扩展槽）、串行接口（COM1、COM2）、并行接口（打印机接口 LPT1）。因此，主板是计算机各种部件相互连接的纽带和桥梁。

（2）中央处理器

中央处理器（CPU）是计算机的核心，计算机的运转是在它的指挥控制下实现的，所有的算术和逻辑运算都是由它完成的，因此，CPU 是决定计算机速度、处理能力、档次的关键部件。

（3）存储器

存储器分为内存储器和外存储器，通常简称为内存和外存。内存是计算机的主要工作存储器，一般计算机在工作时，所执行的指令及处理的数据，均从内存取出。内存的速度快，但容量有限，主要用来存放计算机正在使用的程序和数据。外存具有存储容量大、存取速度比内存低的特点，所以它用于存放备用的程序和数据等。外存中存放的程序或数据必须调入内存后，才能被计算机执行和处理。常用的外存有磁盘机、磁带机、光盘机等。

通常把控制器、运算器（中央处理器）和主存储器一起称为主机，而其余的输入/输出设备和辅助存储器称为外部设备。

3.1.3　计算机的指令系统

计算机的程序是由一系列的机器指令组成的，指令是引导计算机执行某种基本操作的最小功能单位，指令就是告诉计算机从事某一特殊运算的命令代码。从计算机组成的层次结构来说，计算机的指令有微指令、机器指令和宏指令之分。微指令是微程序级的命令，它属于硬件；宏指令是由若干条机器指令组成的软件指令，它属于软件；而机器指令则介于微指令与宏指令之间，通常简称为指令，每一条指令可完成一个独立的算术运算或逻辑运算操作。

指令系统则是指一台计算机中全部指令的集合,它反映了计算机所拥有的基本功能,决定了一个 CPU 能够运行什么样的程序,是 CPU 的根本属性。它是机器语言程序员所看到的机器的主要属性之一。指令系统是表征一台计算机性能的重要因素,它的格式与功能不仅直接影响到机器的硬件结构,而且也直接影响到系统软件,影响到机器的适用范围。可以说,计算机就是数字电路加上指令系统,指令系统是计算机的灵魂。

1. 指令的格式

指令的格式是指一条指令由什么样的代码组成,应该包含哪些内容。一般指令中应包括的信息有:操作的种类和性质,我们称之为操作码;操作数的存放地址,在双操作数运算中,如加、减、乘、除、逻辑乘、逻辑加的运算中都需要指定两个操作数,给出两个操作数地址;操作结果存放地址;下条指令存放地址,这样可以保证程序能连续不断地执行下去,直到程序结束。

概括地说,指令是由操作码和地址码两部分组成的一串二进制数码,其中操作码规定了操作的类型,即什么样的操作;地址码规定了要操作的数据所存放的地址,是操作对象,以及操作结果的存放地址。因此,一条指令的结构可用如下形式来表示:

操作码字段	地址码字段

(1) 操作码

在指令系统中,每一条指令都有唯一确定的操作码。

指令的操作码表示该指令应进行什么性质的操作,如进行加法、减法、乘法、除法、取数、存数等。不同的指令用操作码字段的不同编码来表示,每一种编码代表一种指令。例如,操作码 001 可以规定为加法操作,操作码 010 可以规定为减法操作,而操作码 110 可以规定为取数操作等。中央处理器中的专门电路用来解释每个操作码,因此,机器就能执行操作码所表示的操作。

组成操作码字段的位数一般取决于计算机指令系统的规模,较大的指令系统就需要更多的位数来表示每条特定的指令。例如,一个指令系统只有 8 条指令,则有 3 位操作码就够了。如果有 32 条指令,那么就需要 5 位操作码。一般来说,一个包含 n 位的操作码最多能够表示 2^n 条指令。

早期的计算机中,对于一个机器的指令系统,在指令字中操作码字段和地址码字段长度是固定的。目前,在小、微型机中,由于指令字较短,为了充分利用指令字长度,指令字的操作码字段和地址码字段是不固定的,即不同类型的指令有不同的划分,以便尽可能用较短的指令字长来表示越来越多的操作种类,并在越来越大的存储空间中寻址。

(2) 地址码

根据一条指令中有几个操作数地址,可将该指令称为几操作数指令或几地址指令。一般的操作数有被操作数、操作数及操作结果这 3 种数,因而就形成了三地址指令格式,这是早期计算机指令的基本格式。在三地址指令格式的基础上,后来又发展成二地址格式、一地址格式和零地址格式,目前二地址和一地址指令格式用得最多。各种不同操作数的指令格式如图 3.3 所示。

三地址指令	操作码	A_1	A_2	A_3
二地址指令	操作码	A_1		A_2
一地址指令	操作码	A		
零地址指令	操作码			

图 3.3 不同操作数的指令格式

① 零地址指令的指令字中只有操作码，而没有地址码。例如，停机指令就不需要地址码，因为停机操作不需要操作数。

② 一地址指令常称单操作数指令。通常，这种指令是以运算器中累加寄存器(AC)中的数据为被操作数，指令字的地址码字段所指明的数为操作数，操作结果又放回累加寄存器中，而累加寄存器中原来的数随即被冲掉，其数学含义(AC) OP (A)→AC。其中，OP 表示操作性质，如加、减、乘、除等；(AC)表示累加寄存器中的数；(A)表示内存中地址为 A 的存储单元中的数，或者是运算器中地址为 A 的通用寄存器中的数；→表示把操作(运算)结果传送到指定的地方。

注意：*指令字地址码字段 A 指明的是操作数的地址，而不是操作数本身。*

③ 二地址指令常称双操作数指令，它有两个地址码字段 A1 和 A2，分别指明参与操作的两个数在内存中或运算器通用寄存器的地址，其中地址 A1 兼做存放操作结果的地址. 其数学含义为(A1) OP (A2)→A1。

④ 三地址指令字中有三个操作数地址 A1、A2 和 A3，其数学含义为(A1) OP (A2)→A3。其中，A1 为被操作数地址，也称源操作数地址；A2 为操作数地址，也称终点操作数地址；A3 为存放操作结果的地址。同样，A1、A2、A3 可以是内存中的单元地址，也可以是运算器中通用寄存器的地址。

上面介绍的 4 种指令格式，从操作数的物理位置来说，又可归结为 3 种类型。第一种是访问内存的指令格式，我们称这类指令为存储器—存储器(SS)型指令，这种指令操作时都是涉及内存单元，即参与操作的数都放在内存里，从内存某单元中取操作数，操作结果存放至内存另一单元中，因此机器执行这种指令需要多次访问内存。第二种是访问寄存器的指令格式，我们称这类指令为寄存器—寄存器(RR)型指令。机器执行这类指令过程中，需要多个通用寄存器或个别专用寄存器，从寄存器中取操作数，把操作结果放到另一寄存器，机器执行寄存器—寄存器型指令的速度很快，因为执行这类指令，不需要访问内存。第三种类型为寄存器—存储器(RS)型指令，执行此类指令时，既要访问内存单元，又要访问寄存器。

目前在计算机系统结构中，通常一个指令系统中指令字的长度和指令中的地址结构并不是单一的，往往采用多种格式混合使用，这样可以增强指令的功能。

2. 指令、操作数寻址方式

(1) 指令的寻址方式

指令寻址的基本方式有两种：一种是顺序寻址方式；另一种是跳跃寻址方式。

① 顺序寻址方式。由于指令地址在内存中按顺序安排,当执行一段程序时,通常是一条指令接一条指令地顺序进行。也就是说,从存储器取出第一条指令,然后执行这条指令;接着从存储器取出第二条指令,再执行第二条指令;接着再取出第三条指令……这种程序顺序执行的过程,我们称为指令的顺序寻址方式。为此,必须使用程序计数器(又称指令计数器)来计数指令的顺序号,该顺序号就是指令在内存中的地址。

② 跳跃寻址方式。当程序转移执行的顺序时,指令的寻址就采取跳跃寻址方式。所谓跳跃,是指下条指令的地址码不是由程序计数器给出,而是由本条指令给出。注意,程序跳跃后,按新的指令地址开始顺序执行。因此,指令计数器的内容也必须相应改变,以便及时跟踪新的指令地址。采用指令跳跃寻址方式,可以实现程序转移或构成循环程序,从而能缩短程序长度,或将某些程序作为公共程序引用。指令系统中的各种条件转移或无条件转移指令,就是为了实现指令的跳跃寻址而设置的。

(2) 操作数寻址方式

操作数的寻址方式是指形成操作数的有效地址的方法。

操作数所在地址有如下 3 种情况。

① 操作数在主存储器中。这时指令的地址码部分指明了操作数所在的内存单元的地址。

② 操作数在运算部件的某个寄存器中。这时指令的地址码部分指明了 CPU 中的一个寄存器。

③ 操作数就在指令中。指令的地址码部分就是操作数本身,这种操作数叫作立即数。

目前,由于大型机、中型机、小型机和微型机结构不同,从而形成了各种不同的操作数寻址方式。下面介绍一些比较典型而常用的寻址方式。

① 立即寻址。指令的地址字段指出的不是操作数的地址,而是操作数本身,这种寻址方式称为立即寻址。立即寻址方式的特点是指令执行时间很短,因为它不需要访问内存取数,从而节省了访问内存的时间;缺点是地址字段的位数限制了立即数的范围。

② 直接寻址。直接寻址是一种基本的寻址方法,其特点是:在指令格式的地址字段中直接给出操作数在内存的地址 D。由于操作数的地址直接给出而不需要经过某种变换或运算,所以称这种寻址方式为直接寻址方式,采用直接寻址方式时,指令字中的形式地址 D 就是操作数的有效地址,因此通常把形式地址 D 又称为直接地址。其优点是指令执行阶段只访问一次存储器,缩短了指令长度;缺点是地址码的位数决定了该指令操作数的寻址范围,操作数的地址不易修改。

③ 寄存器寻址方式。当操作数不放在内存中,而是放在中央处理器的通用寄存器中时,可采用寄存器寻址方式。显然,此时指令中给出的操作数地址不是内存的地址单元号,而是通用寄存器的编号,在 IBM 370 计算机的指令结构中,RR 型指令就是采用寄存器寻址方式。其特点是:指令执行阶段不在访问存储器,只访问寄存器,执行速度快;寄存器个数有限,可缩短指令字长。

④ 隐含寻址。这种类型的指令,不是明显地给出操作数的地址,而是在指令中隐含着操作数的地址。例如,单地址的指令格式,就不是明显地在地址字段中指出第二操作数

的地址,而是规定累加寄存器作为第二操作数地址,指令格式明显指出的仅是第一操作数的地址 D。因此,累加寄存器对单地址指令格式来说是隐含地址。

⑤ 间接寻址。间接寻址是相对于直接寻址而言的,在间接寻址的情况下,指令地址字段中的形式地址 D 不是操作数的真正地址,而是操作数地址的指示器,或者说 D 单元的内容才是操作数的有效地址。间接寻址又分为一次间接和多次间接。一次间接是指形式地址 D 是操作数地址的地址,多次间接是指这种间接变换在两次或两次以上。

⑥ 相对寻址方式。相对寻址是把程序计数器的内容加上指令格式中的形式地址而形成操作数的有效地址,程序计数器的内容就是当前指令的地址。因此,所谓"相对"寻址,就是相对于当前指令地址而言,采用相对寻址方式的好处是程序员无须用指令的绝对地址编程,因而所编程序可以放在内存任何地方。此时形式地址 D 通常称为位移量,其值可正可负,相对于当前指令地址进行浮动。

⑦ 变址和基值寻址方式。变址寻址方式与基值寻址方式有点类似,它是把某个变址寄存器或基值寄存器的内容,加上指令格式中的形式地址而形成操作数的有效地址。这两种寻址方式的优点是:第一,可以扩大寻址能力,因为同形式地址相比,基值寄存器的位数可以设置得很长,从而可在较大的存储空间中寻址。第二,通过变址寻址方式,可以实现程序块的浮动。第三,变址寻址可以使有效地址按变址寄存器的内容实现有规律的变化,而不改变指令本身。习惯上基值寻址中基值寄存器提供基准量而指令提供位移量,而变址寻址中变址寄存器提供修改量而指令提供基准量。

⑧ 复合寻址方式。复合寻址方式是把间接寻址方式同相对寻址方式或变址方式相结合而形成的寻址方式。它分为先间接方式与后间接方式两种。

⑨ 块寻址方式。块寻址方式经常用在输入/输出指令中,以实现外存储器或外围设备同内存之间的数据块传送,块寻址方式在内存中还可用于数据块搬家。

块寻址时,通常在指令中指出数据块的起始地址(首地址)和数据块的长度(字数或字节数)。如果数据块是定长的,只需在指令中指出数据块的首地址;如果数据块是变长的,可用 3 种方法指出它的长度:①指令中划出字段指出长度;②指令格式中指出数据块的首地址与末地址;③由块结束字符指出数据块长度。

3. 指令的类型

一台计算机指令系统的指令从几十条到几百条不等。不同机器的指令系统是各不相同的,从指令的功能来考虑,一个较完善的指令系统应包括数据传送指令、算术运算指令、逻辑运算指令、程序控制指令、输入/输出指令等。

(1) 数据传送指令

数据传送指令主要包括取数指令、存数指令、传送指令、成组传送指令、字节交换指令、清累加器指令等,这类指令主要用来实现主存和寄存器之间,或寄存器和寄存器之间的数据传送。例如,通用寄存器中的数据存入主存;通用寄存器中的数据送到另一通用寄存器;从主存中取数至通用寄存器;累加寄存器清零或主存单元清零等。

(2) 算术运算指令

算术运算指令包括二进制定点加、减、乘、除指令,浮点加、减、乘、除指令,求反、求补指令,算术移位指令,算术比较指令,有些机器还有十进制算术运算指令。这类指令主要用于定点或浮点的算术运算。有些大型机中有向量运算指令,直接对整个向量或矩阵进行求和、求积运算。

（3）逻辑运算指令

逻辑运算指令包括逻辑加、逻辑乘、按位加、逻辑移位等指令,主要用于代码的转换、判断及运算。

移位指令用来对寄存器的内容实现左移、右移或循环移位。左移时,若寄存器的数为算术数,符号位不动,其他位左移,低位补零,右移时则高位补零,这种移位称算术移位。移位时,若寄存器的数为逻辑数,则左移或右移时,所有位一起移位,这种移位称逻辑移位。

（4）程序控制指令

计算机在执行程序时,通常情况下按指令计数器的现行地址顺序取指令。但有时会遇到特殊情况:机器执行到某条指令时,出现了几种不同的结果,这时机器必须执行一条转移指令,根据不同结果进行转移,从而改变程序原来执行的顺序。这种转移指令称为条件转移指令。转移条件有进位标志(C)、结果为零标志(Z)、结果为负标志(N)、结果溢出标志(V)和结果奇偶标志(P)等。

除各种条件转移指令外,还有无条件转移指令、转子程序指令、返回主程序指令、中断返回指令等。

转移指令的转移地址一般采用直接寻址和相对寻址方式来确定。若采用直接寻址方式,则称为绝对转移,转移地址由指令地址码部分直接给出;若采用相对寻址方式,则称为相对转移,转移地址为当前指令地址(程序计数器的值)和指令地址部分给出的位移量相加之和。

（5）输入/输出指令

输入/输出指令主要用来启动外围设备,检查测试外围设备的工作状态,并实现外部设备和CPU之间或外围设备与外围设备之间的信息传送。

各种不同机器的输入/输出指令差别很大,例如,有的机器指令系统中含有输入/输出指令,而有的机器指令系统中没有设置输入/输出指令。这是因为各个外部设备的寄存器和存储器单元统一编址,CPU可以和访问内存一样地去访问外部设备。换句话说,可以使用取数、存数指令来代替输入/输出指令。

（6）堆栈操作指令

堆栈操作指令通常有两条。一条是进栈指令,执行两个动作:将数据从CPU压入堆栈栈顶,修改堆栈指示器。另一条是退栈指令,也执行两个动作:修改堆栈指示器,从栈顶取出数据到CPU。这两条指令是成对出现的,因而在程序的中断嵌套、子程序调用嵌套过程中十分有用和方便。

（7）字符串处理指令

字符串处理指令是一种非数值处理指令,一般包括字符串传送、字符串转换(把一种编码的字符串转换成另一种编码的字符串)、字符串比较、字符串查找(查找字符串中某一子串)、字符串抽取(提取某一子串)、字符串替换(把某一字符串用另一字符串替换)等。这类指令在文字编辑中对大量字符串进行处理。

（8）特权指令

特权指令是指具有特殊权限的指令。由于指令的权限最大，若使用不当，会破坏系统和其他用户信息，因此，这类指令只用于操作系统或其他系统软件，一般不直接提供给用户使用。

在多用户、多任务的计算机系统中特权指令必不可少。它主要用于系统资源的分配和管理，包括改变系统工作方式，检测用户的访问权限，修改虚拟存储器管理的段表、页表，完成任务的创建和切换等。

（9）其他指令

除以上各类指令外，还有状态寄存器置位、复位指令、测试指令、停机指令，以及其他一些特殊控制用的指令。

4. 指令系统的设计

指令系统的设计主要是功能设计和指令格式的设计，这里主要介绍两种不同风格的指令系统。

（1）指令功能设计

指令功能设计的基本思想是：计算机系统中的一些基本操作应由硬件实现还是由软件实现；某些复杂操作是由一条专用的指令实现，还是由一串基本指令实现。希望能在充分发挥硬件功能的条件下，尽可能多地对高级语言和操作系统提供支持。从性能价格比来讲，如何达到最优呢？

从目前操作系统和高级语言来说，对一种计算机，指令系统的功能设计总体上要求具有完整性、规整性和可扩充性。

① 完整性。指令系统要包括各种基本指令类型，能处理机器所具有的各种数据表示。

② 规整性。各寄存器和内存单元在指令系统中处于对等地位，这对将来译码、执行比较有利，主要表现在对称性和均匀性两个方面。对称性指各种与指令系统有关的数据存储设备的使用、操作码的设置等都要对称。如所有寄存器要同等对待。这一点在日前的许多计算机系统中都没有做到，往往隐含规定某一个或某几个通用寄存器有特殊用途。均匀性是指对于各种不同的数据类型、字长、数据存储设备、操作种类等，指令的设置要同等对待。

③ 可扩充性。要保留一定余量的操作码空间，为以后的扩展所用。这一点主要是考虑兼容性的要求。没有兼容性，大量的系统软件和更多的各种应用软件将无法使用，计算机也就没有了市场，所以兼容性是必须考虑的。一般来讲，后生产的机器，总要对原有指令进行扩充，以提高计算机的性能。

为了使指令系统对软件层次有较好的支持，指令集在其基本功能之上都要进行扩展和改进。当前在指令功能的设计、发展和改进上有两种截然不同的方向，一种是强化指令功能的复杂指令系统计算机（CISC）；另一种是降低指令集结构的复杂性，以达到简化实现，提高性能目的的精简指令系统计算机（RISC）。

（2）CISC 的设计风格

早期计算机的指令系统还是比较简单的，当时受制于计算机中的硬件比较昂贵和可靠性较低的约束。随着器件技术和微组装技术的不断发展,这些不再是计算机性能不高的主要问题;另外,大量的系统软件和应用软件对计算机兼容性的要求,都促使计算机科学家为提高计算机的性能,满足软件发展的需要,不断增强原有指令的功能和引入一些复杂的、功能更强的指令,这就开始出现了CISC。

CISC指令系统的突出特点是指令系统庞大,指令格式、指令长度不统一,指令系统功能丰富强大。

① CISC的主要设计原则如下。

a. 指令越丰富、功能越强,编译程序越好写,指令效率越高。

b. 指令系统越丰富,越可减轻软件危机。

c. 指令系统丰富,尤其是存储器操作指令的增多,可以改善系统结构的质量。

d. 以微程序控制器为核心,指令存储器与数据存储器共享同一个物理存储空间。

CISC追求的目标是:强化指令功能,减少程序的指令条数,已达到提高性能的目的。Intel公司设计的奔腾处理器是CISC体系结构的优秀典范,有191种指令和9种寻址方式。

② CISC的缺陷。大量丰富的指令、可变的指令长度、多样的寻址方式是CISC的特点,但当其发展提高到一定程度后,指令系统的复杂性便成为其进一步获得提高的包袱,也就是CISC缺点所在。研究表明,CISC结构存在下列主要问题。

a. 指令使用率不均衡。在CISC结构的指令系统中,各种指令使用频率悬殊。据统计,约有20%的指令使用频率最大,占运行时间的80%。也就是说有80%的指令只在20%的运行时间内才会用到。

b. 结构复杂,不利于VLSI实现。CISC结构指令系统的复杂性导致整个计算机系统结构的复杂性,不仅增加了研制时间和成本,而且还容易导致设计错误。另外,大量的复杂指令必然增加译码的难度,许多复杂指令需要很复杂的操作,不利于提高运行速度,且容易导致芯片工作不稳定。

c. 不利于采用先进结构提高性能。在CISC结构的指令系统中,由于各条指令的功能不均衡,不利于采用先进的计算机体系结构技术(如流水技术)来提高系统的性能,阻碍了计算机整体能力的进一步提高。

针对以上问题,人们提出了RISC结构设想。

(3) RISC设计风格

相对于CISC,RISC的指令系统相对简单,只要求硬件执行很有限且最常用的那部分指令,大部分复杂的操作则使用成熟的编译技术,由简单指令合成。

① RISC的设计思想。RISC并非只是简单地减少指令,而是把着眼点放在了如何使计算机的结构更加简单合理及提高运输速度上。通过优先选取使用率最高的简单指令,避免复杂指令;将指令长度固定,指令格式和寻址方式减少;以控制逻辑为主,不用或少用微码控制等措施来达到上述目的。RISC思想的核心是:从现代计算机系统设计和应用统计得出的两个规律即简单事件可以更快速处理;小规模器件的速度可以做得更快,体现了RISC思想的精髓。概括地说,RISC指令集设计时选择使用概率高的指令构成指令集,这些大概率指令一般是简单指令,因此控制器可以设计得简单、高速,且占用处理器

电路芯片的面积少,空出较多的集成电路芯片面积来增加寄存器数量。在编译的配合下减少访存次数,减少指令间的各种相关和竞争,尽可能得到最佳指令序列,从而提高计算机系统的整体性能。

② RISC 的结构特征从指令系统结构上看,RISC 体系结构一般具有如下特点。

a. 精简指令系统。可以通过对过去大量的机器语言程序进行指令使用频度的统计,来选取其中常用的基本指令,并根据对操作系统、高级语言、应用环境等的支持增设一些常用指令。

b. 减少指令系统可采用的寻址方式种类,一般限制在 2 种或 3 种。

c. 在指令的功能、格式和编码设计上尽可能地简化和规整,让所有指令尽可能等长。

d. 单机器周期指令,即大多数的指令都可以在一个机器周期内完成,并且允许处理器在同一时间内执行一系列的指令。

RISC 计算机具备结构简单、易于设计和程序执行效率高的特点,得到了广泛的应用,当今 UNIX 领域 64 位处理器大多采用了 RISC 技术。

3.2　CPU

以微处理器(CPU)为核心,加上由大规模集成电路实现的存储器、输入/输出接口及系统总线所组成的计算机称为微型计算机。微型计算机的结构与普通电子计算机基本相同。它由 CPU、一定容量的存储器(包括 ROM、RAM)、接口电路(包括输入接口、输出接口)和外部设备(输入设备和输出设备)几个部分组成。各功能部件之间通过总线有机地连接在一起,其中微处理器是整个微型计算机的核心部件。图 3.4 给出了微型计算机的基本结构。在冯·诺依曼描述的系统结构中并没有明确地提出总线的概念,各部分之间主要通过专用的电路连接。

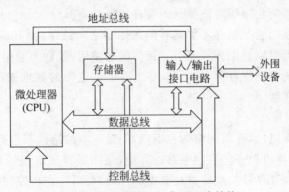

图 3.4　微型计算机的典型组成结构

3.2.1　CPU 的基本功能及组成

CPU 也叫中央处理单元(central processing unit),是计算机的核心部件。从体系结构上看,CPU 包含了运算器和控制器,以及为保证它们高速运行所需的寄存器。寄存器是 CPU 内部用于临时存放数据的少量高速专用存储器。CPU 从存储器中取出指令和数据,将它们放入 CPU 的内部寄存器。在控制器中,根据微码或专用译码电路,把指令分解成一系列的操作步骤,然后发出各种控制命令,完成一条指令的执行。指令是计算机规定执行操作的类型和操作数的基本命令。

CPU 的基本功能如下。

(1) 指令控制。CPU 通过执行指令来控制程序的执行顺序,这是 CPU 的重要职能。

(2) 操作控制。一条指令功能的实现需要若干操作信号来完成,CPU 产生每条指令的操作信号并将操作信号送往不同的部件,控制相应的部件按指令的功能要求进行操作。

(3) 时序控制。CPU 通过时序电路产生的时钟信号进行定时,以控制各种操作按照指定的时序进行。

(4) 数据处理。完成对数据的加工处理是 CPU 最根本的任务。

1. 运算器

运算器在硬件实现时称为算术逻辑运算部件(arithmetic logic unit,ALU),它是计算机中执行各种算术和逻辑运算操作的部件。运算器的基本操作包括加、减、乘、除四则运算,与、或、非、异或等逻辑操作,以及移位、比较、传送等操作。

(1) 运算器与计算机其他部件的关系

运算器与控制器的关系是:运算器接收控制器发来的各种运算控制命令进行运算,运算过程中产生的各种信息,包括运算结果特征标志和状态信息,再反馈给控制器。运算器与存储器的关系是:存储器可以把参加运算的数据传送给运算器,运算器也可以把运算结果传送给存储器,同时运算器提供存储器的地址。

(2) 运算器的功能

运算器的首要功能是完成数据的算术运算和逻辑运算,实现对数据的加工与处理,由其内部的 ALU 承担,它在给出运算结果的同时,还给出结果的某些特征,如是否溢出,有无进位,结果是否为零、为负等,这些结果信息通常保持在几个特定的触发器中。要保证 ALU 正常运行,必须向它指明应该执行的某种运算功能。

运算器的第二项功能是暂存参加运算的数据和之间结果,由其内部的一组寄存器承担。因为这些寄存器可以被汇编程序员直接访问与使用,故称为通用寄存器,以区别于那些计算机内部设置的专用寄存器。为了向 ALU 提供正确的数据来源,必须指明通用寄存器组中的哪个寄存器。

(3) 运算器的组成

对于不同的计算机,运算器的结构也不同,但最基本的结构都包括加法器、移位器、多路选择器、通用寄存器组和一些控制电路。其中,通用寄存器组包括累加寄存器、数据缓冲寄存器和状态条件寄存器。运算器是数据加工处理部件,它在控制器的指挥控制下,完成指定的运算处理功能。运算器通常包括定点运算器和浮点运算器两种类型。定点运算器主要完成对整数类型的数据和逻辑类型的数据的算术和逻辑运算以及浮点数的算术运算。

通用寄存器组用于存放参加运算的数据。输入端的多路选择器用于从寄存器组中选出一路数据送入加法器中参加运算。输出端的多路选择器对输出结果又移位输出的功能。由加法器和各种控制电路组成的逻辑电路可以完成加、减、乘、除及逻辑运算的功能。

（4）运算器的各种原理

运算器是计算机继续算术和逻辑运算的重要部件。运算器的逻辑结构取决于机器指令系统、数据表示方法、运算方法、电路等。运算方法的基本思想是：各种复杂的运算处理最终可分解为四则运算与基本的逻辑运算，而四则运算的核心是加法运算。可以通过补码运算化减为加，加减运算与移位的有机配合可以实现乘除运算，阶码与尾数的运算组合可以实现浮点运算。

运算器要合理、准确地完成运算功能，需要明确以下几个问题。

首先，需要明确参加运算的数据来源和运算结果的去向。运算器能直接运算的数据，通常来自于运算器本身的寄存器。这里有 3 个概念，一是寄存器的数量为几个至几百个不等，它们要能最快速地提供参与运算的数据，需要能够指定使用哪个寄存器中的数据参加运算；二是这些寄存器能接收数据运算的结果，需要有办法指定让哪个寄存器来接收数据运算的结果；三是在时间关系上，什么时刻送出数据参加运算，什么时刻能正确地接收数据运算结果。

其次，需要明确将要执行的运算功能，是对数值数据的算术运算功能？哪一种算术运算？还是对逻辑数据的逻辑运算功能？哪一种逻辑运算？另外一个问题是，运算器完成一次数据运算过程由多个时间段组成。

最后，运算器部件只有和计算机的其他部件连接起来才能协同完成指令的执行过程，也就是说，运算器需要有办法接收其他部件（如内存储器或者计算机的输入设备）送来的数据，才能源源不断地得到参加运算的数据来源；运算器还需要有办法送出它的运算结果到其他部件（如内存储器或者计算机的输出设备），才能体现出它的运算处理效能和使用价值。运算器接受数据输入和送出运算结果都是经过计算机的总线实现的，总线属于组合逻辑电路，不能记忆数据。

2. 控制器

控制器是整个系统的控制指挥中心，在控制器的控制之下，运算器、存储器和输入/输出设备等部件构成了一个有机的整体。

（1）控制器的功能

控制器的基本功能是负责指令的读出，进行识别和解释，并指挥协调各功能部件执行指令。也就是正确地分步完成每一条指令规定的功能，正确且自动地连续执行指令。其具体功能如下。

① 程序控制。保证机器按一定的顺序执行程序是控制器的首要任务。

② 操作控制。根据指令操作码和时序信号产生各种操作控制信号，完成对取指令和执行指令过程的控制。

③ 时间控制。对各种操作实施时间上的控制，各种指令的操作信号均受到时间的严格控制，一条指令的整个执行过程也受到时间的严格控制。

（2）控制器的组成

① 指令部件。是由程序计数器、指令寄存器、指令译码器、状态字寄存器和地址形成部件。

② 时序部件。它用来产生各部件所需要的定时控制信号的部件。时序信号一般由

工作周期、工作节拍和工作时标脉冲三级时序信号构成。

③ 微操作控制逻辑。微操作是指计算机中最基本的操作,微操作控制逻辑用来产生机器所需的全部微操作信号,微操作控制逻辑的作用是把操作码译码器输出的控制电位、时序信号及各种控制条件进行组合,按一定时间顺序产生并发出一系列微操作控制信号,以完成指令规定的全部操作。

④ 中断控制逻辑。它用来控制中断处理的硬件逻辑。

(3) 指令执行过程

控制器的作用是控制整个计算机的各个部件有条不紊地工作,它的基本功能就是从内存取指令和执行指令。

执行指令的过程分为如下几个步骤。

① 取指令。控制器首先按程序计数器所指出的指令地址从内存中取出一条指令。

② 指令译码。将指令的操作码部分送指令译码器进行分析,然后根据指令的功能向有关部件发出控制命令。

③ 按指令操作码执行。根据指令译码器分析指令产生的操作控制命令及程序状态字寄存器的状态,控制微操作形成部件产生一系列 CPU 内部的控制信号和输出到 CPU 外部控制信号。在这一系列控制信号的控制下,实现指令的具体功能。

④ 形成下一条指令地址。若非转移类指令,则修改程序计数器的内容;若是转移类指令,则根据转移条件修改程序计数器的内容。

通过上述步骤逐一执行一系列指令,就能够使计算机按照这一系列指令组成的程序的要求自动完成各项任务。

3. 寄存器组

寄存器是 CPU 中的一个重要组成部分,它是 CPU 内部的临时存储单元。寄存器既可以用来存放数据和地址,也可以存放控制信息或 CPU 工作时的状态。在 CPU 中增加寄存器的数量,可以使 CPU 把执行程序时所需的数据尽可能地放在寄存器中,从而减少访问内存的次数,提高其运行速度。但是,寄存器的数目也不能太多,除了增加成本外,寄存器地址的编码增加还会增加指令的长度。CPU 中的寄存器通常分为存放数据的寄存器、存放地址的寄存器、存放控制信息的寄存器、存放状态信息的寄存器和其他寄存器等类型。

累加器是一个数据寄存器,在运算过程中暂时存放被操作数和中间运算结果,不能用于长时间地保存一个数据。

通用寄存器组是 CPU 中的一组工作寄存器,运算时用于暂存操作数或地址。在汇编程序中使用通用寄存器可以减少访问内存的次数,提高运算速度。

标志寄存器也称为状态字寄存器,用于记录运算中产生的标志信息。状态字寄存器中的每一位单独使用,称为标志位。标志位的取值反映了 ALU 当前的工作状态,可以作为条件转移指令的转移条件。

指令寄存器用于存放正在执行的指令,指令从内存取出后送入指令寄存器。其操作码部分经指令译码器送微操作信号发生器,其地址码部分指明参加运算的操作数的地址形成方式。在指令执行过程中,指令寄存器中的内容保持不变。

数据缓冲寄存器用来暂时存放由内存储器读出的一条指令或一个数据字;反之,当向内存存入一条指令或一个数据字时,也暂时将它们存放在数据缓冲寄存器中。

地址寄存器用来保存当前 CPU 所访问的内存单元的地址。由于在内存和 CPU 之间存在着操作速度上的差别,所以必须使用地址寄存器来保持地址信息,直到内存的读/写操作完成为止。

根据 CPU 的结构特点还有一些其他寄存器,如堆栈指示器、变址寄存器和段地址寄存器等。

3.2.2 CPU 的主要性能指标

CPU 是计算机的核心,其重要性好比大脑对于人一样,因为它负责处理、运算计算机内部的所有数据,CPU 的种类决定了所使用的操作系统和相应的软件。

1. CPU 主频、外频、倍频

主频指 CPU 内核工作的时钟频率,简单地说,就是 CPU 的工作频率,单位是 MHz,用来表示 CPU 的运算速度。一般来说,一个时钟周期完成的指令数是固定的,所以同类型 CPU 主频越高,速度也就越快。CPU 的运算速度还要看 CPU 的流水线的各方面的性能指标、缓存的大小、核心的类型等。但在同类型产品中,如 Intel 奔腾双核 E5400(频率 2 700MHz)肯定比 E5200(频率 2 500MHz)的运行速度快。

外频是指 CPU 的外部时钟频率,是 CPU 与主板之间同步运行的速度。外频是 CPU 的基准频率,单位也是 MHz。CPU 的外频决定着整块主板的运行速度。一个 CPU 默认的外频只有一个,主板必须能支持这个外频。此外,超频时经常需要超外频。外频改变后系统很多其他频率也会改变,除了 CPU 主频外,前端总线频率、PCI 等各种接口频率,包括硬盘接口的频率都会改变,都可能造成系统无法正常运行。随着计算机技术的发展,人们发现前端总线频率需要高于外频,因此,采用了 QDR 技术,或者其他类似的技术实现这个目的。外频与前端总线频率的区别:外频是 CPU 与主板之间同步运行的速度,而前端总线的速度指的是数据传输的速度。

在 486 之前,CPU 的主频还处于一个较低的阶段,CPU 的主频一般都等于外频。而在 486 出现以后,由于 CPU 工作频率不断提高,而 PC 机的一些其他设备(如插卡、硬盘等)却受到工艺的限制,不能承受更高的频率,从而限制了 CPU 频率的进一步提高,因此出现了倍频技术。该技术能够使 CPU 内部工作频率变为外部频率的倍数,从而通过提升倍频而达到提升主频的目的。倍频技术就是使外部设备可以工作在一个较低外频上,而 CPU 主频是外频的倍数。主频=外频×倍频。

2. CPU 前端总线

CPU 前端总线(front side bus,FSB)是将 CPU 连接到主板北桥芯片的总线。CPU 就是通过前端总线连接到北桥芯片,进而通过北桥芯片和内存、显卡交换数据。前端总线是 CPU 和外界交换数据的最主要通道,因此,前端总线的数据传输能力对计算机整体性能作用很大,如果没足够快的前端总线,再强的 CPU 也不能明显提高计算机的整体速度。数据传输最大带宽取决于所有同时传输的数据的宽度和传输频率,即数据带宽=(总线频率×数据位宽)÷8。目前 PC 机上所能达到的前端总线频率有 266MHz、333MHz、400MHz、533MHz、800MHz、1 066MHz、1 600MHz、2 000MHz 几种,前端总线频率越大,代表着 CPU 与北桥芯片之间的数据传输能力越大,更能充分发挥出 CPU 的功能。显然同等条件下,前端总线越快,系统性能越好。

3. CPU 的封装及接口

封装也可以说是指安装半导体集成电路芯片用的外壳,它不仅起着安放、固定、密封、保护芯片和增强导热性能的作用,而且还是沟通芯片内部世界与外部电路的桥梁——芯片上的接点用导线连接到封装外壳的引脚上,这些引脚又通过印刷电路板上的导线与其他器件建立连接。目前采用的 CPU 封装多是用绝缘的塑料或陶瓷材料包装起来,能起着密封和提高芯片电热性能的作用。由于现在处理器芯片的内频越来越高,功能越来越强,引脚数越来越多,封装的外形也不断在改变。封装时主要考虑的因素:芯片面积与封装面积之比,为提高封装效率,尽量接近 1∶1;引脚要尽量短以减少延迟,引脚间的距离尽量远,以保证互不干扰,提高性能;基于散热的要求,封装越薄越好。

CPU 需要通过某个接口与主板连接才能进行工作。CPU 经过这么多年的发展,采用的接口方式有引脚式、卡式、触点式、针脚式等。CPU 接口类型不同,其插孔数、体积、形状都有变化,所以不能互相接插。

Intel CPU 常见的接口如下。

(1) Socket 775(LGA 775)。Socket 775 又称为 Socket T,是目前应用于 Intel LGA 775 封装的 CPU 所对应的接口,Socket 775 接口 CPU 的底部没有传统的针脚,而代之以 775 个触点,即并非针脚式而是触点式,通过与对应的 Socket 775 插槽内的 775 根触针接触来传输信号。Socket 775 接口不仅能够有效提升处理器的信号强度、提升处理器频率,也可以提高处理器生产的良品率、降低生产成本。

(2) Socket 1366(LGA 1366)。LGA 1366 接口又称 Socket B,逐步取代流行多年的 LGA 775。从名称上就可以看出,LGA 1366 要比 LGA 775A 多出约 600 个针脚,这些针脚用于 QPI 总线、三条 64bit DDR3 内存通道等连接。Bloomfield、Gainestown 及 Nehalem 处理器的接口为 LGA 1366,比目前采用 LGA 775 接口的 Penryn 的面积大了 20%。

(3) Socket 1156(LGA 1156)。LGA 1156 又叫作 Socket H1,是 Intel 在 LGA 775 与 LGA 1366 之后的 CPU 插槽。它也是 Intel Core i3/i5/i7 处理器(Nehalem 系列)的插槽,读取速度比 LGA 775 高。目前主流 1156 接口的 CPU 为 i3 和 i5 系列。LGA 1155 的另一个名字是 Socket H2,它支持 Sandy Bridge 架构的二代 Core i 系列处理器,LGA 1155 相比目前的 LGA 1156 接口将减少 1 个触点;除了在触点数量上的变化外,两种处理器边上的凹槽位置也并不一致,LGA 1155 的为 11.5mm 而 LGA 1156 的为 9mm,内部方面,LGA 1155 也相对 LGA 1156 接口进行了电源层的调整。

4. 缓存

CPU 缓存是位于 CPU 与内存之间的临时存储器,它的容量比内存小得多但是交换速度却比内存要快得多。CPU 内缓存的运行频率极高,一般是和处理器同频运作,工作效率远远大于系统内存和硬盘。缓存的出现主要是为了解决 CPU 运算速度与内存读写速度不匹配的矛盾。

L1 Cache(一级缓存)是 CPU 第一层高速缓存,分为数据缓存和指令缓存。内置的 L1 高速缓存的容量和结构对 CPU 的性能影响较大,不过高速缓冲存储器均由静态 RAM 组成,结构较复杂,在 CPU 管芯面积不能太大的情况下,L1 级高速缓存的容量不可能做得太大。一般服务器 CPU 的 L1 缓存的容量通常在 32~256KB。

L2 Cache(二级缓存)是 CPU 的第二层高速缓存,分内部和外部两种芯片。内部的芯片二级缓存运行速度与主频相同,而外部的二级缓存则只有主频的一半。L2 高速缓存容量也会影响 CPU 的性能,原则是越大越好,以前家庭用 CPU 容量最大的是 512KB,现在笔记本电脑中也可以达到 2MB,而服务器和工作站上用 CPU 的 L2 高速缓存更高,可以达到 8MB 以上。

L3 Cache(三级缓存)分为两种,早期的是外置,现在的都是内置的。L3 缓存的应用可以进一步降低内存延迟,同时提升大数据量计算时处理器的性能。第二代酷睿 i7 移动式处理器的 L3 Cache 达到 4~12MB。

5. 工作电压

CPU 的工作电压指的也就是 CPU 正常工作所需的电压,与制作工艺及集成的晶体管数相关。正常工作的电压越低,功耗越低,发热减少。CPU 的发展方向,也是在保证性能的基础上,不断降低正常工作所需要的电压。从 586 CPU 开始,CPU 的工作电压分为内核电压和 I/O 电压两种,通常 CPU 的内核电压小于等于 I/O 电压。其中内核电压的大小是根据 CPU 的生产工艺而定,一般制作工艺越小,内核工作电压越低;I/O 电压一般都在 1.6~5V。

6. 制造工艺

制造工艺的微米是指 IC 内电路与电路之间的距离。制造工艺的趋势是向密集度愈高的方向发展。密度愈高的 IC 电路设计,意味着在同样大小面积的 IC 中,可以拥有密度更高、功能更复杂的电路设计。现在主要有 180nm、130nm、90nm、65nm、45nm 工艺。2010 年 6 月采用全新 32nm 制造工艺的第二代 i3/i5/i7 系列 CPU。2013 年发布基于 22nm 工艺的 Ivy Bridge 微架构 CPU。

而 AMD 则表示,自己的产品将会直接跳过 32nm 工艺(2010 年第三季度生产少许 32nm 产品、如 Orochi、Llano)于 2011 年期初发布 28nm 的产品。

3.2.3 摩尔定律与处理器的发展

近几十年以来,计算机技术的发展速度可谓日新月异,尤其是 CPU 技术的发展。关于硬件技术发展最有影响的理论是摩尔定律。

1. 摩尔定律

摩尔定律源于 Intel 创始人之一戈登·摩尔早在 1965 年提出的一份关于计算机存储器发展趋势的报告。根据他对当时掌握的数据资料的整理和分析研究,发现了一个重要趋势:每一代新的芯片大体上包含其前一代产品两倍的容量,新一代芯片的产生在前一代产生后的 18～24 个月。事实证明这一规律一直延续至今,并且还惊人地准确。人们还发现摩尔定律不仅适用于对存储芯片的描述,也精确地说明了处理机能力和磁盘驱动器存储容量的发展。

摩尔定律主要内容归纳如下。

(1) 芯片技术的发展具有周期性,每个周期是 18～24 个月。

(2) 集成电路芯片上所集成的电路的数目,每隔一个周期就翻一番。

(3) 处理器的性能每隔一个周期提高一倍,并且价格同比下降一倍。

随着计算机技术的发展,摩尔定律得到业界人士的公认,并产生了巨大的反响,逐渐成为硬件领域最重要的规律。许多基于未来预期的研究和预测都以它为理论基础。摩尔定律并非数学、物理定律,而是对发展趋势的一种分析预测,因此,无论是它的文字表述还是定量计算,都应当容许出现一定的误差。

2. 处理器的发展

处理器的发展在过去几十年里取得了惊人的成就,以 Intel 公司的产品为例,其 1971 年推出的第一款 4004 处理器有 2 250 个晶体管,工作频率为 740kHz,能执行 4 位运算,支持 8 位指令集及 12 位地址集;1985 年推出的 80386 系列处理器有 27.5 万个晶体管,是第一种 32 位处理器,包括数据、地址都是 32 位,可寻址高达 4GB 的内存,工作频率提高到 33MHz;1993 年推出第五代高性能的 Pentium 微处理器,晶体管数量达到 310 万个,工作频率提高到 200MHz;1999 年第一季度发布了 Pentium Ⅲ 新产品,结构上 Pentium Ⅲ 仍是 32 位结构,含有 950 万个晶体管,采用 $0.25\mu m$ 制程技术生产,频率达到 1 400MHz;2002 年推出 Pentium Ⅵ 微处理器,采用 $0.13\mu m$ 制程技术生产,含有 5 500 万个晶体管;2005 年发布第一款双核处理器 Pentium D,含有 2.3 亿个晶体管,采用 90nm 制程技术生产,采用 64 位内核,工作频率达到 3.2GHz;之后 Core 2 生产工艺又提升至 45nm,代表产品是 Penryn,四核心 Penryn 的晶体管数量达到了 8.2 亿,核心频率也达到了 3.2GHz。

2010 年 3 月 16 日,Intel 公司正式推出了 Core i7 处理器至尊版 Intel Core i7 980x 处理器。Core i7 980x 是全球第一款桌面六核 CPU,基于 Intel 最新的 Westmere 架构,采用领先业界的 32nm 制作工艺,拥有 3.33GHz 主频、12MB 三级缓存,并继承了 Core i7 900 系列的全部特性,如集成三通道内存控制器、支持超线程技术、睿频加速技术、智能缓存技术等。2012 年 4 月份,第三代 Core 系列处理器,第三代 Core i 系列带来了五大主要改进:22nm 3-D 晶体管,更低功耗、更强效能;新一代核芯显卡,GPU 支持 DX11、性能大幅度提升;核心与指令集的优化,同频下 CPU 性能更强;新技术,如第二代高速视频同步技术、PCI-E 3.0 等;安全性,系统更安全。其他公司也在相应时期推出相应等级的产品。

3. 中国龙芯 CPU

龙芯处理器是由中国科学院计算所研发的,是中国自行开发的首款通用处理器。

2002 年,龙芯一号的研制流片成功,标志着中国拥有了真正自主知识产权的处理器产品。龙芯一号 CPU IP 核是兼顾通用及嵌入式 CPU 特点的 32 位处理器内核,采用类 MIPS Ⅲ 指令集,具有七级流水线、32 位整数单元和 64 位浮点单元。

2003 年 10 月研发成功的龙芯二号是国内首款款 64 位通用处理器,龙芯 2 号采用 180nm 的 CMOS 工艺制造,片上集成了 1 350 万个晶体管,硅片面积 6.2mm×6.7mm,最高频率为 500MHz,功耗为 3～5W。龙芯二号实现了先进的四发射超标量超流水结构,片内一级指令和数据高速缓存各 64KB,片外二级高速缓存最多可达 8MB。龙芯 2 号是 1.3GHz 的威盛处理器的 2 倍,已达到相当于 Pentium Ⅲ 的水平。

2009 年研制成功的龙芯三号则是我国首款多核心通用处理器。首批龙芯三号的处理器代号是"龙芯 3A",采用 65nm 制造工艺和 BGA 封装格式,主频 1GHz,浮点运算 16 gigaflops,有 4.25 亿个晶体管,功耗只有 10W,芯片集成了 4 个核心,两个 16 位 HyperTransport 1.0 控制器,4MB 二级缓存,内存控制器支持 DDR2 和 DDR3;龙芯 3B 同样是 65nm 工艺,主频仍然是 1GHz,集成了 8 个核心,每个核心 2 个 256 位矢量协同处理器,5.83 亿个晶体管,浮点运算 128 gigaflops,功耗 40W。

综合起来看,处理器的发展主要有以下几个方面。

(1) 处理字长增加,从最初的 4 位,增加到目前的 64 位。

(2) 晶体管数量快速增加,说明处理器的结构日趋复杂,从最初的数千个,增加到目前的上亿个,增加了 20 多万倍。

(3) 处理工作频率提高,从不到 1MHz,提高到 3GHz 以上,提高超过 4 000 倍。

(4) 从单内核发展到现在的多内核。

3.2.4　CPU 新技术简介

1. 超线程技术

超线程技术(hyper-threading technology,HT)最早是由美国 DEC 公司研发的。超线程技术可以简单理解为利用特殊的硬件指令,把两个逻辑内核模拟成两个物理芯片,让单个微处理器都能使用线程级并行运算,从而兼容多线程操作系统和软件,提高微处理器的性能。对于操作系统而言,它可视为两个分离的逻辑微处理器,每个逻辑微处理器可以各自对请求作出响应。当其中的一个逻辑微处理器跟踪某个线程的时候,另一个逻辑微处理器就可以跟踪其他线程,两个逻辑微处理器共享一组微处理器执行单元,并行完成算术和逻辑等操作。这样一来,操作系统把工作线程安排好以后,就分派给这两个逻辑上的微处理器执行。

2. 睿频加速技术

睿频加速技术是基于 CPU 的电源管理技术来现实的,通过分析当前 CPU 的负载情况,智能地完全关闭一些用不上的核心,把能源留给正在使用的核心,并使它们运行在更高的频率,从而提供更强的性能;相反,需要多个核心时,动态开启相应的核心,智能调整频率。这样,在不影响 CPU 的热设计功耗的情况下,能把核心工作频率调得更高。第二代睿频加速技术与第一代相比,有两个很大的改进:更加智能、更高能效。第二代睿频加速技术不再受热设计功耗的限制,而是通过 CPU 内部温度进行监测,在 CPU 内部温度许可的情况下可以超过热设计功耗提供更大的睿频幅度,不睿频时却更节能;CPU 和 GPU 都可以睿频,而且可以一起睿频。简单来说,第二代睿频加速技术更智能、更高效。

3.3　存储器

存储器是计算机的基本组成部分,用于存放计算机工作必需的数据和程序。在程序执行过程中,CPU所需要的指令从存储器中读取,运算器执行指令所需要的操作数也要从存储器中读取,运算结果要写到存储器中。各种输入/输出设备也要直接与存储器交换数据。因此,在计算机执行程序的整个过程中,存储器是各种信息存储和交换的中心,处理器实际运行的大部分周期用于对存储器的读写或访问,所以存储器的性能在很大程度上决定计算机性能的优劣。

3.3.1　存储器的基本概念

计算机系统的一个重要特征是具有极强的"记忆"能力,能够把大量计算机程序和数据存储起来。存储器是计算机系统内最主要的记忆设备,既能接收计算机内的信息(数据和程序),又能保存信息,还可以根据命令读取已保存的信息。计算机中所有的信息都存储在存储器中,为了解决存储器的容量、速度和价格三者之间的矛盾,计算机的存储体系采用多级结构,使计算机存储器的性价比更趋于合理。

1. 存储器的功能

存储器是计算机的记忆设备,进入计算机的程序、数据等都存放在存储器中。程序运行时,输入设备在CPU的控制下把程序和数据输入存储器,CPU从存储器中存取程序和数据,而经过处理的结果数据则在CPU的控制下通过输出设备输出到计算机之外。由此可见,存储器也是计算机程序和数据的收发集散地。

存储系统指存储器硬件设备及管理它们的软件和硬件。由于计算机对存储器提出的基本要求是大容量、高速度、低成本,单一的存储器很难满足以上要求,因此,需要将不同的存储器合理、有机地组织起来,才能构成计算机的存储体系。

2. 存储器的分类

存储器有多种分类方法。

(1) 根据存储器是位于主机内部还是外部,可以分为内存储器和外存储器。

内存储器(主存)位于主机内部,主要用于存放当前执行的程序和数据,与外存储器相比,其存储容量较小,但存储速度较快。

外存储器(辅存)位于主机外部,主要用于存放当前不参加运行的程序和数据。当需要时,辅存可以以批处理的方式与内存交换信息,但不能由CPU直接访问。其特点是存储容量大,但存储速度较慢,典型的外存储器有磁盘、磁带、光盘等。

(2) 根据所使用的材料,可分为磁存储器、半导体存储器和光存储器。

磁存储器是用磁性介质做成的,如磁芯、磁泡、磁膜、磁鼓、磁带及磁盘等。

半导体存储器根据所用元件又可分为双极型和MOS型;根据数据是否需要刷新,又可分为静态和动态两类。

光存储器,如光盘存储器。

（3）根据工作方式，又可分为读写存储器和只读存储器。

读写存储器（read write memory）是既能读取数据也能存入数据的存储器。这类存储器的特点是它存储信息的易失性，即一旦去掉存储器的供电电源，则存储器所存信息也随之丢失。

只读存储器所存的信息是非易失的，也就是它存储的信息去掉供电电源后不会丢失，当电源恢复后它所存储的信息依然存在。根据数据的写入方式，这种存储器又可细分为ROM、PROM、EPROM 和 EEPROM 等类型。

固定只读存储器（read only memory，ROM）是在厂家生产时就写好数据的，其内容只能读出，不能改变，故这种存储器又称为掩膜 ROM。这类存储器一般用于存放系统程序 BIOS 和用于微程序控制。

可编程的只读存储器（programmable read only memory，PROM）的内容可以由用户一次性写入，写入后不能再修改。

可擦除可编程只读存储器（erasable programmable read only memory，EPROM）的内容既可以读出，也可以由用户写入，写入后还可以修改。改写的方法是，写入之前先用紫外线照射 15～20 分钟以擦去所有信息，然后再用特殊的电子设备写入信息。

电擦除的可编程只读存储器（electrically erasable programmable read only memory，EEPROM）与 EPROM 相似，其中的内容既可以读出，也可以进行改写。只不过这种存储器是用电擦除的方法进行数据的改写。

闪速存储器（flash memory）简称闪存，其特性介于 EPROM 和 EEPROM 之间，类似于 EEPROM，闪存也可使用电信号进行信息的擦除操作。整块闪存可以在数秒内删除，速度远快于 EPROM。

（4）按访问方式可分为按地址访问的存储器和按内容访问的存储器。

（5）按寻址方式分类可分为随机存储器、顺序存储器和直接存储器。

随机存储器（random access memory，RAM）可对任何存储单元存入或读取数据，访问任何一个存储单元所需的时间是相同的。

顺序存储器（sequentially addressed memory，SAM）访问数据所需要的时间与数据所在的存储位置相关，磁带是典型的顺序存储器。

直接存储器（direct addressed memory，DAM）是介于随机存取和顺序存取之间的一种寻址方式。磁盘是一种直接存取存储器，它对磁道的寻址是随机的，而在一个磁道内，则是顺序寻址。

3．存储器的主要指标

描述一个存储器性能优劣的主要指标有存储容量、存储周期和访问时间等。

（1）存储容量。它是指存储器可以容纳的二进制信息量。存储容量有两种解释：一是指整个内存储器或外存储器的容量；二是指一个功能完备的基本存储体（如集成电路板）所能汇集的最大信息量。所谓功能完备，是指在存储阵列之外，还包含有能完成随机读写操作的外围电路。

通常用字数×位数或用字节数表示存储器的容量。常用单位及其换算关系如下（除了 1Byte＝8bit 外，相邻的两个单位的换算比例都是 1 024∶1）。

　　KB,千,1 024Byte。

　　MB,兆(百万),1 048 576Byte 或 1 024KB。

　　GB,吉,千兆,1 073 741 824Byte 或 1 024MB。

　　TB,太,百万兆,1 099 511 627 776Byte 或 1 024GB。

　　PB,皮,十亿兆,1 125 899 906 842 624Byte 或 1 024TB。

　　EB,万亿兆,1 152 921 504 606 846 976Byte 或 1 024PB。

　　ZB,1 024EB。

　　YB,1 024ZB。

　　NB,1 024YB。

　　DB,1 024NB。

　　若用 L 表示字长,N 表示每个存储体字数,M 表示存储体的个数,则总存储器容量为

$$S = L \cdot N \cdot M$$

　　(2) 存储周期。它是指处理器可以连续两次启动某个存储器所需的最小时间间隔(T_M)。若把存储器被连续访问时可以提供的数据传送率定义为存储器的频宽 B_m,显然有

$$B_m = W/T_M$$

式中,W 为存储器的总线宽度。

　　(3) 访问时间(或存取时)。它是指从存储器收到有效地址到在其输出端出现有效数据的时间间隔(T_A)。访问时间与存储周期不尽相同。例如,在半导体静态 RAM 中读或写操作之后没有刷新要求,所以其存储周期与访问时间相同;但在半导体动态 RAM 中读或写操作之后还需要考虑到刷新所消耗的时间。因此,一般有

$$T_M \geqslant T_A$$

　　(4) 性价比。它是衡量存储器的综合性指标,要根据对存储器的不同用途、不同环境要求进行对比选择。一般用每字节成本 c(价格 C/容量 S,单位:元/字节)来表示。其中价格 C 不仅包括存储单元本身的价格,也包括存储器系统中所需要的逻辑电路的价格。对于包括多种存储介质的存储体系,可用平均字节成本 c' 来表示其性价比,即

$$c' = (C_1 + C_2 + \cdots + C_n)/(S_1 + S_2 + \cdots + S_n)$$

　　(5) 功耗。它反映存储器的耗电量,也相应地反映了存储器部件发热的程度。由于温升会限制存储容量的增大,功耗小对存储器的工作稳定有利。

　　(6) 可靠性。它是指在规定的时间内存储器正常工作的概率。通常用平均故障间隔时间来衡量。半导体存储器采用大规模集成电路结构,所以可靠性高。

4. 存储器的多级结构

　　在一个计算机系统中,对存储器的容量、速度和价格这三个基本性能指标都有一定的要求。存储容量应确保各种应用的需要;存储器速度应尽量与 CPU 的速度相匹配,并支持 I/O 操作;存储器的价格应比较合理。然而,这三者经常是互相矛盾的。例如,存储器的速度越快,价格就越高;存储器的容量越大,其速度就越慢。按照目前的技术水平,仅仅采用一种技术组成单一的存储器是不可能同时满足这些要求的,只有采用由多级存储器组成的存储体系,把几种存储技术结合起来,才能较好地解决存储器大容量、高速度和低成本三者之间的矛盾。

存储器的多级结构如图 3.5 所示,最上层是 CPU 中的通用寄存器,由于很多运算可直接在 CPU 的通用寄存器中进行,所以减少了 CPU 与主存的数据交换,解决了速度匹配的问题。RISC 芯片率先采用了大量的通用寄存器组,大大提高了计算机的运算速度。高速缓冲存储器设置在 CPU 和主存之间,可以放在 CPU 内部或外部,其作用也是解决主存与 CPU 的速度匹配问题。由主存与高速缓冲存储器构成的"主存—高速缓冲存储器"存储层次,从 CPU 来看,接近于高速缓冲存储器的速度与主存的容量,并接近于主存的每位价格。

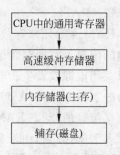

图 3.5 存储器的多级结构

但是,以上两层仅解决了速度匹配问题,但是容量还是受到主存容量的制约。因此,在多级存储结构中又增设了辅存(由磁盘构成),随着操作系统和硬件技术的完善,主存与辅存之间的信息传送均可由辅助软件和硬件自动完成,从而构成了"主存—辅存"存储层次。在这一层次上,速度接近于主存的速度,容量是辅存的容量,每位价格接近于廉价慢速的辅存的价格,从而又弥补了主存容量的不足。

多级存储结构构成的存储体系是一个整体。从 CPU 来看,这个整体的速度接近于高速缓冲存储器和寄存器的操作速度,容量是辅存(或海量存储器)的容量,每位价格接近于辅存的价格。从而较好地解决了存储器中速度、容量和价格三者之间的矛盾,满足了计算机系统的应用需要。

随着半导体工艺水平的发展和计算机技术的进步,存储器多级结构的构成可能会有所调整,但由多级存储结构形成存储体系这一设计思想是不会改变的。以主存储器为例,随着半导体存储器芯片集成度的提高,主存容量可能会达到几千兆字节或更高,但由于系统软件和应用软件的发展,主存的容量总是满足不了应用的需求,由主存和辅存为主体的多级存储体系也就会长期存在下去。

3.3.2 主存

主存是指 CPU 能够直接访问的存储器,又称为主存储器(内存)。外部存储器(如硬盘、软盘、磁带、CD-ROM 等)由于速度较慢,CPU 一般都要通过内存对其进行间接访问。由于内存直接与 CPU 进行数据交换,因此,内存都采用速度较快的半导体存储器作为存储介质。如今内存已成为继 CPU 之后,直接体现微型机整机性能和档次的关键部件。如果内存没有更快的工作频率和存取速度、更大的容量及内部数据带宽,即使 CPU 功能再强大也不能发挥作用,更不能使整机性能得到提升。

1. 主存的类型

主存是一组或多组具有数据输入/输出和数据存储功能的集成电路。内存根据其存储信息的特点,主要有两种基本类型:一种是只读存储器(ROM),只读存储器具有只读性,存放一次性写入的程序和数据,只能读出,不能写入;另一种是随机存储器(RAM),允许程序通过指令随机地读或写其中的数据。在微型机系统中,主存储器和高速缓冲存储器主要都采用随机存取存储器。人们常见的内存条就是随机存取存储器中的动态 RAM。

（1）RAM

RAM 主要用来存放系统中正在运行的程序、数据和中间结果，以及用于与外部设备交换的信息。它的存储单元根据需要可以读出，也可以写入，但只能用于暂时存放信息，一旦关闭电源或发生断电，其中的数据就会丢失。RAM 多采用 MOS 型半导体电路，它分为静态 RAM（SRAM）和动态 RAM（DRAM）两大类。静态 RAM 是靠双稳态触发器来记忆信息的，动态 RAM 是靠 MOS 电路中的栅极电容来记忆信息的。动态是指当把数据写入 DRAM 后，由于栅极电容上的电荷会产生泄露，经过一段时间，数据就会丢失，因此，需要设置一个刷新电路，定时给予刷新，以此来保持数据的连续性。由于设置了刷新操作，动态 RAM 的存取速度比静态 RAM 要慢得多。但是，动态 RAM 比静态 RAM 集成度高、功耗低，从而成本也低，适于作大容量存储器，所以主存通常采用动态 RAM，而高速缓存则普遍使用静态 RAM。

（2）SDRAM

SDRAM（synchronous DRAM，同步动态随机存储器）是 PC100 和 PC133 规范所广泛使用的内存类型，其接口为 168 线的 DIMM 类型（这种类型接口内存插板的两边都有数据接口触片），最高速度可达 5ns，工作电压 3.3V。SDRAM 与系统时钟同步，以相同的速度同步工作，即在一个 CPU 周期内来完成数据的访问和刷新，因此数据可在脉冲周期开始传输。SDRAM 也采用了多体存储器结构和突发模式，能传输一整块而不是一段数据，大大提高了数据传输率，最大可达 133MHz。

（3）DDR SDRAM

DDR SDRAM（double data rate SDRAM），指双倍数据传输率同步动态随机存储器，最早的 DDR SDRAM 是 SDRAM 的升级版本。SDRAM 只在时钟周期的上升沿传输指令、地址和数据；而 DDR SDRAM 的数据线有特殊的电路，可以让它在时钟的上下沿都传输数据。DDR SDRAM 与普通 SDRAM 的另一个比较明显的不同点在于额定电压，普通 SDRAM 的额定电压为 3.3V，而 DDR SDRAM 则为 2.5V，更低的额定电压意味着更低的功耗和更小的发热量。

（4）DDR2 时代

DDR2 能够在 100MHz 的发信频率的基础上提供每插脚最少 400Mb/s 的带宽，而且其接口将运行于 1.8V 电压上，从而进一步降低发热量，以便提高频率。此外，DDR2 将融入 CAS、OCD、ODT 等新性能指标和中断指令，提升内存带宽的利用率。从 JEDEC 组织者阐述的 DDR2 标准来看，针对 PC 等市场的 DDR2 内存将拥有 400MHz、533MHz、667MHz 等不同的时钟频率。高端的 DDR2 内存将拥有 800MHz、1 000MHz 两种频率。DDR2 内存采用 200 针脚、220 针脚、240 针脚的 FBGA 封装形式。最初的 DDR2 内存采用 $0.13\mu m$ 的生产工艺，内存颗粒的电压为 1.8V，容量密度为 512MB。

（5）DDR3 时代

DDR3 相比起 DDR2 有更低的工作电压，从 DDR2 的 1.8V 降落到 1.5V，性能更好、更省电；DDR2 的 4bit 预读升级为 8bit 预读。DDR3 目前最高能够达到 2 000MHz 的速度，尽管目前最为快速的 DDR2 内存速度已经提升到 800MHz/1 066MHz 的速度，但是 DDR3 内存模组仍会从 1 066MHz 起跳。

2. 主存的组成

主存主要由存储体、主存控制线路、地址寄存器、数据寄存器和地址译码电路等部分组成,如图 3.6 所示。

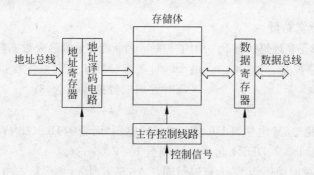

图 3.6 主存的组成

地址寄存器用来存放由地址总线提供的将要访问的存储单元的地址码。地址寄存器的位数 N 决定了其可寻址的存储单元的个数 M,即 $M=2^N$。

数据寄存器指用来存放要写入存储体的数据或从存储体中读取的数据。

存储体指存放程序和数据的存储空间。

地址译码电路根据存放在地址寄存器中的地址码,在存储体中找到相应的存储单元。

主存控制线路根据读写命令,控制主存储器的各部分协作完成相应的操作。

对主存的操作分为读操作和写操作。读出时,CPU 把要读取的存储单元的地址送入地址寄存器,经地址译码线路分析后选中主存的对应存储单元,在控制线路的作用下,将被选存储单元的内容读取到数据寄存器中,读操作完成。写入时,CPU 将要写入的存储单元的地址送入地址寄存器,经地址译码线路分析后选中主存的对应存储单元,在控制线路的作用下,将数据寄存器的内容写入指定的存储单元中,写操作完成。

3. 内存的性能指标

(1) 存储容量

存储容量是内存的一项重要指标,因为它将直接制约系统的整体性能。内存条通常有 256MB、512MB、1GB、2GB、4GB 等容量级别,其中 4GB 内存已成为当前的主流配置,而较高配置的微型机的内存容量已高达 8GB、16GB。

(2) 存储时间

存储时间是指存储器从接到读或写的命令起,到读写操作完成为止所需要的时间。将存储时间细分为取数时间和存取周期。取数时间是指存储器从接收读出命令到被读出信息稳定在数据寄存器的输出端为止的时间间隔。存取周期是指两次独立的存取操作之间所需的最短时间。

(3) 接口类型

接口类型是根据内存条金手指上导电触片的数量来划分的,金手指上的导电触片也习惯称为针脚数(Pin)。因为不同的内存采用的接口类型各不相同,而每种接口类型所采用的针脚数也各不相同。笔记本内存一般采用 144Pin、200Pin 接口;台式机内存则基本使用 168Pin 和 184Pin 接口。对应于内存所采用的不同的针脚数,内存插槽类型也各不相同。目前台式机系统主要有 SIMM、DIMM 和 RIMM 三种类型的内存插槽,而笔记本内存插槽则是在 SIMM 和 DIMM 插槽基础上发展而来的,基本原理并没有变化,只是在针脚数上略有改变。

(4) 内存的带宽总量

内存带宽总量是在理想状态下一组内存在 1s 内所能传输的最大数据容量。计算公式为:

$$内存带宽总量(MB)=最大时钟频率(MHz)×总线宽度(bit)$$
$$×每时钟周期数据段数量/8$$

(5) 电压

SDRAM 使用 3.3V 电压,DDR 使用 2.5V 电压,而新的 DDR2 内存使用 1.8V 电压,DDR3 的工作电压 1.5V,DDR4 起步电压降至 1.2V。

另外,还有系统时钟周期、最大延迟时间、CAS 延迟时间、错误检查与校正、奇偶检验等。

4. 高速缓冲存储器

(1) 高速缓冲存储器的特点

高速缓冲存储器的出现主要有两个因素:首先,由于 CPU 的速度和性能提高很快而主存速度较低且价格高;其次,程序执行具有局部性特点。因此,才将速度比较快而容量有限的静态存储器芯片构成高速缓冲存储器,以尽可能发挥 CPU 的高速度。显然,要尽可能发挥 CPU 的高速度就必须用硬件实现其全部功能。

高速缓冲存储器的主要特点如下。

① 高速缓冲存储器位于 CPU 和主存之间,容量较小,一般在几千字节到几兆字节之间。

② 速度一般比主存快 5~10 倍,由快速半导体存储器制成。

③ 其内容是主存内容的副本(频繁使用的 RAM 位置的内容及这些数据项的存储地址),对程序员来说是透明的。

(2) 高速缓冲存储器的组成

高速缓冲存储器主要由两部分组成:控制部分和存储器部分。高速缓冲存储器以块为单位进行操作,当 CPU 发出访问内存操作请求后,首先由控制部分判断 CPU 要访问的信息是否在高速缓冲存储器中,若在即为命中,若不在则没有命中。

命中时,若是读,则直接对高速缓冲存储器读,与主存无关。若是写,则高速缓冲存储器单元和主存单元同时写;只更新高速缓冲存储器单元并加标记,移出时修改主存;只写入主存,并在高速缓冲存储器中加标记。

未命中时,若是读取操作,则从主存中读取数据送 CPU,并且按照确定的替换原则把该数据写入高速缓冲存储器;若是写入操作,则将数据直接写入主存即可。

3.3.3　硬盘

外部存储设备主要包括软盘、硬盘、光存储设备和近来迅速发展的一些移动存储设备。硬盘是最重要的存储设备,微型机在运行时,操作系统及所有的应用软件等都存储在硬盘中。

1. 硬盘的发展

从第一块硬盘 RAMAC 的问世到现在单碟容量高达 250GB 甚至更多的硬盘,硬盘也经历了几代的发展,以下是其概略的发展历史。

1956 年 9 月,IBM 公司的一个工程小组向世界展示了第一台硬磁盘存储系统 IBM 350 RAMAC(random access method of accounting and control),其磁头可以直接移动到盘片上的任何存储区域,从而成功地实现了随机存储。这套系统的总容量只有 5MB,共使用了 50 个直径为 24 英寸(1 英寸＝2.54 厘米,下同)的磁盘,这些盘片表面涂有一层磁性物质,它们被叠起来固定在一起,绕着同一个轴旋转。1968 年,IBM 公司首次提出温彻斯特技术,探讨对硬盘技术进行重大改造的可能性。随后,1973 年,IBM 公司制造出第一台采用温彻斯特技术的硬盘,此后硬盘的发展一直沿用此种技术。到了 1979 年,IBM 又发明了薄膜磁头,为进一步减小硬盘体积、增大容量、提高读写速度提供了可能。20 世纪 80 年代末期,IBM 对硬盘的发展又作出了一项重大贡献,即发明了 MR(magneto resistive,磁阻)磁头,这种磁头在读取数据时对信号变化相当敏感,使得盘片的存储密度能够比以往 20MB 每英寸提高了数十倍。1991 年 IBM 生产的 3.5 英寸的硬盘使用了 MR 磁头,使硬盘的容量首次达到了 1GB,从此硬盘容量开始进入了 GB 数量级。此后又开发出 GMR 磁头(巨磁阻),它比 MR 具有更高的灵敏性,进一步提高了硬盘的容量。1999 年 9 月 7 日,Maxtor 宣布了首块单碟容量高达 10.2GB 的 ATA 硬盘出现,从而把硬盘的容量引入了一个新里程碑。时至今日 3.5 英寸的盘片单碟密度已达 80GB 以上。

2000 年 2 月 23 日,希捷发布了转速高达 15 000rpm 的 Cheetah X15 系列硬盘,其平均寻道时间仅 3.9ms,它也是到目前为止转速最高的硬盘;其性能相当于阅读一整部 Shakespeare 只花 15s。此系列产品的内部数据传输率高达 48Mb/s,数据缓存为 4～16MB,支持 Ultra 160/m SCSI 及 Fibre Channel(光纤通道),这将硬盘外部数据传输率提高到了 160～200Mb/s。总的来说,希捷的此款 Cheetah X15 系列将硬盘的性能提升到了一个全新的高度。

2000 年 3 月 16 日,硬盘领域又有新突破,第一款"玻璃硬盘"问世,这就是 IBM 推出的 Deskstar 75 GXP 及 Deskstar 40GV,此两款硬盘均使用玻璃取代传统的铝作为盘片材料,这能为硬盘带来更大的平滑性及更高的坚固性。另外,玻璃材料在高转速时具有更高的稳定性。此外 Deskstar 75 GXP 系列产品的最高容量达 75GB,而 Deskstar 40GV 的数据存储密度则高达 14.3 十亿数据位/平方英寸,这再次刷新了数据存储密度的世界纪录。

硬盘的容量不断提升的同时,传输速率也在不断提高。在 20 世纪 90 年代初,SCSI 接口发展为 SCSI-2,早期的 SCSI-2 产品(通称 Fast SCSI),通过提高同步传输频率,使数据传输速率从原来的 5Mb/s 提高为 10Mb/s。到了 1995 年,更高速的 SCSI 接口标准——SCSI-3 诞生了。SCSI-3 又称 Ultra SCSI,其数据传输率提高到 20Mb/s。1998 年 9 月,数据传输速率高达 160Mb/s 的 Ultra 160/m SCSI(Wide 模式下的 Fast-80)标准正式公布,新一代 SCSI 硬盘将对应这一最新的硬盘接口标准。

在 IDE 接口方面,1994 年,增强型的 IDE 接口 EIDE 问世了,它使用 LBA 寻址模式解决了原有 IDE 接口无法支持高于 528MB 的硬盘的问题,并使得一个接口能同时连接两个设备，还大大提高了数据传输速率。E-IDE 最终由 ANSI 认可为 ATA-2。1998 年 2 月由 Quantum 公司牵头推出了支持 66Mb/s 数据传输率的 Ultra ATA 66 标准。2001 年的 7 月 31 日，Maxtor 发布了 Ultra ATA 133 接口标准，作为 Maxtor 力推的下一代硬盘的接口标准。可以预言，今后的硬盘肯定还将继续向着高速、大容量的方向发展下去。

2. 硬盘的工作原理和结构

硬盘是一种磁介质的外部存储设备，数据存储在密封、洁净的硬盘驱动器内腔的多片磁盘片上。这些盘片一般是在以铝为主要成分的片基表面涂上磁性介质所形成，在磁盘片的每一面上，以转动轴为轴心、以一定的磁密度为间隔的若干个同心圆，被划分成若干个磁道；每个磁道又被划分为若干个扇区，数据就按扇区存放在硬盘上；在每一面上都相应地有一个读写磁头，所有盘片相同位置的磁道就构成了所谓的柱面。

硬盘的基本工作原理是这样的：硬盘驱动器加电正常工作后，利用控制电路中的初始化模块进行初始化工作，此时磁头置于盘片中心位置。初始化完成后，主轴电动机将启动，并以高速旋转，装载磁头的小车机构移动，将浮动磁头置于盘片表面的 00 道，处于等待指令的启动状态。当主机下达存取磁盘片上的数据的命令时，就通过前置放大控制电路，发出驱动电动机运动的信号，控制磁头定位机构将磁头移动，搜寻要存取数据的磁道扇区位置，进行数据读写。

硬盘的第一个扇区(00 道 00 头 01 扇区)被保留为主引导扇区。在主引导扇区内主要有两项内容，即主引导记录和硬盘分区表。主引导记录是一段程序代码，其作用主要是对硬盘上安装的操作系统进行引导；硬盘分区表则存储了硬盘的分区信息。微型机启动时将读取该扇区的数据，并对其合法性进行判断(扇区最后两个字节是否为 0x55AA 或 0xAA55)，如合法则跳转执行该扇区的第一条指令。硬盘的主引导扇区常常成为病毒攻击的对象，常被篡改，甚至被破坏。

3. 硬盘的性能指标

(1) 硬盘容量

硬盘作为存储微型机所安装的软件及各种多媒体数据的主要外部存储器，其容量的大小是一个非常重要的指标。硬盘的容量通常以吉字节(GB)为单位，目前主流硬盘的容量为 2 个以上。影响硬盘容量大小的因素有单碟容量和盘片数量。

单碟容量即每张盘片的最大容量，这是反映硬盘综合性能指标的一个重要因素。一方面，较大的单碟容量有着更大的数据存储密度，在磁盘转速和磁头的操作速度不变的情况下，在单位时间内能够存取更多的数据量，即能够提高磁盘的内部数据传输率；另一方面，因为目前 3.5 英寸硬盘受到空间等因素的限制，最大也只能同时容纳 5 张盘片，单碟容量的增加能够使硬盘具有更大的容量，同时，也能够进一步控制成本。单碟容量如此重要，使得它已经成为了一个硬盘先进与否的标志。目前 EIDE 硬盘最大的单碟容量是 60GB。单碟容量的增长可以带来 3 个好处。一是硬盘容量的提高。由于硬盘盘体内一般只能容纳 4~5 张碟片，所以硬盘总容量的增长只能通过增加单碟容量来实现。二是传输速度的增加。因为盘片的表面积是一定的，那么只有增加单位面积内数据的存储密度，这样一来，磁头在通过相同的距离时就能读取更多的数据，对于连续存储的数据来说，性能提升非常明显。三是成本下降。例如,同样是 40GB 的硬盘,若单碟容量为 10GB,那么需要 4 张盘片和 8 个磁头;要是单碟容量上升为 20GB,那么需要两张盘片和 4 个磁头;对于单碟容量达 40GB 的硬盘来说,只要一张盘片和两个磁头就够了,能够节约很多成本。目前硬盘单碟容量正在飞速增加,但硬盘的总容量增长速度却没有这么快,这正是增加单碟容量并减少盘片数的结果。出于成本和价格两方面的考虑,两张盘片是个比较理想的平衡点。

在硬盘使用中,往往发现微型机中显示出来的容量要比其标称值小,这是由于采用不同的转换关系造成的。在微型机中,1GB=1 024MB,而硬盘生产厂家通常按 1GB=1 000MB 来标称硬盘容量。

(2) 平均寻道时间、平均潜伏时间和平均访问时间

硬盘的平均寻道时间是指磁头从初始位置移到目标磁道所需的时间,单位为毫秒,它是影响硬盘数据传输率的重要参数。硬盘存取数据的过程大致是这样的:当硬盘接到存取指令后,经过一个寻道时间,磁头从初始位置移到目标磁道位置,然后等待所需数据扇区旋转到磁头下方(经过一个等待时间),开始读取数据。所以硬盘在读取数据时,要经过一个寻道时间和一个等待时间,所以硬盘的平均访问时间=平均寻道时间+平均等待时间。平均寻道时间受限于硬盘的机械结构,当然越小越好。现在硬盘的平均寻道时间应小于 9ms。平均潜伏时间是指相应数据所在的扇区转到磁头下的时间,一般在 1~6ms。平均访问时间则是平均寻道时间与平均潜伏时间之和,它最能够代表硬盘找到某一数据所用的时间。

(3) 转速

硬盘的转速是指硬盘内,驱动电动机主轴的转动速度,单位为 r/min。目前 IDE 硬盘的主轴转速一般为 5 400~7 200r/min。主流硬盘的转速为 7 200r/min。SCSI 硬盘主轴转速可达 7 200~10 000r/min,最高的 SCSI 硬盘主轴转速高达 15 000r/min(为希捷的捷豹 X15 系列)。

(4) 最大内部数据传输率

最大内部数据传输率也称为持续数据传输率,单位是 Mb/s,它是指磁头到硬盘高速缓存之间的传输速度。目前的主流硬盘在容量、平均访问时间、转速等方面都相差不大,但在内部传输率上的差别比较大。由于硬盘的读写速度相对于 CPU、内存、系统总线来说是最低的,因此硬盘数据传输率的高低直接决定了微型机的整机性能。另外,硬盘的外部数据传输率远远高于其内部传输率,所以提高硬盘的内部数据传输率对系统的整体性能有最直接、最明显的提升。注意,这项指标常常用兆位每秒(Mb/s)作为单位。

(5) 外部数据传输率

外部数据传输率也称为突发数据传输率,是指从硬盘高速缓存与系统总线之间的数据传输率,单位为 Mb/s。外部数据传输率一般与硬盘接口类型和高速缓存大小有关。目前主流硬盘通常采用 Ultra ATA 100,它的最大外部传输率即为 100Mb/s;而在 SCSI 硬盘中,采用最新的 Ultra 160/m 接口标准,其外部数据传输率可达 160Mb/s;如采用 Fibre Channel(光纤通道),最大外部数据传输率将达到 200Mb/s。

（6）数据缓存

数据缓存是指在硬盘内部的高速缓冲存储器,目前 IDE 硬盘的高速缓存储器一般为512KB～8MB,主流 IDE 硬盘的高速缓存应为 8MB,而 SCSI 硬盘中最高的数据缓存可达16MB。前一段时间 WD 推出的一款型号为 WD 1000JB 的 IDE 硬盘拥有 8MB 数据缓存。高速缓存对有较高读写速度的硬盘有着相当重要的作用。

硬盘的缓存主要起 3 种作用:一是预读取,当硬盘受到 CPU 指令控制开始读取数据时,硬盘上的控制芯片会控制磁头,在读取的簇的下一个或者几个簇中的数据读到缓存中(由于硬盘上数据存储时是比较连续的,所以读取命中率较高);当需要读取下一个或者几个簇中数据的时候,硬盘则不需要再次读取数据,直接把缓存中的数据传输到内存中就可以了。由于缓存的速度远远高于磁头读写的速度,所以能够达到明显改善性能的目的。二是将写入的数据存入缓存。当硬盘接到写入数据的指令之后,并不会马上将数据写入盘片,而是先暂时存储在缓存中,然后发送一个“数据已写入”的信号给系统,这时系统就会认为数据已经写入,并继续执行下面的工作,而硬盘则在空闲(不进行读取/写入的时候)时再将缓存中的数据写入盘片。第三个作用就是临时存储最近访问过的数据。有时候,某些数据是经常需要访问的,硬盘内部的缓存会将读取比较频繁的一些数据存储在缓存中,再次读取时,就可以直接从缓存中直接传输。

（7）硬盘接口

硬盘的接口主要分为 IDE 接口和 SCSI 接口两大类。此外,还有如 IEEE 1394 接口、USB 接口和 PC-AC 光纤通道接口等产品。IDE 接口的硬盘与外部总线交换数据时,有两种控制数据流的方式,一种是 PIO 模式,另一种是 DMA 模式。SCSI 接口硬盘具有比EIDE 接口硬盘更快的速度和更低的 CPU 占用率,但价格较高,主要用于高档微型机及服务器上。

SCSI 接口近年来也经历了从最初的 SCSI(最大数据传输率 5Mb/s),SCSI-2(20Mb/s),SCSI-3(40Mb/s)到 Ultra 160/m SCSI 的演变,目前 Ultra 160/m SCSI 的最大数据传输率已高达 160Mb/s。SCSI 硬盘接口有 3 种,分别为 50 针、68 针和 80 针,在硬盘标牌上标有的“N”、“W”、“SCA”就是表示接口引脚数的。N(narrow)即窄口 50 针,W(wide)即宽口 68 针,SCA(single connector attachment)即单接头 80 针。其中,80 针的 SCSI 硬盘一般支持热插拔。

3.3.4　光存储设备

利用激光在光盘上记录、读取数据的设备,统称为光存储设备。光存储设备的主要特点是低成本、大容量,数据不受振动的影响,但受灰尘和划痕等的影响较严重。目前,光存储设备分成两类:一类是只读型光盘,其中包括 CD-Audio、CD-Video、CD-ROM、DVD-Audio、DVD-Video、DVD-ROM 等;另一类是可记录型光盘,它包括 CD-R、CD-RW、DVD-R、DVD＋R、DVD＋RW、DVD-RAM、Doublelayer DVD＋R 等各种类型。

1. 光存储的工作原理

无论是 CD 光盘、DVD 光盘等光存储介质,采用的存储方式都与软盘、硬盘相同,是以二进制数据的形式来存储信息。而要在这些光盘上面存储数据,需要借助激光把计算机转换后的二进制数据用数据模式刻在扁平、具有反射能力的盘片上。而为了识别数据，光盘上定义激光刻出的小坑就代表二进制的"1"，而空白处则代表二进制的"0"。DVD 盘的记录凹坑比 CD-ROM 更小，且螺旋存储凹坑之间的距离也更小。DVD 存放数据信息的坑点非常小，而且非常紧密，最小凹坑长度仅为 $0.4\mu m$，每个坑点间的距离只是 CD-ROM 的 50%，并且轨距只有 $0.74\mu m$。

CD 光驱、DVD 光驱等一系列光存储设备，主要的部分就是激光发生器和光监测器。光驱上的激光发生器实际上就是一个激光二极管，可以产生对应波长的激光光束，然后经过一系列的处理后射到光盘上，然后经由光监测器捕捉反射回来的信号从而识别实际的数据。如果光盘不反射激光则代表那里有一个小坑，那么计算机就知道它代表一个"1"；如果激光被反射回来，计算机就知道这个点是一个"0"。然后计算机就可以将这些二进制代码转换成为原来的程序。当光盘在光驱中做高速转动，激光头在电机的控制下前后移动，数据就这样被源源不断地读取出来了。

2. 蓝光

蓝光(blue-ray)或称蓝光盘(blue-ray disc，BD)，它利用波长较短(405nm)的蓝色激光读取和写入数据，并因此而得名。而传统 DVD 需要光头发出红色激光(波长为 650nm)来读取或写入数据，通常来说波长越短的激光，能够在单位面积上记录或读取更多的信息。因此，蓝光极大地提高了光盘的存储容量，对于光存储产品来说，蓝光提供了一个跳跃式发展的机会。

到目前为止，蓝光是最先进的大容量光碟格式，BD 激光技术的巨大进步，使得用户能够在一张单碟上存储 25GB 的文档文件。这是现有(单碟)DVD 的 5 倍。在速度上，蓝光允许 1～2 倍或者说每秒 4.5～9MB 的记录速度。

蓝光光碟拥有一个异常坚固的层面，可以保护光碟里面重要的记录层。飞利浦的蓝光光盘采用高级真空连接技术，形成了厚度统一的 $100\mu m$ 的安全层。飞利浦蓝光光碟可以经受住频繁的使用、指纹、抓痕和污垢，以此保证蓝光产品的存储质量数据安全。

在技术上，蓝光刻录机系统可以兼容此前出现的各种光盘产品。蓝光产品的巨大容量为高清电影、游戏和大容量数据存储带来了可能和方便。

3.3.5 移动存储设备

在使用微型机时，常常要进行数据交流，并对重要的数据做备份，于是需要一种便于携带的存储介质，这就是移动存储设备。随着应用软件的体积日趋庞大、图像的分辨率越来越精细，需要存储的文件也越来越大。传统的 5 英寸软盘已经不再适应应用的需要，人们开始寻求大容量、高稳定性、高速度的存储介质来取代软盘。目前市场上涌现出了很多种用于移动存储的设备，如刻录机、MO 卡、CF 卡、记忆棒(MS 卡)、SM 卡、ZIP 盘片等。其中，USB 闪存盘和 USB 移动硬盘因具有通用性强、便于携带、价格低廉等优点，获得了广泛的应用。

1. 移动存储设备的种类及其性能特点

(1) 按存储介质分类

移动存储器按存储介质可以分为磁存储介质、光存储介质和半导体存储介质三大类。

① 磁存储介质产品。磁存储技术是微型机最早采用的存储技术之一，硬盘和软盘是我们最为常见的磁存储介质设备。使用磁性物质作为存储介质的移动存储设备主要有 ZIP、磁带机等。

② 光存储介质产品。该类产品的主要特点是低成本、大容量，数据不受振动的影响，但怕灰尘、划痕等。光存储设备是利用激光在光盘上记录、读取数据，这种非接触的读取方式能令驱动器很容易升级，同时还能保持兼容性。使用光存储介质的产品很多，主要包括 CD-ROM、CD-R/RW、DVD-ROM、DVD-RAM、DVD-R、DVD-RW、DVD＋RW 及 MO 和 PD 等。

③ 半导体存储介质产品。目前，各种基于半导体介质的移动存储器的存储单元都是以闪存为基片。闪存是一种非挥发性存储设备（即在不加电的情况下，数据也不会丢失，区别于目前常用的 RAM 的半导体存储芯片），具有体积小、功耗低、不易受物理破坏的优点。该类产品主要有 USB 闪存盘、CFC(compact flash card)、SMC(smart media card)、MMC(multi media card)、MS(memory stick)等。

（2）按接口分类

按照存储设备的接口类型，常用的移动存储设备可以分为 IDE 接口、USB 接口、IEEE 1394 接口和其他接口四大类。

① IDE 接口类型的设备。IDE 接口类型设备的特点是存储介质和存储设备一般是分开的，不支持热插拔，存取速度较快。该类设备主要有 CD-R、CD-RW、DVD-RAM、MODEM、PDLS-120 和 ZIP 等。

② USB 接口类型的设备。USB(universal serial bus，通用串行总线)是在 1994 年年底由 Compaq、IBM、Microsoft 等多家公司联合提出的。不过，直到最近几年，它才得到广泛应用。现在的多数主板都已经集成了 USB 接口，无须再通过外接 USB 转接卡来实现了。USB 接口拥有众多的优点：一个 USB 接口理论上可以连接 127 个 USB 设备，其连接的方式也十分灵活，既可以使用串行连接，也可以使用 HUB，把多个设备连接在一起，再同微型机的 USB 口相接；USB 设备一般不需要单独的供电系统，支持热插拔。在软件方面，针对 USB 设计的驱动程序和应用软件支持自启动，无须用户做更多的设置。

同时，USB 设备也不存在 IRQ 冲突问题。USB 接口有自己的保留中断，不会与周边设备产生资源冲突。在速度方面，USB 1.1 接口的最高传输率可达 12Mb/s，是串行接口的 100 多倍；而已经正式发布的 USB 2.0 标准将 USB 带宽拓宽到了 480Mb/s，这使得 USB 2.0 在外置设备的连接中具有很强的竞争性。

USB 接口类型的设备具有以下的共同特点：存储介质和存储设备通常是合二为一的，支持热插拔，对于支持 USB 1.1 接口标准的设备来说，最大理论速度为 12Mb/s；而支持 USB 2.0 接口标准的设备理论上最大传送速度可以达到 480Mb/s，新一代的 USB 接口，USB 3.0 传输速率非常快，理论上能达到 4.8Gb/s，比现在的 480Mb/s 的 USB 2.0 快 10 倍，外形和现在的 USB 接口基本一致，能兼容 USB 2.0 和 USB 1.1 设备。目前，除了最常见的 USB 移动硬盘和 USB 闪存盘使用 USB 接口外，几乎每一种移动存储设备都有 USB 接口的型号，USB 成了名副其实的"通用"接口。

③ IEEE 1394 接口类型的设备。IEEE 1394 的前身 Fire Wire 是在 1986 年由

Michael Teener(Apple 公司的一名工程师)所草拟的。

IEEE 1394 规范支持 100Mb/s、200Mb/s、400Mb/s 3 种传输速率,将来会提升到 800Mb/s、1Gb/s、1.6Gb/s 甚至 3.2Gb/s。高度自由的拓扑结构是 IEEE 1394 接口的一大优势。利用 IEEE 1394 可以实现混合连接,允许采用菊花链与接口分支。若只采用串接的方式,最多能连接 16 台设备,而采用混合连接则可以连接多达 63 台设备。普通用户要想使用 IEEE 1394 设备,需要再配置一块 IEEE 1394 卡。目前,使用 IEEE 1394 接口总线的移动存储设备主要是 1394 接口移动硬盘。

④ 其他接口类型的设备。除了上述几种接口类型的设备外,还有 SCSI、并行接口、串行接口、PCMCIA 接口等移动存储设备。

2. 常见的移动存储设备

目前市场上涌现出了很多种用于移动存储的设备,如记忆棒(MS 卡)、SM 卡、ZIP 盘片等。其中,USB 闪存盘和 USB 移动硬盘因具有通用性强、便于携带、价格低廉等优点,获得了广泛的应用。

(1) ZIP

由美国艾美加(Iomega)公司推出的 ZIP 是市场上最早推出的大容量软驱。最初每张盘片提供 100MB 的存储空间,采用非接触式磁头读写,速度较快。平均寻道时间为 29ms,带 32KB 的缓冲区,转速为 2 965r/min,数据传输速率为 1.4Mb/s。ZIP 最初是为取代软盘而设计的,但是由于 ZIP 盘片的价格偏高,而且需要专门的 ZIP 驱动器来读取,这使得 ZIP 的普及受到了很大的限制。

(2) USB 移动硬盘

USB 移动硬盘的最大优点是容量大,使用方便,支持热插拔,即插即用,不必打开机箱,也不用重新启动计算机,只需将 USB 硬盘的数据线插到计算机的 USB 接口上即可,对于 Windows 2000 以上的版本,操作系统会自动识别出该设备并生成一个标识为可移动磁盘的盘符,然后就可以像使用本地硬盘一样进行复制及共享等操作。当工作完成之后,停止设备,拔下数据线就可以了。

USB 移动硬盘通常是由一块 2.5 英寸的笔记本硬盘或普通 3.5 英寸硬盘与相应大小的硬盘盒组成。硬盘盒的作用是将硬盘的数据接口标准(通常是 IDE 接口)转换为 USB 接口标准。因此,USB 移动硬盘的容量就等于其内部硬盘的容量,传输速率则主要与所采用的 USB 接口标准有关。对于多数使用 2.5 英寸笔记本硬盘的移动硬盘,在采用 USB 1.1 标准时,可以不用外接电源,直接使用 USB 总线提供的+5V 电源供电;而在采用 USB 2.0 标准时通常需要外接电源供电。对于使用普通 3.5 英寸硬盘的 USB 移动硬盘,无论采用何种标准,都需要外接电源供电。

(3) USB 闪存盘

USB 闪存盘又称为 U 盘(优盘),是使用闪存作为存储介质的一种半导体存储设备,采用 USB 接口标准。闪存盘具有比软盘容量更大、速度更快、体积更小、抗震更强、寿命更长的优点,随着闪存盘容量的不断扩大,价格不断下降,闪存盘已经逐渐成为移动存储领域的新宠。随着技术的进步,USB 闪存盘容量有了很大程度的提高,如 16GB、32GB、64GB 等。USB 闪存盘携带方便,属移动存储设备。

3.4　输入/输出系统

输入/输出系统是计算机系统的一个重要组成部分,是计算机与外界交互的接口,在计算机系统中,通常把处理机和主存储器之外的部分统称为输入/输出系统,它包括输入/输出设备、输入/输出接口和输入/输出软件等,其主要功能就是完成主机(处理机和主存储器)与外部系统的信息交换。

3.4.1　输入/输出系统的特点

随着计算机系统的不断发展和应用领域的进一步扩大,要求输入/输出的数据量在迅速增大,对数据传送的速度要求在明显地增长,外部设备的种类和数量也在日益增多,而且,现在的外部设备的品种繁多,性能、结构差异很大,它们输入/输出的方式又不一样,面对这些复杂的外部设备、不同的输入/输出方式和人们对输入/输出的要求不尽相同,只有找出输入/输出的共同特点,才能更好地分析和设计输入/输出系统。

输入/输出系统的特点归纳起来主要有如下 3 个方面。

1. 异步性

外部设备相对于处理机通常是异步工作的。外部设备由于品种、功能、结构、工作原理等诸方面不同,速度差异是很大的,而且外部设备的工作速度和 CPU 的相差更大。如键盘操作速度取决于人的手指按键的速度,按键速度又因人而异;不同类型的打印机通常按照自身的速度,每分钟打印一定行数的字符数;高速的磁盘机,也因其输入/输出的速度受电机转速的限制,与 CPU 的速度相比仍相差很远。这些都说明外部设备的操作在很大程度上独立于 CPU,不能使用统一的工作节拍,各个设备按照自己的时钟工作。另外,外部设备要与处理机交换数据,什么时候准备好数据,什么时候请求传送,对 CPU 来说是随机的,为了能使处理机和外部设备充分提高工作效率,保证处理机与外部设备之间、外部设备与外部设备之间能够并行工作,要求输入/输出操作异步于 CPU,把它们之间的相互牵制降到最低限度。

2. 实时性

外部设备和处理机进行信息交换时,由于设备类型不同,信息传输的速率差异很大,传送方式也不一样,有的一次只传送一个字符,如打印机和键盘,有的以数据块或文件为单位传送,如磁盘和磁带等,这就要求处理机必须能按不同设备的传输速率、传送方式及时为设备服务,否则信息就可能丢失或造成外部设备工作错误。

实时性的要求在计算机控制领域更重要,如用于现场测试或控制的场合,信号的出现是即时的,若不及时接收和处理,就有丢失的危险,有的甚至造成巨大的损失。对于处理机本身在运行时发生的硬件或软件错误,如电源故障、页面失效、溢出等,处理机也必须及时地给予处理。

为了能够为各种不同类型的设备提供服务,处理机必须具有与各种设备相配合的多种工作方式,这就是输入/输出系统的实时性要求。

3. 独立性

各种外部设备发送和接收信息的方法不同,数据格式及物理参数差异也较大,而处理机与它们之间的控制和状态信号是有限的,接收和发送数据的格式是固定的,处理机的输入/输出不可能针对某一个具体的设备来设计,应该有统一的规则,所以规定了一些独立于具体设备的标准接口。这样,输入/输出与具体设备无关,具有独立性,只有这样,才能摆脱各种设备不同的要求。

各种外部设备必须根据自己的特点和要求,选择一种标准接口与处理机进行连接,设备之间的差异由设备本身的控制器通过硬件和软件来进行填补,具体的输入/输出处理和设备调度由操作系统来分配和进行。这样,用户的高级语言源程序中出现的读写输入/输出语句到读写操作全部完成,需要通过编译程序、操作系统软件和输入/输出总线、设备控制器、设备等硬件来共同完成。输入/输出系统硬件的功能对用户来讲是透明的,输入/输出的功能只反映在高级语言和操作系统界面上。操作系统的工作主要是根据高级语言、控制语言的输入/输出语句要求形成相应的输入/输出机器指令,安排好让输入/输出操作与 CPU 操作的并行执行,分配好输入/输出操作所要用到的主存空间,对输入/输出系统发出的控制信息进行处理,进行设备和文件管理,给应用程序员提供方便、简单的进行输入/输出的使用界面等。所以,大多数计算机输入/输出系统的设计应是面向操作系统,考虑怎样在操作系统与输入/输出系统之间进行合理的软、硬件功能分配。

输入/输出系统的这 3 个特点是现代计算机系统必须具备的共同特性。根据各种外部设备的不同特点要处理好这 3 个方面的关系,这是输入/输出系统组织的基本内容。

3.4.2 输入/输出系统的基本工作方式

处理机与外部设备之间的信息交换应随外部设备性质的不同而采用不同的控制方式,输入/输出系统的发展经历了 3 个阶段,对应于 3 种不同的控制方式,即程序控制方式、直接存储器访问方式和 I/O 处理机方式。

1. 程序控制方式

程序控制方式分为两种,即程序查询方式和程序中断控制方式。程序查询方式是通过 CPU 对寄存器设标志决定 I/O 设备要执行的操作,由 CPU 执行驱动程序,启动外设,周期性地测试外部设备的状态位,以确定是否可以进行下一个 I/O 操作的简单接口方式。这种方式不需专门的硬件,简单的计算机系统都采用这种方式,但由于 CPU 速度比 I/O 设备速度快很多,查询方式会浪费许多 CPU 时间,使系统的性能大大降低,这种方式已很少采用。

为解决这个问题,程序中断控制方式得以出现。

中断驱动 I/O 已被许多系统所采纳,这种方式允许 CPU 在等待 I/O 设备时处理其他事务,在需要为 I/O 服务时,才中断 CPU 处理的事务,转去进行相应的输入/输出操作。在一般的应用中,中断驱动 I/O 是实现多任务操作系统和获得快速响应时间的关键技术。

程序中断控制方式虽不像在查询方式下那样被一台外设独占,它可以同时与多台设备进行数据传送,但这种方式仍属于程序控制的输入/输出方式,因在信息传送阶段,CPU仍要执行一段程序控制,CPU还没有完全摆脱对输入/输出操作的具体管理,而且操作系统花费在每次中断事件上的代价太高。对于实时应用来讲,每秒有上百个I/O事件,这种代价是无法容忍的。对实时系统的解决方案是利用时钟周期性地中断CPU,CPU此时查询每一个I/O事件。

2. 直接存储器访问方式

程序中断控制方式把CPU从等待每个I/O事件中解脱出来,使设备和CPU在一定程度上并行工作。但是,这种方式下,仍有许多CPU周期花费在数据传输上,特别是对于那些配置有高速外部设备,如磁盘、磁带的计算机系统,这将使CPU处于频繁的中断工作状态,影响全机的效率。且像磁盘这样的外部设备,一般都是进行成块的数据传输,现在许多计算机系统都配置了直接存储器访问(DMA)硬件,使得数据的传输不再需要CPU的介入。

DMA方式是一种完全由硬件进行成组信息传送的控制方式。它在CPU做传输工作的同时,可以在内存和I/O设备之间传输数据,数据的传输不再经过CPU,速率也很高。DMA作为CPU外部的一种特殊处理器,必须是总线的主设备。进行DMA传输前,CPU首先设置DMA寄存器,包括主存地址及要传输的字节数,一旦DMA完成传输操作或在传输过程中发生错误,DMA控制器就向CPU发中断,进行传送结束时的处理或故障中断。

在一个计算机系统中,可以设置多个DMA设备,DMA控制器通常是I/O设备控制器的一部分。

3. I/O处理机方式

为了进一步减轻CPU的负担,可以增加DMA设备的智能性,采用比DMA功能更强的I/O处理机。

I/O处理机方式又可以有两种不同的形式,一种是以IBM公司为代表的通道方式,另一种是以CDC和Burroughs公司为代表的外围处理机(peripheral processor unit, PPU)方式。

在通道方式中,通道实际上可以看成一台处理机,它有自己简单的指令系统(通道指令)和程序(通道程序),通道通过执行通道指令对外部设备进行控制,执行通道程序来完成输入/输出。它还可以实现对外部设备的统一管理,并在主存和外设交换信息的过程中实现字与字节之间的装配和拆卸,能对输入/输出系统出现的各种情况进行处理。这与DMA方式相比,大大提高了CPU的工作效率。

然而通道指令功能简单,通道程序又是存在和CPU公用的主存内,通道内部也只有用于数据缓冲的小容量存储器,所以,通道还不能看成一种独立的处理机。

PPU是一种独立性、通用性和功能都较强的处理机,它是通道处理机的进一步发展。由于PPU基本上独立于主机工作,它的结构更接近一般处理机,甚至就可以是微小型计算机。在一些系统中,设置了多台PPU,分别承担I/O控制、通信、维护诊断等任务,从某种意义上说,这种系统已变成分布式的多处理机系统。

综上所述,程序查询方式和程序中断方式适用于数据传输率比较低的外部设备,而 DMA 方式、通道方式和 PPU 方式适用于数据传输率比较高的外部设备。目前,单片机和微型机中多采用程序查询方式、程序中断方式和 DMA 方式,通道方式和 PPU 方式大都用在中、大型计算机中。

3.4.3 总线与接口

总线(bus)是计算机系统中广泛采用的一种技术。总线实际上是一组信号线,是计算机中各部件之间传输数据的公共通路。总线一般通过时分复用的方式,将信息从一个或多个源部件传送到一个或多个目的部件。

计算机在工作时,需要在各个组成部件之间快速传递大量数据,这些数据的流向是不固定的,可能发生在任何两个部件之间或同时发生在多个部件之间,如果设计各部件之间单独的连接,那么连接线路的数量将随着部件数量的增长呈指数关系增长,这样系统结构将变得非常复杂,而且线路的利用率并不都是很高。总线的思想是建设一套公用的高速传输通道,计算机系统中所有部分都通过它与其他部分联系,既简化了结构设计,也能够保证较高的速度。

1. 总线的分类

在微机系统中,有各种各样的总线,这些总线可以从不同的层次和角度来分类。

(1) 按照总线的功能或传输的信息不同可以将总线分为数据总线、地址总线和控制总线。

① 数据总线用来传输各功能部件之间的数据信息,数据总线是双向三态形式的总线,即它既可以把 CPU 的数据传送到存储器或输入/输出接口等部件,也可以将其他部件的数据传送到 CPU。数据总线的位数是微型计算机的一个重要指标,通常与微处理的字长相一致,一般为 8 位、16 位或 32 位。如 Intel 8086 微处理器字长 16 位,其数据总线宽度也是 16 位。需要指出的是,数据的含义是广义的,它可以是真正的数据,也可以是指令代码或状态信息,有时甚至是一个控制信息,因此,在实际工作中,数据总线上传送的并不一定仅仅是真正意义上的数据。三态是指 0、1 和高阻抗三个状态。由于数据总线是公共通道,在某一时刻,只允许接收某一设备的信号,其他一切设备都应和它断开(呈高阻抗状态)。

② 地址总线上传送地址信号,主要用来指定需要访问的部件(如存储器单元、外设)。由于地址只能从 CPU 传向外部存储器或输入/输出端口,所以地址总线总是单向三态的,这与数据总线不同。地址总线的位数决定了 CPU 可直接寻址的内存空间大小,比如 8 位微机的地址总线为 16 位,则其最大可寻址空间为 $2^{16}=64\text{KB}$,一般来说,若地址总线为 n 位,则可寻址空间为 2^n 字节。

③ 控制总线用来传送控制信号和时序信号。控制信号中,有的是微处理器送往存储器和输入/输出接口电路的,如读/写信号、片选信号、中断响应信号等;也有是其他部件反馈给 CPU 的,如中断申请信号、复位信号、总线请求信号、设备就绪信号等。因此,控制总线的传送方向由具体控制信号而定,一般是双向的,控制总线的位数要根据系统的实际控制需要而定。实际上控制总线的具体情况主要取决于 CPU。

（2）按位置的不同可以分为内部总线、系统总线和 I/O 总线（通信总线）。

内部总线指的是芯片内部连接各元件的总线。如 CPU 芯片内部，在各寄存器、ALU、指令部件等各元件之间也有总线相连，又称芯片级总线。

系统总线是指连接 CPU、存储器和 I/O 模块等主要部件的总线。由于这些部件通常制作在插件板卡上，所以连接这些部件的总线一般是主板式或底板式总线，主板式总线是一种板级总线，主要连接主机系统印刷电路板中的 CPU 和主存等部件，因此也被称为处理器—主存总线，有的系统把它称为局部总线或处理器总线。底板式总线通常用于连接系统中的各个功能模块，实现系统中各个电路板的连接。典型的有 PCI 总线、VME 总线等。

I/O 总线用于主机和 I/O 设备之间、计算机系统之间或计算机系统与其他系统（如控制仪表等）之间的通信传输线，由于这类连接涉及许多方面，包括距离远近、速度快慢、工作方式等，差异很大，所以 I/O 总线的种类很多。

（3）其他分类方法。

按数据线的宽度划分，总线一般可分为 8 位、16 位、32 位、64 位、128 位等总线。

按从允许数据的传送方向来划分，总线可以有单向传输和双向传输两种。其中双向传输又有半双向和全双向的不同。半双向总线在同一时刻信息只能向其中的一个方向传送，全双向允许同时在两个方向传送，全双向的速度快，相应的造价也高，结构也比较复杂。

2. 总线控制方式

总线的控制又称总线控制器。总线的控制方式主要有两种：集中式控制和分布式控制。集中式控制方式将总线控制逻辑集中在一起，如设置一个单独的总线控制器或者将它放在 CPU 中，都称为集中式控制。而当总线控制逻辑分散地放在各个连接到总线的部件中去时，就为分布式总线控制，如在分布式多处理机系统和局部网络中都可以采用这种方式，在这里主要讨论集中控制方式。

目前，系统总线多采用集中式控制的方式解决总线使用权的问题。总线控制器对总线分配优先次序的确定可以有 3 种方式，即串行链接、定时查询和独立请求。

（1）串行链接方式

在串行链接方式下，总线使用权的分配通过 3 根控制线来实现：总线可用、总线请求和总线忙信号线。所有的功能部件经过一条公共的总线请求信号线向总线控制器发出要求使用总线的请求，控制器收到总线申请后，首先检查总线忙信号线，只有当总线处于空闲状态时，总线请求才能被总线控制器响应，此时，送出总线可用的回答信号，该信号串行地通过每个部件。未发出总线请求的部件在接收到总线可用信号时将其传送给下一个功能部件；发出请求的部件在收到总线可用信号后就停止传送该信号，并开始建立总线忙信号，并去除总线请求信号，开始总线操作。在数据传送期间，总线忙信号维持总线可用信号的建立。完成数据传送后，部件除去总线忙信号，总线可用信号也随之去除。此后若有总线请求，则再次开始总线分配过程。

可见，这种方式使使用总线的优先次序完全由总线可用线所接部件的物理位置来决定，离总线控制器越近的部件其获得总线使用权的优先级别越高，越远的部件优先级别越低。

（2）定时查询方式

查询方式的原理是在总线控制器中设置一个查询计数器。由控制器轮流地对各部件进行测试，看其是否发出总线请求。当总线控制器收到申请总线的信号后，计数器开始计数，如果申请部件编号与计数器输出一致，则计数器停止计数，该部件可以获得总线使用权，并建立总线忙信号，然后开始总线操作。使用完毕后，撤销总线忙信号，释放总线，若此时还有总线请求信号，控制器继续进行轮流查询，开始下一个总线分配过程。

查询方式是用计数查询线代替了串行链接方式的总线可用信号线，这样不会因某一部件的故障而引起其他部件获得总线的使用权，故可靠性比较高。但查询线的数目限制了总线上可挂接的部件数目，扩充性较差，而且控制较为复杂，总线的分配速度取决于计数信号的频率和部件数，速度仍然不会很高。

（3）独立请求方式

每个部件都有各自的一对总线请求和总线允许线，各部件可以独立地向控制器发出总线请求，总线已被分配信号线是所有部件公用的。当部件要申请使用总线时，送总线请求信号到总线控制器，如果总线已被分配信号线还未建立，即总线空闲时，总线控制器按照某种算法对同时送来的请求进行裁决，确定响应哪个部件发来的总线请求，然后返回这个部件相应的总线允许信号。部件得到总线允许信号后，去除其请求，建立总线已被分配信号，这次的总线分配结束，直至该部件传输完数据，撤销总线已被分配信号，经总线控制器去除总线准许信号，可以接受新的申请信号，开始下一次的总线分配。

这种方式的总线分配速度快，各模块优先级的确定灵活，既可以采用优先级固定法，也可以通过程序改变优先次序，还可以通过屏蔽禁止某个请求，也能方便地不响应来自已知失效或可能失效的部件发出的请求，但这是以增加总线控制器的复杂性和控制线的数目为代价的。

3. 总线通信方式

当获得了总线的使用权后，就要开始信息的传送。为了使信息能通过总线传输，就必须对总线上信号的传输方式作统一的规定，发送端、接收端都必须遵守这个协议。

信号在总线上的传输方式基本上可分为同步通信和异步通信两种。

（1）同步通信

两个通信部件之间的信息传输由定宽、定距的系统时标信号同步。每个功能部件什么时候发送或接收信息都由统一时钟规定，因此，同步通信数据传输速率较高，而且受总线长度的影响小，即当信号在总线上因长度而滞后时，也不会影响传输速率，但是，时标线上的干扰信号会引起错误的同步，滞后的时标也会造成同步误差，且对通信的正确性一般无法实时检验，一般在一个时间片之后，目的部件发回出错信号，申请源部件重发，这要求源部件必须保留原始数据至下一时间片完毕。

同步方式对任何两个功能模块的通信都给予同样的时间安排，总线必须按最慢的模块设计公共时钟，当各功能模块存取时间相差很大时，会大大损失总线效率。所以同步通信适用于总线长度较短、各功能模块存取时间比较接近的情况。CPU 的主存总线是典型的同步总线，如 PCI、NUBUS 和 Multibus 等都是同步总线的实例。

（2）异步通信

异步通信又称应答通信,是一种建立在应答式或互锁机制基础上的通信方式。即后一事件出现在总线上的时刻取决于前一事件的出现。在这种系统中,不需要统一的公共时钟信号,总线周期的长度是可变的,不把响应时间强加到功能部件上,因而允许快速和慢速的功能部件都能连接到同一总线上,但这是以增加总线的复杂性和成本为代价的。

异步通信中根据应答信号是否互锁,即请求和回答信号的建立和撤销是否互相依赖,异步通信可分为 3 种类型,即非互锁通信、半互锁通信和全互锁通信。

4. 信息的传送方式

总线上的信息也是以电子信号的形式传送,用电位的高低或脉冲的有无代表信息位的 1 或 0。通常,总线信息的传送有两种基本方式:串行传送及并行传送。此外,还有串并行传送,它是串行与并行传送的折中。

（1）串行传送

串行传送是指一个信息按顺序一位一位地传送,它们共享一条传输线,一次只能传送一位。通常用第一个脉冲信号表示信息代码的最低有效位,最后一个脉冲为该信息代码的最高有效位。每位传送的"位时间"由同步脉冲控制。因此,判别有无脉冲十分方便。若在 3 个位时间内没有脉冲,则表示传输了 3 个 0 代码。

串行传输的特点是只需一条传输线,成本低。

（2）并行传送

并行传送是指一个信息的多位同时传送,每位都有各自的传输线,互不干扰,一次传送整个信息。一个信息有多少位,就需要多少条传输线。并行传送一般采用电位传输法,位的次序由传输线排列而定。并行传输的优点是传送速度快。然而,这种方式要求线数多、成本高。

（3）串并行传送

串并行传送是将一个信息的所有位分成若干组,组内采用并行传送,组间采用串行传送。它是对传送速度与传输线数进行折中的一种传送方式。

例如,微型计算机中,CPU 内部数据通路为 16 位,CPU 内部采用并行传送;系统总线只有 8 位,CPU 与主存或外部设备通信只能采用串并行传送。

5. 常用总线举例

（1）ISA 总线

ISA(industrial standard architecture)总线是 IBM 公司 1984 年为推出 PC/AT 机而建立的系统总线标准,也叫 AT 总线。它是在原先的 PC/XT 总线的基础上扩充而来的。它在推出后得到广大计算机同行的承认,兼容该标准的微机大量出现。其主要特点如下。

① 它能支持 64KB I/O 地址空间、16MB 主存地址空间的寻址,可进行 8 位或 16 位数据访问,支持 15 级硬中断、7 级 DMA 通道。

② 它是一种简单的多主控总线。除了 CPU 外,DMA 控制器、DRAM 刷新控制器和带处理器的智能接口控制卡都可成为总线主控设备。

③ 它支持 8 种总线事物类型,即存储器读、存储器写、I/O 写、中断响应、DMA 响应、存储器刷新、总线仲裁。

(2) PCI 总线

PCI(peripheral component interconnect)总线是继 VL 总线之后推出的又一种高性能的 32 位局部总线,是由 Intel 公司于 1991 年年底提出的。PCI 规范受到许多微处理器和外围设备生产商的支持,它是一种高带宽、独立于处理器的总线,它主要用于高速外设的 I/O 接口和主机相连,如图形显示适配器、网络接口控制卡、磁盘控制器等。

PCI 总线可以在主板上和其他系统总线(如 ISA、EISA 或 MCA)相连接,这样使得系统中的高速设备挂接在 PCI 总线,而低速设备仍然得到 ISA、EISA 等低速 I/O 总线的支持。在高速的 PCI 总线和低速的 EISA 总线之间也是通过 PCI 桥相连接的。一个系统中甚至可以由多个 PCI 总线,PCI 总线之间也是用相应的 PCI 桥连接。

(3) USB 总线

USB(universal serial bus)总线是一种通用万能插口,它不是一种新的总线标准,而是应用在 PC 领域的接口技术。USB 用一个 4 针插头作为标准插头,采用菊花链形式可以把所有外设连接起来,最多可以连接 127 个外部设备,并且不会损失带宽。USB 需要主机硬件、操作系统和外设 3 个方面的支持才能工作。目前的主板一般都采用支持 USB 功能的控制芯片组,主板上也安装有 USB 接口插座,而且除了背板的插座之外,主板上还预留有 USB 插针,可以通过连线接到机箱前面作为前置 USB 接口以方便使用。USB 具有传输速度快(USB 2.0 是 480Mb/s,USB 3.0 理论传输速度是 5Gb/s)、使用方便、支持热插拔、连接灵活、独立供电等优点。可以连接显示器、键盘、鼠标、调制解调器、游戏杆、扫描仪、打印机、视频相机等。

(4) PCI Express 总线

PCI Express 是新一代的总线接口,被称之为第三代 I/O 总线技术。2002 年 7 月正式公布了 1.0 规范,并于 2007 年年初推出 2.0 规范,将传输速率由 PCI Express 1.1 的 2.5Gb/s 提升到 5Gb/s。

PCI Express 采用了目前业内流行的点对点串行连接,比起 PCI 及更早期的计算机总线的共享并行架构,每个设备都有自己的专用连接,不需要向整个总线请求带宽,而且可以把数据传输速率提高到一个很高的频率,达到 PCI 所不能提供的高带宽。PCI Express 的双单工连接能提供更高的传输速率和质量,它们之间的差异跟半双工和全双工类似。用于取代 AGP 接口的 PCI Express 接口位宽为 ×16,将能够提供 5Gb/s 的带宽,即便有编码上的损耗但仍能够提供 4Gb/s 左右的实际带宽,远远超过 AGP 8x 的 2.1Gb/s 的带宽。

(5) AGP

AGP(accelerated graphics port,加速图形端口)是 Intel 公司开发的新一代局部总线技术。AGP 总线是一种专用的显示总线,并将显示卡与其他外设独立出来,使得 PCI 声卡、SCSI 设备、网络设备等的工作效率随之得到提高,其根本目的是提高系统图形显示的水平,特别是满足 3D 显示的需要。

现在的 AGP 是早期版本速度的 2～8 倍;其中,AGP 4x 使用 32bit 传输通道,传输量为 1 066Mb/s;而 AGP 8x 传输量是 2 133Mb/s。

(6) SCSI

小型计算机系统接口 SCSI(small computer system interface)是一种用于计算机和智能设备之间(硬盘、光驱、打印机、扫描仪等)系统级接口的独立处理器标准。它是一种智能的通用接口标准,是各种计算机与外设之间的接口标准,支持 32 位或 64 位寻址,数据线的长度动态可变(32 位、64 位、128 位、256 位),以满足不同带宽的要求。

3.4.4 输入/输出设备

输入/输出设备是计算机基本功能部件,由于其通常作为单独的设备配置在主机之外,又称为计算机外围设备(简称外设或 I/O 设备)。它们是计算机与人和计算机与其他机器之间建立关系的设备。没有外设,计算机将不能工作,既不能接收外部信息,也不能够把运算和处理结果表达出来。事实上,除了运算器、控制器和主存外,计算机系统所有部件都属于外设范畴。随着计算机应用的日益广泛,计算机的外设种类越来越多,尤其是随着多媒体技术的发展和应用的广泛,开发出了许多形式和作用的外设。外设的发展促进了计算机的应用,外设的智能化、小型化、接口标准化是外设的发展方向。

1. 常见的输入设备

输入设备向计算机输入数据和信息的设备,是计算机与用户或其他设备通信的桥梁。输入设备是用户和计算机系统之间进行信息交换的主要装置之一。键盘、鼠标、摄像头、扫描仪、光笔、手写输入板、游戏杆、语音输入装置等都属于输入设备,用来把原始数据和处理这些数的程序输入计算机。计算机能够接收各种各样的数据,既可以是数值型的数据,也可以是各种非数值型的数据,如图形、图像、声音等都可以通过不同类型的输入设备输入计算机,进行存储、处理和输出。计算机的输入设备按功能可分为如下几类。

(1) 字符输入设备——键盘

键盘是最基本的人机对话输入设备。每个键由一个按钮盒相应的并行输入接口电路完成键的状态输入,再由计算机的程序把该状态转换为相应的键值。

从编码的功能上,键盘又可以分为全编码键盘和非编码键盘两种。全编码键盘通过识别键是否按下,以及所按下键的位置,由全编码电路产生唯一对应的编码信息(如 ASCII 码)。非编码键盘是利用简单的硬件和一套专用键盘编码程序来识别按键的位置,然后由 CPU 将位置码通过查表程序转换成相应的编码信息。非编码键盘的速度较低,但结构简单,并且通过软件能为某些键的重定义提供了极大的方便,目前应用比较广泛,是计算机的标准配置之一。

(2) 定位/拾取设备

定位/拾取设备通过指点来读取(位于屏幕或图表、图形上的)坐标,以画出或修改图形。按所拾取的坐标可分为两类:拾取绝对坐标,如光笔和数字化仪;拾取相对坐标,如鼠标、跟踪球、操纵杆等。

(3) 图形/图像输入设备

图像与图形是两个具有联系又不相同的概念:图形是用计算机表示和生成的图(如直线、矩形、椭圆、曲线、平面、立体及相应的阴影等),称为主观图像,是基于绘图命令和坐标点的存储与处理;图像处理的对象来自客观世界,是基于像素点的存储与处理,如由摄影机摄取下来存入计算机的数字图,这种图像称为客观图像。随着计算机技术的发展及图形和图像技术的成熟,图形、图像的内涵日益接近并相互融合,目前较常用的图形和图像设备有数码相机、数码摄像机、扫描仪等。数字化仪配合适当的软件,是良好的图形输入设备。

(4) 音频输入设备

音频技术是多媒体技术中的一项关键性技术,包括音频输入、语音识别、语音合成及语音翻译等技术。

音频的输入主要通过对音频信号进行采样。由于音频信号在时间上的连续性,采样形成的是数码流,即在时间上相关的一组数据,而非字符输入形成的单个数据。主要的音频输入设备是声卡、数字录音笔等。

音频输入不等于语音输入。音频输入只是将音波以数字化的形式记录下来,而语音输入是指通过人类讲话将所说的文字输入计算机系统,在音频输入的基础上还需要语音识别技术的加工,语音输入是最自然、最直接的人工输入方式。但是,限于语音识别技术的水平,这项技术还不成熟。

(5) 其他输入设备

除了前面介绍的几类主要输入设备外,还有一些专用的设备,如虚拟现实领域的数据手套,飞行模拟用的操纵杆,赛车游戏使用的方向盘和其他游戏使用的手柄等。这些设备都将人的特定动作转换成特定格式的数据,来控制相应的软件运行。

2. 常见的输出设备

输出设备(output device)是人与计算机交互的一种部件,用于数据的输出。它把各种计算结果数据或信息以数字、字符、图像、声音等形式表示出来。常见的有显示器、打印机、绘图仪、影像输出系统、语音输出系统、磁记录设备等。这种设备是将计算机输出信息的表现形式转换成外界能接受的表现形式的设备。利用各种输出设备可将计算机的输出信息转换成印在纸上的数字、文字、符号、图形和图像等,或记录在磁盘、磁带、纸带和卡片上,或转换成模拟信号直接送给有关控制设备。有的输出设备还能将计算机的输出转换成语音。

(1) 显示设备——显卡和显示器

显示设备是将各种电信号变为视觉信号的一种设备,是目前计算机给人传送信息的有效设备之一。计算机系统中的显示设备,按显示器件分为阴极射线管(CRT)、等离子显示板(PDP)、发光二极管(LED)和液晶显示(LCD)等。

目前计算机系统中使用最广泛的是 LCD,它具有体积小、重量轻、耗电少等优点,首先在便携式仪器仪表、笔记本电脑、电子图片中得以广泛应用。随着制造成本的下降,已经成为标准的显示器配置。显示器是一种实时显示设备,屏幕上的内容可以快速改变,但一旦断电,则显示内容消失。

显示器的主要技术指标是一个有效显示面积的尺寸,一个是显示的精细程度——分辨率,另外刷新率也是重要指标。尺寸越大、分辨率越高、刷新率越高。其性能越好,相应价格也越高。

驱动显示器工作的是显卡,学名显示器适配卡。它是连接计算机主机与显示器的智能处理设备。通常显卡上配置有专用的图形处理器和显示存储器,主机将需要显示的内容传送给显卡,显卡运用图形处理器进行处理,并将处理后的内容保存在显示存储器中,通过专门的电路将显示存储器中的内容转换成视频信号通过电缆发送给显示器显示。显卡不仅决定显示的内容,还能够控制显示器的工作状态,包括前面提到的分辨率和刷新率都需要显卡的支持。鉴于显卡和显示器的相关性,在配置系统时,二者最好在性能上能够匹配,否则容易造成某一方不能发挥性能,产生不必要的浪费。

另外,还有一些其他形式的显示设备,如大屏幕的投影仪、专业数据头盔等。

(2) 打印设备——打印机

打印设备是一种硬拷贝设备,它的作用是将输出信息打印在纸上,产生永久性记录。打印设备种类繁多,有多种分类方法。

① 按印字原理不同可以分为击打式打印机和非击打式打印机。

击打式打印机:打印过程打印头要撞击纸。击打式打印机又分为活字式打印机和点阵式打印机。活字式打印机采用整个字作为一个字模,一下打印出一个完整的文字符号,而点阵式打印机则用每一根针代表一个点,用若干点的组合形成文字符号或形成一定的图形。

非击打式打印机:采用电、磁、光、喷墨等物理、化学方法印刷字符,在打印过程中,纸不被撞击,如激光打印机、喷墨打印机等。

② 按工作方式不同,可分为串行打印机和行式打印机。

串行打印机:逐字打印。

行式打印机:一次输出一行。

典型打印机的工作原理是这样的:当打印机启动后,接收计算机传送来的信息,并将接收到的信息(内码)送到 RAM 暂存起来,同时发出信号启动各电机的驱动电路,使机械系统处于工作状态。字符发生器将内码转换成打印机的点阵状态,通过驱动电路送至打印头。字符识别器用来识别是打印信息还是控制命令。若是前者则送到缓存中暂存后打印;若是后者则应立即执行操作。

打印机的主要技术指标是分辨率、打印幅面和打印速度。分辨率决定了打印质量,分辨率越高打印效果越清晰。打印幅面指其能够打印的最大单页纸张大小,某些情况下可以采用软件方式进行多页拼接形成更大的幅面。打印速度通常以每秒打印的页数计算。在实际选择打印机时还要考虑成本,通常激光打印机的效果优于喷墨打印机,其价格也较高。

绘图仪的原理与打印机类似,只是一般其幅面较通常意义上的打印机大得多,主要用于绘制工程图纸或某些领域的大幅面图像。早期的绘图仪采用笔架式,用机械装置带动笔模仿人员绘图的动作,现在随着激光和喷墨技术的发展,逐步与打印机技术相整合。

这类设备有一个特点是需要消耗一定的其他材料,如墨水、碳粉等,称为消耗材料(简称耗材)。一般来说,越是高级的设备,配套的耗材成本也越高。

(3) 音频设备——声卡与音箱

声卡也叫音频卡,是实现声波与数字信号相互转换的一种硬件。声卡能够实现音频信息的输入,但其主要的作用是输出音频信号来推动音箱发出声音效果。

声卡与音箱的关系与显卡与显示器的关系类似。声卡负责数据处理,将主机送来的数据信息转换成驱动音箱发声的音频信号。声卡上也有专门用于音频处理的处理器。声卡的主要指标是音频的数字化采样率、声道数及音效处理方式。

习题与思考

一、选择题

1. 一个完整的计算机系统包括_____。
   A. 计算机及其外部设备　　　　　　B. 主机、键盘、显示器
   C. 系统软件和应用软件　　　　　　D. 硬件系统和软件系统

2. 计算机的主存储器主要使用_____。
   A. RAM 和 C 磁盘　　　　　　　　B. ROM
   C. ROM 和 RAM　　　　　　　　　D. 硬盘和控制器

3. 下列各类存储器中,断电后其中信息会丢失的是_____。
   A. RAM　　　　B. ROM　　　　C. 硬盘　　　　D. 软盘

4. CPU 是指_____。
   A. 运算器　　　　　　　　　　　　B. 控制器
   C. 运算器和控制器　　　　　　　　D. 运算器、控制器和主存

5. 下面关于 Cache 的叙述,错误的是_____。
   A. 高速缓冲存储器简称 Cache
   B. Cache 处于主存与 CPU 之间
   C. 程序访问的局部性为 Cache 的引入提供了理论依据
   D. Cache 的速度远比 CPU 的速度慢

6. EPROM 是指_____。
   A. 随机读写存储器　　　　　　　　B. 只读存储器
   C. 可编程只读存储器　　　　　　　D. 可擦除可编程只读存储器

7. 下列说法正确的是_____。
   A. 半导体 RAM 信息可读可写,且断电后仍能保持记忆
   B. 半导体 RAM 属易失性存储器,而静态 RAM 的存储信息是不易失的
   C. 静态 RAM、动态 RAM 都属易失性存储器,前者在电源不掉时,不易失
   D. 静态 RAM 不用刷新,且集成度比动态 RAM 高,所以计算机系统上常使用它

8. 下列不能做输出设备的是_____。
   A. 扫描仪　　　　　　　　　　　　B. 显示器
   C. 光学字符阅读机　　　　　　　　D. 打印机

二、填空题

1. 计算机内存的存取速度比外存储器_____,内存由_____和_____组成。

2. 计算机由_____、_____、_____、_____和_____五部分组成,其中_____和_____组成 CPU。

3. 计算机系统总线一般由_____总线、_____总线和_____总线组成。

4. 运算器是计算机五大功能部件之一,由_____、_____、_____和_____组成,它是数据加工处理部件。在_____的指挥控制下,完成指定给它的运算处理功能。运算器通常包括_____和_____两种类型。

5. 控制器主要由_____、_____和_____组成。

6. 存储器是计算机系统中的记忆设备,用来存放程序和数据。计算机中的全部信息,包括输入的_____、_____、_____和_____都保存在存储器中。它根据控制器_____存入和取出信息。

7. 现代计算机中的主存储器按照信息的存取原理可以分为_____和_____两大类。

8. 按照与 CPU 的接近程度,存储器分为_____与_____,简称内(主)存与外(辅)存。主存属于_____的组成部分;辅存属于_____。CPU 不能像访问内存那样,直接访问外存,外存要与 CPU 或 I/O 设备进行数据传输,必须通过内存进行。

9. 外设的发展促进了计算机的应用,外设的_____化、_____化、_____化是外设的发展方向。

三、简答题

1. 计算机由哪几部分组成? 其中哪些部分组成了中央处理器?

2. 简述计算机多级存储系统的组成及其优点。

3. 简述高速缓冲存储器的工作原理,说明其作用。

第 4 章
计算机软件系统

4.1　计算机软件概述

计算机软件由程序和有关的文档组成。程序由一系列的指令按一定的结构组成。文档是软件开发过程中建立的技术资料。程序是软件的主体，一般保存在存储介质中，如硬盘或光盘中，以便在计算机上使用。

软件与硬件一样，是整个计算机系统的重要组成部分，硬件是软件运行的基础，软件是对硬件功能的扩充和完善，软件的运行最终都被转换为对硬件设备的操作。软件和硬件是计算机系统不可分割的两部分。现在人们使用的计算机都配备了各式各样的软件，软件的功能越强，使用起来越方便。

4.1.1　计算机软件的发展与特征

从软件生产采用的关键技术和手段来划分，计算机软件的发展可以分为如下 4 个阶段。

(1) 程序设计时代(1946—1956 年)，使用机器语言、汇编语言。这个阶段的软件还没有以产品的形式出现，一般是程序设计者编写所需要的软件，由本人进行维护，当时的软件实质上就是程序。

(2) 程序系统时代(1956—1968 年)，使用高级语言，小集团合作生产，提出结构化方法。为了适应大容量的数据存储，数据库技术蓬勃发展，多用户和实时性在开发中作为新的要求被提出,计算机软件平稳发展,确立了软件在市场上的重要地位,软件作为商品逐渐为人们接受和吸收。不过当时的软件规模还很小,软件技术的发展远远不能满足用户需要,出现了"软件危机"。

(3) 软件工程时代——结构化方法(1968—1989 年),软件工程学科的基本学科体系得到建立并基本趋向成熟。此阶段是软件发展过程中最重要的时期。图形用户界面(GUI)的普及与流行,成为 20 世纪 80 年代计算机领域最突出的科技成就。软件规模增大,软件的工作范围横跨整个软件生存期,软件的质量得到一定的保障。软件生产进入以过程为中心的开发阶段。

(4) 软件工程时代——面向对象方法(1989 年至今),网络及分布式开发、面向对象的开发技术成为主流,并行计算、神经网络、专家系统等新技术应用在软件开发中。CASE 技术提高了整个软件开发工程的效率。

进入 20 世纪 90 年代,Internet 和 WWW 技术的蓬勃发展使软件工程进入一个新的技术发展时期。以软件组件复用为代表,基于组件的软件工程技术正在使软件开发方式发生巨大改变。早年软件危机中提出的严重问题,有望从此开始找到切实可行的解决途径。

虽然软件工程技术已经上升到一个新阶段,但这个阶段尚未结束。软件技术发展日新月异,Internet 的发展促使计算机技术和通信技术相结合,更使软件技术发展呈五彩缤纷局面,软件工程技术的发展将永无止境。

从计算机软件的发展历程来看,其具备以下特征。

(1) 软件是一种逻辑实体,具有抽象性。

(2) 软件没有明显的制造过程。

(3) 软件在使用过程中,没有磨损、老化的问题。

(4) 软件对硬件和环境有着不同程度的依赖性。

(5) 软件的开发至今尚未完全摆脱手工作坊式的开发方式,生产效率低。

(6) 软件是复杂的,而且以后会更加复杂。

(7) 软件的成本相当昂贵。

(8) 软件还必须具备可维护性、独立性、效率性和可用性 4 个属性。

4.1.2　计算机软件的分类

根据用途,计算机软件可分为两大类:一类是系统软件,另一类是应用软件。软件系统的组成如图 4.1 所示。

也有人将软件分为三大类,即系统软件、支撑软件和应用软件。这种分法将软件开发工具和环境从应用软件中分出来,将支持其他软件开发与维护的软件称为支撑软件。

系统软件是管理、监控和维护计算机资源的软件,是用来扩大计算机的功能、提高计算机的工作效率、方便用户使用计算机的软件。系统软件是计算机正常运转所不可缺少的,是用户、应用软件和计算机硬件之间的接口。系统软件为用户与计算机系统之间提供了良好的界面,用于管理、控制和维护计算机系统,并且支持应用软件的开发和运行。一般情况下系统软件分为 4 类:操作系统、语言处理系统、数据库管理系统和服务程序。

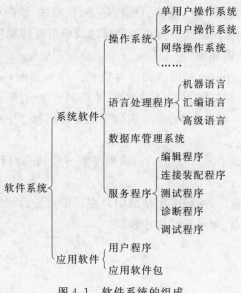

图 4.1 软件系统的组成

1. 操作系统

操作系统负责管理计算机的所有资源,包括硬件资源和软件资源。它确保整个计算机系统高效地运转,并为用户提供良好的使用环境。

2. 语言处理系统

随着计算机技术的发展,计算机经历了由低级向高级发展的历程,不同风格的计算机语言不断出现,逐步形成了计算机语言体系。用计算机解决问题时,人们必须首先将解决该问题的方法和步骤按一定序列和规则用计算机语言描述出来,形成计算机程序,然后输入计算机,计算机就可按人们事先设定的步骤自动地执行。

语言处理系统包括机器语言、汇编语言和高级语言。这些语言处理程序除个别常驻在 ROM 中可独立运行外,其余都必须在操作系统支持下运行。

3. 数据库管理系统

数据库是将具有相互关联的数据以一定的组织方式存储起来,形成相关系列数据的集合。数据库管理系统就是在具体计算机上实现数据库技术的系统软件。随着计算机在信息管理领域中日益广泛、深入的应用,产生和发展了数据库技术,之后出现了各种数据库管理系统(database management system,DBMS)。

DBMS 是计算机实现数据库技术的系统软件,它是用户和数据库之间的接口,是帮助用户建立、管理、维护和使用数据库进行数据管理的一个软件系统。

目前已有不少商品化的数据库管理系统软件,如 dBase、Visual FoxPro、SQL Server 2008 等都是在不同的系统中获得广泛应用的数据库管理系统。

4. 服务程序

现代计算机系统提供多种服务程序,它们是面向用户的软件,可供用户共享,方便用户使用计算机和管理人员维护管理计算机。

常用的服务程序有编辑程序、连接装配程序、测试程序、诊断程序、调试程序等。

（1）编辑程序（editor）。该程序能使用户通过简单的操作就可以建立、修改程序或其他文件，并提供方便的编辑环境。

（2）连接装配程序（linker）。用该程序可以把几个分别编译的目标程序连接成一个目标程序，并且要与系统提供的库程序相连接，才得到一个可执行程序。

（3）测试程序（checking program）。该程序能检查出程序中的某些错误，方便用户对错误的排除。

（4）诊断程序（diagnostic program）。该程序能方便用户对计算机维护，检测计算机硬件故障并对故障定位。

（5）调试程序（debug）。该程序能帮助用户在程序执行的状态下检查源程序的错误，并提供在程序中设置断点、单步跟踪等手段。

4.2 操作系统

4.2.1 基本概念

对大多数使用过计算机的人来说，操作系统既熟悉又陌生。熟悉的是当启动机器后，首先运行的就是操作系统，我们所有的工作都是在操作系统上运行的。但大多数人却又说不清什么是操作系统。

一般认为操作系统（operating system，OS）是管理计算机系统资源、控制程序执行、改善人机界面、提供各种服务、合理组织计算机工作流程和为用户提供良好运行环境的一类系统软件。

操作系统的主要作用有如下 3 个。

一是提高系统资源的利用。通过对计算机系统的软、硬件资源进行合理的调度与分配，改善资源的共享和利用状况，最大限度地发挥计算机系统工作效率，即提高计算机系统在单位时间内处理任务的能力（称为系统吞吐量）。

二是提供方便友好的用户界面。通过友好的工作环境，改善用户与计算机的交互界面。有了操作系统，用户才可能方便、有效地同计算机打交道。

三是提供软件开发的运行环境。在开发软件时需使用操作系统管理下的计算机系统，调用有关工具软件及其他软件资源。因为任何一种软件并不是在任何一种系统上都可以运行的，所以操作系统也称为软件平台。操作系统的性能在很大程度上决定了计算机系统性能的优劣。具有一定规模的计算机系统都可以配备一个或几个操作系统。

如果没有操作系统，用户直接使用计算机是非常困难的。用户不仅要熟悉计算机硬件系统，而且要了解各种外部设备的物理特性。对普通的计算机用户来说，这几乎是不可能的。操作系统是对计算机硬件系统的第一次扩充，其他系统软件和应用软件都是建立在操作系统的基础之上的。它们都必须在操作系统的支持下才能运行。计算机启动后，总是先把操作系统装入内存，启动操作系统，然后才能运行其他的软件。配备了操作系统，用户就可以利用软件方便地执行各种操作，从而大大提高工作效率。

4.2.2　操作系统的引导过程

启动计算机就是把操作系统装入内存,这个过程又称为引导系统。在计算机电源关闭的情况下,打开电源开关启动计算机,称为冷启动;在电源打开的情况下,重新启动计算机,称为热启动。

每当启动计算机时,操作系统的核心程序及其他需要经常使用的指令就从硬盘被装入内存。操作系统的核心部分的功能就是管理存储器和其他设备,维持计算机的时钟,调配计算机的资源。操作系统的核心部分是常驻内存的,而其他部分不常驻内存,它们通常存放在硬盘上,当需要时才调入内存。无论计算机规模如何,其引导过程都是相似的。Windows 操作系统的启动过程如下。

(1) 机器加电(或者按下 Reset 键),电源会给主板及其他系统设备发出电信号。

(2) 电脉冲使处理器芯片复位,并查找含有 BIOS (basic input/output system)的 ROM 芯片。BIOS 是一段含有计算机启动指令的系统程序,它存放在一个 ROM 芯片中,所以也称为 ROM-BIOS。

(3) BIOS 执行加电自检,即检测各种系统部件,如总线、系统时钟、扩展卡、RAM 芯片、键盘及驱动器等,以确保硬件连接合理及操作正确。自检的同时显示器会显示检测得到的系统信息。

(4) 系统自动将自检结果与主板上的 CMOS 芯片中的数据进行比较。CMOS 芯片是一种特殊的只读存储器,其中存储了计算机的配置信息,包括内存容量、键盘及显示器的类型、软盘和硬盘的容量及类型,以及当前的日期和时间等。自检还检测任何连接到计算机的新设备。如果发现了问题,计算机可能会发出"嘟嘟"声,显示器会显示出错信息,问题严重的话,计算机还可能停止工作。

(5) 如果加电自检成功了,BIOS 就会到外存中去查找一些专门的系统文件(也称为引导程序)。一旦找到了,这些系统文件就被装入内存并执行。接下来,由这些系统文件把操作系统的核心部分引导进入内存。然后,操作系统就接管控制了计算机。并把操作系统的其他部分装入计算机。

(6) 操作系统把系统配置信息从注册表装入内存。在 Windows 中,注册表由几个包含系统配置信息的文件组成。在计算机的操作过程中,经常需要访问注册表以存取信息。例如已安装的硬件和软件、个人用户的口令、对鼠标速度的选取等信息。

当上述步骤完成后,显示器屏幕上就会出现 Windows 的桌面和图标。接着操作系统自动执行"启动文件夹"中的程序。至此,计算机就启动好了,用户可以开始用计算机做自己的事情了。

4.2.3　操作系统的分类

根据操作系统的功能、使用环境、配置规模等,操作系统的基本类型有 3 种:批处理操作系统、分时操作系统和实时操作系统。随着硬件技术和应用的需要,新发展和形成的操作系统有网络操作系统、分布式操作系统、微机操作系统、嵌入式操作系统等。

1. 批处理操作系统

批处理操作系统是最早问世的操作系统,又分为单道批处理操作系统和多道批处理操作系统。早期,计算机只能通过控制台使用,而启动计算机软硬件均需要大量的启动时间,为了减少启动时间,计算机就需要由操作员来操作。用户把要计算的问题、数据和作业说明书一起交给系统操作员,由系统操作员将相同的一批作业输入计算机,然后由操作系统控制执行。

首先出现的是单道批处理操作系统。单道批处理系统(批处理系统既是操作系统的一种类型,又是对配置了批处理操作系统的计算机的一种叫法)以成批的方式接受用户提交给计算机完成的作业,但系统每次只调一个用户程序进入内存让它运行,即在任一时刻只允许运行一个程序。程序被输入计算机中运行,直到整个程序运行结束,然后计算机自动将同批作业的下一个作业调入内存运行。这样,计算机系统不再需要等待人工操作,节省了作业之间的过渡时间,提高了计算机的整机利用率。

但是,单道批处理系统每次只能运行一个作业,当运行中的作业进行输入/输出操作时,处理机将处于空闲等待状态,这将浪费宝贵的处理机资源。于是,就出现了多道批处理操作系统。

多道批处理操作系统保持了单道批处理操作系统中作业自动过渡的功能。此外,为了提高系统效率,还能支持在内存中同时放入多道用户作业,并将各个作业分别存放在内存的不同部分,而这些作业可以交替占用处理机和外设。即从微观上看,内存中的多道程序轮流地或分时地占用处理机,交替执行。每当运行中的一个作业因输入或输出操作需要调用外部设备,而使处理机出现空闲时,系统就自动进行切换,把处理机交给另一个等待运行的作业,从而将主机与外设的工作由串行改为并行,使处理机在等待外设完成任务时可以运行其他程序,从而显著地提高了计算机系统的吞吐量,提高了系统资源的利用率。多道批处理系统主要有 3 个特点,即多道、宏观上并行运行、微观上串行运行。

但是,批处理操作系统有一个很大的缺陷,即在程序运行过程中不允许用户与计算机进行交互,程序或数据出现任何错误都必须待整个批处理结束之后才能修改,因此它不适宜处理在运行过程中需要用户加以干预的程序。但是,用户却希望能有一种方法,支持在程序运行过程中用户与计算机直接交互,为满足这些需求,分时操作系统出现了。

2. 分时操作系统

分时操作系统用于连接了多台终端的计算机系统,它允许多个用户(从一个到几百个)通过各自的终端同时交互地使用一个计算机系统。用户在各自的终端上输入命令、程序或数据,并以交互方式控制程序的执行。

在分时系统中,若干个终端用户作业被驻留在内存中,由系统根据某种策略(如优先权等)调度分配处理机资源,对作业进行处理。系统将主机 CPU 的工作时间划分为许多很短的时间片(就是一小段时间,一般取 100ms),每个用户作业占用一个时间片,各用户作业按一定顺序轮流占用主机。换句话说,主机 CPU 轮流接收和处理各个用户从终端输入的命令,即按某个轮流次序在用户之间分配允许使用的 CPU 时间。

例如,一个带 10 个终端的分时系统,若给每个用户每次分配 100ms 的时间片,则每隔 1s 即可为所有用户服务一遍。如果用户的某个处理要求时间较长，分配给它的一个时间片不足以完成该处理任务，则它只能暂停下来，等到下一个时间片轮到时再执行。

由于计算机运行速度极高，与用户的输入/输出时间相比，时间片是极短的，所以系统每次都能对用户程序作出及时的响应，从而使每个用户都感觉似乎自己独占了整个计算机系统。

分时系统提高了系统资源的共享程度，适用于程序调试、软件开发等需要频繁进行人机交互的作业。分时系统主要有 4 个特点，即同时性、独立性、交互性和及时性。

3. 实时操作系统

实时操作系统是一种时间性强、响应快的操作系统，常配置在需要"实时响应"的计算机系统上。根据应用领域的不同，又可将实时系统分为两种类型。一类是实时信息处理系统，如航空机票订购系统。在这类系统中，计算机实时接受从远程终端发来的服务请求，并在极短的时间内对用户的请求作出处理，其中很重要的一点是对数据现场的保护。另一类是实时控制系统，这类控制系统的特点是：采集现场数据，并及时对所接收到的信息作出响应和处理。例如，用计算机控制某个生产过程时，传感器将采集到的数据传送到计算机系统，计算机要在很短的时间内分析数据并作出判断处理，其中包括向被控制对象发出控制信息，以实现预期目标。

实时系统对响应时间有严格、固定的时间限制，一般是毫秒级甚至是微秒级的，处理过程应在规定的时间内完成，否则系统失效。实时系统的最大特点就是要确保对随机发生的事件作出即时的响应。换句话说，对实时系统而言，"实时性"与"可靠性"是最重要的。

4. 网络操作系统

网络操作系统是使联网计算机能方便而有效地共享网络资源，为网络用户提供各种服务的软件和有关协议的集合。因此，网络操作系统的功能主要包括高效、可靠的网络通信；对网络中共享资源（在 LAN 中有硬盘、打印机等）的有效管理；提供电子邮件、文件传输、共享硬盘和打印机等服务；网络安全管理；提高互操作能力。

计算机网络具有如下特征。

（1）分布性。网上的节点机可以位于不同地点，各自执行自己的任务。

（2）自治性。网上的每台计算机都有自己的内存、I/O 设备和操作系统，能够独立地完成自己的任务。

（3）互联性。利用互联网络把不同地点的资源在物理上和逻辑上连接在一起。

（4）可见性。计算机网络中的资源对用户是可见的。

网络系统的功能是实现网络通信、资源共享和保护，以及提供网络服务和网络接口等。主要的网络操作系统有 UNIX、Linux 和各种版本的 Windows Server 系统。

5. 分布式操作系统

分布式计算机系统是由多个分散的计算机连接而成的计算机系统，系统中的计算机无主次之分，任意两台计算机可以通过通信交换信息。通常，为分布式计算机配置的操作系统称为分布式操作系统。

分布式操作系统能直接对系统中各类资源进行动态分配和调度、任务划分、信息传输协调工作,并为用户提供一个统一的界面、标准的接口,用户通过这一界面实现所需要的操作和使用系统资源,使系统中若干台计算机相互协作完成共同的任务,有效控制和协调诸任务的并行执行,并向系统提供统一、有效的接口的软件集合。分布式操作系统是网络操作系统的更高级形式,它保持网络系统所拥有的全部功能,同时又有透明性、可靠性和高性能等特性。

分布式系统有效地解决了地域分布很广的若干计算机系统间的资源共享/并行工作、信息传输和数据保护等问题,其特征如下。

(1) 分布式处理,是指资源、功能、任务及控制等都是分散在各个处理单元上的。实际上,用户并不知道自己的程序在哪台机器上运行,也不知道自己的文件存放在什么地方。

(2) 模块化结构,是指一组物理上分散的计算机站。

(3) 利用信息通信,是指利用共享的通信系统来传递信息。

(4) 实施整体控制,是指整个分布式系统有一个高层操作系统对各个分布的资源进行统一的整体控制。所以,在用户看来,分布式系统就如同传统的单 CPU 系统,而实际上它由众多处理器组成,每一个处理机上都运行该操作系统的一个拷贝。

分布式操作系统所涉及的问题远远多于以往的操作系统,它具有以下特点。

(1) 透明性。使用户觉得此系统就是老式的单 CPU 分时系统。

(2) 灵活性。可根据用户需求,方便地对系统进行修改或扩充。

(3) 可靠性。若系统中某个机器不能工作,有另外的机器代替它。

(4) 高性能。执行速度快,响应及时,资源利用率高。

(5) 可扩充性。可根据使用环境的需要,方便地扩充或缩减规模。

6. 微机操作系统

按操作系统同时支持的用户数来划分,可将操作系统分为单用户操作系统和多用户操作系统;按操作系统支持的可同时运行的任务数来划分,可将操作系统分为单任务操作系统和多任务操作系统。

(1) 单用户/单任务操作系统

单用户/单任务操作系统在某一时刻只允许一个用户运行一个程序,该用户独占计算机系统的全部硬件、软件资源。单用户单任务操作系统是为简单的小型机、微型机开发的,最早的操作系统就是单用户单任务操作系统,其特征是:个人使用、界面友好、管理方便、适于普及。例如,曾在 PC 机上广泛使用的操作系统 MS-DOS 就是单用户/单任务操作系统。

(2) 多用户操作系统

多用户操作系统支持多个用户程序同时在系统中运行。网络、中等规模的服务器、大型主机及超级计算机都允许成百上千个用户同时使用计算机系统,因此被称为多用户操作系统。多用户操作系统中的每个用户通过各自的终端运行自己的程序。操作系统负责分配资源和管理调度,使各用户程序互不干扰地运行。分时操作系统和网络操作系统都属于多用户操作系统。著名的 UNIX 操作系统及各种类 UNIX 系统就是分时多用户操作系统。多用户系统除了具有界面友好、管理方便和适于普及等特征外,还具有多用户使用、可移植性好、功能强、通信能力强等优点。

(3) 多任务操作系统

多任务操作系统允许一个用户同时执行多个任务,即允许用户同时运行两个以上的应用程序。例如,用户可以一边收听计算机播放的音乐一边用文字处理软件 Word 写作,多媒体播放程序和文字处理软件 Word 两个程序可以并行运行。

当同时运行多个程序的时候,只有一个程序在前台运行,其他程序均在后台运行。前台含有当前正在使用的程序,其他那些正在运行但非正在使用的程序处于后台中。通过单击任务栏上的某个程序名可以方便地将其置于前台,而其他所有程序就都被置于后台。现在的大部分操作系统都是多任务的。

7. 嵌入式操作系统

嵌入式操作系统运行在嵌入式智能芯片环境中,对整个智能芯片及其操作、控制的各种部件装置等资源进行统一协调、处理、指挥和控制。嵌入式操作系统的主要特点如下。

(1) 微型化。从性能和成本角度考虑,希望占用资源和系统代码量少,如内存少、字长短、运行速度有限、能源少(用微小型电池)。

(2) 可定制。从减少成本和缩短研发周期考虑,要求嵌入式操作系统能运行在不同的微处理器平台上,能针对硬件的变化进行结构与功能上的配置,以满足不同应用需要。

(3) 实时性。嵌入式操作系统主要应用于过程控制、数据采集、传输通信、多媒体信息及关键要害领域需要迅速响应的场合,所以对实时性要求高。

(4) 可靠性。系统构件、模块和体系结构必须达到应有的可靠性,对关键要害应用还要提供容错和防故障措施。

(5) 易移植性。为了提高系统的易移植性,通常采用硬件抽象层(hardware abstraction level,HAL)和板级支撑包(board support package,BSP)的底层设计技术。

嵌入式实时操作系统有很多,常见的有嵌入式 Linux、Windows Embedded、VxWorks、以及应用在智能手机和平板电脑上的 Android 和 iOS 等。

4.2.4 操作系统的功能

虽然有许多不同种类的操作系统,但大多数操作系统都具有以下 5 个方面的管理功能。

1. 处理机管理

在计算机中,处理机是最重要的资源。处理机管理的主要任务就是合理地管理和控制进程对处理机的要求,对处理机的分配、调度进行最有效的管理,使处理机资源得到最充分的利用。处理机管理主要包括作业调度和进程调度、进程控制和进程通信。

为了说明处理机管理的功能,首先要从作业说起。

（1）作业及其状态转化

作业是指用户在一次计算或一次事物处理过程中，要求计算机系统所做工作的集合。作业包含了从输入设备接收数据、执行指令、给输出设备发出信息，以及把程序和数据从外存传送到内存，或从内存传送到外存。例如，用户要求计算机把编好的程序进行编译、连接并执行就是一个作业。

作业自进入系统到运行结束大致经历 4 个阶段，如图 4.2 所示。

图 4.2　作业状态的转换

在提交状态下，作业由输入设备输入到外存。在后备状态下，作业已全部进入外存。并由作业注册程序为作业建立作业控制块，标志着该作业的存在。当作业已获得除 CPU 之外的全部所需要的资源时，作业处于"运行"状态，由作业调度程序将它调入内存，并为它建立"进程"，以后转入进程管理。当作业已完成全部任务或因出错无法运行下去时，进入完成状态。该状态下，系统收回该作业所占用的全部资源，并撤销该作业及其作业控制块。

作业管理功能是由作业调度程序进行作业调度来实现的。作业管理的主要任务是提供给用户一个使用计算机系统的界面，使用户能够方便地运行自己的作业，并对进入系统的各用户作业进行组织调度，以提高整个系统的运行效率。

在多个程序同时运行的情况下，一般有大批作业存放在外存储器上，形成一个作业队列。作业调度是指确定处理作业的先后顺序，因为计算机并不总是按作业下达的顺序来处理作业的。有时，某项作业可能比其他作业拥有更高的优先权，这时，操作系统就必须调整作业的处理顺序。

一个作业通常要经过两级调度才能得以在 CPU 上执行。首先是作业调度，它把选中的一批作业放入内存，并分配其他必要资源，为这些作业建立相应的进程。然后进程调度按一定的算法从就绪进程中选出一个合适的进程，使之在 CPU 上运行。

（2）进程及其状态转换

作业的运行是以"进程"方式实现的。所谓进程，是指一个程序（或程序段）在给定的工作空间和数据集合上的一次执行过程，它是操作系统进行资源分配和调度的一个独立单位。进程与程序不同，进程是动态的、暂时的，进程在运行前被创建，在运行后被撤销。而程序是计算机指令的集合，程序指出计算机执行操作的步骤，但它本身并没有运行的含义，程序是静态的。一个程序可以由多个进程加以执行。进程是系统中活动的实体。

任何一个程序都必须被装入内存并且占有处理机后才能运行。程序运行时通常要请求调用外部设备。如果程序只能顺序执行，则不能发挥处理机与外部设备并行工作的能力。如果把一个程序分成若干个可并行执行的部分，每一部分都可以独立运行，这样就能利用处理机与外部设备并行工作的能力，从而提高处理机的效率。在多任务环境中，处理机的分配、调度都是以进程为基本单位的，因此，对处理机的管理可归结为对进程的管理。

如果采用多道程序技术让若干个程序同时装入内存,当一个程序在运行中启动了外部设备而等待外部设备传输信息时,处理机就可以为其他程序服务。这样尽可能使处理机处于忙碌状态,从而提高处理机的利用率。对多道并行执行的某个程序来说,有时它要占用处理机运行,有时要等待传递信息,当得到信息后又可继续运行,而一个程序的执行又可能受到其他程序的约束,所以,程序的执行实际上是走走停停的。

进程在执行过程中有 3 种基本状态:阻塞状态(也称为等待状态)、就绪状态和运行状态。阻塞状态是指进程正在等待系统为其分配所需资源而暂未运行;就绪状态是指进程已获得所需资源并被调入内存,它具备了执行的条件但仍在等待系统分配处理机以便投入运行;运行状态是指进程占有处理机且正在运行。图 4.3 给出了典型的进程状态转换情况。

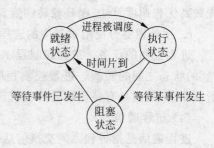

图 4.3 进程的状态转换

进程进入就绪状态后,一般都会在进程的 3 种状态之间反复若干次,才能真正运行完毕。处于运行状态中的进程,会因为资源不足或等待某些事件的发生而转入挂起状态,以便处理机能够为其他处于就绪状态的进程服务,从而提高处理机的利用率。

(3) 处理器管理程序的组成

为实现处理器管理,操作系统提供了作业调动程序、进程调度程序及进程控制(或称交通控制)程序等,它们的功能如图 4.4 所示。

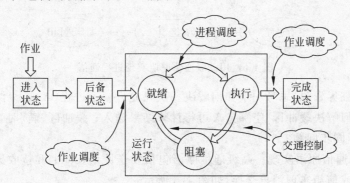

图 4.4 处理器管理程序的组成

作业调度也称高级调度,进程调度则称低级调度。

① 作业调度的任务。

a. 为进入系统的作业建立作业控制块。

b. 按作业调度策略从后备作业中选取一批作业投入运行。常用的作业调度算法有先来先服务调度算法、最短作业优先调度算法、均衡调度算法。

c. 为被选中的作业建立进程。

d. 作业结束时做善后处理工作。

② 进程调度的任务。动态地将 CPU 分配给就绪队列中的进程,将该进程由"就绪"

状态转换为"执行"状态。为完成这一任务,进程调度程序应做下列 3 项工作。

a. 将进程的状况记录在各自的进程控制块(PCB)中。PCB 是进程建立的标志,它随进程的创建而建立,随进程的撤销而消亡。在进程存在期间,进程的属性都记录在 PCB 中。进程是由程序、有关数据及进程控制块所组成的。

b. 按照进程调度策略分配处理器。常用的进程调度算法有先来先服务调度算法、优先数高优先调度算法、循环轮转调度算法。

c. 把处理器分配给被选中的进程。

进程控制的任务。进程控制程序主要实现进程由"执行"到"阻塞",或由"阻塞"到"就绪"的状态之间的转换。进程控制程序是通过调用相应的"原语"实现上述状态转换的。所谓原语,是指具有特定功能的、执行期间不允许中断的一段子程序。

（4）进程通信

进程通信是指进程之间交换信息,主要表现为进程之间的同步与互斥。

进程互斥是指两个并发进程因争夺某一临界资源而相互排斥。如两个进程 A、B 同时请求使用一台打印机,而打印机是一种临界资源,它一次只能允许一个进程使用,于是出现相互排斥的现象。

进程同步是指两个并发进程为共同完成一个任务而相互配合、协同工作。如进程 A、B 分别为计算进程和打印进程,两者的合作关系是：A 算出结果,B 才能打印。

进程通信可以通过低级通信原语和高级通信原语来实现。

① 用低级通信原语实现。低级通信原语包括开锁－关锁原语、P/V 原语等,以图 4.5 为例说明。

图 4.5   用低级通信原语实现进程通信

缓冲区为临界资源,思考一下如何解决一次只允许一个进程(A 或 B)访问临界区,即互斥问题？如何解决缓冲区"空"时,A 可将计算结果送入；缓冲区"满"时,B 才可从缓冲区取走结果,即同步问题？

② 用高级通信原语实现。高级通信原语包括发送原语(send)和接收原语(receive),借助于缓冲区或信箱实现消息交换,如图 4.6 所示。

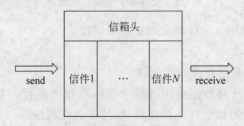

图 4.6   用高级通信原语实现进程通信

2. 存储管理

存储器资源是计算机系统中最重要的资源之一,而存储器的容量总是有限的,存储管理的主要目的就是合理、高效地管理和使用存储空间,为多个程序的运行提供安全、可靠的运行环境,合理利用内存的有限空间来满足各种作业的需求。

存储管理就是对计算机内存的分配、保护和扩充进行协调管理,随时掌握内存的使用情况,根据用户的不同请求,按照一定的策略进行存储资源的分配和回收,同时保证内存中不同程序和数据之间彼此隔离、互不干扰,并保证数据不被破坏和丢失。

存储管理主要包括内存分配、地址映射、内存保护和内存扩充。

(1)内存分配。其主要任务是为每道正在处理的指令或数据分配内存空间。为此,操作系统必须记录整个内存的使用情况,处理用户提出的申请,按照某种策略实施分配,接收系统或用户释放的内存空间。内存分配的方法一般有单一连续分区法、固定分区法、可变分区法、可重定位分区法。

(2)地址映射。当程序设计人员使用高级语言编程时,没有必要也无法知道程序将存放在内存中的什么位置,因此,一般用符号来代表地址。编译程序将源程序编译成目标程序时将把符号地址转换为逻辑地址(也称为相对地址),而逻辑地址并不是真正的内存地址。

在程序进入内存执行时,由操作系统把程序中的逻辑地址转换为真正的内存地址,这就是物理地址。这种把逻辑地址转换为物理地址的过程称为"地址映射",也称为"重定位"。

(3)内存保护。不同用户的程序都放在一个内存中,但必须保证它们在各自的内存空间中活动,不能相互干扰,更不能侵犯操作系统的空间。为此,需建立内存保护机制,即设置两个界限寄存器,分别存放正在执行的程序在内存中的上界地址值和下界地址值。当程序运行时,要对所产生的访问内存的地址进行合法性检查,就是说该地址必须大于或等于下界寄存器的值,并且小于上界寄存器的值。否则,属于地址越界,将拒绝访问,发生中断并进行相应处理。

(4)内存扩充。由于系统内存容量有限,而用户程序对内存的需求越来越大,这样就出现各用户对内存"求大于供"的局面。由于物理上扩充内存受到某些限制,就采取逻辑上扩充内存的方法,也就是"虚拟存储技术",即把内存和外存联合起来统一使用。虚拟存储技术基于这样的认识:作业在运行时,没有必要将全部程序和数据同时放进内存。虚拟存储技术只把当前需要运行的那部分程序和数据放在内存,且当其不再使用时,就被换出到外存。程序中暂时不用的其余部分存放在作为虚拟存储器的硬盘上,运行时由操作系统根据需要把保存在外存上的部分调入内存。虚拟存储技术使外存空间成为内存空间的延伸,增加了运行程序可用的存储容量,使计算机系统似乎有一个比实际内存储器容量大得多的内存空间。虚拟存储系统中页面调度的算法通常有:先进先出(FIFO)调度算法,最近最少使用(LRU)调度算法,最近最不经常使用(LFU)调度算法。

3. 设备管理

现代计算机系统中都配置有各种外部设备,其物理特性各异,使用时差别很大。操作系统中的设备管理程序不仅高效地实现对外设的管理(如设备共享、并发操作等),而且为用户方便使用设备提供了良好的手段(如用户按逻辑特性申请设备,且不必考虑设备的物理特性)。

设备管理主要包括缓冲区管理、设备分配与回收、设备驱动和设备无关性。

(1) 缓冲区管理。其目的是解决 CPU 与外设之间速度不匹配的矛盾。在计算机系统中,CPU 的速度最快,而外设的处理速度极其缓慢,因而不得不时时中断 CPU 的运行。这样大大降低了 CPU 的使用效率,进而影响到整个计算机系统的运行效率。为了解决这个问题,提高外设与 CPU 之间的并行性,从而提高整个系统性能,常采用缓冲技术对缓冲区进行管理。

(2) 设备分配与回收。有时多道作业对设备的需要量会超过系统的实际设备拥有量,因此,设备管理必须合理地分配外设,不仅要提高外设的利用率,而且要有利于提高整个计算机系统的工作效率。设备管理根据用户的 I/O 请求和相应的分配策略,为用户分配外部设备以及通道、控制器等。当用户不再使用这些设备时,及时收回。

(3) 设备驱动。实现 CPU 与通道和外设之间的通信。操作系统依据设备驱动程序来进行计算机中各设备之间的通信。设备驱动程序是一个很小的程序,它直接与硬件设备打交道,告诉系统如何与设备进行通信,完成具体的输入/输出任务。计算机中诸如鼠标、键盘、显示器及打印机等设备都有自己专门的命令集,因而需要自己的驱动程序。如果没有正确的驱动程序,设备就无法工作。所以,设备驱动程序是操作系统的核心例程,必不可少。

对有些硬件设备,也许操作系统中并未配备其驱动程序,这时,就必须进行人工安装由硬件厂家随同硬件设备一起提供的设备驱动程序。例如,如果要将一种新的硬件设备如扫描仪或数码相机连接到计算机上,那么在使用该设备之前必须人工安装其驱动程序。可以通过 Windows 在"控制面板"中提供的"安装或移去硬件"向导来安装驱动程序。

(4) 设备无关性(又称为设备独立性)。计算机系统中配备有各类不同的外设,且每类外设可有多台。计算机系统为每一台设备赋予一个编号,该编号称为设备的绝对号。用户申请设备时,只需向系统说明所要使用设备的类型或同类设备的相对号即可。系统为用户分配具体设备时,就建立"绝对号"与"设备类相对号"的对应关系。用户编程时使用的设备与实际使用的设备无关,由操作系统把用户程序中使用的逻辑设备映射到物理设备。

4. 文件管理

计算机系统中的软件资源,如源程序、目标程序、数据、编译程序等,都是以文件形式组织的。对这些文件的高效管理,并为用户提供方便、安全地使用这些文件的手段,是操作系统的另一个重要的任务。

在操作系统中由文件系统(也称为文件管理系统)来实现对文件的管理。其功能包括目录管理、文件存储空间管理、文件操作的一般管理、文件的共享和保护。

(1) 文件

在计算机系统中有大量的软件资源,包括各种各样的软件、数据和电子文档等,这些信息都是以文件的形式存储在磁盘、磁带、光盘等外存储器上。文件是按一定格式建立在存储设备上的一批信息的有序集合。

每个文件都必须有一个名字,称为文件名。对文件的所有操作,都是通过文件名来进行的。用户不必考虑文件存储的具体位置,只需在存取文件时给出文件名,就可以把它们存入或取出,实现"按名存取文件"。

文件名由主文件名和扩展名两部分构成,格式为:

<主文件名>. <扩展名>

主文件名是文件的主要标记,扩展名用于表明文件的类型。例如,Winword. exe 就是文字处理软件 Word 的文件名。

文件命名必须遵循以下规则。

① 主文件名开头必须是字母、汉字或数字,不能使用其他符号。

② 文件名最多允许使用 255 个字符,并且允许使用空格和圆点符号,只把最后一个圆点作为主文件名与扩展名之间的分隔符。

③ 文件名中不允许使用\ | / [ ] ＜ ＞,:? ＊等字符。在给文件命名时,最好选用能反映文件内容且便于记忆的文件名,做到"见名知义"。

通配符用来代替文件名中的一个字符或若干个字符,共有两个:"?"代替所在位置上的任一字符;"＊"代替所在位置开始的任意一串字符。例如,A?. com 表示主文件名有两个字符,第一个字符为 A,第二个为任意字符,扩展名为. com 的所有文件。又如,＊. com表示主文件名为任意,扩展名为. com 的所有文件,＊. ＊表示所有文件。

按照不同观点,可将文件分成多类。根据文件的使用情况,可将其分为应用程序文件和数据文件。

应用程序文件是可用来直接执行的文件,又称为可执行文件。应用程序文件包括具有最高优先级的命令文件 ＊. com、具有次高优先级的可执行文件 ＊. exe 和具有最低优先级的批处理文件 ＊. bat。在机器启动时,首先执行的批处理文件 AUTOEXEC. BAT 称为自动批处理文件。

数据文件包括:Word 文档文件(＊. doc)、Excel 工作簿文件(＊. exl)、文本文件(＊. txt)、图形图像文件(如 ＊. gif、＊. jpg、＊. bmp、＊. tif、＊. png、＊. pcx 等)、声音文件(如 ＊. wav、＊. bep、＊. au 等)、库文件(如数据库文件、字库 ＊. LIB 等)、源程序文件(如＊. c、＊. pas、＊. asm 等)和配置文件等。

(2) 文件系统

操作系统中对文件进行组织、存取和管理的机构(软件集合)称为文件管理系统,简称文件系统。文件系统的主要功能是实现"按名存取",具体包括如下方面。

① 实现从逻辑文件到物理文件的转换。逻辑文件是指按用户使用要求构造的文件,是面向用户的。而物理文件是指按存储介质(如磁盘、磁带)的物理特性构造的文件,是面向设备的。为使用户方便地按名存取文件,文件系统为用户"屏蔽"了复杂的辅存特性及文件在辅存上的具体操作,实现逻辑文件到物理文件的转换。

② 有效地分配文件的存储空间。

③ 建立文件目录,提供合适的存取方法。

④ 实现文件的共享、保护和保密。

（3）文件目录管理

目录管理包括目录文件的组织、目录的快速查询和文件共享等。目前，大多数操作系统采用树形目录对文件进行管理。

① 树形目录结构。硬盘是存储文件的大容量的存储设备，为了有效地管理磁盘上众多的文件，现在几乎所有操作系统都采用了多级目录结构。最高一层是根目录，在根目录下可以建立若干个子目录，每个子目录中又可以建立若干子目录。它像一棵倒挂的树，因此又称为树形目录结构。目录中可以存放文件和子目录。在同一个目录中文件名不允许同名，在不同目录中，文件名允许同名。在 Windows 中，目录被称为文件夹。文件夹和目录的概念又略有不同。目录中存放的都是实实在在的磁盘文件，而文件夹中存放的不光是磁盘文件，还有快捷方式。快捷方式就是指向某个程序（可执行文件）的"软连接"，它不是程序的真正副本，而只是记录了程序的位置及其参数。多级目录结构可以使文件组织得规整有序并且可以提高查找文件的效率。

② 盘符。操作系统采用专门的符号来标识磁盘，这些符号称为盘符。"A:"和"B:"标识软盘驱动器的盘符，"C:"标识系统的第一个硬盘。C 盘往往作为 DOS 或 Windows 的启动盘，也称为系统盘。若对硬盘进行分区，可以将硬盘在逻辑上划分为若干个盘，其逻辑盘符依次为"D:"、"E:"等。光盘驱动器接着硬盘盘符后面顺序编号，若硬盘的最大盘符编号为"E:"，则光盘的盘符为"F:"。

③ 路径。在多级目录文件系统中，使用文件时必须用某种方法指明文件在磁盘上的具体位置。通常可用两种方法：一种是绝对路径，另一种是相对路径。路径是指从根目录（或当前目录）出发，到达所要访问对象（文件或目录）所在目录为止所经历的"通道"。

绝对路径是指从根目录开始，到子目录，再到子目录……直至文件，即由根目录及所经过的一系列子目录组成，必须以反斜杠"\"开始。形如\子目录名 1\子目录名 2\…\子目录名 n，如\Program Files\Microsoft Office\Office。

相对路径从当前目录出发，由所经过的一系列子目录组成，它不能以反斜杠"\"开始。形如：子目录名 1\子目录名 2\…\子目录名 n。相对路径中第一个目录名是当前目录的下级目录。反斜杠"\"在表示路径时有双重作用，当用在绝对路径时，第一个反斜杠"\"表示根目录；在其他子目录下只是分隔符，起到分隔目录名的作用。在 DOS 系统下必须严格指出盘符和路径。而在 Windows 下查找文件，可以不指名路径，而使用浏览功能来查找文件。

（4）文件存储空间管理

文件是存储在外存储器上的。为了有效地利用外存储器上的存储空间，文件系统要合理地分配和管理存储空间。它必须记住哪些存储空间已经被占用，哪些存储空间是空闲的。文件只能保存到空闲的存储空间中，否则会破坏已保存的信息。

（5）文件的共享和保护

文件作为软件资源可供多个用户共同使用，称为文件共享。实现文件共享的方法有连访法、绕弯路法、采用基本文件目录实现文件共享和利用符号链实现文件共享等。

防止文件因硬件故障或共享文件时遭受破坏称为文件保护。实现文件保护的方法有建立存取控制权限表、定期转储、建立多个副本等。

防止他人窃取文件称为文件保密。实现文件保密的方法有设置口令、对文件进行加密等。

5. 作业管理

作业是指用户提交任务,它包括用户程序、数据及作业控制说明。作业控制说明表达了用户对作业运行的要求,可通过作业控制语言(JCL)或操作控制命令(最终用户接口提供)实现。作业管理一般包括:向用户提供实现作业控制的手段,即提供用户与操作系统的接口;按一定策略实现作业调度。

用户接口通常是以命令或系统调用的形式呈现在用户面前,前者提供给用户在键盘终端上使用,后者则提供给用户在编程时使用。在较晚出现的操作系统中,则又向用户提供了图形接口。

(1) 命令接口

为了便于用户直接或间接地控制自己的作业,操作系统向用户提供了命令接口。用户在命令界面提示符后,从键盘上输入命令,系统提供相应的服务。

(2) 系统调用接口

系统调用接口也称为程序接口,用户在自己的程序中使用系统调用,从而获得系统更底层的服务。该接口是为用户程序在执行中访问系统资源而设置的,是用户程序取得操作系统服务的途径。

系统提供了不同的处理机执行状态,通常分为系统态(也称为管理态)和用户态两种。当操作系统程序执行时,处理机处于系统态;用户程序则在用户态下执行。

用户程序要想得到操作系统的服务,必须使用系统调用(或机器提供的特定指令),它们能改变处理机的执行状态:从用户态变为系统态。系统调用是操作系统内核与用户程序、应用程序之间的接口,在 UNIX 系统上,系统调用以 C 函数的形式出现。所用内核之外的程序都必须经由系统调用才能获得操作系统的服务。

系统调用只能在 C 程序中使用,不能作为命令在终端上输入并执行。由于系统调用能直接进入内核执行,所以其执行效率很高。UNIX 的系统调用有几十个,其形式类似于C 函数。

(3) 图形接口

用户虽然可以通过命令接口来取得操作系统的服务,并控制自己的应用程序运行,但要熟记各种命令的名字和格式,并严格按照规定的格式输入命令,显然既不方便又花时间。于是,图形用户接口应运而生。

图形用户接口采用了图形化的操作界面,用各种图标等将系统的各项功能和文件直观地表示出来,用户可以通过鼠标、菜单、窗口等来完成对应用程序和文件的操作,非常直观、方便和有效。

从 20 世纪 90 年代开始推出的主流 OS 都提供了图形用户接口。

需要指出的是,现代操作系统除了应具备上述五大管理功能外,还应具有网络功能,即能够提供网络通信、网络服务、网络接口和网络资源管理等功能。

随着计算机技术的不断发展,用户向操作系统提出了许多更新、更高的要求。但是,无论怎么变,目标是一致的:操作系统必须实现对计算机系统软硬件资源的高效管理,并向用户提供一个越来越易于使用的高效、安全的操作环境。

4.3　常见的操作系统

操作系统是对计算机的硬件资源、软件资源进行统一调度、统一分配、统一管理的系统软件,它是联系人和计算机的桥梁和纽带。无论具备什么规模和性能的计算机,都必须配备操作系统才能对其进行操作。本节将介绍几种常见的应用于个人计算机的操作系统,即桌面操作系统。另外,随着智能手机在移动终端市场上大行其道,智能手机操作系统也打响了它们的市场争夺战,本节对于手机操作系统也会略作提及。

目前个人计算机支持的操作系统有 Windows 系列操作系统、UNIX 操作系统、Linux 操作系统、Mac 操作系统。

4.3.1　Windows 系列操作系统

Windows 系列操作系统是微软在 MS-DOS 基础上设计的图形操作系统。

微软公司从 1983 年开始研制 Windows 系统,最初的研制目标是在 MS-DOS 的基础上提供一个多任务的图形用户界面。第一个版本的 Windows 1.0 于 1985 年问世,它是一个具有图形用户界面的系统软件。1990 年推出的 Windows 3.0 是一个重要的里程碑,它以压倒性的商业成功确定了 Windows 系统在 PC 领域的垄断地位。现今流行的 Windows 窗口界面的基本形式也是从 Windows 3.0 开始基本确定的。

1. Windows 2000

Windows 2000 是一个由微软公司发行于 1999 年 12 月 19 日的 32 位图形商业性质的操作系统。

Windows 2000 有 4 个版本: Professional、Server、Advanced Server 和 Datacenter Server。Professional 版的前一个版本是 Windows NT 4.0 Workstation,适合移动家庭用户使用,可以用于升级 Windows 9x 和 Windows NT 4.0。它以 Windows NT 4.0 的技术为核心,采用标准化的安全技术,稳定性高,最大的优点是不会再像 Windows 9x 那样频繁地出现非法程序的提示而死机。

Windows Server 2000 是服务器版本,它的前一个版本是 Windows NT Server 4.0。Windows Server 2000 可面向一些中小型的企业内部网络服务器,同样可以应付企业、公司等大型网络中的各种应用程序的需要。Windows Server 2000 在 Windows NT Server 4.0 的基础上做了大量的改进,在各种功能方面有了更大的提高。

Windows Advanced Server 是 Windows Server 2000 的企业版,它的前一个版本是 Windows NT Server 4.0 企业版。与 Windows Server 2000 版不同的是,Windows Advanced Server 具有更为强大的特性和功能。它对 SMP(对称多处理器)的支持比 Windows Server 2000 更好,支持的数目可以达到四路。

所有版本的 Windows Server 2000 都有共同的一些新特征,即新的 NTFS 文件系统、EFS、允许对磁盘上的所有文件进行加密、增强对硬件的支持。

2. Windows XP

Windows XP是微软公司发布的一款视窗操作系统。它发行于 2001 年 8 月 25 日，原来的名称是 Whistler。微软最初发行了两个版本：家庭版（Home）和专业版（Professional）。家庭版的消费对象是家庭用户，专业版则在家庭版的基础上添加了新的为面向商业的设计的网络认证、双处理器等特性。家庭版只支持 1 个处理器，专业版则支持 2 个。字母 XP 表示英文单词的"体验"（experience）。

Windows XP 是基于 Windows Server 2000 代码的产品，同时拥有一个新的用户图形界面。它包括了简化了的 Windows Server 2000 的用户安全特性，并整合了防火墙，以用来确保长期以来以着困扰微软的安全问题。

由于微软把很多以前是由第三方提供的软件整合到操作系统中，Windows XP 受到了猛烈的批评。这些软件包括防火墙、媒体播放器（Windows Media Player），即时通信软件（Windows Messenger），以及它与 Microsoft Passport 网络服务的紧密结合，这都被很多计算机专家认为是安全风险及对个人隐私的潜在威胁。这些特性的增加被认为是微软对其传统的垄断行为的持续。

3. Windows Server 2003

Windows Server 2003 是微软推出的使用最广泛的服务器操作系统之一。它于 2003 年 3 月 28 日发布，并在同年 4 月底上市。此版本在活动目录、组策略和磁盘管理方面都作出了相应改进。

Windows Server 2003 共有 5 个版本：Windows Server 2003 Web 版、Windows Server 2003 标准版、Windows Server 2003 企业版、Windows Server 2003 数据中心版、Windows Server 2003 Web 版。每个版本都适合不同的商业需求。

4. Windows Server 2008

Microsoft Windows Server 2008 代表了新一代服务器操作系统。使用 Windows Server 2008，IT 专业人员对其服务器和网络基础结构的控制能力更强，从而可重点关注关键业务需求。Windows Server 2008 通过加强操作系统和保护网络环境而提高了安全性，还提供了直观管理工具，为 IT 专业人员提供了很大的灵活性。

5. Windows 7

微软 2009 年 10 月 22 日于美国、2009 年 10 月 23 日于中国正式发布了 Windows 7。Windows 7 可供家庭及商业工作环境、笔记本电脑、平板电脑、多媒体中心等使用。目前 Windows 7 包含以下版本：Windows 7 Starter（简易版）、Windows 7 Home Basic（家庭普通版）、Windows 7 Home Premium（家庭高级版）、Windows 7 Professional（专业版）、Windows 7 Enterprise（企业版）、Windows 7 Ultimate（旗舰版）。它的主要特性如下。

（1）易用

Windows 7 做了许多方便用户的设计，如快速最大化、窗口半屏显示、跳转列表、系统故障快速修复等。

（2）快速

Windows 7 大幅缩减了 Windows 的启动时间，据实测，在 2008 年的中低端配置下运行,系统加载时间一般不超过 20 秒,这与 Windows Vista 的 40 余秒相比,是一个很大的进步。

（3）简单

在 Windows 7 中,搜索和使用信息更加简单,它还包含本地、网络和互联网搜索功能,具有直观的用户体验,还可整合自动化应用程序。

（4）安全

Windows 7 增强了安全性,还会把数据保护和管理扩展到外围设备。Windows 7 改进了基于角色的计算方案和用户账户管理,在数据保护和坚固协作的固有冲突之间搭建沟通桥梁,同时也会开启企业级的数据保护和权限许可。

（5）Aero 特效

Windows 7 的 Aero 效果更华丽,有碰撞效果、水滴效果,还有丰富的桌面小工具。这些都比 Vista 增色不少。而且,Windows 7 的资源消耗也非常低,它不仅执行效率快人一筹,也使笔记本的电池续航能力大幅增加。

4.3.2　UNIX 操作系统

UNIX 操作系统是美国 AT&T 公司于 1971 年在 PDP-11 上运行的操作系统。UNIX 具有多用户、多任务的特点,支持多种处理器架构,最早由肯·汤普逊、丹尼斯·里奇和道格拉斯·麦克罗伊于 1969 年在 AT&T 的贝尔实验室开发。UNIX 家族的三大派生版本分别为 System V、Berkley 和 Hybrid。在这些派生版本中,又有大量的变种,其中比较著名的有 Sun Solaris、HP-UX、FreeBSD、Minix 等。

（1）Sun Solaris

Sun Solaris 是 Sun 公司研制的类 UNIX 操作系统。Solaris 起源于 BSDUnix,但是随着时间的推移,Solaris 在接口上正在逐渐向 System V 靠拢。目前 Solaris 属于私有软件。

Sun 的操作系统最初叫作 SunOS。Solaris 运行在两个平台上：Intel x86 及 SPARC/Ultra SPARC。后者是升阳工作站使用的处理器。因此,Solaris 在 SPARC 上拥有强大的处理能力和硬件支援,同时,在 Intel x86 上的性能也正在得到改善。对两个平台,Solaris 屏蔽了底层平台差异,为用户提供了尽可能一样的使用体验。

（2）HP-UX

HP-UX 是 HP 公司以 System V 为基础研发成的类 UNIX 操作系统。HP-UX 可以在 HP 的 PA-RISC 处理器、Intel 的 Itanium 处理器上运行,过去也能用于后期的阿波罗电脑（Apollo/Domain）系统上。较早版本的 HP-UX 也能用于 HP 9000 系列 200 型、300 型、400 型计算机系统（使用 Motorola 的 68000 处理器）,以及 HP 9000 系列 500 型计算机系统（使用 HP 专属的 FOCUS 处理器架构上）。

（3）FreeBSD

FreeBSD 是一种类 UNIX 操作系统,它是由经过 BSD、386BSD 和 4.4BSD 发展而来的 UNIX 的一个重要的分支,支持 x86 兼容、AMD64 兼容、Alpha/AXP、IA-64、PC 98 及 UltraSPARC 等架构的计算机。它运行在 Intel x86 Family 兼容处理器、DEC Alpha、Sun

微系统的 Ultra SPARC、Itanium(IA-64)和 AMD64 处理器上。

FreeBSD 是以一个完善的操作系统的定位来做开发的。其内核、驱动程序及所有的用户层均由同一源代码版本控制系统保存。

(4) Minix

Minix 的名字取自英语 Mini UNIX,是一个迷你版本的类 UNIX 操作系统(约300MB)。它是重新发展的,没有使用任何 AT&T 的程序码。

全套 Minix 除了启动的部分以汇编语言编写以外,其他部分都是纯粹用 C 语言编写的,分为内核、内存管理及档案管理三部分。

4.3.3 Linux 操作系统

Linux 操作系统是自由软件和开放源代码发展中最著名的例子。Linux 由芬兰的一个大学生于 1991 年首次开发,其标志是一只可爱的小企鹅。它具有 UNIX 的一切特性:真正的多重处理、虚拟存储、共享程序库、命令加载、写入时复制、正确的内存管理及支持TCP/IP 网络协议。

Linux 的主要优点表现在以下几个方面。

(1) 完全免费

Linux 是一个完全免费的操作系统,用户可以通过网络或其他途径免费获得源代码并对其进行修改。正是这一开放式的共享特点,吸引了无数的程序员加入对系统的不断完善与改进的行列,从而也推动了 Linux 的发展。

(2) 多用户、多任务

Linux 支持多用户和多任务,各用户对于自己的文件设备有各自的权限,保证了用户间的相互独立,同时又可使多个程序同时并行。

(3) 性能高,安全性强

Linux 上包含了大量网络管理、网络服务等方面的工具,利用这些工具,用户可顺利地建立起高效、稳定的防火墙、路由器、工作站、Intranet 服务器及 WWW 服务器。Linux还包括了大量系统管理软件、网络分析软件、网络安全软件等。

主流的 Linux 发行版本有 Ubuntu、Debian GNU/Linux、CentOS、Red Hat 等。中国内地的 Linux 发行版本主要有红旗 Linux(Red-flag Linux)、蓝点 Linux 等。

4.3.4 Mac 操作系统

Mac 操作系统(Mac OS)是苹果机的专用系统,正常情况下在普通 PC 上是无法安装的。Mac OS 是首个在商用领域成功的图形用户界面。现行的最新的系统版本是 MacOS X 10.8. x 版。

新的 Mac OS X 结合 BSDUnix 和 Mac OS 9 的元素。它的最底层基于 UNIX 基础,其代码被称为 Darwin,实行的是部分开放源代码。Mac 系统大大改进了内存管理,允许同时运行更多软件,而且实质上消除了一个程序崩溃导致其他程序崩溃的可能性。但是,这些新特征需要更多的系统资源。

4.3.5　智能手机操作系统

智能手机是一种在手机内安装了相应开放式操作系统的手机。目前,全球多数手机厂商都有智能手机产品,而诺基亚、苹果、HTC 黑莓、摩托罗拉更是智能机中的佼佼者。

智能手机通常使用的操作系统有 Symbian、Windows Mobile、iOS、Linux(含 Android、Maemo、MeeGo 和 WebOS)、Palm OS 和 BlackBerry OS。它们之间的应用软件互不兼容。因为可以安装第三方软件,所以智能手机具有丰富的功能。

(1) Symbian

Symbian 是一个实时性、多任务的纯 32 位操作系统,具有功耗低、内存占用少等特点,非常适合手机等移动设备使用,经过不断完善,虽然在智能型手机市场取得了无比的成功,并长期居于首位,但是 Symbian S60 系统近几年也遭遇到显著的发展瓶颈。

(2) Android

Android 是基于 Linux 平台开发的手机操作系统,该平台由操作系统、中间件、用户界面和应用软件组成,号称是首个为移动终端打造的真正开放和完整的移动软件。目前在市场上可谓如日中天,越来越受到玩家的青睐。在 Android 系统发展的过程中,摩托罗拉付出的是核心代码,Google 付出的是公关和品牌效应。其支持厂商众多,包括摩托罗拉、三星、LG、索尼、联想、华为、中兴、魅族等。

(3) Windows Phone

作为软件巨头,微软的掌上版本操作系统在与桌面 PC 和 Office 办公的兼容性方面具有先天的优势,而且 Windows Phone 具有强大的多媒体性能,办公、娱乐两不误,是最有潜力的操作系统之一。支持厂商有 HTC、三星、LG、i-mate 等。

(4) iOS

iOS 是苹果公司为 iPhone 开发的操作系统,它主要是给 iPhone、iPod Touch 及 iPad 使用。目前较新的、流行的版本为 iOS 6,该系统的用户界面设计及人机操作可谓前所未有的优秀,应用软件极其丰富。苹果完美的工业设计配以 iOS 系统的优秀操作感受,就靠仅有的几款机型,已经赢得可观的市场份额。

4.4　计算机应用软件

利用计算机的软/硬件资源为某一应用领域解决某个实际问题而专门开发的软件称为应用软件。用户使用各种应用软件可产生相应的文档,这些文档可被修改。

应用软件一般可以分为两大类:通用应用软件和专用应用软件。

通用应用软件支持最基本的应用,广泛地应用于几乎所有的专业领域,如办公软件包、数据库管理系统软件(有的把该软件归入系统软件的范畴)、计算机辅助设计软件、各种图形图像处理软件、财务处理软件、工资管理软件等。

专用应用软件是专门为某一个专业领域、行业、单位特定需求而开发的软件,如某企业的信息管理系统等。

4.4.1 办公自动化软件

办公自动化软件主要包括文字处理软件、电子表格软件、数据库软件及演示图形制作软件等。目前我国最广泛使用的办公软件是微软公司推出的 Office 2003 中文版。

Office 2003 主要包括 Word 2003（文字处理软件）、Excel 2003（电子表格软件）、PowerPoint 2003（演示文稿制作软件）、Outlook 2003（桌面管理软件）、Access 2003（数据库管理软件）、FrontPage 2003（网页制作软件），还有 Publisher 2003（出版软件）、Microsoft IME（输入法）和 PhotoDraw（图形图像处理软件）等应用程序或称组件。

这些软件具有 Windows 应用程序的共同特点，如易学易用、操作方便、有形象的图形界面和方便的联机帮助功能，提供实用的模板、支持对象连接与嵌入（OLE）技术等。Office 2003 为适应全球网络化的需要，它融合了最先进的 Internet 技术，具有更强大的网络功能。

4.4.2 图形图像处理软件

图形软件的功能是帮助用户建立、编辑和操作图片。这些图片可以是用户计划插入一本永久性小册子的照片、一个随意的画像、一个详细的房屋设计图或是一个卡通动画。

选择什么样的图形软件决定于所要制作的图片类型。

目前最畅销的图形软件有 Adobe 公司的 Photoshop，微软 Office 套件中的 PhotoDraw，Corel 公司的 Painter、Photo-Pain 和 CorelDraw，ACD 公司的 ACDSee 及微软公司的 Photo Editor，这些图像处理软件功能各有侧重，适用于不同的用户。

当用户知道自己需要的是哪一种类型的图片时，就会根据软件描述和评论找到正确的图形软件。

4.4.3 视频处理软件

现在 DV 爱好者越来越多，他们更热衷于通过数码相机、摄像机摄录下自己的生活片段，再用视频编辑软件将影像制作成碟片，在电视上来播放，体验自己制作、编辑电影的乐趣。

目前，市场上有不少视频编辑软件可供大家选择，Movie Maker 是 Windows XP 的附件，可以通过数码相机等设备获取素材，创建并观看自定义的视频影片，创建自己的家庭录像，添加自定义的音频曲目、解说和过渡效果，制作电影片段和视频光盘，还可以从 CD、电视、录像机等连接到计算机的设备上复制音乐，并存储到计算机中。

Adobe Premiere Pro 是目前最流行的非线性编辑软件，是数码视频编辑的强大工具，它作为功能强大的多媒体视频、音频编辑软件，应用范围不胜枚举，制作效果美不胜收，足以协助用户更加高效地工作。

习题与思考

1. 什么是计算机软件？计算机软件可以分为几类？
2. 什么是操作系统？它可分为哪几类？简要说明每一类的特点。

3. 试说明操作系统向用户提供的两种接口。

4. 试述操作系统的五大管理功能。

5. 举例说明操作系统的并发性及虚拟性两个特性。

6. 从作业进入系统到作业完成大致要经历哪几个状态？

7. 什么是进程？它与程序有什么区别？

8. 画出进程状态转换图，说明图中各状态下进程的特点及实现状态转换的条件。

9. 存储管理的基本任务是什么？

10. 设备管理的主要功能是什么？

11. 什么是文件？什么是文件系统？文件系统的主要功能是什么？

12. 什么是路径？什么是绝对路径？什么是相对路径？目录与路径有什么不同？

第 5 章
计算机程序设计

[本章学习目标]

知识点：程序设计的基本概念，程序设计语言，程序设计的过程与方法，数据结构、算法和算法分析。

重点：程序设计的基本概念，程序设计语言的构成，程序设计的过程与方法，数据结构、算法和算法分析。

难点：数据结构，算法。

技能点：描述算法。

5.1 程序设计的基本概念

计算机是一个大容量、高速运转但没有思维的机器，它看起来聪明是因为它能够精确、快速地执行算术运算。只要为计算机编写了解决某个问题的程序，计算机就能针对不同的情况、不同的数据，快速、反复地执行这个程序，把人们从枯燥、重复的任务中解放出来。

程序是能够实现特定功能的指令序列的集合，用来描述对某一问题的求解步骤。其中，指令可以是机器指令、汇编语言的语句，也可以是高级语言的语句，甚至可以是用自然语言描述的指令。通常把用高级语言编写的程序称为源程序，把用机器语言或汇编语言编写的程序称为目标程序，把用二进制代码表示的程序称为机器代码。

程序设计是指设计、编制、调试程序的方法和过程。它是目标明确的智力活动。程序设计往往以某种程序设计语言为工具，给出这种语言下的程序。专业的程序设计人员称为程序员。

5.1.1 程序设计语言的发展

计算机语言在计算机学科中占有特殊的地位，它是计算机学科中最富有智慧的成果之一。它深刻地影响着计算机学科各个领域的发展，不仅如此，计算机语言还是程序员与计算机交流的主要工具。因此可以说，不了解计算机语言就谈不上对计算机学科的真正了解。计算机语言经过多年的发展，已经从机器语言进化到高级语言。

1. 机器语言

机器语言是计算机的指令系统,是由 0 和 1 组成的二进制数。机器语言中的每一条指令实际上是一条二进制形式的指令代码,格式如图 5.1 所示。

| 操作码 | 操作数 |

图 5.1 指令格式

操作码指出进行什么样的操作,操作数指出参与操作的数或该数的内存地址。

【例 5.1】 计算 A＝14＋9 的机器语言程序。

```
10110000  00001110        ;把 14 放入累加器 A 中
00101100  00001001        ;9 与累加器 A 中的值相加,结果仍放入 A 中
11110100                  ;结束,停机
```

机器语言程序全部用二进制(八进制、十六进制)代码编制,不易于记忆和理解,也难以修改和维护。在一种类型计算机上编写的机器语言程序,在另一种类型的计算机上可能不能运行,必须另编程序,这是因为不同类型计算机的指令系统(机器语言)互不相同。由于机器语言程序使用的是针对特定型号计算机的语言,因此运算效率是所有语言中最高的。

2. 汇编语言

汇编语言用助记符来替代机器指令的操作码和操作数,如用 ADD 表示加法,用 SUB 表示减法,用 MOV 表示传送数据等。

【例 5.2】 计算 A＝14＋9 的汇编语言程序。

```
MOV  A,14              ;把 14 放入累加器 A 中
ADD  A,9               ;9 与累加器 A 中的值相加,结果仍放入 A 中
HLT                   ;结束,停机
```

汇编语言克服了用机器语言编写代码的困难,指令的编码更容易记忆,人们很容易读懂并理解程序的功能,纠错及维护也都变得方便了。

由于计算机硬件只能理解和执行用二进制代码表示的机器语言,因此,用汇编语言编写的程序必须经过"翻译",生成机器语言程序,机器才能执行并算出结果。"翻译"工作是由预先装入计算机中的"汇编程序"完成的,它是计算机必不可少的软件,翻译的过程称为"汇编"。

汇编语言语句与特定的机器指令有一一对应的关系,汇编语言也是一种面向机器的程序设计语言,十分依赖机器硬件,移植性不好,但效率仍十分高,汇编语言程序能准确地发挥计算机硬件的功能和特长,程序精练,至今仍是一种常用而强有力的软件开发语言,目前大多数外部设备的驱动程序都是用汇编语言编写的。

3. 高级语言

由于汇编语言依赖于硬件体系,且助记符量大难记,于是人们又发明了更加易用的高级语言。高级语言是较接近自然语言和数学公式的编程语言,基本脱离了机器的硬件系统,用人们更易理解的方式编写程序,其语法和结构更类似普通英文,且由于远离对硬件的直接操作,使一般人经过学习之后都可以编程。

【**例 5.3**】 计算 A＝14＋9 的高级语言程序(C 语言)。

```
int  A;                    //定义一个整形变量 A
A = 14 + 9;                //将 14 加 9 的结果赋值给变量 A
```

高级语言的优点如下。

(1) 高级语言接近算法语言,易学、易掌握,一般工程技术人员只要几周时间的培训就可以胜任程序员的工作。

(2) 高级语言为程序员提供了结构化程序设计的环境和工具,使得设计出来的程序可读性好、可维护性强、可靠性高。

(3) 高级语言远离机器语言,与具体的计算机硬件关系不大,因而所写出来的程序可移植性好、重用率高。

(4) 由于把繁杂琐碎的事务交给了编译程序去做,所以高级语言自动化程度高、开发周期短,且程序员得到解脱,可以集中时间和精力去从事对于他们来说更为重要的创造性劳动,以提高程序的质量。

高级语言适用于许多不同的计算机,使程序员能够将精力集中在应用上,而不是集中在计算机的复杂性上。但用高级语言编写的程序如同汇编语言程序一样,计算机是不能直接执行的,必须经过"翻译"生成目标程序才能执行。高级语言程序是由预先存放在机器中的"解释程序"或"编译程序"来完成这一"翻译"工作的。

5.1.2 程序设计语言的语法元素及功能划分

程序设计语言的语法元素和功能往往决定了一种语言的编程风格。而在实际编程中,程序员都必须遵循由此形成的特定的编程规范。

1. 语法元素

程序设计语言的语法元素主要有字符集、表达式、语句、标识符、操作符符号、保留字、空白(空格)、界定符(分界符)、注释等组成。

(1) 字符集

字符集的选择是语言设计的第一件事。字符集决定了在语言中可以使用的符号,只有字符集里有的符号才能在语言中出现。

在计算机科学中有一些标准字符集,如 ASCII 码,程序设计语言通常选择一个标准字符集,但也有不标准的,如 C 的字符集可用于大多数外围设备,而 PAL 的字符集则不能直接用于大多数外围设备。

(2) 标识符

标识符是程序设计时设计人员用来命名事物的符号,通常为字符和数字组成的串。不同的语言中,对标识符的命名规则不同,通常以字母开头,标识符中也可以使用特殊字符,如用下划线"_"或连接符"-"来增加易读性。

标识符的命名规则通常很简单,主要是为了防止出现系统的误操作,在程序设计阶段,标识符实际上是写给程序员看的。人们在实践中总结出一套比较实用的命名方法:匈牙利命名法。其基本原则是:标识符＝属性＋类型＋对象描述,其中每一对象的名称都要求有明确的含义,可以取对象名字全称或名字的一部分。命名要基于容易记忆、容易理解的原则。匈牙利命名法非常便于记忆,而且使变量名非常清晰易懂,这样,增强了代码的可读性,方便了各程序员之间相互交流代码。

（3）操作符符号

操作符是用来代表运算操作的符号,每个操作符表示一种运算操作。通常编程语言中具备赋值操作符、算术操作符、比较操作符、逻辑操作符、位操作符等几类,如用＋、－、＊、/表示基本的数学算术操作。比较操作符通常包括大于、小于、大于等于、小于等于、不等于等。逻辑操作符也叫布尔操作符,通常用来表示与、或、非、异或等逻辑运算。有些语言中有些特殊的运算,也就有相应的特殊操作符,比如 C 语言中的自增和自减操作。

（4）保留字

保留字也叫关键字,是指在语言中已经定义过的字,使用者不能再将这些字来命名其他事物。每种程序设计语言都规定了自己的一套保留字。保留字通常是语言自身的一些命令、特殊的符号等。

例如,BASIC 语言规定不能使用 LIST 作为变量名或过程名,因为 LIST 是一个 BASIC 语言专用于显示内存程序。一般来说,高级语言的保留字会有上百个之多。语言中的保留字大多与含义相同的英文单词类似,比如几乎所有的语言中都将 AND、OR、NOT、IF 等作为保留字来表示逻辑运算的与、或、非和选择语句的标识。

（5）空白(空格)

语言中常使用空白规则,通常都是作为分隔符,也有的语言中空格有其他用途。

（6）界定符(分界符)和括号

用于标记语法单位的开始和结束,例如,C 语言的一对大括号"｛ ｝"表示函数的开始和结束。括号"("和")"是一对分界符,通常用于确定运算的优先级。

（7）表达式

表达式是用来表示运算的语言描述形式。将同类型的数据(如常量、变量、函数等),用运算符号按一定的规则连接起来的、有意义的式子称为表达式。例如,算术表达式、逻辑表达式、字符表达式等。运算是对数据进行加工处理的过程,得到运算结果的数学公式或其他式子统称为表达式。表达式可以是常量也可以是变量或算式。表达式又可分为算术表达式、逻辑表达式和字符串表达式。

（8）语句

语句是程序设计语言中最主要的语法成分。语句的语法对语言整体的正则性、易读性和易写性有着关键影响。有的语言采用单一语句格式,强调正则性;而其他语言对不同语句类型使用不同的语法,着重于易读性。语句结构中的结构性(或嵌套)语句和简单语句有重要的差异,即一般简单语句能够在一行中完成,而结构性语句则使用多行的组合语句完成。

（9）注释

注释是程序的重要组成部分,用来说明程序中某些部分的设计,如变量的作用、某个程序段的设计思想或一些需要注意的事项等。注释一般使用自然语言表述。也会忘记当时的一些设计细节,如果完全没有注释,自己以前编写的程序读起来也会很费力。

注释有如下方式。

① 注释段。用于规定注释的区域,在这个区域中,所有行都是注释的内容。

② 注释行。用于表示只有当前行是注释,其后的行仍为一般的程序语句。

③ 注释区。在程序语句行中,通常是附在语句后面。

在有些语言中,将注释作为一种特殊的语句看待。

2. 功能划分

高级程序语言的基本成分可以归纳为 4 种:数据成分,用以描述程序所处理的数据对象,如数据类型和数据结构;运算成分,用以描述程序所包含的运算,如算术表达式和逻辑表达式等;控制成分,用以表达程序中的控制构造,如条件语句和循环语句等;传输成分,用以表达程序总数据的传输,如 I/O 语句。这里将以 C 语言为例进行介绍。

(1) 数据成分

常量是指在程序运行过程中内容不会发生变化的数据项。它具有特定的数据类型,如整形常量、实型常量、字符型常量和符号常量等。

变量是指在程序运行过程中随时可以变化的量,具有名称、类型、作用域、可进行的操作等特征。变量的使用遵循"先定义、后使用"的原则,即在使用前,变量要通过标识符来命名,用类型来说明数据的性质和需要占用的存储单元,用做用域来说明变量可以使用的范围。

【例 5.4】 数据的使用(C 语言)。

```
int   sum;                //定义一个整形变量 sum
sum = 14 + 9;             //将 14 加 9 的结果赋值给变量 sum
```

从高级语言的角度看,变量代表了特定大小的内存单元空间。在程序中都以变量的方式存储参与计算的数据、计算的中间结果和最后结果。例 5.4 中定义了一个变量名为 sum 的整型,由于它的类型是整型,sum 将代表大小为 2 个字节的内存单元,并且 sum 是个局部变量,只在当前函数中有效,它里面存放了两个常量相加后的结果。

按照数据组织形式的不同,可将数据分为基本类型、用户定义类型、构造类型及其他类型。不同语言支持的数据类型不尽相同,但基本类型是都支持的。数据类型与运算操作是对应的,如数值型可以进行数据运算和比较运算;布尔类型可以进行逻辑运算;字符型可以进行字符操作;而对构造类型的操作是对其组成元素进行的,其最基本的组成元素也是基本类型。

C 语言中,数据可分为基本类型、构造类型、指针类型和空类型,如图 5.2 所示。

基本类型变量是程序中经常使用的最简单的数据,它的值是一个数(或字符)。实型中的单精度浮点类型占 4 字节的空间,双精度浮点类型占 8 字节的空间,由于所占内存空间的大小不同,它们所表示的实数的范围和精度也就不同。

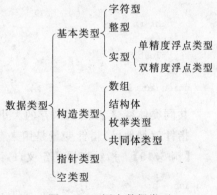

图 5.2 C 语言数据类型

【例 5.5】 基本类型变量的定义(C 语言)。

```
char    A;                    //定义一个字符型变量 A
double  B;                    //定义一个双精度浮点型变量 B
```

数组是同类型元素的有序集合,其定义如例 5.6 所示。

【例 5.6】 数组的定义(C 语言)。

```
int  Arry[10];           //定义一个整型数组 Arry,数组长度为 10,每个数组元素都是一个整型
```

结构体是不同类型的数据组成的有机整体。各成员占不同的地址,所占内存长度等于全部成员所占内存之和。

【例 5.7】 结构体类型的定义和结构体变量的定义(C 语言)。

```
struct stu
{
    int    nun;
    char   name[15];
    int    age;
};                            //定义一个结构体类型 stu
struct stu student1;          //定义一个结构体变量 student1
```

结构体变量 student1 所占内存的大小为 $2+1\times15+2=19$(字节)。

枚举类型为一组枚举值提供便于记忆的标识符。

【例 5.8】 枚举类型的定义和枚举变量的定义(C 语言)。

```
enmu color(red,yellow,bule); //定义一个枚举类型 color,它有 3 个枚举值 red、yellow、bule
enmu color cloth_color;      //定义一个枚举类型变量 cloth_color
```

当需要把不同类型的变量存放到同一段内存单元,或对同一段内存单元的数据按不同类型处理,则需要使用"共用体"数据结构。各成员占相同的起始地址,所占内存长度等于最长的成员所占的内存。

【例 5.9】 共同体类型的定义和共同体变量的定义(C 语言)。

```
union data
{
    int i;
    char ch;
    float f;
}                             //定义共同体类型 data
union data A;                 //定义共同类体变量 A
```

共同类体变量 A 所占内存的大小为 $\max(2,1,4)=4$(字节)。

指针就是地址,指针变量是用来存放变量地址的变量。

【例 5.10】 指针变量的定义(C 语言)。

```
int * p;
int a;
p = &a;                       //指针变量 p 指向整型变量 a
```

（2）运算成分

程序语言的运算成分指明允许使用的运算符号及运算规则。运算符号的使用与数据类型密切相关，为了确保运算结果的唯一性，运算符号要规定优先级和结合性，必要时要使用括号。

- 算术运算：加（＋）、减（－）、乘（＊）、除（/）、自增（＋＋）、自减（－－）。
- 逻辑运算：与（＆＆）、或（||）、非（!）。
- 关系运算：大于（＞）、小于（＜）、等于（＝＝）、不等于（!＝）等。
- 位运算：按位与（＆）、按位或（|）、按位异或（^）、按位取反（～）、左移（＜＜）、右移（＞＞）。
- 赋值运算：＝及其扩展赋值运算符。
- 条件运算符：? : 。

表达式是由常量、变量、函数、运算符和括号组成的有值的式子。例如，$c=a+b$、$d=a*b$ 就是两个简单的算术表达式，$(3>2)\&\&(5>6)$ 就是一个值为假（0 为假，非零为真）的逻辑表达式。

（3）控制成分

程序是由多条语句组成的有限序列，当在计算机上执行时，并不一定按照语句的序列顺序执行，程序设计语言中控制成分的作用就是提供一种基本框架，在此基本框架的支持下，可以将数据和对数据的运算组合成程序，并控制计算机怎么执行这些语句序列以完成程序功能。

理论已经证明，可计算问题的程序都可以用顺序、分支和循环这三种基本结构来描述。

① 顺序结构用来表示由一组计算操作（或语句）组成的序列，它从序列中的第一个操作开始，依次执行序列的后续操作，直到序列的最后一个操作为止。一般程序设计语言中语句的排列顺序就是其自然的执行顺序，系统会按语句排列的先后逐条执行，如图 5.3(a)所示。

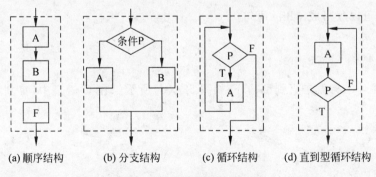

(a) 顺序结构　　(b) 分支结构　　(c) 循环结构　　(d) 直到型循环结构

图 5.3　基本控制结构流程图

【例 5.11】 将小写英文字母转换为大写英文字母。

```
{
    char a1 = 'z';
```

```
        char a2;
        a2 = a1 - 32;               //小写字母所对应的 ASCII 码值比大写字母的 ASCII 码值大 32
    }
```

② 分支结构为程序的执行提供了选择。基本的分支结构是由一个条件(P)和两个供选择的操作(A 和 B)组成。在执行时,根据条件的成立与否,决定执行程序块 A 还是执行程序块 B,从两个分支中选择一个执行。

大多数语言都有两路和多路分支语句,两路分支通过 if-else 语句实现,多路分支通过switch(或 case)语句实现,如图 5.3(b)所示。

【例 5.12】　求 3 个数中的最大值。

```
    {
        int max, x, y, z;
        scanf("%d%d%d", &x, &y, &z); //从键盘获得 3 个整数分别赋值给 x、y、z
        if(x >= y) max = x;
            else max = y;            //求 x、y 中较大的一个
        if(z >= max) max = z;        //将 x、y 中的较大者与 z 进行比较
        printf("max = %d", max);     //输出最大值
    }
```

③ 循环结构描述了重复计算的过程,通常由三部分组成,即初始化、需要重复计算的部分(循环体)和重复的条件。有时初始化部分在控制结构中并无显示。循环结构最基本的形式为 while 型结构和 do-while 型结构,如图 5.3(c)所示。在 C 语言中,while 型循环结构的一般形式为:

```
    while(条件 P)  A;
```

在 C 语言中,for 语句也是一种控制循环的重要语句,它适用于执行次数确定的情况,一般形式如下:

```
    for (P1; 条件 P2; P3)  A;
```

for 语句可以改写成 while 语句:

```
            P1;
    while(条件 P2)  {  A;  P3; }
```

另一种循环结构就是直到型循环,如图 5.4(d)所示。在 C 语言中,直到型循环结构的一般形式如下:

```
    do{
        A;
    }while(条件 P);
```

【例 5.13】　求两个数的最大公约数。

```
    main()
    {
        int m, n, r, t;
```

```
scanf("%d%d",&m,&n);        //给 m 和 n 赋值,确保 m>=n
r=m%n;                       //%为取余操作
while(r!=0)
{
    m=n; n=r; r=m%n;
}
printf("最大公约数是%d",n); //输出最大公约数
}
```

当型循环的循环体 A 最少执行 0 次,直到型循环的循环体 A 至少执行一次。

（4）传输成分

在 C 语言里提供了专门的数据 I/O 函数、输入函数 scanf()和输出函数 printf()。

（5）子程序

子程序是指能被其他程序调用,并且在实现某种功能后能自动返回到调用程序的程序。其最后一条指令一定是返回指令,故能保证重新返回调用它的程序中去。也可调用其他子程序,在支持递归时可自身调用。注意,这里所说的最后一条指令是实际执行时最后执行的指令,它不一定写在最后一行。

子程序在结构上与一般的程序相似。不同语言实现子程序的形式不同。子程序包括过程和函数两种。子程序在使用前需要像变量那样进行声明,也就是给它们命名并进行定义。子程序定义后,在程序中可以调用。过程本身不返回值,而函数本身返回值。过程的调用方法是将过程名作为语句使用,而函数的调用是将其作为一个表达式使用。如果需要过程将其处理的结果返回出来有两种方法：一种是在过程中修改全局变量；另一种是通过参数传递。

在调用子程序时,需要注意的是参数的传递。主程序要想让子程序能够完成不同的任务,就需要每次为其提供不同的输入。主程序与子程序的接口通常使用参数传递的方法。在声明主程序时可以定义若干参数作为输入,这时称为形式参数(简称为形参),只定义参数的名称和数据类型。在主程序调用子程序时,需要根据子程序声明时的定义,提供相应的参数值,这时称为实际参数(简称实参)。实参与形参的类型必须保持一致,才能保证子程序正常运行。

5.2 程序的生成和运行

5.2.1 程序设计的基本过程

程序设计一般由分析问题、确定问题解决方案、选择算法、抽象数学模型、选择合适算法、编写程序和调试、得到计算结果等阶段构成。程序设计的步骤如图 5.4 所示。

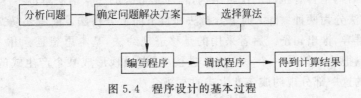

图 5.4 程序设计的基本过程

（1）分析问题，建立数学模型

对要解决的问题进行分析，找出它们的运算操作与变化规律，经归纳建立数学模型。

（2）选择算法

根据特定的数学模型，选择适合计算机解决问题的方法，可将处理思路用流程图表示出来。

（3）根据语法规则，编写实现程序

把算法处理步骤用符合语言规定的语句集合加以表示，需要正确使用语言规则，准确描述算法。

（4）调试运行程序，得到计算结果

调试程序就是将编制的程序投入实际运行前，用手工或编译程序等方法进行测试，修正语法错误和逻辑错误的过程。

5.2.2　编译和解释

如今的程序通常是用高级语言来编写的。为了在计算机上运行程序，高级语言程序需要被翻译成机器语言。通常把用高级语言编写的程序称为"源程序"，把机器语言程序称为"目标程序"。这种具有翻译功能的语言处理程序可以分为两大类，即编译程序（又称为编译器）和解释程序（又称为解释器）。

1. 编译程序

编译是使用编译器将高级语言编写的源程序转换成计算机可以执行的程序的过程，也可以理解为用编译器产生可执行程序的动作。编译是指在应用源程序执行之前，就将程序源代码"翻译"成目标代码，因此，其目标程序可以脱离其语言环境独立执行。

编译工作是一个自动化的过程，主要工作由编译程序这个工具完成。编译程序是一个或一套专门设计的软件，也称编译器。编译程序把一个源程序转换成可执行程序的编译工作过程分为 5 个阶段，即词法分析、语法分析、生成中间代码、代码优化、生成目标代码。编译程序主要进行词法分析和语法分析，又称为源程序分析，分析过程中如果发现语法错误，将给出提示信息。

（1）词法分析

词法分析的任务是对由字符组成的单词进行处理，从左至右逐个字符地对源程序进行扫描，产生一个个的单词符号，把作为字符串的源程序改造成单词符号串的中间程序。执行词法分析的程序称为词法分析程序或扫描器。

（2）语法分析

在语法分析，输入单词符号，并分析单词符号串是否形成符合语法规则的语法单位，如表达式、赋值、循环等，最后看是否构成一个符合要求的程序，按该程序语言使用的语法规则检查每条语句是否有正确的逻辑结构，程序是最终的一个语法单位。

语法的方法分为两种：自上而下分析法和自下而上分析法。前者是从文法的开始符号出发，向下推导，推出句子。后者采用的是移进规约法，基本思想是：用一个寄存符号的先进后出栈，把输入符号一个一个地移进栈里，当栈顶形成某个产生式的一个候选式时，即把栈顶的这一部分规约成该产生式的左邻符号。

（3）生成中间代码

中间代码是源程序的一种内部表示，其作用是可使编译程序的结构在逻辑上更为简单、明确，特别是可使目标代码的优化比较容易实现。中间代码的复杂性介于源程序语言和机器语言之间。

（4）代码优化

代码优化是指对程序进行多种等价变换，使得从变换后的程序出发，能生产更有效的目标代码。其中，等价是指不改变程序的运行结果；有效是指目标代码运行时间较短、所占用的存储空间较小。

编译过程中有两类代码优化：一类是对语法分析后的中间代码进行优化，它不依赖于具体的计算机；另一类是在生成目标代码时进行优化，它在很大程度上依赖于具体的计算机。对于前一类优化，根据所涉及的程序范围可分为局部优化、循环优化和全局优化3个不同的级别。

（5）生成目标代码

目标代码生成是编译的最后一个阶段。目标代码生成器把语法分析后或优化后的中间代码变换成目标代码。目标代码有如下3种形式：一是可以立即执行的机器语言代码，所有地址都重定位；二是待装配的机器语言模块，当需要执行时，由链接程序把它们和某些运行程序链接起来，转换成能执行的机器代码；三是汇编语言代码，在经过汇编后称为可执行的机器语言代码。

上面介绍的是一般过程，其中（3）、（4）阶段是可以选择的，可以根据需要进行省略或加强。特别是代码优化阶段，有些编译程序为了提高生成可执行程序的运行效率，分别设计了多个代码优化阶段，针对源代码、中间代码和目标代码分别进行优化。对源代码、中间代码的优化可以与具体机器硬件无关，对目标代码的优化通常与使用的意见平台有关，这样可以充分发挥意见的特有性能，使得执行效率最优。

现在大多数的编程语言都是编译型的。用编译方式执行一个源程序的过程如图 5.5 所示。

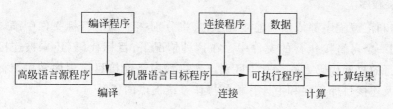

图 5.5 编译方式的执行过程

2. 解释程序

解释是另一种将高级语言转换为可执行程序的方式。与编译不同，解释性语言的程序不需要编译，省了道工序，解释性语言在运行程序的时候才翻译，如 BASIC 语言，专门有一个程序（又称解释器）能够直接执行 BASIC 程序，每个语句都是执行的时候才翻译。

采用编译模式时，只需要有可执行程序就可以完成用户的工作，而解释性语言需要源程序和解释器同时工作时才能执行。

解释方式的优点是修改方便。通常在解释过程中,如果发现问题,可以直接对源程序进行修改并且可以直接看到修改后的执行情况。

解释方式的缺点是效率比较低,而且不能生成可独立执行的可执行文件,应用程序不能脱离其解释器。

解释方式执行一个源程序的过程如图 5.6 所示。

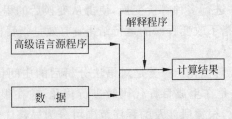

图 5.6　解释方式的执行过程

5.2.3　程序开发环境

通常编译器和解释器不是孤立存在的,除了这两个核心工具以外,程序开发人员工作时还需要一系列其他辅助工具,包括编辑器、连接程序、调试程序等,对于复杂的软件开发还需要项目管理工具。

1. 编辑器

任何程序设计语言都需要用编辑器来进行文字处理。从形式上看,大多数程序设计语言的源程序都是纯文本的,因此可以使用标准的文本处理工具作为编辑器,如Windows 系统自带的“记事本”就是很好的纯文本编辑器。但是专门针对某种程序设计语言的编辑器往往功能更加强大,比如可以用不同的颜色区分程序中的语法成分,如保留字、变量、注释等,有些编辑器针对支持的语言提供模板等功能,可以方便程序员的输入、修改和排版,使编辑的程序格式规范、便于阅读。

2. 连接程序

编译器和汇编程序都依赖于连接程序,它将分别在不同的目标文件中编译或汇编的代码收集到一个可直接执行的文件中。在这种情况下,目标代码(还未被连接的机器代码)与可执行的机器代码之间就有了区别。连接程序还连接目标程序和用于标准库函数的代码,以及连接目标程序和由计算机的操作系统提供的资源。

3. 调试程序

调试程序是可在被编译了的程序中判定执行错误的程序,它经常与编译器一起配合使用。运行一个带有调试程序的程序与直接执行不同,这是因为调试程序保存着所有的或大多数源代码信息(诸如行数、变量名和过程)。它还可以在预先指定的位置,即断点暂停执行,并提供有关已调用的函数及变量的当前值的信息。为了执行这些函数,编译器必须为调试程序提供恰当的符号信息,而这有时却相当困难,尤其是在一个要优化目标代码的编译器中。在调试状态下,程序的执行是受程序员控制的,程序员可以一步一步地进行单步调试跟踪,了解程序在执行过程中某一步的状态,以确定程序的运行是否符合当初的设计目标。程序正常执行只能得到输出的最终结果,如果输出不对说明程序中有设计错误,但要知道错误发生在哪里,必须通过调试程序来找到出错的位置。任何程序员都不能保证其编写的程序是完全正确的,调试工具是非常必要的工具,编写的源程序只有经过调试才可能成为比较正确的程序。单步调试跟踪和查看运行过程中变量的中间状态是最有效的调试手段。

4. 集成开发环境

集成开发环境(integrated develop environment,IDE)是一套用于程序开发的软件工具集合,一般包括源代码编辑器、编译器、调试器和图形用户界面工具。IDE 集代码编写功能、分析功能、编译功能、调试功能于一体,有些还融合了建模功能。

这个集成环境里,应用程序发生了某种错误,程序员的屏幕上就可能出现一个新窗口,提示出错的种类、原因,并将出错的源代码行在编辑窗口中以醒目的(高亮、反白、闪烁等)特殊形式进行显示。可以直接在这个窗口里编辑源代码、设置断点、启动跟踪。编辑器也可按照语法规则为标准控制结构提供模板,并在程序的输入过程中检查语法。如果程序员在编辑源程序后要求重新运行程序,也不需要手工启动编译器,一个新的程序版本会自动被创建出来。

5.3 数据结构

5.3.1 基本概念

1. 数据与信息

数据是指能被计算机存储、加工的对象。信息则是经计算机加工后生产的有意义的数据。若不是特别说明,数据与信息经常通用。

2. 数据的表示

数据的表示分为机外表示和机内表示两种。机外表示指数据在实际问题中的表现形式;机内表示则指数据在计算机存储器中的存在形式。通常意义上的数据表示即指数据从机外表示转化为机内表示。

3. 数据元素与数据项

数据元素(又可称为元素、节点、记录等)是数据的基本单位,在程序中作为一个整体加以考虑和处理。数据元素由若干个数据项构成,数据项(也称字段、域)是数据不可分割的最小单位。

数据、数据元素和数据项反映了数据组织的 3 个层次。数据可由若干个数据元素构成,而数据元素又可由若干个数据项构成。

【例 5.14】 数据、数据元素和数据项举例。

一张学生成绩登记表是由许多学生的成绩记录组成的,每个学生的成绩构成一个记录,即一个数据元素,而每个学生记录中包含的学号、姓名、课程名、分数等则称为数据项,也称为字段或数据域。

4. 数据的结构

在实际问题中,数据元素都不可能是孤立存在的,它们之间必然存在着某种联系(或称关系),这种联系称为结构。数据的结构可分为数据的逻辑结构和数据的物理结构。

(1) 数据的逻辑结构

数据的逻辑结构就是数据的组织形式,即数据元素之间逻辑关系的整体。数据的逻辑关系又称数据的邻接关系,是指数据元素之间的关联方式。如例 5.14 中学生登记表数据元素之间的关系是一对一的线性关系。

逻辑结构一般可分为 4 种,如图 5.7 所示。

① 集合。任何两个节点(即数据元素)之间都没有逻辑关系,是一种松散的组织形式。

② 线性结构。线性结构中的节点按逻辑关系一次排列,具有一对一的关系。

③ 树形结构。具有分支、层次特性,是一对多的关系(如族谱)。

④ 图形结构。各数据元素的关系比较复杂,是多对多的关系(如交通网)。

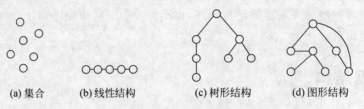

(a)集合   (b)线性结构   (c)树形结构   (d)图形结构

图 5.7   4 种逻辑结构示意

对于逻辑结构,需要注意以下几点。

① 逻辑结构与其所含节点个数、数据元素本身的形式、内容及元素的相对位置无关。

② 在逻辑结构上所进行的操作成为运算。按操作的效果来分,运算可分为加工型(操作改变了逻辑结构,如插入、删除、排序等)和引用型(操作未改变原逻辑结构,如查找)。

③ 常见的数据运算有插入、删除、更新、排序、查找等。

④ 在不会引起混淆的情况下,通常将数据的逻辑结构简称为数据结构。

(2) 数据的物理结构

数据的物理结构又称数据的存储结构,是指将具有某种逻辑结构的数据存于计算机内,这些机内表示的数据所体现的结构称为存储结构。换而言之,数据的物理结构是指数据的逻辑结构在计算机中的表示,也称映像,它包含数据元素的映像和关系的映像。

数据的存储结构一般可分为以下 4 种方式。

① 顺序存储方式。用一组连续的地址空间依次存放所有的节点,每个存储节点只含一个数据元素,数据元素之间的逻辑关系是用存储节点间的位置关系来表示的,即逻辑上相邻,物理上也相邻。

② 链式存储方式。每个存储节点包含数据域和指针域,指向与本节点有逻辑关系的节点。

③ 索引存储方式。每个存储节点只含一个数据元素且所有存储节点连续存放,另外再建立一个用于指示逻辑记录和物理记录之间一一对应关系的索引表。

④ 散列存储方式。每个节点包含一个数据元素,各节点根据散列函数的指示存储在相应的存储单元中。

5.3.2 线性结构

1. 线性表

线性表是最基本、最简单,也是最常用的一种数据结构,是由 $n(n \geqslant 0)$ 个性质相同的数据元素组成的有限序列。当 n 为 0 时,称为空表。数据元素之间的关系是一对一的关系,即除了第一个没有直接前驱,最后一个数据元素没有直接后继之外,其他数据元素都有唯一的直接前驱和直接后继。

一个非空表 $(a_1, a_2, a_3, \cdots, a_i, \cdots, a_n)$ 中,数据元素 a_i 的直接前驱是 a_{i-1},后继是 a_{i+1},表长为 n,i 为数据元素 a_i 在线性表中的位序。

线性表在计算机内有两种存储方式,最简单、常用的就是顺序存储,即用一组地址连续的存储单元依次存放线性表的元素。采用顺序存储方式的线性表称为顺序表。

线性表的顺序存储结构的特点是逻辑关系上相邻的两个元素在物理位置上也相邻,因此,可以随机、快速地存取表中的任一元素。然而,这种存储结构对插入和删除操作是非常困难的,往往引起大量的数据移动而且表的容量扩充时也比较烦琐。线性表的另一种表示方法——链式存储结构,可以解决顺序表所遇到的这些困难。

线性表的链式存储结构的特点是用一组任意的存储单元(可连续,也可不连续)存储线性表中的数据元素。每个存储节点均由两个域构成:数据域,存储数据元素的信息;指针域,存储其后继存储地址的信息,即用来描述相邻的数据元素之间的逻辑关系。指针域中存储的信息称为指针或链。由于每个节点只有一个指针域,故称这样的线性表为线性单链表或单向链表。

2. 栈和队列

栈和队列的逻辑结构、基本运算都与线性表很相似,是两种特殊的线性表。

(1) 栈

栈是插入和删除操作只能在表的同一端进行的线性表。允许插入和删除的这一端称为栈顶,另一端称为栈底。

栈在日常生活中的应用很广,如洗碗时,通常将碗一个个地从下往上叠放起来,而取碗时则从上往下取走。再如,一次只能允许一个人进出的死胡同,其胡同口相当于栈顶,而胡同的另一端则为栈底。

栈的显著特点是"先进后出"(或"后进先出")。

(2) 队列

队列是插入和删除分别在两端进行的线性表。允许插入的一端称为队尾,允许删除的一端称为队首。在队尾插入新元素称为入队,从队首删除元素称为出队。

在食堂排队买饭或在图书馆排队借书都是队列的很好实例。

队列的显著特点是"先进先出"。

5.3.3　非线性结构

现实中的许多事物的关系并非像线性结构这样简单,如人类社会的族谱、各种社会组织机构及城市交通网络等,这些事物中的联系都是非线性的,采用非线性结构进行描绘会更明确和便利。

非线性结构是指在该结构中至少存在一个数据元素,有两个或两个以上的直接前驱(或直接后继)元素。树和图形结构就是其中十分重要的非线性结构,可以用来描述客观世界中广泛存在的层次结构和网状结构的关系。

1. 树

树是常用的非线性结构之一。它用来描述层次结构,是一对多或多对一的关系,即一个节点有两个或多个下级节点。例如,一个上级单位有若干个下属部门,一对夫妻可能有多个子女,每个子女又可能有多个孙子女等。

树是 $n(n \geq 0)$ 个有限节点(数据元素)组成的有限集合。当 $n=0$ 时,称这棵树为空树。在一棵树 T 中:有一个特定的节点称为该树的根节点;若 $n>0$,除根节点之外的其余节点可分为 $m(m \geq 0)$ 个互不相交的有限集合 $T_1, T_2, \cdots, T_m$,且其中每一个集合本身又是一棵树,称为根的子树。每个子树的根节点有且只有一个直接前驱,但可以有 0 个或多个直接后继。

树的定义是递归的,它表明了树本身的固有特性,也就是一棵树由若干棵子树构成,而子树又由更小的子树构成。

树的相关基本概念如下。

(1) 双亲、孩子和兄弟。节点的子树的根称为该节点的孩子;相应的,该节点称为其子节点的双亲。具有相同双亲的节点互为兄弟。

(2) 节点的度。一个节点的子树的个数记为该节点的度。

(3) 叶子节点。它也称为终端节点,是指度为 0 的节点。

(4) 内部节点。度不为 0 的节点称为分支节点或非终端节点。除根节点之外,分支节点也称为内部节点。

(5) 节点的层次。根为第一层,根的孩子为第二层,以此类推,若某节点在第 i 层,则其孩子节点在第 $i+1$ 层。

(6) 树的高度。一棵树的最大层次数记为树的高度(或深度)。

(7) 有序(无序)树。若将树中节点的各子树看成是从左到右具有次序的,即不能交换,则称该树为有序树,否则称为无序树。

由定义可知,树具有以下两个特点。

(1) 树的根节点没有前驱节点,除根节点之外的所有节点有且只有一个前驱节点。

(2) 树中所有节点可以有 0 个或多个后继节点。

多棵互不相交的树构成的集合称为森林。

2. 二叉树

二叉树是 $n(n \geq 0)$ 个节点的有限集合,它或为空树($n=0$),或者是由一个根节点及两棵不相交的且分别称为左子树和右子树的二叉树组成。可见,二叉树同样具有递归性质。

特别需要注意的是,尽管树和二叉树的概念之间有许多联系,但它们是两个不同的概念。树和二叉树之间最主要的区别是:二叉树节点的子树要区分左子树和右子树,即使在节点只有一棵子树的情况下,也要明确指出该子树是左子树还是右子树。另外,二叉树节点最大度数为 2,而树中不限制节点的度数。

二叉树中,每个节点最多有两个孩子。左边的子节点称为左孩子,右边的子节点称为右孩子。二叉树的左右两个孩子的顺序是不能颠倒的。

二叉树具有以下重要的性质。

(1) 二叉树第 i 层($i \geqslant 1$)上至多有 2^{i-1} 个节点。

(2) 高度为 h 的二叉树上至多有 $2^h - 1$ 个节点。

(3) 高度为 h 的二叉树上至少有 h 个节点。

(4) 在任意二叉树中,若叶子节点(即度为零的节点)个数为 n_0,度为 1 的节点个数为 n_1,度为 2 的节点个数为 n_2,那么 $n_0 = n_2 + 1$。

(5) 对有 n 个节点的完全二叉树进行顺序编号($1 \leqslant i \leqslant n$),其高度为 $\lfloor \log_2^n \rfloor + 1$;且对于编号为 $i (i \geqslant 1)$ 的节点有:

① 当 $i = 1$ 时,该节点为根节点,它无双亲节点。

② 当 $i > 1$ 时,该节点的双亲节点编号为 $[i/2]$。

③ 若 $2i \leqslant n$,则节点 i 有编号为 $2i$ 的左孩子,否则节点 i 没有左孩子。

④ 若 $2i + 1 \leqslant n$,则节点 i 有编号为 $2i+1$ 的右孩子,否则节点 i 没有右孩子。

3. 图

图是比树更复杂的非线性结构,是一种数据元素间为多对多关系的数据结构。在图中,任意一个节点都可能有多个前驱节点或者后继节点。

图是由顶点的有穷非空集合和顶点之间的边的集合组成,通常表示为:$G(V, E)$,其中,G 表示一个图,V 是图 G 中顶点的集合,E 是图 G 中边的集合。

与图相关的术语如下。

(1) 无向边。若顶点 V_i 到 V_j 的边没有方向,则称这条边为无向边,用无序偶对 (V_i, V_j) 来表示。如果图中任意两个顶点之间的边都是无向边,则称该图为无向图。

(2) 有向边。若从顶点 V_i 到 V_j 的边有方向,则称这条边为有向边,也称为弧。用有序偶对 (V_i, V_j) 来表示。V_i 称为弧尾,V_j 称为弧头。如果图中任意顶点之间的边都是有向边,则称该图为有向图。

(3) 简单图。在图中,若不存在顶点到其自身的边,且同一条边不重复出现,则称这样的图为简单图。

(4) 无向完全图。在无向图中,如果任意两个顶点之间都存在边,则称该图为无向完全图。含有 n 个顶点的无向完全图有 $n(n-1)/2$ 条边。

(5) 有向完全图。在有向图中,如果任意两个顶点之间都存在方向互为相反的两条弧,则称该图为有向完全图。含有 n 个顶点的有向完全图有 $n(n-1)$ 条边。

(6) 路径。路径的长度是路径上的边或弧的数目。

（7）回路。第一个顶点到最后一个顶点相同路径称为回路或环。序列中顶点不重复出现的路径称为简单路径。除了第一个顶点和最后一个顶点之外，其余顶点不重复出现的回路称为简单回路或简单环。

5.4　算法

5.4.1　算法概述

通俗地讲，算法是解决问题的方法，严格地说，算法是对特定问题求解步骤的一种描述，它是指令的有限序列。

尽管算法的设计可以避开具体的程序设计语言，但在描述算法时则必须要借助某种描述形式，常用的描述算法的方法有自然语言、程序流程图、程序设计语言和伪代码。

1. 算法的特性

算法是问题求解过程的精确描述，它为解决某一特定类型的问题规定了一个运算过程，并且具有下列特性。

（1）有穷性。必须在执行有限步之后结束，且每一步都可以在有限时间内完成。

（2）确定性。算法中每一条指令必须有确切的含义，不能有二义性，并且，在任何条件下，算法只有唯一的一条执行路径，即对相同的输入只能得出相同的输出。

（3）可行性。算法应该是可行的，这意味着算法中所有要进行的运算都能够由相应的计算装置所理解和实现，并可通过有穷次运算完成。

（4）输入。一个算法有零个或多个输入，它们是算法所需的初始量或被加工的对象的表示。这些输入取自特定的对象集合。

（5）输出。一个算法有一个或多个输出，它们是与输入有特定关系的量。

2. 算法的评价标准

算法实质上是特定问题的可行的求解方法、规则和步骤。一个算法的优劣可从以下几个方面考查。

（1）正确性。它也称为有效性，是指算法能满足具体问题的要求，即对任何合法的输入，算法都能得到正确的结果。

（2）易读性。它是指算法被理解的难易程度。人们常把算法的可读性放在比较重要的位置，因为晦涩难懂的算法不易交流和推广使用，也难以修改和扩展。因此，设计的算法应尽可能简单易懂，易于阅读和理解，方便调试、修改和扩充。

（3）健壮性。当遇到非法数据时，算法应该能够加以识别和处理（如能给出一个表示出错的信息并返回到适当的地方重新执行），而不会产生误动作或陷入瘫痪。

（4）高效率。具有较好的时空性能，即有较高的执行效率和较低的空间代价。对算法的理想要求是运行时间短、占用空间小。

在上述 4 个方面中，正确性是最重要的。算法不能过分追求高效率，应该在保证正确性、易读性和健壮性的前提下，尽可能提高其执行效率。

3. 算法与数据结构

算法与数据结构密切相关,数据结构是算法设计的基础,算法总是建立在一定的数据结构基础之上。

计算机程序从根本上看包括两方面的内容:一是对数据的描述,二是对操作(运算)的描述。概括来讲,在程序中需要指定数据的类型和数据的组织形式就是定义数据结构,描述的操作步骤就构成了算法。因此,从某种意义上可以说"数据结构+算法=程序"。

当然,设计程序时还需选择不同的程序设计方法、程序语言及工具。但是,数据结构和算法仍然是程序中最为核心的内容。用计算机求解问题时,一般应先设计初步的数据结构,然后再考虑相关的算法及其实现。设计数据结构时应当考虑可扩展性,修改数据结构会影响算法的实现方案。

5.4.2 算法分析

算法分析指的是对算法所需要的时间和空间进行估算,所需要的资源越多,该算法的复杂度就越高。

算法的时间复杂度和空间复杂度合起来称为算法的时空性。简单地说,时间复杂度是指算法所包含的计算量,空间复杂度则是指算法所需要的存储量。

1. 算法的时间复杂度

算法的时间复杂度是算法的输入规模的函数。算法的输入规模也称为问题的规模,通常为该算法输入数据的个数。

另外,在分析时间复杂度时,还选取原操作作为参考。原操作是在算法执行过程中执行次数最多的操作(大多选择最深层循环内的语句)。

设问题的规模为 n,原操作重复执行的次数与 n 之间的函数为 $f(n)$,则算法的时间复杂度 $t(n)$ 记为:$t(n)=O(f(n))$。

简单地讲,若 n 表示问题的规模,算法的时间复杂度为 $O(n)$,则表示算法所需的时间与 n 成正比,对于一般的情况,称算法时间复杂度 $t(n)$ 为 $O(f(n))$ 时,指该算法的执行时间与函数 $f(n)$ 的增长趋势相一致。

2. 算法的空间复杂度

在执行一个算法时,除了需要存储空间来保存问题本身的数据外,可能还需要一些额外的空间来存储一些为实现算法所需信息的辅助空间,称为附加空间,附加空间的大小就是空间复杂度。空间复杂度一般也是问题规模 n 的函数。

一般而言,时间和空间是相互矛盾的,在评估算法时人们的注意力主要集中在时间复杂度上。

常见的时间复杂度或空间复杂度有:$O(1)$——常数阶、$O(\log_2 n)$——对数阶、$O(n)$——线性阶、$O(n^2)$——平方阶、$O(n\log_2 n)$——线性对数阶。复杂度的阶数越低,算法的效率越高。

5.4.3　算法的描述

为了表示一个算法,可以采用各种各样的方式,常用的有自然语言、传统流程图、结构化流程图、伪代码、PAD图、程序设计语言等。

1. 自然语言

自然语言是人们日常所用的语言,使用自然语言不用专门训练,所描述的算法也通俗易懂。然而其缺点也是明显的:首先,由于自然语言的歧义性容易导致算法执行的不确定性;其次,由于自然语言表示的串行性,当一个算法中循环和分支较多时就很难清晰地表示出来;再次,自然语言表示的算法不便转换成用计算机程序设计语言表示的程序。

例如,我们要求解100以内的所有素数,可以采用如下步骤进行。

(1) 给出数据序列 $2,3,4,\cdots,100$。

(2) 以序列中最小的数2作为因子,将其余的数中所有能被2整除的数从序列中删除。

(3) 取剩余序列中最小的数 i 作为因子,将其余的数中所有能被 i 整除的数从序列中删除。

(4) 重复步骤(3),直到取得序列中最后一个数。

再如,给定两个正整数 m 和 n,求它们的最大公因子(欧几里得算法)。步骤如下:

(1) 以 n 除 m 并令所得余数为 r,r 必小于 n。

(2) 若 $r=0$ 算法结束,输出结果 n,否则继续步骤(3)。

(3) 将 n 置换为 m,r 置换为 n 并返回步骤(1)继续进行。

欧几里得算法既表述了一个数的求解过程,同时又表述了一个判定过程。该过程可以判定 m 和 n 是互质的,即除1以外 m 和 n 没有公因子这个命题的真假。

用自然语言能够表示一些简单的算法,但对于一些复杂的算法,用自然语言来描述容易出现"二义性",或者必须用冗长的语言才能说清楚。例如,"老张对老王说他的儿子考上了大学!"

2. 传统流程图

流程图即程序框图,是历史最久、流行最广的一种算法的图形表示方法。每个算法都可由若干张流程图描述。流程图给出了算法中所进行的操作及这些操作执行的逻辑顺序。程序流程图包括3种基本成分:加工步骤,用方框表示;逻辑条件,用菱形表示;控制流,用箭头表示。

流程图中常用的几种符号如图5.8所示。

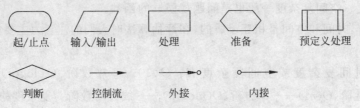

起/止点　　输入/输出　　处理　　准备　　预定义处理

判断　　控制流　　外接　　内接

图5.8　流程图的基本符号

（1）处理框（矩形框），用于表示一般的处理功能。

（2）判断框（菱形框），用于表示对一个给定的条件进行判断，根据给定的条件是否成立决定如何执行其后的操作。它有一个入口，两个出口。

（3）输入/输出框（平行四边形框），用于表示输入/输出。

（4）起止框（圆弧形框），用于表示流程开始或结束。

（5）连接点（圆圈），用于将画在不同地方的流程线连接起来。如图中有两个以 1 标志的连接点（在连接点圈中写上"1"）则表示这两个点是连接在一起的，相当于一个点一样。用连接点可以避免流程线的交叉或过长，使流程图清晰。

（6）流程线（指向线），用于表示流程的路径和方向。

（7）注释框，用于为了对流程图中某些框的操作做必要的补充说明，以帮助阅读流程图的人更好地理解流程图的作用。它不是流程图中必要的部分，不反映流程和操作。

程序框图说明了程序的逻辑结构。框图应该足够详细，以便可以按照它顺利地写出程序，而不必在编写时临时构思，甚至出现逻辑错误。流程图不仅可以指导编写程序，而且可以在调试程序中用来检查程序的正确性。

3. 结构流程图

1973 年，美国学者 I. Nassi 和 B. Shneiderman 提出了一种新的流程图形式。在这种流程图中，完全去掉了带箭头的流程线。全部算法写在一个矩形框内。在该框内还可以包含其他的从属于它的框，即可由一些基本的框组成一个大的框。这种适于结构化程序设计的流程图称为 N-S 结构化流程图，N/S 结构化流程图的基本元素与控制结构如图 5.9 所示。

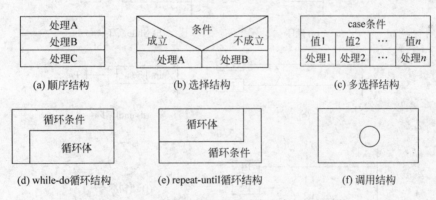

图 5.9　N-S 结构化流程图的基本元素与控制结构

N-S 图表示算法的优点是：比传统流程图紧凑易画，尤其是它废除了流程线。整个算法结构是由各个基本结构按顺序组成的，其上下顺序就是执行时的顺序。写算法和看算法只需从上到下进行就可以了，十分方便。归纳起来，一个结构化的算法是由一些基本结构顺序组成的；在基本结构之间不存在向前或向后的跳转，流程的转移只存在于一个基本结构范围之内（如循环中流程的跳转）；一个非结构化的算法可以用一个等价的结构化算法代替，其功能不变。如果一个算法不能分解为若干个基本结构，则它必然不是一个结构化的算法。

4. 伪代码

为了设计算法时方便,常用一种称为伪代码的工具。伪代码是用介于自然语言和计算机语言之间的文字和符号来描述算法。它如同一篇文章一样,自上而下地写下来。每一行(或几行)表示一个基本操作。它不用图形符号,因此书写方便、格式紧凑,易懂也便于向计算机语言算法(即程序)过渡。

可以用英文、汉字、中英文混合表示算法,以便于书写和阅读为原则。用伪代码写算法并无固定的、严格的语法规则,只要把意思表达清楚,并且要写成清晰易读的形式。

伪代码是指不能够直接编译运行的程序代码,它是用介于自然语言和计算机语言之间的文字和符号来描述算法和进行语法结构讲解的一个工具。它表面上很像高级语言的代码,但又不像高级语言那样要接受严格的语法检查。它比真正的程序代码更简明,更贴近自然语言。它不用图形符号,因此书写方便、格式紧凑、易于理解,便于向计算机程序设计语言算法程序过渡。

5. PAD 图

PAD 是 problem analysis diagram(问题分析图)的英文缩写,自 1973 年由日本日立公司发明以来,已经得到一定程度的推广。它用二维数形结构的图表示程序的控制流,将这种图转换为程序代码比较容易。其基本符号如图 5.10 所示。

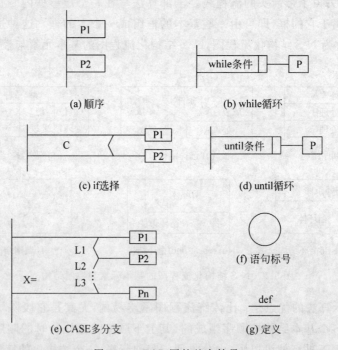

图 5.10　PAD 图的基本符号

PAD 图是面向高级程序设计语言的,为 Fortran、Cobol 和 Pascal 等每种常用的高级程序设计语言都提供了一整套相应的图形符号。由于每种控制语句都有一个图形符号与之对应,显然将 PAD 图转换成与之对应的高级语言程序比较容易。

PAD 是一种程序结构可见性好、结构唯一、易于编制、易于检查和易于修改的详细设计表现方法。用 PAD 可以消除软件开发过程中设计与制作的分离,也可消除制作过程中的"属人性"。虽然目前仍需要由人来编制程序,一旦开发的 PAD 编程自动化系统实现,计算机就能从 PAD 自动编程,到那时程序逻辑就是软件开发过程中人工制作的最终产品。显然在开发时间上大大节省,开发质量上将会大大提高。

PAD 图描述算法的优点如下。

(1) 使用表示结构优化控制结构的 PAD 符号所设计出来的程序必然是程序化程序。

(2) PAD 图所描述的程序结构十分清晰。PAD 图中最左边的竖线是程序的主线,即第一层控制结构。随着程序层次的增加,PAD 图逐渐向右延伸,每增加一个层次,图形向右扩展一条竖线。PAD 图中竖线的总条数就是程序的层次数。

(3) 用 PAD 图表现程序逻辑,易读、易懂、易记。PAD 图是二维数型结构的图形,程序从图中最左边上端的节点开始执行,自上而下、从左到右顺序执行。

(4) 很容易将 PDA 图转换成高级程序语言源程序,这种转换可由软件工具自动完成,从而可省去人工编码的工作,有利于提高软件的可靠性和生产率。

(5) PAD 图既可用于表示程序逻辑,也可用于描述数据结构。

(6) PAD 图的符号支持自顶向下、逐步求精方法的使用。开始时设计者可以定义一个抽象程序,随着设计工作的深入而使用"def"符号逐步增加细节,直至完成详细设计。

6. 程序设计语言

计算机不能识别自然语言、流程图和伪代码等算法描述的语言。因此,用自然语言、流程图和伪代码等语言描述的算法最终还必须转换为具体的计算机程序设计语言描述的算法,即转换为具体的程序。

一般而言,计算机程序设计语言描述的算法(程序)是清晰的、简明的,最终也能由计算机处理。然而,就使用计算机程序设计语言描述算法而言,它还存在以下几个缺点。

(1) 算法的基本逻辑流程难于遵循。与自然语言一样,程序设计语言也是基于串行的,当算法的逻辑流程较为复杂时,这个问题就变得更加严重。

(2) 用特定程序设计语言编写的算法限制了与他人的交流,不利于问题的解决。

(3) 要花费大量的时间去熟悉和掌握某种特定的程序设计语言。

(4) 要求描述计算步骤的细节,而忽视算法的本质。

5.4.4 基本算法

1. 排序

排序是数据处理中经常使用的一种运算。所谓排序,就是将一组任意排列的数据元素(称为记录)重新排列成按关键字递增(或递减)的有序序列。

在排序过程中,若整个文件都是在内存中处理,排序时不涉及数据的内、外交换,则称为内部排序(简称内排序);反之,若排序过程中要进行数据的内、外交换,则称为外部排序(简称外排序)。

内排序的方法有很多,如果按照排序过程中依据的不同原则对内排序方法进行分类,则可分为插入排序、交换排序、选择排序和归并排序等,如图 5.11 所示。

2. 查找

查找又称检索,和排序一样也是数据处理中经常使用的一种运算。

所谓查找,就是给定一个值 k,在含有 n 个节点的表中找出关键字等于 k 的节点,若找到,则查找成功,输出该节点在表中的位置;否则查找失败,输出查找失败的信息。

在线性表上进行查找的方法一般有 3 种,即顺序查找、折半查找和索引查找。

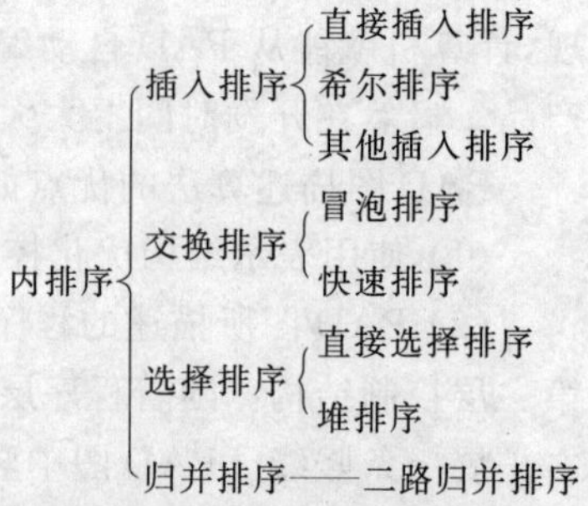

图 5.11　内部排序分类

（1）顺序查找

其基本思想是从表的一端开始,顺序扫描线性表,依次将扫描到的节点关键字和给定值 k 相比较。若当前扫描到的节点关键字与 k 相等,则查找成功;若扫描结束后,仍未找到关键字等于 k 的节点,则查找失败。

顺序查找的优点是算法简单,对表的结构没有任何要求;缺点是查找的效率低,当 n 较大时,不宜采取顺序查找。

（2）折半查找

折半查找是一种效率较高的查找方法,要求线性表是有序表,采用顺序存储结构。折半查找法的基本思想是:首先将待查找的 k 值和有序表 $R[0]$ 到 $R[n-1]$ 中间位置 mid 上节点的关键字进行比较,若相当,则查找成功。若 $R[mid].key>k$,则说明待查找的节点可能在左子表 $R[0]$ 到 $R[mind-1]$ 中,此时只要在左子表中继续进行折半查找即可;若 $R[mid].key<k$,则说明待查找的节点可能在右子表 $R[mind+1]$ 到 $R[n-1]$ 中,此时只要在右子表中继续进行折半查找即可。这样,经过一次关键字比较就缩小一半的查找空间,如此进行下去,直到找到关键字为 k 的节点,或当前的查找空间为空(查找失败)。

（3）索引查找

索引查找又称分块查找,它要求将原来的表 $R[n]$ 均匀分成 b 块,前 $b-1$ 块中的节点数为 $s=n/b$,第 b 块的节点数小于等于 s。每一块中的关键字不一定有序,但前一块中的最大关键字必须小于后一块中的最小关键字,即要求表是"分块有序"的;抽取各块中的最大关键字及其起始位置构成一个索引表 $ID[b]$,即 $ID[i]$ $(0 \leqslant i < b)$ 中存放着第 i 块的最大关键字及该块表 R 中的其实位置。由于表 R 是分块有序的,所以索引表是一个递增有序表。

索引查找的基本思想是:先查找索引表,因为索引表是有序表,故可采用二分法查找或顺序查找,以确定待查的节点在哪一块;然后在已确定的那一块中进行顺序查找。

习题与思考

一、填空题

1. 结构化的程序设计都包括_____、_____和_____。在 C 语言中,当型循环结构有两种语句,即_____和_____,另一种循环结构就是_____,在 C 语言中,它所对应的是 do-while 语句。

2.　　　　　　是数据的基本单位,在程序中作为一个整体加以考虑和处理,它由若干个数据项构成,　　　　　　是数据的不可分割的最小单位。

3. 数据的逻辑关系则是指数据元素之间的　　　　　　　　　　　　　。一般可分为以下 4 种：　　　　　　　　　　　　　　。

4. 假设有数组整型 $A[20]$,每个整型数所占内存为 4 个单元,已知 $A[11]$ 的存储地址为 1020H,则 $A[0]$ 的存储首地址为　　　　　　,$A[17]$ 的存储首地址为　　　　　　。

5. 算法的 5 个特性为：　　　　　　　　　　　　　　　　　　　　　　。

6. 算法的　　　　　　和　　　　　　合起来称为算法的时空性,简单地说,　　　　　　是指算法所包含的计算量,　　　　　　则是指算法所需要的存储量。

二、简答题

1. 什么是数据的物理结构？它与数据的逻辑结构有什么关系？

2. 什么是假溢出？怎么解决假溢出？

3. 用任意一种方式对下列数据序列进行排序：40、25、33、18、12、5、30、8、11。然后用折半查找法查找 Key=8。

4. 评价算法优劣的标准是什么？

第 6 章
数据库系统

[本章学习目标]

知识点：数据库的基本概念，数据管理技术的发展，数据库结构，数据库设计，数据库标准语言，数据库管理系统的基本知识。

重点：数据库的基本概念，数据库结构，数据库设计基本知识，数据库管理系统的基本知识。

难点：数据库结构。

技能点：简单的数据库设计。

6.1　数据库系统概述

数据库技术是计算机软件领域的一个重要分支，它是因计算机信息系统与应用系统的需求而发展起来的。程序员应了解数据库的基本内容，理解数据库系统的总体框架，了解数据库系统在计算机系统中的地位及数据库系统的功能。

6.1.1　基本概念

数据、数据库、数据库管理系统、数据库系统是与数据库技术密切相关的 4 个基本概念。

1. 数据

数据(data)实际上就是描述事物的符号记录，是数据库中存储的基本对象。数据具有多种表现形式，文本、图形、图像、音频、视频、职工的文档记录、货物的运输情况等都是数据，它们可以经过数字化后存入计算机。

例如，可以这样来描述某校计算机系一位同学的基本情况：张倩同学，女，1982 年 12 月生，江苏省南通市人，2000 年入学。在计算机中常这样来描述：(张倩，女，198212，江苏省南通市，2000)。

这个记录就是描述学生的数据。记录是计算机中辨识和存储数据的一种格式或方法。

2. 数据库

数据库(database,DB)是按照一定的格式存放在计算机存储设备上的数据集合,它具有永久存储、有组织和可共享3个基本特点。

3. 数据库管理系统

数据库管理系统(database management system,DBMS)是位于用户和操作系统之间的数据管理软件,是和操作系统一样的计算机基础软件,用来科学地组织和存储数据,高效地获取和维护数据。它的主要功能包括:数据定义功能,数据组织、存储与管理功能,数据操作功能,数据库的事务管理和运行管理功能,数据库的建立和维护功能,通信功能。

4. 数据库系统

数据库系统一般由数据库、数据库管理系统(及其开发工具)、应用系统、数据库管理员组成。要指出的是,数据库的建立、使用和维护等工作只靠DBMS远远不够,还要有专门的人员来完成,这些人员被称为数据库管理员(database administrator,DBA)。

在一般不引起混淆的情况下常把数据库系统简称为数据库。数据库系统可以用图6.1表示。

引入DBMS后,计算机系统的构成如图6.2所示。

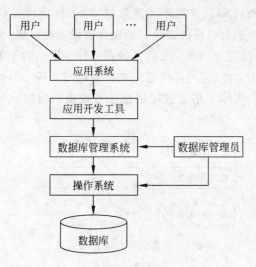

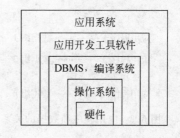

图6.1 数据库系统的组成 　　图6.2 DBMS在计算机系统中的地位

6.1.2 数据管理技术的发展

数据库技术是应数据管理任务的需要而产生的。

数据处理是对各种数据进行收集、存储、加工和传播的一系列活动。数据管理是指对数据进行分类、组织、编码、存储、检索和维护,它是数据处理的中心问题。

在应用需求的推动下,在计算机硬件、软件发展的基础上,数据管理技术发展经历了人工管理、文件系统、数据库系统3个阶段。

1. 人工管理阶段

早期的数据处理都是通过手工进行的,当时的计算机上没有专门管理数据的软件,也没有诸如磁盘之类的设备来存储数据,那时应用程序和数据之间的关系如图 6.3 所示。这种数据处理具有以下几个特点。

(1) 数据量较少。数据和程序一一对应,即一组数据对应一个程序,数据面向应用,独立性很差。由于不同应用程序所处理的数据之间可能会有一定的关系,因此会有大量的重复数据。

(2) 数据不保存。因为在该阶段计算机主要用于科学计算,数据一般不需要长期保存,需要时输入即可。

(3) 没有软件系统对数据进行管理。程序员不仅要规定数据的逻辑结构,而且在程序中还要使用其物理结构,包括存储结构的存取方法、输入/输出方式等。也就是说,数据对程序不具有独立性,一旦数据在存储器上改变物理地址,就需要改变相应的用户程序。

手工处理数据有两个特点:一是应用程序对数据的依赖性太强;二是数据组和数据组之间可能有许多重复的数据,造成数据冗余。

2. 文件系统阶段

20 世纪 50 年代中期以后,计算机的硬件和软件技术飞速发展,除了科学计算任务外,计算机逐渐用于非数值数据的处理。由于大容量的磁盘等辅助存储设备的出现,使得专门管理辅助存储设备上的数据的文件系统应运而生。文件系统是操作系统中的一个子系统,它按一定的规则将数据组织成为一个文件,应用程序通过文件系统对文件中的数据进行存取和加工。文件系统对数据的管理,实际上是通过应用程序和数据之间的一种接口实现的,如图 6.4 所示。

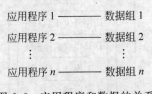

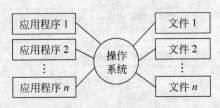

图 6.3   应用程序和数据的关系　　　　图 6.4   应用程序与文件的关系

文件系统的最大特点是解决了应用程序和数据之间的一个公共接口问题,使得应用程序采用统一的存取方法来操作数据。在文件系统阶段中,数据管理的特点如下:

(1) 数据可以长期保留,数据的逻辑结构和物理结构有了区别,程序可以按名访问,不必关心数据的物理位置,由文件系统提供存取方法。

(2) 数据不属于某个特定的应用,即应用程序和数据之间不再是直接的对应关系,可以重复使用。但是,文件系统只是简单地存取数据,相互之间并没有有机的联系,即数据存取依赖于应用程序的使用方法,不同的应用程序仍然很难共享同一数据文件。

(3) 文件组织形式的多样化,有索引文件、链接文件和 Hash 文件等。但文件之间没有联系,相互独立,数据间的联系要通过程序去构造。

文件系统具有数据冗余度大、数据不一致和数据联系弱等缺点。

（1）数据冗余度大。文件与应用程序密切相关，相同的数据集合在不同的应用程序中使用时，经常需要重复定义、重复存储。例如，学生学籍管理系统中的学生情况，学生成绩管理系统的学生选课情况，教师教学管理的任课情况，所用到的数据很多都是重复的。这样，相同的数据不能被共享，必然导致数据的冗余。

（2）数据不一致性。由于相同数据重复存储、单独管理，给数据的修改和维护带来难度，容易造成数据的不一致。例如，人事处修改了某个职工的信息，但生产科该职工相应的信息却没有修改，造成同一个职工的信息在不同部门的结果不一样。

（3）数据联系弱。文件系统中数据组织成记录，记录由字段组成，记录内部有了一定的结构。但是，文件之间是孤立的，从整体上看没有反映现实世界事物之间的内在联系，因此，很难对数据进行合理的组织以适应不同应用的需要。

3. 数据库系统阶段

数据库系统是由计算机软件、硬件资源组成的系统，它实现了大量关联数据有组织、动态的存储，方便多用户访问。它与文件系统的重要区别是数据的充分共享、交叉访问、与应用程序高度独立。

数据库系统阶段，数据管理的特点如下。

（1）采用复杂的数据模型表示数据结构。数据模型不仅描述数据本身的特点，还描述数据之间的联系。数据不再面向某个应用，而是面向整个应用系统。数据冗余明显减少，实现了数据共享。

（2）有较高的数据独立性。数据库也是以文件方式存储数据的，但它是数据的一种更高级的组织形式。在应用程序和数据库之间由 DBMS 负责数据的存取，DBMS 对数据的处理方式和文件系统不同，它把所有应用程序中使用的数据及数据间的联系汇集在一起，以便于应用程序查询和使用。这一阶段程序和数据的关系如图 6.5 所示。

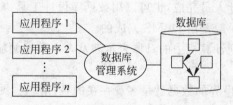

图 6.5 应用程序与数据库的关系

在数据库系统中，数据库对数据的存储按照统一结构进行，不同的应用程序都可以直接操作这些数据（即对应用程序的高度独立性）。数据库系统对数据的完整性、唯一性和安全性都提供一套有效的管理手段（即数据的充分共享性）。数据库系统还提供管理和控制数据的各种简单操作命令，使用户编写程序时容易掌握（即操作方便性）。

6.1.3　数据模型

数据模型是数据库设计的核心概念。第五章我们讨论了基本的数据结构，是从计算机处理的角度来讨论的。从使用的角度来看，数据是对现实世界事物的抽象描述，对数据的组织方式的描述成为数据模型,数据库系统均是建立在某种数据模型之上的,它是数据库系统的核心和基础。

数据模型应满足 3 个方面的要求:一是能比较真实地模拟现实世界;二是容易为人所理解;三是便于在计算机上实现。

不同的数据模型实际上是给用户提供模型化数据和信息的不同工具。根据模型应用的不同目的,可以将数据模型划分为不同的类型。

1. 数据模型的分类

数据模型按不同的应用层次可分成 3 种类型,分别是概念数据模型、逻辑数据模型和物理数据模型。

(1) 概念数据模型(conceptual data model)也称信息模型,是面向数据库用户的实现世界的模型,它按用户的观点来对数据和信息建摸,是现实世界到信息世界的第一层抽象。它强调语义表达功能,易于用户理解,是用户和数据库设计人员交流的语言,主要用于数据库设计,与具体的数据管理系统无关。这类模型中最著名的是实体-联系模型(E-R 模型)。

(2) 逻辑数据模型(logical data model)是按计算机系统的观点对数据的建模,是现实世界数据特征的抽象,用于 DBMS 的实现。主要包括层次数据模型(hierarchical data model)、网状数据模型(network data model)、关系数据模型(relational model)、面向对象数据模型(object oriented model)和对象关系数据模型(object relational model)等。

(3) 物理数据模型(physical data model)是面向计算机物理表示的模型,描述了数据在存储介质上的组织结构,它不但与具体的 DBMS 有关,还与操作系统和硬件有关。每一种逻辑数据模型在实现时都有对应的物理数据模型。物理数据模型的具体实现是 DBMS 的任务,数据库设计人员设计和选择数据模型,一般用户不必考虑物理级的细节。

从显示世界到概念模型的转换是由数据库设计人员完成的,从概念模型到逻辑模型的转换可以由数据库设计人员完成,也可以用数据库设计工具协助设计人员完成,从逻辑模型到物理模型的转换一般是由 DBMS 完成的。

从事物的客观特性到计算机中的具体表示涉及 3 个数据领域,即现实世界、信息世界和机器世界。

① 现实世界。现实世界的数据就是客观存在的各种报表、图表和查询格式等原始数据。计算机只能处理数据,所以首先要解决的问题是按用户的观点对数据和信息建模,即抽取数据库技术所研究的数据,分门别类,综合出系统所需要的数据。

② 信息世界。信息世界是现实世界在人们头脑中的反映,人们用符号、文字记录下来。在信息世界中,数据库常用的术语是实体、实体集、属性和码。

③ 机器世界。机器世界是按计算机系统的观点对数据建模。机器世界中数据描述的术语有字段、记录、文件和记录码。

信息世界与机器世界相关术语的对应关系如下。

① 属性与字段。属性是描述实体某方面的特性,字段标记实体属性的命名单位。例如,用书号、书名、作者名、出版社、日期 5 个属性描述书的特性,对应有 5 个字段。

② 实体与记录。实体表示客观存在并能相互区别的事物(如一个学生、一本书);记

录是字段的有序集合，一般情况下，一条记录描述一个实体。例如，"10001，DATABASE SYSTEM CONCEPTS，China Machine Press，2000-2"描述的是一个实体，对应一条记录。

③ 码与记录码。码也称为键，是能唯一区分实体的属性或属性集；记录码是唯一标识文件中每条记录的字段或字段集。

④ 实体集与文件。实体集是具有共同特性的实体的集合，文件是同一类记录的汇集。例如，所有学生构成了学生实体集，而所有学生记录组成了学生文件。

⑤ 实体型与记录型。实体型是属性的集合，如表示学生学习情况的属性集合为实体型（Sno，Sname，Sage，Grade，SD，Cno，…）。记录型是记录的结构定义。

2. 数据模型的三要素

数据模型是严格定义的一组概念的集合。这些概念精确地描述了系统的静态特征、动态特征与完整性约束条件。因此，数据模型通常是指数据结构、数据操作和数据的约束条件。

（1）数据结构。数据结构是所研究的对象类型的集合。这些对象是数据库的组成成分，它们包括与数据类型、内容、性质有关的对象和与数据之间联系有关的对象。数据结构是刻画一个数据模型性质最重要的方面。在数据库系统中，人们通常按照其数据结构的类型来命名数据模型。例如，层次结构、网状结构和关系结构的数据模型分别命名为层次模型、网状模型和关系模型。数据结构是对系统静态特性的描述。

（2）数据操作。数据操作是指对数据库中各种对象（类型）的实例（取值）允许执行的操作的集合，包括操作及有关的操作规则。数据库操作主要有检索和更新（包括插入、删除、修改）两大类操作。数据模型必须定义这些操作的确切含义、操作符号、操作规则（如优先级）及实现操作的语言。数据操作是对系统动态特性的描述。

（3）数据的约束条件。数据的约束条件是一组完整性规则的集合。完整性规则是给定的数据模型中数据及其关系具有的制约和依存规则，用以限定数据模型的数据库状态以及状态的变化，以保证数据的正确、有效、相容。

6.1.4 基本的数据库模型

数据库模型定义了数据的逻辑设计，它也描述了不同数据之间的联系。在数据库设计发展中，曾使用过3种数据库模型：层次模型、网状模型和关系模型。

1. 层次模型

层次模型（hierarchical model）是数据库系统中最早出现的数据模型，层次数据库系统采用层次模型作为数据的组织方式。在层次模型中，数据被组织成一棵倒置的树。每个实体可以有不同的子节点，但只能有一个双亲。层次的最顶端有一个实体，称为根。每个节点表示一个记录类型（实体），记录之间的联系用节点之间的连线表示。

层次模型本身比较简单，对于实体间关系是固定的，且预先定义好的应用系统采用层次模型来实现，其性能优于关系模型，不低于网状模型，层次模型还提供了良好的完整性支持。但现实世界中很多联系是非层次性的，层次模型表示这类联系很笨拙。如一个节点有多个双亲。

因此,层次模型的缺点是只能表示 $1:n$ 的联系,尽管有许多辅助手段实现 $m:n$ 的联系,但较复杂且不易掌握;由于层次顺序严格且复杂,对插入和删除操作的限制比较多,导致应用程序编制比较复杂。

2. 网状模型

在现实世界中事物之间的联系更多的是非层次关系的,用层次模型不能直接表示这种复杂的结构,网状模型(network model)描述更合适。采用网状结构表示实体类型及实体间联系的数据模型称为网状模型。在网状模型中,允许一个以上的节点无双亲,每个节点可以有多于一个的双亲。网状模型是一个比层次模型更普遍的数据结构,层次模型可以看成网状模型的一个特例。

网状模型中的每个节点表示一个记录类型(实体),每个记录类型可以包含若干个字段(实体的属性),节点间的连线表示记录类型之间一对多的联系。与层次模型的主要区别如下:网状模型中子女节点与双亲节点的联系不唯一,因此需要为每个联系命名;网状模型允许复合链,即两个节点之间有两种以上的联系,网状模型不能表示记录之间的多对多联系,需要引入联结记录来表示多对多的联系。

网状模型的主要优点是能更为直接地描述现实世界,具有良好的性能,存取效率高。

网状模型的主要缺点是结构复杂,不容易使用和实现。例如,当应用环境不断扩大时,数据库结构就变得很复杂,不利于最终用户掌握,编制应用程序的难度也比较大。

3. 关系模型

关系模型是目前最重要的一种数据模型。关系数据库系统采用关系模型作为数据的组织方式。在关系模型中,数据组织成被称为关系的二维表,这里没有任何层次或网络结构强加于数据上,但表或关系相互关联。

关系模型由关系数据结构、关系数据操作和关系完整性约束三部分组成。

(1) 关系数据模型的数据结构

在关系数据模型中,数据的逻辑结构是一张二维表,它由行和列组成,其中包括以下的基本结构元素。

① 关系。一个关系对应通常说的一张表,如表 6.1 所示。

表 6.1 学生

学　号	姓名	性别	专业代号	年龄
201105	李欢	女	A301	19
201119	张华	男	A311	20
201102	王笑	男	A301	19
⋮	⋮	⋮	⋮	⋮

② 元组。表中的一行即为一个元组。

③ 属性。表中的一列即为一个属性,给每个属性的名称即为属性名。

④ 主码。表中的某个属性组,它可以唯一确定一个元组。学号是表 6.1 的主码。

⑤ 域。属性的取值范围。年龄的取值范围在 0～100 岁。

⑥ 分量。元组中的一个属性值。一个分量必须是一个不可再分发的数据项,也就是说,不允许表中还有表。第一行中的 A301 是专业代号属性的分量。

⑦ 关系模式。对关系的描述,一般表示为"关系名(属性 1,属性 2,…,属性 n)"。如学生(学号,姓名,性别,专业代号,年龄)。

（2）关系数据模型的数据操作与完整性约束

数据操作的对象和结果都是二维表,主要操作包括查询、插入、删除和更新数据。这些操作必须满足关系完整性约束条件,包括三大类：实体完整性、参照完整性和用户定义完整性。

① 实体完整性。它是指每张表都必须有主码,而且表中不允许存在无主码值的记录和主码值相同的记录。

② 参照完整性。它是指一张表的某列的取值受另一张表的某列的取值范围约束,描述了多张表之间的关联关系。

【例 6.1】　学生实体和专业实体可以用下面的关系来表示。其中主码用下划线标识。

学生(<u>学号</u>,姓名,性别,专业代号,年龄)
　专业(<u>专业代号</u>,专业名)

学生关系中的"专业代号"值必须是确实存在的专业的专业代号,即专业关系中有该专业的记录。

③ 用户定义完整性。它是指针对某一具体应用定义的数据库约束条件,反映某一具体应用所涉及的数据必须满足应用语义的要求,即限制属性的取值类型及范围,防止属性的值与应用语义矛盾。

如例 6.1 的学生关系中必须给出姓名、年龄的取值范围在 0～100,性别的取值只能是男或女等。

关系模型把存取路径向用户隐藏起来,即用户只需说明"做什么"而不必说明"怎么做",存取路径的选择是由 DBMS(数据库管理系统)自动完成的。关系数据模型的数据结构非常简单,实体及实体间的来联系都用表来表示。

关系数据模型具有以下优点。

① 与非关系模型不同,关系数据模型是建立在严格的数学概念的基础上的。

② 关系数据模型的概念单一,无论实体还是实体间的联系都用关系表示。

③ 关系数据模型的存取路径对用户透明,具有更高的数据独立性、更好的安全保密性,也简化了程序员的工作和数据库开发建立的工作。

关系模型的缺点主要是,由于存取路径对用户透明,查询效率不如非关系数据模型高,为了提高性能,必须对用户的查询请求进行优化,这就增加了开发数据库管理系统的难度。

6.1.5　数据库模式

数据库系统是数据密集型应用的核心,其体系结构受数据库运行所在的计算机系统的影响很大。从数据库管理系统的角度看,数据库系统体系结构一般采用三级模式结构。

1. 数据库的三级模式

实际上,数据库的产品很多,它们支持不同的数据模型,使用不同的数据库语言,建立在不同的操作系统上。数据的存储结构也各不相同,但体系结构基本上都具有相同的特征,采用"三级模式和两级映像",如图 6.6 所示。

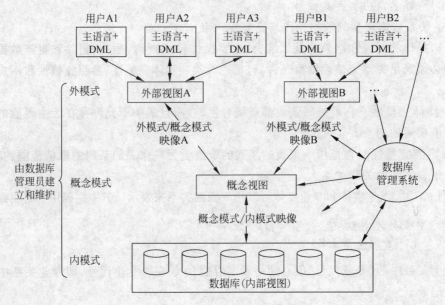

图 6.6   数据库系统的体系结构

数据库系统设计员可在视图层、逻辑层和物理层对数据抽象,通过外模式、概念模式和内模式来描述不同层次上的数据特性。

(1) 概念模式

概念模式也称模式,是数据库中全部数据的逻辑结构和特征的描述,它由若干个概念记录类型组成,只涉及行的描述,不涉及具体的值。概念模式的一个具体值称为模式的一个实例,同一个模式可以有很多实例。

概念模式反映的是数据库的结构及其联系,所以是相对稳定的;而实例反映的是数据库某一时刻的状态,所以是相对变动的。

需要说明的是,概念模式不仅要描述概念记录类型,还要描述记录间的联系、操作、数据的完整性和安全性等要求。但是,概念模式不涉及存储结构、访问技术等细节。只有这样,概念模式才算做到了"物理数据独立性"。一个数据库只有一个模式。

描述概念模式的数据定义语言称为模式 DDL(schema data definition language)。

(2) 外模式

外模式又称子模式,对应于用户级,它是某个或某几个用户所看到的数据库的数据视图,是与某一应用有关的数据的逻辑表示。它是用户与数据库系统的接口,是用户用到的那部分数据的描述。它由若干个外部记录类型组成。用户使用数据操纵语言对数据库进行操作,实际上是对外模式的外部记录进行操作。

一个数据库可以有多个外模式。同一外模式可以为某一用户的多个应用系统所使用,但一个应用程序只能使用一个外模式。

描述外模式的数据定义语言称为"外模式 DDL"。有了外模式后,程序员不必关心概念模式,只与外模式发生联系,按外模式的结构存储和操纵数据。

(3) 内模式

内模式又称存储模式,对应于物理级,它是数据库中全体数据的内部表示或底层描述,是数据库最低一级的逻辑描述,它描述了数据在存储介质上的存储方式和物理结构,对应着实际存储在外存储介质上的数据库。需要定义所有的内部记录类型、索引和文件的组织方式,以及数据控制方面的细节。

例如,记录的存储方式是顺序存储、B 树结构存储还是 Hash 方法存储;索引按照什么方式组织;数据是否压缩存储,是否加密;数据的存储记录结构有何规定。

需要说明的是,内部记录并不涉及物理记录,也不涉及设备的约束。比内模式更接近于物理存储和访问的那些软件机制是操作系统的一部分(即文件系统),例如,从磁盘上读、写数据。

描述内模式的数据定义语言称为"内模式 DDL"。

总之,数据按外模式的描述提供给用户,按内模式的描述存储在磁盘上,而概念模式提供了连接这两极模式的相对稳定的中间观点,并使得两级中任意一级的改变都不受另一级的牵制。

2. 三级模式两级映像

数据库系统在三级模式之间提供了两级映像:模式/内模式的映像、外模式/模式的映像。这两级映射保证了数据库中的数据具有较高的物理独立性和逻辑独立性。

数据的独立性是指数据与程序独立,将数据的定义从程序中分离出去,由 DBMS 负责数据的存储,从而简化应用程序,大大减少了应用程序编制的工作量。数据的独立性是由 DBMS 的二级映像功能来保证的。数据的独立性包括数据的物理独立性和数据的逻辑独立性。

(1) 外模式/模式映像

对应于一个模式可以有任意多个外模式。对应每一个外模式,数据库系统都有一个外模式/模式映像,它定义了模式和外模式之间的对应关系。实现外模式到概念模式之间的相互转换。

用户应用程序是根据外模式编写的,与数据库的逻辑结构相互独立。当模式发生改变时,数据逻辑结构发生了变化。但只要改变外模式/模式映像,就可以使外模式保持不变,从而应用程序不必修改,保证了数据与程序的逻辑独立性,简称数据的逻辑独立性。

(2) 模式/内模式映像

数据库中只有一个模式,也只有一个内模式,所以模式/内模式映像是唯一的,它定义了数据全局逻辑结构与存储结构之间的对应关系。实现概念模式到内模式之间的相互转换。

数据的物理独立性是指当数据库的内模式发生改变时,数据的逻辑结构不变。由于应用程序处理的只是数据的逻辑结构,这样物理独立性可以保证,当数据的物理结构改变时,应用程序不用改变。但是,为了保证应用程序能够正确执行,需要修改概念模式/内模式之间的映像。

6.2　数据库的设计

数据库设计是指对于一个给定的应用环境,构造最优的数据库模式,建立数据库及其应用系统,使之能有效地存储数据,满足各种用户的需求(信息要求和处理要求)。

6.2.1　数据库设计的要求及阶段

数据库设计的核心是确定一个合适的数据模型,这个模型应当满足以下 3 个要求。

(1) 符合用户的要求。它既能包含用户需要处理的所有数据,又能支持用户提供的多种处理功能的实现。

(2) 能被某个现有的数据库管理系统所接受,如 Visual FoxPro、Oracle、Sybase、SQL Server 等。

(3) 具有较高的质量,如易于理解、便于维护、没有数据冲突、完整性好、效益高等。

数据库设计过程参照软件系统生命周期的划分方式,把数据库应用系统的生命周期分为数据库规划、需求描述与分析、数据库与应用程序设计、数据库系统实现、测试、运行维护 6 个阶段。

(1) 数据库规划。数据库规划是创建数据库应用系统的起点,是数据库应用系统的任务陈述和任务目标。任务陈述定义了数据库应用系统的主要目标,而每个任务目标定义了系统必须支持的特定任务。数据库规划过程还必然包括对工作量的估计、使用的资源和需要的经费等。同时,还应当定义系统的范围和边界及它与公司信息系统的其他部分的接口。

(2) 需求描述与分析。需求描述与分析是以用户的角度,从系统中的数据和业务规则入手,收集和整理用户的信息,以特定的方式加以描述,是下一步工作的基础。

(3) 数据库与应用程序设计。数据库设计是对用户数据的组织和存储设计;应用程序设计是在数据库设计基础上对数据操作及业务实现的设计,包括事务设计和用户界面设计。

(4) 数据库系统实现。数据库系统实现是依照设计,使用 DBMS 支持的数据定义语言实现数据库的建立,用高级语言(Basic、Delphi、C、C++ 和 PowerBuilder 等)编写应用程序。

(5) 测试。测试阶段是在数据系统投入使用之前,通过精心制订的测试计划和测试数据来测试系统的性能是否满足设计要求,发现问题。

(6) 运行维护。数据库应用系统经过测试、试运行后即可正式投入运行。运行维护是系统投入使用后,必须不断地对其进行评价、调整与修改,直至系统消亡。

在任一设计阶段,一旦发现不能满足用户数据需求时,均需返回前面的适当阶段,进行必要的修正。经过如此的迭代求精过程,直到能满足用户的需求为止。在进行数据库结构设计时,应考虑满足数据库中数据处理的要求,将数据和功能两方面的需求分析、设计和实现在各个阶段同时进行,相互参照和补充。

在数据库设计中,对每一个阶段的设计成果都应该通过评审。评审的目的是确认某一阶段的任务是否全部完成,从而避免出现重大的错误或疏漏,保证设计质量。评审后还需要根据评审意见修改所提交的设计成果,有时甚至要回溯到前面的某一阶段,进行部分重新设计乃至全部重新设计,然后再进行评审,直至达到系统的预期目标为止。

6.2.2 数据库设计的步骤

在确定了数据库设计的策略以后,就需要相应的设计方法和步骤。多年来,人们提出了多种数据库设计方法、多种设计准则和规范。

1. 数据库设计的基本步骤

于 1978 年 10 月召开的新奥尔良会议提出的关于数据库设计的步骤,简称新奥尔良法,是目前得到公认的较为完整和权威的数据库设计方法,它把数据库设计分为如下 4 个主要阶段。

(1) 用户需求分析

进行数据库设计首先必须准确了解与分析用户需求(包括数据与处理)。它是这个设计过程的基础,需求分析是否做得充分与准确决定了在其上构建数据库的速度与质量。做得不好,甚至会导致整个数据库设计返工重做。需求分析过程如图 6.7 所示。

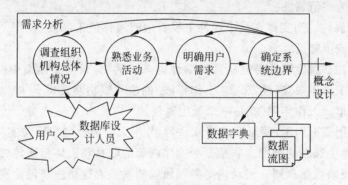

图 6.7 需求分析过程

需求分析阶段生成的结果主要包括数据和处理两个方面。

① 数据。数据字典、全系统中的数据项、数据流和数据存储的描述。

② 处理。数据流图和判定表、数据字典中处理过程的描述。

(2) 概念结构设计

在需求分析阶段得到的数据流图、数据字典的基础上,结合有关数据规范化理论,用一个概念数据模型将用户的数据要求明确地表达出来,这是数据库设计过程中的关键。

概念数据结构是各种数据模型的共同基础,它比数据模型更独立于机器,更抽象,从而更加稳定。描述概念模型常用的工具是 E-R 图。E-R 图的设计要对需求分析阶段所得到的数据进行分类、聚集和概括,确定实体、属性和联系。概念结构的具体工作步骤包括选择局部应用,逐一设计分 E-R 图,进行 E-R 图合并形成基本的 E-R 图。

E-R 方法也称为 E-R 模型,有 3 种基本成分,即实体、属性和联系。

① 实体型。用矩形表示,矩形框内写明实体名。实体是现实世界中可以区别于其他对象的"事件"或"物体"。例如,企业中的每个人都是一个实体。每个实体有一组特性(属性)来表示,其中的某一部分属性可以唯一标识实体,如职工号。实体集是具有相同属性

的实体集合。例如,学校所有教师具有相同的属性,因此,教师的集合可以定义为一个实体集;学生具有相同的属性,因此学生的集合可以定义为另一个实体集。

② 属性。用椭圆形表示,并用无向边将其与相应德尔实体性链接起来。属性是实体某方面的特性。例如,职工实体集具有职工号、姓名、年龄、参加工作时间和通信地址等属性。每个属性都有其取值范围,在同一实体集中,每个实体的属性及值域是相同的,但可能取不同的值。

E-R 模型中的属性有如下分类。

- 简单属性和复合属性。简单属性是原子的、不可再分的,复合属性可以细分为更小的部分(即划分为别的属性)。例如,职工实体集的通信地址可以进一步分为邮编、省、市、街道。若不特别声明,通常指的是简单属性。

- 单值属性和多值属性。单值属性是指属性对于一个特定的实体都只有单独的一个值。例如,对于一个特定的职工,在系统中只对应一个职工号、职工姓名,这样的属性叫作单值属性。但是,在某些特定情况下,一个属性可能对应一组值。例如,职工可能有 0 个、1 个或多个亲属,那么职工亲属的姓名可能有多个,这样的属性称为多值属性。

- NULL 属性。当实体在某个属性上没有值或属性值未知时,使用 NULL 值,表示无意义或不知道。

- 派生属性。派生属性可以从其他属性得来。例如,职工实体集中有"参加工作时间"和"工作年限"属性,那么"工作年限"的值可以由当前时间和参加工作时间得到。这里,"工作年限"就是一个派生属性。

③ 联系。用菱形表示,菱形框内些联系名,并用无向边分别与有关实体连接起来,同时在无向边旁标上联系的类型。联系分为实体内部的联系和实体与实体之间的联系。实体内部的联系反映数据在同一记录内部各字段间的联系。这里主要讨论实体集之间的联系。两个不同实体集之间存在一对一、一对多和多对多的联系类型。

- 一对一:指实体集 E1 中的一个实体最多只与实体集 E2 中的一个实体相联系,记为 $1:1$。

- 一对多:表示实体集 E1 中的一个实体可与实体集 E2 中的多个实体相联系,记为 $1:n$。

- 多对多:表示实体集 E1 中的多个实体可与实体集 E2 中的多个实体相联系,记为 $m:n$。

【例 6.2】 假设某系统有 4 个实体,其属性分别如下(带下划线的为主码):

套餐(<u>套餐号</u>、套餐名,售价)
食物(<u>食物号</u>,食物名)
厨师(<u>工号</u>,姓名,级别,部门)
材料(<u>材料号</u>,材料名,单位,单价)

这些实体之间,有如下 3 个联系。

- 构成($m:n$)。它表示一种套餐由哪些食物构成,当然一种食物也可以出现在多种套餐中。"构成"这个联系本身具有一个属性"种类数"。

- 消耗($m:n$)。它表示某种食物消耗了哪几种材料,一种材料可以被用于多种食物的制作。这个联系本身也具有一个属性"耗用量"。
- 制作($1:n$)。它表达的是一种食物由哪位厨师制作,每位厨师可以制作多种食物。它也有一个属性"制作数量"。

确定了实体集、联系集及相应的属性后,我们画出该系统的 E-R 图,如图 6.8 所示。

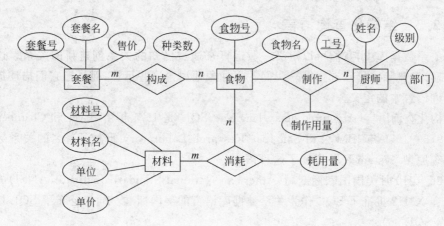

图 6.8 E-R 图

（3）逻辑结构设计

逻辑结构设计的目的是把概念设计阶段的概念模型(如基本 E-R 图)转换成与选用的具体机器上的 DBMS 所支持的逻辑模型,即将抽象的概念模型转化为与选用的 DBMS 产品所支持的数据模型(如关系模型)相符合的逻辑模型,它是物理设计的基础。包括模式初始设计、子模式设计、应用程序设计、模式评价及模式求精。

逻辑设计可分为如下三步。

① 将概念模型(E-R 图)转换为一般的关系、网状、层次模型。

② 将关系、网状、层次模型向特定的 DBMS 支持下的数据模型转换。

③ 对数据模型进行优化。

（4）物理结构设计

物理结构设计是指逻辑模型在计算机中的具体实现方案。数据库在物理设备上的存储结构与存取方法称为数据库的物理结构,对于一个给定的逻辑数据模式选取一个最适合应用环境的物理结构的过程,称为数据库的物理设计。通常对于关系数据库物理设计的主要内容包括为关系模式选择存取方法,设计关系、索引等数据库文件的物理结构。

数据库的物理结构设计通常分为如下两步。

① 定数据库的物理结构,在关系数据库中主要指存取方法和存取结构。

② 数据结构进行评价,重点是时间和空间效率。

当各阶段发现不能满足用户需求时,均需返回到前面适当的阶段,进行必要的修正。经过如此不断地迭代和求精,直到各种性能均能满足用户的需求为止。

2. 数据库的实施与维护

数据库设计结束进入数据库的实施与维护阶段,在该阶段中主要有如下工作。

（1）数据库实现阶段的工作。具体是：建立实际数据库结构，试运行，装入数据。

（2）其他有关的设计工作。具体是：数据库的重新组织设计，故障恢复方案设计，安全性考虑，事务控制。

（3）运行与维护阶段的工作。具体是：数据库的日常维护（安全性、完整性控制，数据库的转储和恢复），性能的监督、分析与改进，扩充新功能，修改错误。

6.2.3　结构化查询语言

在关系数据库中，我们可以定义一些运算来通过已知的关系创建新的关系。这些运算包括插入、删除、更新、选择等。我们并不抽象地讨论这些运算，而是把它们描述成在数据库查询语言中的定义。

结构化查询语言（structured query language，SQL）是 1974 年由 Boyce 和 Chamberlin 提出的，1975—1979 年 IBM 公司 San Jose Research Laboratory 研制了著名的关系数据库管理系统原型 System R 并实现了这种语言。

1986 年 10 月美国国家标准局（American National Standard Institute，ANSI）的数据库委员会 X3H2 批准了 SQL 作为关系数据库语言的美国标准。同年公布了 SQL 标准文本（简称 SQL 86）。

1987 年，国际标准化组织（International Organization for Standardization，ISO）也通过了这一标准，称为 SQL 86。1989 年，ANSI 发布了 SQL 89 标准，后来被 ISO 采纳为国际标准；1992 年，ANSI/ISO 发布了 SQL 92 标准，习惯称为 SQL 2；1999 年，ANSI/ISO 发布了 SQL 99 标准，习惯称为 SQL 3；2003 年 ANSI/ISO 推出了 SQL 2003 标准。尽管 ANSI 和 ISO 针对 SQL 制定了一些标准，但各家厂商仍然针对其各自的数据库产品进行某些程度的扩充或修改。

SQL 是一种介于关系代数与关系演算之间的语言，是一种用来与关系数据库管理系统通信并进行关系运算的标准计算机语言，其功能包括数据查询、数据定义、数据更新和数据控制 4 个方面，是一个通用的、功能极强的关系数据库语言。目前已成为关系数据库的标准语言。

1. SQL 的特点

SQL 作为关系数据库管理系统中的一种通用的结构查询语言，已经被众多的数据库管理系统所采用，如 Oracle、SQL Server、Sybase、Informix 等数据库管理系统都支持 SQL。SQL 功能强大，但语法并不复杂，按用途分为以下 3 类。

① 数据操作语言（data manipulation language，DML）。用于查询、修改或者删除数据。

② 数据定义语言（data definition language，DDL）。用于定义数据结构，如创建数据库中的表、视图、索引等。

③ 数据控制语言（data control language，DCL）。用来授予或收回访问数据库的某种特权、控制数据操纵事务的发生时间及效果、对数据进行监视。

SQL 语言具有以下特点。

（1）SQL 是统一的语言

SQL 可用于所有用户的数据库活动模型，包括系统管理员、数据库管理员、应用程序员、决策支持系统人员及许多其他类型的终端用户。只需很少时间就能学会基本的 SQL 命令,更高级的命令在几天内也可掌握。

SQL 为许多任务提供了命令,包括:查询数据,在表中插入、修改和删除记录,建立、修改和删除数据对象,控制对数据和数据对象的存取,保证数据库的一致性和完整性。

SQL 是集数据定义、数据操纵和数据控制功能于一体,语言风格统一,可独立完成数据库生命周期的所有活动。在关系模型中实体和实体间的联系均用关系表示,这种数据结构的单一性带来了数据操作符的统一,查找、插入、删除、修改等每一种操作都只需一种操作符,从而克服了非关系系统由于信息表示方式的多样性带来的操作复杂性。

(2) 高度非过程化

SQL 可以一次处理一批记录,并对数据提供自动导航。SQL 允许用户在高层的数据结构上工作,而不对单个记录进行操作,可操作记录集。SQL 语句接受集合作为输入,返回集合作为输出。SQL 的集合特性允许一条 SQL 语句的结果作为另一条 SQL 语句的输入。SQL 不要求用户指定对数据的存放方法。这种特性使用户更易集中精力于要得到的结果。所有 SQL 语句使用查询优化器,它是关系数据库管理系统的一部分,由它决定对指定数据存取的最快速度的手段。查询优化器知道存在什么索引,哪里使用更合适,而用户不需要知道表是否有索引,表有什么类型的索引。

(3) 以同一种语法结构提供两种使用方式

SQL 既是独立的语言,能够独立地用于联机交互的使用方式,用户可以在终端键盘上直接输入 SQL 命令对数据库进行操作;同时 SQL 又是嵌入式语言,能够嵌入高级语言(如 C++、Java)程序,供程序员设计程序时使用。在这两种使用方式下 SQL 的语法结构基本上是一致的。并且所有主要的关系数据库管理系统都支持 SQL,用户可将使用 SQL 的技能从一个关系数据库管理系统转到另一个。所有用标准 SQL 编写的程序都是可以移植的。

2. SQL 的基本组成

SQL 由以下几个部分组成。

(1) 数据定义语言。SQL DDL 提供定义关系模式和视图、删除关系和视图、修改关系模式的命令。

(2) 交互式数据操纵语言。SQL DML 提供查询、插入、删除和修改的命令。

(3) 事务控制。SQL 提供定义事务开始和结束的命令。

(4) 嵌入式 SQL 和动态 SQL(embeded SQL and dynamic SQL)。用于嵌入到某种通用的高级语言(C、C++、Java、PL/I、COBOL 和 VB 等)中混合编程。其中,SQL 负责操纵数据库,高级语言负责控制程序流程。

(5) 完整性。SQL DDL 包括定义数据库中的数据必须满足的完整性约束条件的命令,对于破坏完整性约束条件的更新将被禁止。

(6) 权限管理。SQL DDL 中包括说明对关系和视图的访问权限。

3. SQL 的基本语法

SQL 作为关系数据库管理系统中的一种通用的结构查询语言在开发数据库应用程

序中大量使用。SQL 设计巧妙,语言十分简洁,完成核心功能只需 9 个命令,如表 6.2 所示。

表 6.2　SQL 的基本命令

SQL 的功能	命　　令
数据查询	SELECT
数据定义	CREATE、DORP、ALTER
数据操纵	INSERT、UPDATE、DELETE
数据控制	GRANT、REVOKE

　　SQL 的语法规则简单明了。在 SQL 中,用大写字母的单词表示保留关键字,是语言的基本部分。用"＜ ＞"表示占位符,在实际编写语句时,用 SQL 元素或标识符代替它。用"()"表示元素的组合,各元素之间用","分隔,其作用类似数学表达式中的括号。用"[ ]"表示可选项,在编写语句时根据需要可以有该项,也可以省略该项。用"|"表示在若干值中选择其一。用"…"表示复制的元素,即与前面结构相同的元素在描述语法结构时不逐一列出,但在实际编写语句时需要将元素逐一列出。SQL 以";"表示一条语句的结束。通过语句的有机组合,可以形成一段 SQL 程序。

　　基本的 SQL 命令简单易用,而且其强大的功能足以完成对数据库操作的大多数任务。目前大部分数据库所采用的 ANSI SQL89 标准语法结构,如表 6.3 所示。

表 6.3　SQL 语句的语法结构简表

SQL 语句	语 法 结 构
ALTER TABLE:用于改变现存表的结构	ALTER TABLE tablename (ADD|DROP column datatype [Null|NOT NULL] [CONSTRANTS], ADD|DROP column datatype [Null|NOT NULL] [CONSTRANTS],…);
CREATE INDEX:用于在一个或多个列上创建索引	CREATE indexname ON tablename(column,…);
CREATE TABLE:用于创建一个新数据库表	CREATE TABLE tablename (column ＜datatype_definition＞ [NULL|NOT NULL] [CONSTRANTS], column ＜datatype_definition＞ [NULL|NOT NULL] [CONSTRANTS],…);
CREATE VIEW:用于为一个或多个表创建视图	CREATE VIEW viewname AS SELECT columns,… FROM tables,…[WHERE…][GEOUP BY…][HAVING…];
DELETE:用于从表中删除一个或多个行	DELETE FROM tablename [WHERE…];
CREATE DATABASE:用于创建一个数据库	CREATE DATABASE＜database_name＞
DROP:用于永久删除数据库对象(表、视图、索引等)	DROP INDEX|TABLE|VIEW indexname|viewname;
INSERT:用于插入一行到表中	INSERT INTO tablename [(column,…)] VALUES(values,…);

续表

SQL 语句	语 法 结 构
INSERT SELECT：用于插入从一个表中查询到的结果	INSERT INTO tablename [(column,…)] SELECT columns,…FROM tablename,… [WHERE…];
SELECT：用于从一个或多个表（或视图）中提取数据	SELECT columname,…FROM tableneme,… [WHERE…] [GROUP BY …][HAVING …] [ORDER BY …];
UPDATE：用于更新表中的一个或多个行	UPDATE tablename SET columname＝value,… [WHERE…];

注意：表 6.3 列出了最常用的 SQL 的语法结构。当阅读语法结构时，请注意以下几点。

（1）"|"符号用于表明多个选项，如 Null|NOT NULL 的意思是在 NULL 或 NOT NULL 中指定一个。

（2）方括号中的关键字或句子，是可以选用的。

（3）以上列出的语法结构可以在大多数的 DBMS 中使用。

6.3 DBMS

6.3.1 DBMS 的功能和特征

1. DBMS 的功能

DBMS 主要实现共享数据有效地组织、管理和存取，因此 DBMS 应具有如下几个方面的功能。

（1）数据定义功能。DBMS 提供数据定义语言（DDL），使用它，用户可以对数据库的结构进行描述，包括：外模式、模式和内模式的定义；数据库的完整性定义；安全保密定义，如口令、级别和存取权限等。这些定义存储在数据字典中，是 DBMS 运行的基本依据。

（2）数据组织、存储与管理。DBMS 要分类组织、存储和管理各种数据，包括数据字典、用户数据、存取路径等，需确定以何种文件结构和存取方式在存储级上组织这些数据，如何实现数据之间的联系。数据组织和存储的基本目标是提高存储空间利用率，选择合适的存取方法（如索引查找、Hash 查找、顺序查找等）提高存取效率。

（3）数据操作功能。用户可使用 DBMS 提供的数据操作语言（DML）实现对数据的追加、删除、更新、查询等基本操作。

（4）数据库的事务管理和运行管理。数据库在运行期间多用户环境下的并发控制、安全性检查和存取控制、完整性检查和执行、运行日志的组织管理、事务管理和自动恢复等是 DBMS 的重要组成部分。这些功能可以保证数据库系统的正常运行。

（5）数据库的建立和维护功能。包括数据库的初始建立、数据的转换功能、数据库的转储、恢复功能、数据库的重组织功能和性能监视、分析功能等。这些功能是由一些使用程序或管理工具完成的。

（6）通信功能。DBMS具有与操作系统的联机处理、分时系统及远程作业输入的相关接口，负责处理数据的传送。对网络环境下的数据库系统，还应该包括 DBMS 与网络中其他软件系统的通信功能以及数据库之间的互操作功能。

2. DBMS 的特征

通过 DBMS 管理数据具有如下特点。

（1）数据结构化且统一管理。数据库中的数据由 DBMS 统一管理。由于数据库系统采用复杂的数据模型表示数据结构，数据模型不仅描述数据本身的特点，还描述数据之间的联系。数据不再面向某个应用，而是面向整个应用系统。数据易维护、易扩展，数据冗余明显减少，真正实现了数据的共享。

（2）有较高的数据独立性。数据的独立性是指数据与程序独立，将数据的定义从程序中分离出去，由 DBMS 负责数据的存储，应用程序关心的只是数据的逻辑结构，无须了解数据在磁盘上的数据库中的存储形式，从而简化了应用程序，大大减少了应用程序编制的工作量。数据的独立性包括数据的物理独立性和数据的逻辑独立性。

（3）数据控制功能。DBMS 提供了数据控制功能，以适应共享数据的环境。数据控制功能包括对数据库中数据的安全性、完整性、并发和恢复的控制。

① 数据库的安全性保护。数据库的安全性是指保护数据库以防止不合法的使用所造成的数据泄露、更改或破坏。这样，用户只能按规定对数据进行处理，例如，划分了不同的权限，有的用户只能有读数据的权限，有的用户有修改数据的权限，用户只能在规定的权限范围内操纵数据库。

② 数据的完整性。数据库的完整性是指数据库的正确性和相容性，是防止合法用户使用数据库时向数据库加入不符合语义的数据。保证数据库中数据是正确的，避免非法的更新。

③ 并发控制。在多用户共享的系统中，许多用户可能同时对同一数据进行操作。DBMS 的并发控制子系统负责协调并发事务的执行，保证数据库的完整性不受破坏，避免用户得到不正确的数据。

④ 故障恢复。数据库中的 4 类故障是事务内部故障、系统故障、介质故障及计算机病毒。故障恢复主要是指恢复数据库本身，即在故障引起数据库当前状态不一致后，将数据库恢复到某个正确状态或一致状态。恢复的原理非常简单，就是要建立冗余数据。换句话说，确定数据库是否可恢复的方法就是其包含的每一条信息是否都可以利用冗余地存储在别处的信息重构。冗余是物理级的，通常认为逻辑级是没有冗余的。

6.3.2　数据库管理系统的分类

根据不同的分类标准，可以将 DBMS 分为不同的类别。

1. 根据使用性能分

在我国，当前流行的数据库管理系统一般可分为 3 类。

（1）以 PC 机、微型机系统为运行环境的数据库管理系统。如 Microsoft Access、dBase、

FoxBase、FoxPro 和 Visual FoxPro 等。这类系统主要作为支持一般办公需要的数据库环境,强调使用的方便性和操作的简单性,因此有人称之为桌面型数据库管理系统。

(2) 以 Oracle 为代表的数据库管理系统。此类系统还有 Sybase、IBM DB2 和 Informix 等,这些系统更强调系统工程理论上和实践上的完备性,具有更巨大的数据存储和管理能力,提供了比桌面型系统更全面的数据库保护和恢复功能,它更有利于支持全局性和关键性的数据管理工作,也被称之为主流数据库管理系统。

(3) 以 Microsoft SQL Sever 为代表的界于以上两种数据库管理系统之间的系统。

2. 根据支持的数据模型分

DBMS 通常可分为如下三类。

(1) 关系数据库系统(relation database systems,RDBS)。RDBS 是支持关系模型的数据库系统。在关系模型中,实体及实体间的联系都是用关系来表示。在一个给定的现实世界领域中,相应于所有实体及实体之间联系的关系的集合构成一个关系数据库,也有型和值之分。关系数据库的型也称为关系数据库模式,是对关系数据库的描述,是关系模式的集合。关系数据库的值也称为关系数据库,是关系的集合。关系数据库模式与关系数据库通常统称为关系数据库。在微型计算机方式下常见的 FoxPro 和 Access 等 DBMS,严格地讲,不能算是真正的关系型数据库,对许多关系类型的概念并不支持,但它却因为简单实用、价格低廉,目前拥有很大的用户市场。

(2) 面向对象的数据库系统(object-oriented database system,OODBS)。OODBS 是支持以对象形式对数据建模的数据库管理系统,包括对对象的类、类属性的继承,对子类的支持。面向对象数据库系统主要有两个特点:面向对象数据模型能完整地描述现实世界的数据结构,能表达数据间嵌套、递归的联系;具有面向对象技术的封装性和继承性,提高了软件的可重用性。

(3) 对象关系数据库系统(object-oriented relation database system,ORDBS)。ORDBS 是在传统的关系数据模型基础上,提供元组、数组、集合一类更为丰富的数据类型及处理新的数据类型操作的能力,这样形成的数据模型被称为"对象关系数据模型"。基于对象关系数据模型的 DBS 称为对象关系数据库系统。

习题与思考

一、填空题

1. 数据模型按不同的应用层次分成 3 种类型,分别是 _____、_____、_____。

2. E-R 模型有 3 种基本成分,即 _____、_____ 和 _____。

3. 数据库三级模式分别是 _____、_____、_____。

二、简答题

1. 简述外模式/模式映像和模式/内模式映像的内容。

2. 逻辑数据独立性和物理数据独立性之间有什么区别?

3. 简述 SQL 语言的特点。

第 7 章
软件工程

[本章学习目标]

知识点：软件工程的基础知识、软件项目管理基础知识及软件分析与设计的基础知识。

重点：软件工程的相关概念，软件生存周期，软件开发模型等，软件生存周期各个阶段的主要任务，软件开发过程，常用的软件开发方法，软件项目管理的基本知识。

难点：软件生存周期，开发模型。

技能点：软件开发文档的写作。

7.1 软件开发

7.1.1 软件工程产生的背景

自计算机诞生以来，硬件技术不断发展创新，不仅性能有了很大的改进，而且质量稳步提高。然而，计算机软件成本不断上升，质量却不能保证，软件开发的生产率远远不能满足计算机应用的要求。显而易见，软件技术没能跟上计算机硬件技术发展的速度，软件已经成为限制计算机系统进一步发展的关键因素。

更为严重的是，计算机系统发展的早期形成的一系列错误概念和做法，已经严重的阻碍了计算机软件的开发，导致有的大型软件无法维护，只能提前报废，造成大量人力、物力的浪费。当时人们称此为"软件危机"。如何解决日益严重的软件危机，让计算机软件开发成为可控制、可管理的，成为一个十分重要的课题。

这一切创造了一门新的学科——"软件工程学"。与此同时，20 世纪 60 年代后期出现的面向对象的程序设计技术，为软件技术的发展带来了一次重大革命，它将软件技术大大向前推进了一步。

1. 软件危机

软件危机是指软件开发和维护过程中遇到的一系列严重问题。具体来说，软件危机的主要特征如下：

(1) 产品不符合用户的实际需要。因为软件开发人员对用户需求没有深入、准确的了解，甚至对所要解决的问题还没有正确认识，就开始编写程序，导致用户对产品不满意。

(2) 软件开发周期大大超过规定日期，其生产率提高的速度远远不能满足客观需要。

（3）软件产品的质量差。软件质量保证技术没有贯穿到软件开发的全过程中。

（4）软件价格在整个项目投入中的比例不断升高，软件开发成本严重超标。实际成本比估量成本高出许多，这种现象降低了软件开发者的信誉，引起了用户的不满。

（5）软件修改、维护困难。不能根据用户的需要在原有程序中增加一些新的功能。没有实现软件的可重用。

软件危机产生的原因主要有如下几点。

（1）正确理解和表达应用需求是艰巨的任务，但常常被忽略。

（2）软件是逻辑产品。软件开发过程是思考过程，很难进行质量管理和进度控制。

（3）随着问题复杂度的增加，处理问题的效率随之下降，而所需时间和费用则随之增加。

2. 软件工程的定义

为了解决"软件危机"，软件业界提出了软件工程的思想。

1968 年，德国人 Bauer 在北大西洋公约组织会议上正式提出并使用了"软件工程"这个术语，并将其定义为："建立并使用完善的工程化原则，以较经济的手段获得能在实际机器上有效运行的可靠软件的一系列方法。"

1983 年，IEEE 将软件工程定义为"开发、运行、维护和修复软件的系统方法"，1993 年，IEEE 又给出了一个更加综合的定义："软件工程是将系统化的、规范的、可度量的方法应用于软件的开发、运行和维护的过程，即将工程化应用于软件中。"

尽管后来又有一些人或协会提出了许多更为完善的定义，但软件工程的主要思想都是强调在软件开发过程中需要应用工程化原则的重要性。

3. 软件工程研究的内容

软件工程是计算机领域的一个较大的研究方向，其内容十分丰富，包括理论、结构、方法、工具、环境、管理、经济、规范等，如图 7.1 所示。

2001 年 5 月 ISO/IEC JTC 1 发布了《SWEBOK（Guide to the Software Engineering Body of Knowledge）指南 V0.95》，SWEBOK 把软件工程学科的主体知识分为 10 个知识领域。这 10 个领域包括软件需

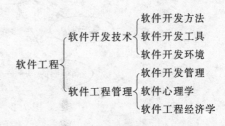

图 7.1 软件工程研究的内容

求、软件设计、软件构造、软件测试、软件维护、软件配置管理、软件工程管理、软件工程过程、软件工程工具和方法、软件质量。

7.1.2 软件工程的要素和目标

软件工程包括 3 个要素，即方法、工具和过程。

软件工程方法为软件开发提供了"如何做"的技术。它包括了多方面的任务，如项目计划与估算、软件系统需求分析、数据结构、系统总体结构的设计、算法过程的设计、编码、测试及维护等。

软件工具为软件工程方法提供了自动的或半自动的软件支撑环境。目前，已经推

出了许多软件工具,这些软件工具集成起来,建立起称为计算机辅助软件工程(computer-aided software engineering,CASE)的软件开发支撑系统。CASE 将各种软件工具、开发机器和一个存放开发过程信息的工程数据库组合起来形成一个软件工程环境。

软件工程的过程则是将软件工程的方法和工具综合起来以达到合理、及时地进行计算机软件开发的目的。过程定义了方法使用的顺序、要求交付的文档资料、为保证质量和协调变化所需要的管理及软件开发各个阶段完成的里程碑。

组织实施软件工程项目,最终希望得到项目的成功。所谓成功,指的是达到以下几个主要的目标。

(1) 付出较低的开发成本。

(2) 达到要求的软件功能。

(3) 取得较好的软件性能。

(4) 开发的软件易于移植。

(5) 需要较低的维护费用。

(6) 能按时完成开发工作,及时交付使用。

在实际开发过程中,企图让以上几个目标都达到理想的程度是非常困难的。图 7.2 表明了软件工程目标之间存在的相互关系。其中有些目标之间是互补关系,如易于维护和高可靠性之间;还有一些目标是互斥的,如低开发成本与软件可靠性之间就存在冲突。软件工程就是要解决如何在用户要求的功能、质量、成本、进度之间取得平衡,以便真正满足实际需要。

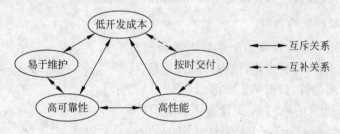

图 7.2　软件工程目标之间的关系

7.1.3　软件生存周期

如同人的一生要经历婴儿、少年、青年、老年直至死亡这样一个过程,任何一个软件产品也有一个孕育、诞生、成长、成熟、衰亡的生存过程。软件生存周期就是从提出软件产品开始,直到该软件产品被淘汰的全过程。软件工程采用的生存周期方法就是从时间角度对软件的开发和维护进行分解,将软件生存漫长的时期分成若干阶段,每个阶段都有其相对独立的任务,然后逐步完成各个阶段的任务。

目前对软件生存周期各阶段的划分尚不明确,有的分的粗些,有的分得细些。综合来讲,软件生存周期一般由软件计划、软件开发和软件运行维护 3 个时期组成。这里介绍的软件生存周期分为 6 个阶段,即制订计划、需求分析、设计、编码、测试、程序运行和维护。

1. 制订计划

确定要开发软件系统的总目标,研究完成该项软件任务的可行性,探讨解决问题的可能方案;制订完成开发任务的实施计划,连同可行性研究报告,提交管理部门审查。

软件项目计划阶段的参加人员有用户、项目负责人、系统分析师。该阶段产生的文档有可行性分析报告、项目计划书等。

2. 需求分析

确定待开发系统的功能、性能、数据、界面及接口方面的要求,从而确定系统的逻辑模型。在这一步骤中,软件开发人员必须与用户密切配合,开发者要详细了解用户的工作方式和使用需求,与用户共同决定哪些需求是可以满足的,并对其加以确切的描述,然后编写出软件需求说明书或系统功能说明书及初步的用户手册,提交管理机构评审。

在需求分析阶段,系统分析师是软件开发方的主要成员,但程序员必须与系统分析师和用户共同合作,这有助于程序员从用户的角度来了解程序的用途。

调查用户需求以确定系统功能这一步骤非常重要,如果这步工作做得不好,不仅会造成人力、物力的浪费,甚至可能导致整个开发工作的完全失败。

3. 设计

设计是软件工程的技术核心。其主要任务是给出实现系统的实施蓝图,在各种技术和实施方法中权衡利弊,精心设计,合理使用各种资源,最终勾画出系统的详细设计方案。

软件设计可以分为概要设计和详细设计。概要设计阶段参加的人员有系统分析师和软件设计师,详细设计阶段参加的人员有软件设计师和程序员。设计阶段产生的文档有设计规格说明书,根据需要还可产生数据说明书和模块开发卷宗。

4. 编码

编码是使用程序设计语言为模块编写源程序,即把在设计阶段用流程图或伪代码描述的算法变成高级语言源程序。前期分析和设计做得是否全面、合理,是决定程序质量的关键因素。程序设计人员的素质和经验、编码的风格和使用的语言对程序质量也有重要的影响。

编码阶段参加的人员有软件设计师和程序员,产生的文档是源程序清单。

在编码中要考虑以下几个问题。

(1) 程序能按使用要求正确运行,这是最基本的要求。

(2) 程序易于调试,即调试周期短。

(3) 程序可读性好,易于修改和维护。

(4) 在计算机容量和速度均可满足的条件下,不要费尽心机地去钻研难以理解的编程技巧,因为过多的技巧延长了编程周期,同时使可读性变差。

为了提高程序的可读性和可维护性,需要做到以下几点。

(1) 使用见名知义的标识符。例如,用 sum 表示求和,用 max 表示最大值等。

(2) 采用标准的书写格式。每行只写一条语句,不同程序段之间适当留出空行,采用分层缩进格式来表示 3 种基本结构及其嵌套的层次。分层缩进格式指一个模块的开始和结束语句都靠着程序纸的左边界书写,模块内的语句向边界内部缩进一些,选择结构和循环结构内的语句再向内缩进一些。这样逐层缩进,程序书写格式一致,富有层次,清晰易读,能清晰地区别出控制结构的开始、结束及控制结构的嵌套。

（3）在程序中适当地添加注释。程序应该具有其内部的文档,这就是注释。程序的注释应包含全局性注释和局部性注释。全局性注释用来说明程序的功能、程序名、作者名及编写日期,也可能包括对程序变量的说明及关于异常处理的说明等。一般来说,全局性注释置于程序的开头部分。相反,局部性注释可以出现在程序体的任何需要的地方(如难懂的语句行或程序段)。局部性注释主要用来说明程序内部代码语句的用途。

5. 测试

测试是保证软件质量的重要环节,它是对需求分析、设计和编码的最后复审,通过测试可以发现和纠正软件中的错误,以保证软件的可靠性。严格的测试是至关重要的。

测试阶段的参加人员通常由另一部门的软件设计师或系统分析师承担,该阶段产生的文档有软件测试计划和软件测试报告。

6. 程序运行和维护

已交付的软件投入正式使用,便进入运行阶段。这一阶段可能持续若干年甚至几十年。软件在运行中可能由于多方面的原因,需要进行修改。其可能的原因有:软件在运行中发现了错误需要修正;为了适应变化了的软件工作环境,需要适当变更;为了增强软件的功能需做变更等。

人们称在软件运行/维护阶段对软件产品所进行的修改就是维护。按维护的性质不同,软件维护可分为改正性维护、适应性维护、完善性维护和预防性维护。

前面提到,软件测试不可能发现系统中所有的错误,所以,这些程序在使用过程中还可能发生错误,诊断和改正这些错误的过程称为改正性维护。

计算机发展迅速,每年都有新的硬件产品出现,同时新的操作系统也不断推出,外部设备或其他的系统部件也经常更新或升级。另外,应用软件的使用寿命一般都在 10 年以上,这大大超过了开发这些软件的环境的寿命。为了适应新的变化而进行的修改活动,称为适应性维护。

一个软件在使用过程中用户可能会不断提出增加新功能,修改现有功能及一般性的改进要求和建议等。为了满足这些要求,需要进行完善性维护,这类活动占维护活动的 50%~60%,是软件维护工作的主要部分。

为了改进软件未来的可维护性或可靠性,或者为了给未来的改进提供更好的基础而对软件进行修改,这类活动通常叫作预防性维护。这类维护比上面三类要少得多。

需要注意的是,软件维护不仅仅是对软件代码来说的,维护软件文档同样重要。

7.1.4 软件开发模型

软件开发模型是软件工程思想的具体化,是跨越软件生存周期的系统开发、运行、维护所实施的全部活动和任务的过程框架。根据软件生产工程化的需要,软件生存周期的划分有所不同,从而形成了不同的软件开发模型。

常用的软件开发模型有瀑布模型、演化模型、螺旋模型、增量模型、喷泉模型等。

1. 瀑布模型

瀑布模型规定了各项软件工程活动,包括制订开发计划、进行需求分析和说明、软件设计、程序编码、测试、运行与维护。它是软件工程的基础模型。其核心思想是各项活动按自上而下、相互衔接的固定次序,如同瀑布逐级下落,每项活动均处于一个质量环(输入→处理→输出→评审)中。各阶段间具有顺序性和依赖性。每个阶段必须完成规定的文档,且每个阶段结束前完成文档审查。具体如图 7.3 所示。

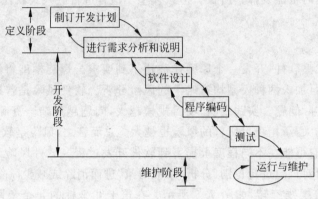

图 7.3　瀑布模型

瀑布模型为软件开发和软件维护提供了一种有效的管理图式。根据这一图式制订开发计划、进行成本预算、组织开发力量,以项目的阶段评审和文档控制为手段有效地对整个开发过程进行指导,从而保证了软件产品及时交付,并达到预期的质量要求。但瀑布模型在大量的软件开发实践中也逐渐暴露出它的严重缺点。作为整体开发的瀑布模型,由于不支持软件产品的演化,对开发过程中的一些很难发现的错误只有在最终产品运行时才能发现,所以最终产品将难以维护。而且,随着软件开发项目规模的日益庞大,由于瀑布模型不够灵活等缺点引发的问题显得更为严重。软件开发往往需要人们合作完成,因此人员之间的交流和软件工具之间的联系,以及开发工作之间的交叉并行等都是必要的,但瀑布模型中并没有体现这一点。

2. 演化模型

由于在项目开发的初始阶段人们对软件的需求认识常常不够清晰,因而使得开发项目难以做到一次开发成功,出现返工再开发在所难免。实践证明,当业务和产品需求在变化中,采用线性开发方式是不实际的。因此,可以先做试验开发,其目标只是在于探索可行性,弄清软件需求;然后在此基础上获得较为满意的软件产品。通常把第一次得到的试验性产品称为"原型"。

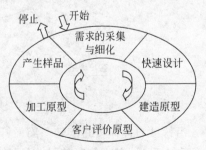

图 7.4　演化模型

演化模型先开发一个"原型"软件,完成部分主要功能,展示给用户并征求意见,然后逐步完善,最终获得用户认可的软件产品。这个过程是迭代的,软件必须经过不断演化才能完善,如图 7.4 所示。

演化模型在得到良好的需求定义上比瀑布模型好得多,不仅可以处理模糊需求,而且开发者和用户可以充分通信,能给用户更改原先设想的不尽合理的最终系统的机会;可以低风险开发柔性较大的计算机系统,是开发费用降低。但其缺点在于,开发者在不熟悉的领域容易把次要部分当作主要框架,作出不切题的原型,导致原型迭代不收敛于开发者预先的目标。

从演化模型的特点来看,其特别适用于需求分析和定义规格说明,在设计人机界面和充当同步培训工具时也能发挥其所长。但该模型不适合进行嵌入式软件和实时控制软件的开发。

3. 螺旋模型

对于复杂的大型软件,开发一个原型往往达不到要求。螺旋模型将瀑布模型与演化模型结合起来,并且加入两种模型均忽略了的风险分析。软件风险是普遍存在于任何软件开发项目中的实际问题。实践表明,项目规模越大,问题越复杂。资源、成本和进度等因素的不确定性越大,承担项目所冒的风险也越大。总而言之,风险是软件开发不可忽视的潜在不利因素,它可能在不同程度上损害到软件开发过程。软件风险驾驭的目标是在造成危害之前及时对风险进行识别、分析、采取对策,进而消除或减少风险的损害。

螺旋模型沿着螺线旋转,如图 7.5 所示。在笛卡儿坐标的 4 个象限上分别表达了 4 个方面的活动,即:制订计划——确定软件目标,选定实施方案,弄清项目开发的限制条件;风险分析——分析所选方案,考虑如何识别和消除风险;实施工程——实施软件开发;客户评估——评价开发工作,提出修正建议。

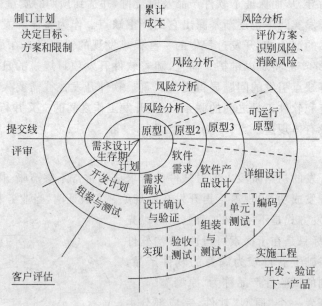

图 7.5　螺旋模型

沿螺线自内向外每旋转一圈便开发出更完善的一个新版本。在第一圈中,确定初步目标和方案后,进入第一象限,对风险进行识别和分析。如果风险分析表明需求有不确定性,那么在第四象限内,所建的原型会帮助开发人员和客户考虑其他开发模型,并对需求做进一步修正。客户对成果作出评价之后,给出修正建议,在此基础上再次计划并进行风险分析,以此类推。在每一圈螺线上,风险分析的终点作出是否继续下去的判断。加入风险过大,开发者和用户无法承受,项目有可能终止。多数情况下会沿螺线继续,逐步延伸,最终得到所期望的系统。

如果软件开发人员对开发项目的需求已有较大的把握,则无须开发原型,采用瀑布模型即可。在螺旋模型中可认为是单圈螺线。反之,如果原始需求很模糊,则需要开发原型,那就要经历多圈螺线。在这种情况下,外圈的开发包含了更多的活动。

螺旋模型适合于大型软件的开发,但要使用这个模型需要具有相当丰富的风险评估经验和专门知识。它出现得较晚,远不如瀑布模型和演化模型普及,还需要更多的实践才能得到开发者和用户的充分肯定。

4. 增量模型

增量模型使用的渐增型开发方法允许从部分需求定义出发,先建立一个不完全的系统,通过测试运行整个系统取得经验和反馈,加深对软件需求的理解,进一步使系统扩充和完善。如此反复进行,直至软件人员和用户对所设计完成的软件系统满意为止。

增量模型把软件产品分解成一系列的增量构件,在增量开发迭代中逐步加入。而每个构件由多个相互作用的模块构成,并且能够完成特定的功能,如图7.6所示。因为先完成的增量可以为后期的增量提供服务,所以说,增量模型是迭代和演进的过程。

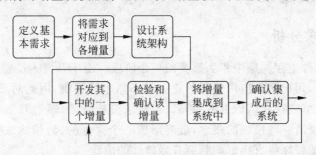

图7.6 增量模型

该方法不要求从一开始就有一个完整的软件需求定义。适合于用户自己对软件需求的理解还不甚明确,或者讲不清楚的情况。

由于增量模型中软件开发的过程自始至终都是在软件人员和用户的共同参与下进行的,所以一旦发现正在开发的软件与用户要求不符,就可以立即进行修改。使用这种方法开发出来的软件系统可以很好地满足用户的需求。

5. 喷泉模型

喷泉模型对软件复用和生存周期中多项开发活动的集成提供了支持,"喷泉"一词本身体现了迭代和无间隙特性。系统某个部分常常重复工作多次,相关功能在每次迭代中随之加入演进的系统。无间隙是指在开发活动,即分析、设计和编码之间不存在明显的边界。如图7.7所示,喷泉模型是对象驱动的过程。

上面介绍的是目前常见的软件开发模型,但对于一个具体的软件开发过程来说,几乎

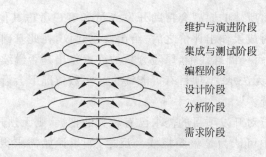

维护与演进阶段

集成与测试阶段

编程阶段

设计阶段

分析阶段

需求阶段

图 7.7 喷泉模型

不可能完全按照开发模型中的过程一步一步地进行,这是由于一个项目的开发取决于众多因素,如应用领域、规模、实现环境等。因而在实际的项目开发中可能会存在着若干方法的组合与交叉。

随着软件开发技术的进步,一些新的开发模型与方式被提出,如智能模型,它是基于知识的软件开发模型,综合了上述模型的特点,并把专家系统结合在一起。该模型应用基于规则的系统,采用归约和推理机制,帮助软件人员完成开发工作,并使维护在系统规格说明一级进行。而现有的开发模型也在不断地完善与演变。比如,增量模型的新演进版本叫作"极限程序设计(eXtreme Programming,XP)",它是被称为"敏捷型"的新方法。

7.2 软件开发过程

7.2.1 需求分析

需求分析是软件生存周期中相当重要的一个阶段。由于开发人员熟悉计算机但不熟悉应用领域的业务,用户熟悉应用领域的业务但不熟悉计算机,因此对于同一个问题,开发人员和用户之间可能存在认识上的差异。在需求分析阶段,通过开发人员与用户之间的广泛交流,不断澄清一些模糊的概念,最终形成一个完整的、清晰的、一致的需求说明。可以说,需求分析的好坏将直接影响到所开发软件的成败。

1. 需求分析的任务

简单来说,需求分析的基本任务是回答"系统必须做什么"的问题,具体来讲有以下几点。

(1)确定对系统的综合需求。包括系统功能要求、系统性能要求、运行要求、安全性要求、保密性要求。

(2)分析系统的数据要求。包括基本数据元素、数据元素之间的逻辑关系等。可采用建立"概念模型"的方法,并辅助图形工具,如层次方框图、实体-关系模型等。

(3)导出系统的逻辑模型。可采用数据流图或类模型来描述。

(4)修正系统开发计划。在明确了用户的真正需求后,可以更准确地估算软件的成本和进度,从而修正项目开发计划。

(5)开发原型系统。对一些需求不够明确的软件,可以先开发一个原型系统,以验证用户的需求。

2. 需求分析的步骤

软件需求涉及的方面有很多。在功能方面,需求包括系统要做什么,相对于原系统目标系统需要进行哪些修改,目标用户有哪些,以及不同用户需要通过系统完成何种操作等;在性能方面,需求包括用户对于系统执行速度、响应时间、吞吐量和并发度等指标的要求;在运行环境方面,需求包括目标系统对于网络设置、硬件设备、温度和湿度等周围环境的要求,以及对操作系统、数据库和浏览器等软件配置的要求;在界面方面,需求涉及数据的输入/输出格式的限制及方式、数据的存储介质和显示器的分辨率要求等问题。

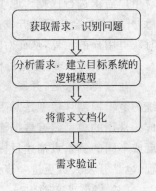

图 7.8 需求分析的步骤

遵循科学的需求分析步骤可以使需求分析工作更高效。需求分析的一般步骤如图 7.8 所示。

(1) 获取需求,识别问题

开发人员从功能、性能、界面和运行环境等多个方面识别目标系统要解决哪些问题,要满足哪些限制条件,这个过程就是对需求的获取。开发人员通过调查研究,要理解当前系统的工作模型和用户对新系统的设想与要求。

此外,在需求的获取时,还要明确用户对系统的安全性、可移植性和容错能力等其他要求。比如,多长时间需要对系统做一次备份,系统对运行的操作系统平台有何要求,发生错误后重启系统允许的最长时间是多少等。

获取需求是需求分析的基础。为了能有效地获取需求,开发人员应该采取科学的需求获取方法。在实践中,获取需求的方法有很多种,如问卷调查、访谈、实地操作、建立原型和研究资料等。

问卷调查法是采用调查问卷的形式来进行需求分析的一种方法。通过对用户填写的调查问卷进行汇总、统计和分析,开发人员便可以得到一些有用的信息。采用这种方法时,调查问卷的设计很重要。一般在设计调查问卷时,要合理地控制开放式问题和封闭式问题的比例。

开放式问题的回答不受限制,自由灵活,能够激发用户的思维,使他们能尽可能地阐述自己的真实想法。但是,对开放式问题进行汇总和分析的工作会比较复杂。

封闭式问题的答案是预先设定的,用户从若干答案中进行选择。封闭式问题便于对问卷信息进行归纳与整理,但是会限制用户的思维。

通过开发人员与特定的用户代表进行座谈,进而了解到用户的意见,是最直接的需求获取方法。为了使访谈有效,在进行访谈之前,开发人员要首先确定访谈的目的,进而准备一个问题列表,预先准备好希望通过访谈解决的问题。在访谈的过程中,开发人员要注意态度诚恳,并保持虚心求教的姿态,同时还要对重点问题进行深入的讨论。由于被访谈的用户身份可能多种多样,开发人员要根据用户的身份特点进行提问、给予启发。当然,进行详细的记录也是访谈过程中必不可少的工作。访谈完成后,开发人员要对访谈的收获进行总结,澄清已解决的和有待进一步解决的问题。

为了深入地了解用户需求,有时候开发人员还会以用户的身份直接参与到现有系统的使用过程中,在亲身实践的基础上,更直接地体会现有系统的弊端及新系统应该解决的问题,这种需求获取方法就是实地操作。通过实地操作得到的信息会更加准确和真实,但是这种方法会比较费时间。

当用户本身对需求的了解不太清晰的时候,开发人员通常采用建立原型系统的方法对用户需求进行挖掘。原型系统就是目标系统的一个可操作的模型。在初步获取需求后,开发人员会快速地开发一个原型系统。通过对原型系统进行模拟操作,开发人员能及时获得用户的意见,从而对需求进行明确。

（2）分析需求,建立目标系统的逻辑模型

在获得需求后,开发人员应该对问题进行分析抽象,并在此基础上从高层建立目标系统的逻辑模型。模型是对事物高层次的抽象,通常由一组符号和组织这些符号的规则组成。常用的模型图有数据流图、E-R 图、用例图和状态转换图等,不同的模型从不同的角度或不同的侧重点描述目标系统。绘制模型图的过程,既是开发人员进行逻辑思考的过程,也是开发人员更进一步认识目标系统的过程。

（3）将需求文档化

获得需求后要将其描述出来,即将需求文档化。对于大型的软件系统,需求阶段一般会输出 3 个文档,即系统定义文档（用户需求报告）、系统需求文档（系统需求规格说明书）和软件需求文档（软件需求规格说明书）。

对于简单的软件系统而言,需求阶段只需要输出软件需求文档（即软件需求规格说明书）就可以了。软件需求规格说明书主要描述软件的需求,从开发人员的角度对目标系统的业务模型、功能模型和数据模型等内容进行描述。作为后续的软件设计和测试的重要依据,需求阶段的输出文档应该具有清晰性、无二义性和准确性,并且能够全面和确切地描述用户的需求。

（4）需求验证

需求验证是对需求分析的成果进行评估和验证的过程。为了确保需求分析的正确性、一致性、完整性和有效性,提高软件开发的效率,为后续的软件开发做好准备,需求验证的工作非常必要。

在需求验证的过程中,可以对需求阶段的输出文档进行多种检查,比如,一致性检查、完整性检查和有效性检查等。同时,需求评审也是在这个阶段进行的。

7.2.2　系统设计

系统设计是信息系统开发过程中的另一个重要阶段。如果说需求分析阶段是为了解决系统"做什么"的问题,那么系统设计阶段的目的就是为了解决系统"怎样做"。

1. 系统设计的任务和步骤

系统设计阶段的主要依据是系统分析报告。

系统设计基本上可以分为两个步骤,即概要设计和详细设计。

概要设计的主要任务是体系结构设计和模块分解,确定软件的结构、模块的功能和模块间的接口,以及全局数据结构的设计。良好的体系结构意味着普适、高效和稳定。在开发中常使用层次结构或客户机/服务器结构。

在设计好软件的体系结构后,就已经在宏观上明确了各个模块应具有什么功能,应放在体系结构的哪个位置。从功能上划分模块,保持"功能独立"是模块化设计的基本原则。因为"功能独立"的模块可以降低开发、测试、维护等阶段的代价。但是"功能独立"并不意味着模块之间保持绝对的孤立。一个系统要完成某项任务,需要各个模块相互配合才能实现,此时模块之间就要进行信息交流。

详细设计的主要任务是设计每个模块的实现细节和局部数据结构,以及界面设计。在进行数据结构和算法设计时,应考虑其实施的代价。软件系统漂亮的界面能消除用户由感觉引起的乏味、紧张和疲劳(情绪低落),大大提高用户的工作效率。

需要注意的是,系统设计的结果是一系列的系统设计文件,这些文件是物理实现一个信息系统的重要基础。

2. 系统设计的原则

在进行系统设计时,遵循一定的原则可以起到事半功倍的效果。

(1) 抽象

抽象是一种设计技术,是指重点说明一个实体的本质方面,而忽略或者掩盖不很重要的方面。软件工程中从软件定义到软件开发要经历多个阶段。在这个过程中每前进一步都可看成对软件解法的抽象层次的一次细化。抽象的最低层就是实现该软件的源代码。在进行模块化设计时也可以有多个抽象层次,最高抽象层次的模块用概括的方式叙述问题的解法;较低抽象层次的模块是对较高抽象层次模块对问题解法描述的细化。

(2) 模块化

模块化是指将一个待开发的软件分解成若干个小的简单部分——模块。每个模块可独立的开发、测试,最后组装成完整的程序。

具有 4 种属性的一组程序语句称为一个模块。这 4 种属性分别是输入/输出(是指同一个调用者)、逻辑功能(是指模块能够做什么事,表达了模块把输入转换成输出的功能)、运行程序(是指模块如何用程序实现其逻辑功能)和内部数据(指属于模块自己的数据)。

前两个属性又称为外部属性,后两个属性又称为内部属性。在系统设计中。人们主要关心的是模块的外部属性,至于内部属性,将在系统实施工作中完成。

模块有大有小,它可以是一个程序,也可以是程序中的一个程序段或者一个子程序。

(3) 信息隐蔽

信息隐蔽是开发整体程序结构时所用的法则,即将每个程序的成分隐蔽或封装在一个单一的设计模块中,定义每一个模块时尽可能少地暴露其内部的处理。

信息隐蔽原则对提高软件的可修改性、可测试性和可移植性都有重要的作用。

(4) 模块独立

模块独立是指每个模块完成一个相对独立的特定子功能,并且与其他模块之间的联系简单。衡量模块独立程度的标准有两个:耦合和内聚。耦合是指模块之间联系的紧密程度。耦合度越高,模块的独立性越差。内聚是指模块内部各元素之间联系的紧密程度。内聚度越低,模块的独立性越差。因而,模块独立就是希望每个模块都是高内聚、低耦合的。

7.2.3　软件测试

G. J. Myers 在他的名著《软件测试技巧》一书中对测试的定义是:"程序测试是为了发现错误而执行程序的过程。"根据这一测试定义,只有发现了错误的测试才能认为是成功的测试。但是,测试具有不彻底性。有一句名言指出:"程序测试只能指出错误的存在,但不能证明错误不存在。"即通过测试可以找出程序中的错误,但任何测试都是不彻底的,不能保证测试后的程序不存在遗留的错误。

1. 测试的目的及原则

软件测试就是为了回答"该系统是否能实现规定的操作"这样的问题。其直接目的就是希望能以最少的人力和时间发现潜在的各种错误和缺陷。所以在项目开发时,应根据需求、设计等文档或程序的内部结构精心设计测试用例,并利用这些实例来运行程序,以便发现错误。

系统测试是保证系统质量和可靠性的关键步骤,是对系统开发过程中的需求分析、系统设计和实施的最后复查。根据测试的概念和目的,在进行测试时应遵循以下基本原则。

(1) 软件开发人员即程序员应当避免测试自己的程序。不管是程序员还是开发小组都应当避免测试自己的程序或者本组开发的功能模块。若条件允许,应当由独立于开发组和客户的第三方测试组或测试机构来进行软件测试。但这并不是说程序员不能测试自己的程序,而且更加鼓励程序员进行调试,因为测试由别人来进行会更加有效、客观,并且容易成功,而允许程序员自己调试也会更加有效和针对性。

(2) 应尽早和不断地进行软件测试。应当把软件测试贯穿到整个软件开发的过程中,而不应该把软件测试看成其过程中的一个独立阶段。因为在软件开发的每一环节都有可能产生意想不到的问题,其影响因素有很多,如软件本身的抽象性和复杂性、软件所涉及问题的复杂性、软件开发各个阶段工作的多样性,以及各层次工作人员的配合关系等。所以要坚持软件开发各阶段的技术评审,把错误克服在早期,从而降低成本、提高软件质量。

(3) 设计合理的测试用例。第一,测试用例应当由测试输入数据和预期输出结果这两部分组成;第二,在设计测试用例时,不仅要考虑合理的输入条件,更要注意不合理的输入条件。因为软件投入实际运行中,往往不遵守正常的使用方法,却进行了一些甚至大量的意外输入导致软件不能及时作出适当的反应,就很容易产生一系列的问题,轻则输出错误的结果,重则瘫痪失效! 因此常用一些不合理的输入条件来发现更多的鲜为人知的软件缺陷。

(4) 要充分注意软件测试中的群集现象,也可以认为是"80-20 原则"。不要以为在某个地方发现几个错误并且解决这些问题之后,就不需要测试了。反而这里是错误群集的地方,对这段程序更要重点测试,以提高测试投资的效益。

(5) 严格执行测试计划,排除测试的随意性,以避免发生疏漏或者重复无效的工作。

(6) 应当对每一个测试结果进行全面检查。一定要全面、仔细地检查测试结果,但常常被人们忽略,导致许多错误被遗漏。

(7) 妥善保存测试用例、测试计划、测试报告和最终分析报告,以备回归测试及维护之用。

在遵守以上原则的基础上进行软件测试,可以以最少的时间和人力找出软件中的各种缺陷,从而达到保证软件质量的目的。

2. 测试的过程

测试是开发过程中一个独立且重要的阶段,测试过程基本上与开发过程平行进行。一个规范化的测试过程应该包括以下基本的测试活动。

(1)拟订测试计划

制订测试计划时,要充分考虑整个项目的开发时间、进度及一些人为因素和客观条件等,使得测试计划是可行的。测试计划主要包括测试的内容、进度安排、测试所需的环境和条件等。

(2)编制测试大纲

测试大纲是测试的依据。它应该明确规定在测试中针对系统的每一项功能所必须完成的基本测试项目和测试完成的标准。

(3)根据测试大纲设计和生成测试用例

设计测试用例的时候,可综合利用前面介绍的测试用例和设计技术,产生测试设计说明文档,其内容主要有被测项目、输入数据、测试过程、预期输出结果等。

(4)实施测试

在每个测试周期中,测试人员和开发人员将依据预先编制好的测试大纲和准备好的测试用例,对被测软件或设备进行完整的测试。

在实施测试时,一般按照单元测试、组装测试、确认测试、系统测试这4个步骤进行。

(5)生成测试报告

测试完成后,要形成相应的测试报告,主要对测试进行概要说明,列出测试的结论,指出缺陷和错误。

3. 测试的方法

软件测试方法分为人工测试和机器测试。

(1)人工测试

人工测试也称为静态测试。在大多数情况下,对程序首先进行的不是机器测试,而是通过人工集体协同的方式来对被测程序进行静态审查,以发现代码中的错误。人工测试已被证明是检测错误的有效方式,组织良好的人工测试可以发现程序中30%～70%的编码和逻辑错误。尤为重要的是,人工测试能够尽早发现错误。软件开发的一个基本前提就是:错误发现得越早,纠错的代价就越小,且纠错的准确率越高。

人工测试通常采用个人复查、抽查和代码会审的方法进行。

(2)机器测试

机器测试也称为动态测试。代码经过人工测试之后,就进行机器测试。设计好测试用例后,将测试用例与被测系统一起输入计算机执行,比较测试结果和预期结果是否一致,如果不一致,就说明可能存在错误。机器测试只能发现错误的症状,但无法对问题进行定位。

机器测试分为黑盒测试和白盒测试两种。黑盒测试是把被测程序看成一个黑盒,根据程序功能来设计测试用例。故黑盒测试也称为功能测试。白盒测试是根据被测程序的内部结构来设计测试用例,测试者必须事先了解被测程序的内部结构。故白盒测试也称为结构测试。

4. 调试

调试的任务就是根据测试时所发现的错误,找出原因和具体的位置,进行改正。调试工作主要由程序开发人员来进行,谁开发的程序就由谁进行调试。

事实上,"调试"是"纠错"的同义词。调试程序是纠错时常用的一类软件工具,大多数程序设计语言都包括了调试程序。

7.3 软件工程方法

自从 1968 年提出"软件工程"这个术语以来,软件研究人员也在不断探索新的软件开发方法,至今已形成了 8 类软件开发方法。这里介绍最常用的两种方法:结构化方法和面向对象的方法。

7.3.1 结构化方法

结构化方法是使用广泛的一种系统化的软件开发方法,出现于 20 世纪 70 年代。它简单实用,适用于开发大型的数据处理系统。所谓结构,是指系统内各组成要素之间的相互联系、相互作用的框架,结构化方法强调结构的合理性和所开发软件结构的合理性。它的基本思想是把一个复杂问题的求解过程分阶段进行,每个阶段处理的问题都控制在人们容易理解和处理的范围内。生物学有个观点叫作"结构决定功能",对于软件开发同样适用。结构化方法采用"抽象"和"分解"两个基本手段。抽象是从众多的事物中抽取出共同的、本质性的特征,而舍弃其非本质的特征,暂时不考虑它们的细节。抽象主要是为了降低复杂度。

用抽象模型的概念,按照软件内部数据传递、交换的信息,自顶向下逐层分解,直到找到满足功能需要的所有可实现的软件元素为止,分解后的单元称为模块。

在分解软件结构时,每一个模块的实现细节对于其他模块来说都是隐蔽的,也就是说,模块中所包括的信息不允许其他不需要这些信息的模块调用,这称为信息隐藏。隐蔽表明有效的模块化可以通过定义一组独立的模块而实现,这些独立的模块间仅交换为完成系统功能而必须交换的信息。

模块间的通信仅使用有助于实现软件功能的必要信息,通过抽象,可以确定组成软件的过程实体;而通过信息隐藏,可以实施对模块的过程细节和局部数据结构的存取限制。局部化的概念和信息隐蔽概念密切相关。局部化是指把一些关系密切的软件元素物理地放得彼此靠近。在模块中使用局部数据元素就是局部化的一个例子。显然,局部化有助于实现信息隐藏。

如果在测试期间和以后的软件维护期间需要修改软件,那么使用信息隐藏原理作为模块化系统设计的标准就会带来极大的好处。因为绝大多数数据和过程对于软件的其他部分而言是隐蔽的,也就是看不见的,在修改期间由于疏忽而引入的错误传播到软件的其他部分的机会就很少。

结构化方法包括结构化分析、结构化设计、结构化编程 3 个方面。结构化分析作为一种分析方法通常用于需求分析阶段。结构化设计方法是以模块化设计为中心,将待开发的软件系统划分为若干个相互独立的模块,每一个模块的功能简单、任务明确,为组合成较大的软件奠定基础。当模块划分良好时,在改变一个模块的内部时,不会影响到其他模块。模块的独立性还为扩充已有的系统、建立新系统提供了方便,可以充分利用现有的模块作积木式的扩展。使用结构化设计方法,不但提高了程序的质量,还增强了程序的可读性和可修改性。结构化编程可用于代码编写阶段,结构化方法也可用于软件的测试阶段。

1. 模块

模块是具有特定功能的部分。具体可以表现为一组数据或一段程序的集合。模块化设计就是将整个软件划分为若干相互独立的部分,这些部分可以分别进行程序的编写、测试,模块与模块之间的关系称为接口。这样,通过划分,把复杂的问题分解成许多容易解决的较小问题,每个模块处理相对简单的一个小问题。

模块化可以使软件结构清晰,容易实现设计,使设计出的软件的可阅读性和可理解性大大增强。由于程序错误会出现在有关模块内部及它们之间的接口中,采用模块化技术会使软件容易测试和调试,进而有助于提高软件的可靠性。在需要改进时,改动往往只涉及部分模块,模块化能够提高软件的可修改性。模块化也有助于软件开发工程的组织管理,一个复杂的大型程序可以由许多程序员分工编写不同的模块,既简化了每个问题的难度,还可以在一定程度上提高开发工作的并行性。

(1) 模块划分的粒度

模块化设计中一个重要的问题是模块划分的粒度。粒度大时,即模块的规模较大,每个模块需要处理的问题较为复杂,但模块总数较少,整体结构较为简单;如果粒度较小,每个模块相对简单,但是模块数量较多,模块之间的关系复杂,整体结构较为复杂。模块划分的数量目前还没有统一的确定方法,从实际情况两方面因素折中考虑比较可取,既不要将模块搞得很大,也不要划分过细。

(2) 模块的独立性

模块独立性是指软件系统中的每个模块与其他模块的关联程度。关联程度越低,独立性越好,与其他模块的接口越简单。

模块独立性的概念体现了模块化、抽象、信息隐藏和局部化概念。设计软件结构时,使得每个模块完成一个相对独立的特定子功能,并且与其他模块之间的关系很简单。

模块的独立程度可以由耦合和内聚两个标准来度量。耦合表示不同模块之间关联的紧密程度;内聚表示一个模块内部各个元素彼此结合的紧密程度。

(3) 模块的耦合

耦合是对一个软件结构内各个模块之间互连程度的度量。耦合的强弱取决于模块间接口的复杂程度、调用模块的方式及通过接口的信息。

根据模块独立性的原则,在软件设计中应该尽可能采用松散耦合。在松散耦合的系统中测试或维护任何一个模块,都不影响系统的其他模块。模块间联系简单,在某一处发生错误时，传播到整个系统中的可能性较小。模块间的耦合程度影响系统的可理解性、可测试性、可靠性和可维护性。

模块之间的耦合一般分为 7 种类型，具体情况如下。

① 非直接耦合。两个模块中的每一个都能独立地工作而不需要另一个模块的存在，它们播出完全独立，无任何连接，耦合程度最低。

② 数据耦合。两个模块间相互交换的信息只是数据，没有程序上的调用等形式。

③ 标记耦合。一组模块通过共享参数表传递复杂的数据结构，参数表是某种数据结构，而非简单变量，这种耦合称为标记耦合。

④ 控制耦合。在模块间传递的信息中含有控制信息（有时控制信息以数据的形式出现），这种耦合称为控制耦合。

⑤ 外部耦合。一组模块都访问同一全局简单变量而不是同一全局数据结构，并且不通过参数表传递该变量的信息，这种耦合称为外部耦合。

⑥ 公共环境耦合。当两个或多个模块通过一个公共数据环境相互作用时，称为公共环境耦合。

⑦ 内容耦合。最高程度的耦合是内容耦合。当一个模块之间修改或操作另一个模块的数据，或直接转入另一个模块时，称为内容耦合。

耦合是影响软件复杂程度的一个重要因素。图 7.9 表明了各种类型的耦合强度关系。运用的原则是：如果模块间必须存在耦合，尽量使用数据耦合，少用控制耦合，限制各个环节耦合的范围，避免使用内容耦合。

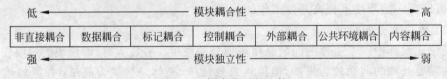

图 7.9　耦合类型的比较

（4）模块的内聚

内聚表示一个模块内各个元素间结合的紧密程度，它是信息隐蔽和局部化概念的自然扩展。7 种内聚类型的模块耦合性和独立性如图 7.10 所示。设计时应该力求做到高内聚，少用或尽量不要使用低内聚。

内聚按强度从低到高有以下几种类型。

① 偶然内聚。模块内的各成分之间毫无关系，称为偶然内聚。

② 逻辑内聚。将若干个逻辑上相关的功能放在同一模块中，称为逻辑内聚。

③ 时间内聚。如果一个模块包含的任务必须在同一段时间内执行，这些功能只能是因为时间因素关联在一起，称为时间内聚。

④ 过程内聚。如果一个模块内的处理成分是相关的，而且必须以特定的次序执行，称为过程内聚。

⑤ 通信内聚。如果模块中所有成分都对同一个数据集进行操作，称为通信内聚。

⑥ 顺序内聚。模块的各个成分和同一个功能密切相关，而且一个成分的输出作为另一个成分的输入，称为顺序内聚。

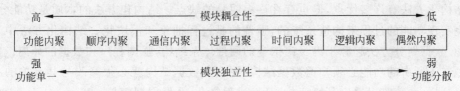

图 7.10 内聚类型的比较

⑦ 功能内聚。如果模块内所有成分属于一个整体,完成一个单一的功能,称为功能内聚。

内聚和耦合是密切相关的,模块内的高内聚往往意味着模块间的松耦合。通过修改设计提高模块的内聚程度,并降低模块间的耦合程度,从而获得较高的模块独立性。内聚和耦合都是进行模块化设计的有力工具,实践表明,内聚更重要,应该把更多注意力集中到提高模块的内聚程度上。

2. 结构化设计原则

软件结构化设计的目标是产生一个模块化的程序结构,并明确模块间的控制关系。对同一问题可有多种解决方式。进行高质量结构化设计的基本原则如下。

(1) 模块高独立性

提高模块的内聚程度降低模块间的耦合程度是一个评价的标准,力求降低耦合、提高内聚。

(2) 模块规模适中

模块的规模不应过大。规模大了以后模块的可理解程度将迅速下降;模块规模也不能过小。小模块必然导致数量大,容易使系统接口复杂。过小的模块不值得单独存在,特别是只有一个模块调用它时,通常应合并到上级模块中。

(3) 层次深度、宽度适当

深度表示软件结构中控制的层数,能够粗略地标志一个系统的大小和复杂程度。宽度是软件结构内同一个层次上的模块总数的最大值。一般来说,宽度越大系统越复杂。经验表明典型系统的一个层次分支上模块数量通常限制在个位数以内。

(4) 模块的作用域应该在其控制域之内

模块的作用域指受该模块影响的所有模块的集合。模块的控制域是模块本身及所有直接或间接从属于它的模块的集合。模块的作用域超出其控制域,表明系统中有较紧的耦合存在。

(5) 模块接口简单

模块接口是软件发生错误的主要位置。设计模块接口力求信息传递简单并且和模块的功能一致。接口复杂或者不一致是紧耦合或低内聚的原因所致,应力争降低模块接口的复杂程度。在结构上模块最好只有一个入口和一个出口,这样的结构比较容易理解和维护。

(6) 模块功能可预测

模块的功能应能预测,对于一个模块,只要输入的数据相同就产生同样的输出。带有内部存储器的模块的功能可能是不可预测的,内部存储器对于上级模块而言是不可见的,这样的模块不易理解、难于测试和维护。

结构化方法有许多优点,但也存在许多明显的缺点。结构化方法的本质是功能分解,是围绕实现功能的过程来构造系统的,强调的是过程抽象和模块化。结构化方法中采用的功能/数据划分方法起源于冯·诺依曼的硬件体系结构,强调程序和数据的分离。其主要问题在于所有的功能必须知道数据结构,要改变数据结构就必须修改与其有关的所有功能。这样,系统难以适应环境变化,开发过程复杂,开发周期较长。

7.3.2　面向对象的方法

在软件开发与设计中,对一个系统的认识是一个渐进的过程,是在继承了以往的有关知识的基础上,多次迭代往复并逐步深化而形成的。在这种认识的深化过程中,既包括了从一般到特殊的演绎,也包括了从特殊到一般的归纳。面向对象(object oriented,OO)的方法使人们分析、设计的方法尽可能地接近人们认识客观事物的自然情况。其基本思想是:分析、设计和实现一个系统的方法尽可能地接近认识该系统的方法,对问题进行自然分割,以接近人类思维的方式建立问题域模型,从而使设计出的软件尽可能地描述现实世界,构造出模块化的、可重用的、可维护性好的软件,并能控制软件的复杂度和降低开发维护费用。

1．面向对象的基本概念

面向对象的方法中,对象和传递消息分别表现事物及事物间相互联系。类和继承是适应人们一般思维方式的描述方式。方法是允许作用于该类对象上的各种操作。通过封装能将对象的定义和对象的实现分开,通过继承能体现类与类之间的关系,以及由此带来的动态聚束和实体的多态性,构成了面向对象的基本特征。

（1）对象

对象是对客观事物实体的抽象。世界上任何事物都可以抽象为对象,事物的组成部分可以是更基础的某一个对象。复杂的对象由比较简单的对象以某种方式组成。对象不仅表示数据结构,也表示抽象的事件、规则等复杂的工程实体。对象的两个主要因素是属性和服务。属性是用来描述对象静态特征的一个数据项。服务是用来描述对象动态特征（行为）的一个操作序列。一个对象可以有多项属性和多项服务。对象只描述客观事物本质的、与系统目标有关的特征,而不考虑那些非本质的、与系统目标无关的特征。在设计不同系统时,同一事物抽象成的对象可能不同。

（2）消息和方法

在系统中,对象与对象之间通过消息进行联系。消息包括某一对象发送给其他对象的数据或某一对象调用另一对象的操作等形式。系统的运行是靠在对象间传递消息来完成的。

通常消息由3个部分组成:消息接收对象、消息名称、若干个参数。参数的具体格式称为消息协议。消息的接收者是提供服务的对象,它对外提供服务。消息的发送者是要求提供服务的对象或其他系统成分。

消息中只包含发送者的要求,它指示接受者要完成哪些处理,但并不指定接收者应该怎样完成这些处理。消息完全由接受者解释,接受者决定采用什么方式完成所需要的处理。通常一个对象能够接收多个不同形式、内容的消息;相同形式的消息也可以送往不同的对象。不同的对象对于形式相同的消息可以有不同的解释,作出不同的反应。

方法指对象能够执行的操作。方法是对象的实际可执行部分,它反映了对象的动态特征。通常每个对象都有一组方法,用于描述各种不同的功能。

(3)类

在面向对象方法中,将具有相同属性和服务的一组对象的集合定义为类,为属于该类的全部对象提供了同一的抽象描述。实质上,类定义的是对象的类型,它描述了属于该类型的所有对象的性质。而对象则是符合这种定义的一个实体。有的文献又把类称为对象的模板。同类对象具有相同的属性和服务,它们的定义形式相同,但是每个对象的属性值可以不同。对象是在执行过程中由其所属的类动态生成的,一个类可以生成多个不同的对象。同一个类的所有对象具有相同的性质,即其外部特征和内部实现都是相同的,但它们可能有不同的内部状态。在一个类的上层可以有超类(父类),下层可以有子类,形成一种层次结构。这种层次结构的一个重要特点是继承性,一个类继承其超类的全部描述。这种继承具有传递性,即一个类实际上继承了层次结构中在其上面的所有类的全部描述。因此,属于某个类的对象除具有该类所描述的特性外,还具有该类所有超类描述的全部特性。

2. 面向对象方法的基本特征

面向对象方法的基本特征包括封装性、继承性和多态性。

(1)封装性

封装是一种信息隐蔽技术,用户只能见到对象封装界面上的信息,对象内部对用户来说是隐蔽的。封装是面向对象方法的一个重要原则。它有两个含义:第一个含义是把对象的全部属性和全部服务结合在一起,形成一个不可分割的独立单位(即对象);第二个含义也称为信息隐蔽,即尽可能隐蔽对象的内部细节,对外形成一个边界,只保留有限的对外接口与外部发生联系。这主要是指对象的外部不能直接地存取对象的属性,只能通过几个允许外部使用的服务与对象发生联系。封装的目的在于将对象的使用者和设计者分开,使用者不必知道行为的实际细节,只使用设计者提供的消息来访问该对象。

(2)继承性

继承性是指后代保持了前一代的某些特性。继承利用抽象来降低系统的复杂性,同时也提供了一种重用的方式。被继承的前一代称为父类,继承的后一代称为子类。如果没有继承性机制,则对象中数据和方法就可能出现大量重复。继承是面向对象方法中一个十分重要的概念,并且是面向对象技术提高软件开发效率的主要原因之一。

继承意味着自动地拥有或隐含地复制。继承的类拥有被继承者的全部属性与服务;并且继承关系是传递的。第一代的特性可以通过几代的继承关系一直保持下去。

(3)多态性

对象的多态性是指在父类中定义的属性或服务被继承之后,子类可以具有不同的数据类型或不同的行为。这使得同一个属性或服务名在类及其各个父类和子类中具有不同的语义。多态性是一种比较高级的功能。多态性的实现需要面向对象程序设计语言提供支持。

面向对象方法在软件工程领域能够全面运用。它包括面向对象的分析、面向对象的设计、面向对象的编程、面向对象的测试、面向对象的软件维护等主要内容。

7.4 软件项目管理

为了使软件项目开发获得成功,必须对软件开发项目的工作范围、可能遇到的风险、需要的资源、要实现的任务、经历的里程碑、花费的工作量及进度安排等做到心中有数。而软件项目管理可以提供这些信息。可以说,软件项目管理是为了使软件项目能够按照预定的成本、进度、质量顺利完成,而对人员、产品、过程和项目进行分析和管理的活动。

7.4.1 软件工程的原则

软件项目管理的根本目的是让软件项目尤其是大型项目的整个软件生命周期都能在管理者的控制之下,以预定成本按期、按质地完成软件交付用户使用。而研究软件项目管理是为了从已有的成功或失败的案例中总结出能够指导今后开发的通用原则、方法,同时避免前人的失误。

虽然自提出软件工程的术语以来,专家学者又陆续提出了很多软件工程的原则,但其中以著名软件工程专家 B. W. Boehm 提出的 7 条基本原则最为人所知。这 7 条原则同样也是软件项目管理的准则。

1. 用分阶段的生命周期计划严格管理

据统计发现,不成功的软件项目中有半数是因计划不周造成的。

在软件的整个生命周期中应该制订并严格执行 6 类计划,即项目概要、项目进度表、项目控制、产品控制、验证、运行与维护计划。

不同层次的管理人员必须严格按照计划各尽其职地去管理软件开发与维护工作,绝不能受客户或上级的影响而擅自背离预订计划。

2. 坚持进行阶段评审

软件的质量保证工作不能等到编码阶段结束之后再进行。这是因为:大部分错误是在编码之前造成的(根据 Boehm 统计,设计错误占软件错误的 63%,编码错误占 37%);错误发现与改正得越晚,所付出的代价也越高。因此,在每个阶段进行严格的评审,尽早发现并修正各个阶段中所犯的错误是一条必须遵循的重要原则。

3. 实行严格的产品控制

在软件开发过程中不应随意改变需求,但不能禁止更改需求。当必须修改时,为了保持软件各配置成分的一致性,必须实行严格的产品控制。

一切有关修改软件的建议都必须按照严格的规程进行评审,获准后才能实施修改,绝对不能谁想修改就随意进行修改。

4. 采用现代程序设计技术

以前的结构化程序设计技术,如今的面向对象程序设计技术都被实践证明是各个不同历史阶段的优秀程序设计技术和方法。

采用先进的技术既可以提高软件开发的效率,又可以提高软件维护的效率。

5. 结果应能清楚地审查

软件产品是看不见、摸不着的逻辑产品,软件开发人员的工作进展情况可见性差。

为了提高开发过程的可见性,应根据软件开发项目中的目标完成期限,规定开发组织的责任和产品标准,使得到的结果能够清楚的审查。

6. 开发小组人员少而精

开发小组成员的素质应该高,人员不宜过多。人员素质和数量是影响产品质量和开发效率的重要因素。素质高的人开发效率比低的人高几倍甚至几十倍,而错误则明显得少;人数增加,管理难度也增加。

7. 承认不断改进软件工程实践的必要性

要积极、主动地采纳新的软件技术,要不断总结经验;不能自以为是,固步自封,唯我独好。大千世界,错综复杂,只有不断学习,才能不断进步。

可以达成共识的是,这 7 条原则是确保软件产品质量和开发效率的最小准则集合。

7.4.2 软件项目的计划

软件项目管理过程从项目计划活动开始,而第一项计划活动就是估算:需要多长时间、需要多少工作量及需要多少人员。此外,我们还必须估算所需要的资源(硬件及软件)和可能涉及的风险。

1. 成本估算

由于软件具有可见性差、定量化难等特点,因此很难在项目完成前准确地估算出开发软件所需的工作量和费用。通常我们可以根据以往的开发经验来进行成本估算。

一种常用的成本估算方法是先估计完成软件项目所需的工作量(人月数),然后根据每个人月的代价(金额)来计算软件的开发费用。

$$开发费用 = 人月数 \times 每人每月的代价$$

另一种方法是估计软件的规模(通常指源代码行数),然后根据每行源代码的平均开发费用(包括分析、设计、编码、测试所花的费用)计算软件的开发费用。

$$开发费用 = 源代码行数 \times 每行平均费用$$

有时候在度量软件规模时不采用直接的方法(即代码行方法),而采用一种间接的方法——FP(功能点方法)。这两种方法各有优缺点,应该根据软件项目的特点选择适用的软件规模度量方法。

值得一提的是,软件项目成本估算永远不会是一门精确的科学,但将良好的历史数据与系统化的技术结合起来能够提高估算的精确度。

2. 风险分析

当对软件项目给予较高期望时,一般都会进行风险分析。在标识、分析和管理风险上花费的时间和人力可以从多个方面得到回报:更加平稳的项目进展过程,更高的跟踪和控制项目的能力,由于在问题发生之前已经做了周密计划而产生的信心。

Robert Charette 在他关于风险分析和驾驭的书中指出,考虑风险时应关注 3 个方面:一是关心未来,风险是否会导致软件项目失败? 二是关心变化,在用户需求、开发技术等与项目有关的实体中会发生什么变化? 三是必须对采用的方法、工具、配备的人力作出选择。

风险分析实际上是 4 个不同的活动:风险识别、风险预测、风险评估和风险控制。

3. 进度控制

对于一个项目管理者,他的目标是定义所有的项目任务,识别出关键任务,跟踪关键任务的进展情况,以保证能够及时发现拖延进度的情况。为此,项目管理者必须制订一个足够详细的进度表,以便监督项目进度并控制整个项目。

常用的制订进度计划的工具主要有甘特图和工程网络两种。甘特图具有直观简明、容易学习、容易绘制等优点,但是,它不能明显地表示各项任务彼此间的依赖关系,也不能明显地表示关键路径和关键任务,进度计划中的关键部分不明确。因此,在管理大型软件项目时,仅用甘特图是不够的。

工程网络不仅能描绘任务分解情况及每项作业的开始时间和结束时间,而且还能清楚地表示各个作业彼此间的依赖关系。从工程网络图中容易识别出关键路径和关键任务。因此,工程网络图是制订进度计划的强有力的工具。通常,联合使用甘特图和工程网络这两种工具来制订和管理进度计划,使它们互相补充、取长补短。

进度安排是软件项目计划的首要任务,而项目计划则是软件项目管理的首要组成部分。与估算方法和风险分析相结合,进度安排将为项目管理者建立起一张计划图。

7.4.3　软件项目的控制

对于软件开发项目而言,控制是十分重要的管理活动。下面介绍软件工程控制活动中的质量保证和配置管理。其实上面所提到的风险分析也可以算是软件工程控制活动的一类。而进度跟踪则起到连接软件项目计划和控制的作用。

软件质量保证(software quality insurance,SQI)是在软件过程中的每一步都进行的"保护性活动"。SQI 主要有基于非执行的测试(也称为评审)、基于执行的测试(即通常所说的测试)和程序正确性证明。

软件评审是最为重要的 SQI 活动之一。它的作用是,在发现及改正错误的成本相对较小时就及时发现并排除错误。由于在开发大型软件过程中所犯的错误绝大多数是规格说明错误或设计错误,而正式的技术评审发现这两类错误的有效性高达 75%,因此是非常有效的软件质量保证方法。

软件配置管理(software configuration management,SCM)是应用于整个软件过程中的保护性活动,它是在软件整个生命周期内管理变化的一组活动。

软件配置由一组相互关联的对象组成,这些对象也称为软件配置项,它们是作为某些软件工程活动的结果而产生的。除了文档、程序和数据这些软件配置项之外,用于开发软件的开发环境也可置于配置控制之下。

一旦一个配置对象已被开发出来并且通过了评审,它就变成了基线。对基线对象的修改导致建立该对象的版本。版本控制是用于管理这些对象而使用的一组规程和工具。

变更控制是一种规程活动,它能够在对配置对象进行修改时保证质量和一致性。配置审计是一项软件质量保证活动,它有助于确保在进行修改时仍然保持质量。状态报告向需要知道关于变化的信息的人,提供有关每项变化的信息。

7.4.4　软件项目管理的组织模式

软件项目可以是一个单独的开发项目,也可以与产品项目组成一个完整的软件产品项目。如果是订单开发,则成立软件项目组即可;如果是产品开发,需成立软件项目组和产品项目(负责市场调研和销售),组成软件产品项目组。公司实行项目管理时,首先要成立项目管理委员会,项目管理委员会下设项目管理小组、项目评审小组和软件产品项目组。

项目管理委员会是公司项目管理的最高决策机构,一般由公司总经理、副总经理组成。项目管理小组对项目管理委员会负责,一般由公司管理人员组成。

项目评审小组对项目管理委员会负责,可下设开发评审小组和产品评审小组,一般由公司技术专家和市场专家组成。

软件产品项目组对项目管理委员会负责,可下设软件项目组和产品项目组。软件项目组和产品项目组分别设开发经理和产品经理。成员一般由公司技术人员和市场人员构成。

在软件项目管理中,还涉及人员的管理。合理地组织好参加软件项目的人员,有利于发挥每个人的作用,有利于软件项目的成功开发。在人员组织时,应综合考虑软件项目的特点、人员的素质等多方面的因素。

7.4.5　软件过程能力评估

软件产品的质量取决于软件开发过程,具有良好软件过程的软件机构能够开发出高质量的软件产品。软件过程能力描述了一个开发组织开发软件开发高质量软件产品的能力。现行的国际标准主要有两个:ISO 9000.3 和 CMM(能力成熟度模型)。

ISO 9000.3 是 ISO 9000 质量体系认证中关于计算机软件质量管理和质量保证标准部分。它从管理职责、质量体系、合同评审、设计控制、文件和资料控制、采购、顾客提供产品的控制、产品标识和可追溯性、过程控制、检验和试验、检验/测量和试验设备的控制、检验和试验状态、不合格品的控制、纠正和预防措施、搬运/存储/包装/防护和交付、质量记录的控制、内部质量审核、培训、服务、统计系统等 20 个方面对软件质量进行了要求。

CMM 是美国卡内基-梅隆大学软件工程研究所(CMU/SEI)于 1987 年提出的评估和指导软件研发项目管理的一系列方法。推出之后,很快引起了软件界的广泛关注,并在此后引发了一系列反响,至于在其基础上形成了国际标准(ISO/IEC 15504)。

ISO 9000 和 CMM 的共同点是二者都强调了软件产品的质量。所不同的是,ISO 9000 强调的是衡量的准则,但没有告诉软件开发人员如何达到好的目标,如何避免差错。CMM 则提供了一整套完善的软件研发项目管理的方法。它告诉软件开发组织,如果要在原有的水平上提高一个等级,应该关注哪些问题。

CMM 描述了 5 个级别的软件过程成熟度(初始级、可重复级、已定义级、已定量管理级、优化级),成熟度反映了软件过程能力的大小。

（1）初始级。特点是软件机构缺乏对软件过程的有效管理，软件过程是无序的，有时甚至是混乱的，对过程几乎没有定义，其软件项目的成功来源于偶尔的个人英雄主义而非群体行为。项目的成功具有偶然性，是不可重复的。

（2）可重复级。特点是软件机构已建立了基本的项目管理过程来跟踪费用、进度和功能特性。项目过程可控，项目的成功是可重复的。

（3）已定义级。特点在于软件过程已被提升成标准化过程，所有项目均使用经批准、剪裁的标准软件过程来开发和维护软件，使得软件产品更加具有稳定性、可重复性和可控性。

（4）已定量管理级。软件机构中软件过程和软件产品都有定量的目标，并被定量地管理，因而其软件过程能力是可预测的，其生产的软件产品是高质量的。

（5）优化级。特点是过程的量化反馈和先进的新思想、新技术促进过程不断改进，技术和过程的改进被作为常规的业务活动加以计划和管理。

CMM是科学评价一个软件企业开发能力的标准，但要达到较高的级别也非常困难。在全球软件产业中，美国和印度的标准化做得最好。印度达CMM 4以上的软件企业大约占世界总量的一半。

与国外相比，我国软件企业的规模偏小，开发能力不足，资金缺乏，人才流失严重对企业造成的影响很大。事实上，根据CMM模型的思想，软件产品的质量是靠人才、技术、软件研发过程3个方面共同保障的，其中人才和技术对中国的软件企业来讲往往不是什么大问题，致命的恰恰总是出现在软件研发过程上。这些都影响了中国软件企业的国际竞争能力。中国软件企业要想走出国门，在世界软件业占有一席之地，就必须积极建立完善而标准的研发过程规范并同国际接轨。

从20世纪末开始，中国就已经认识到用规范化的方法管理软件开发过程的重要性。CMM在我国获得了各界越来越多关注，业界有过多次关于CMM的讨论，2000年6月国务院颁发的《鼓励软件产业和集成电路产业发展的若干政策》对中国软件企业申请CMM认证给予了积极的支持和推动作用。2002年，沈阳东软软件股份有限公司（原沈阳东大阿尔派软件股份有限公司）成为全球第一家获得CMM 5级评估的中国企业，中国也因此成为全球继美国、印度之后，第三个拥有CMM 5级软件企业的国家。

习题与思考

1. 什么是软件工程？
2. 什么是软件生存周期？简述该周期的组成及所要解决的问题。
3. 常用的软件开发模型有哪几种？
4. 简述瀑布模型开发软件的过程。
5. 软件工程的原则是什么？
6. 软件测试的目的是什么？测试过程应该分成哪几个阶段？
7. 软件测试和调试的区别是什么？
8. 按维护的性质来划分，软件维护可以分成哪几类？

第 8 章 计算机网络基础知识

[本章学习目标]

知识点：数据通信的基本概念和基本原理，计算机网络的基本概念、组成、功能，计算机网络的体系结构及协议，计算机网络常用设备，Internet 的基本知识及其应用，计算机网络常见接入技术。

重点：数据通信基本原理，计算机网络的体系结构及协议，Internet 基本知识及其应用。

难点：数据通信基本原理，计算机网络的体系结构。

技能点：计算机网络的基本操作。

8.1 计算机网络概述

8.1.1 计算机网络的发展

计算机网络是通信技术和计算机技术两个领域的结合，一直以来它们紧密结合，相互促进、相互影响，共同推进了计算机网络的发展。从 20 世纪 70 年代开始发展至今，已形成从小型的办公室局域网到全球性的大型广域网，它的演变可以概括为面向终端的计算机网络、计算机-计算机网络，标准、开放的计算机网络及 Internet 广泛应用与高速、智能网络技术的发展等 4 个阶段。

1. 面向终端的计算机网络

以单个计算机为中心的远程联机系统，构成面向终端的计算机网络。

所谓联机系统，就是由一台中央主计算机连接大量的地理上处于分散位置的终端。早在 20 世纪 50 年代，美国建立的半自动地面防空系统(semi-automatic ground environment, SAGE)就将远距离的雷达和其他测量控制设备的信息通过通信线路汇集到一台计算机进行集中处理，从而开创了把计算机技术和通信技术相结合的尝试。

这类简单的"终端-通信线路-计算机"系统，成了计算机网络的雏形。严格地说，联机系统与以后发展成熟的计算机网络相比，存在着根本的区别。这样的系统除了一台中心计算机外，其余的终端设备都没有自主处理的功能，还不能算计算机网络。为了更明确地区别于后来发展的多个计算机互联的计算机网络，就专称这种系统为面向终端的计算机网络。

随着连接的终端数目的增多,为减轻承担数据处理的中心计算机的负载,在通信线路和中心计算机之间设置了一个前端处理机(front end processor,FEP)或通信控制器(communication control unit,CCU),专门负责与终端 T 之间的通信控制,从而出现了数据处理和通信控制的分工,更好地发挥了中心计算机的数据处理能力。另外,在终端较集中的地区,设置集中器或多路复用器,它首先通过低速线路将附近群集的终端连接至集中器或复用器,然后通过高速通信线路、实施数字数据和模拟信号之间转换的调制解调器(modem)与远程中心计算机的前端处理机相连,构成图 8.1 所示的远程联机系统,从而提高了通信线路的利用率,节约了远程通信线路的投资。

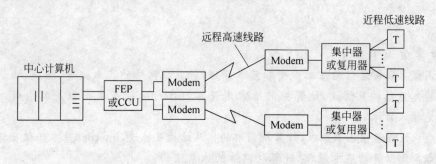

图 8.1　以单计算机为中心的远程联机系统

2. 计算机-计算机网络

20 世纪 60 年代中期,出现了由若干个计算机互联的系统,开创了"计算机-计算机"通信的时代,并呈现出多处理中心的特点。60 年代后期,由美国国防部高级研究计划局(Defense Advanced Research Projects Agency,DARPA)提供经费,联合计算机公司和大学共同研制而发展起来的 ARPANET,标志着目前所称的计算机网络的兴起。ARPANET 的主要目标是借助于通信系统,使网内各计算机系统间能够共享资源,ARPANET 是一个成功的系统,它是计算机网络技术发展中的一个里程碑,它在概念、结构和网络设计方面都为后继的计算机网络技术的发展起到了重要的作用,并为 Internet 的形成奠定了基础。

此后,计算机网络得到了迅猛的发展,各大计算机公司都相继推出了自己的网络体系结构和相应的软、硬件产品。用户只要购买计算机公司提供的网络产品,就可以通过专用或租用通信线路组建计算机网络。IBM 公司的 SNA(system network architecture)和 DEC 公司的 DNA(digital network architecture)就是两个著名的例子。凡是按 SNA 组建的网络都可称为 SNA 网,而按 DNA 组建的网络都可称为 DNA 网或 DECNET。

这一阶段网络结构上的主要特点是:以通信子网为中心,多主机多终端。1969 年在美国建成的 ARPANET 是这一阶段的代表。在 ARPANET 上首先实现了以资源共享为目的不同计算机互联的网络,它奠定了计算机网络技术的基础,是今天 Internet 的前身,如图 8.2 所示。

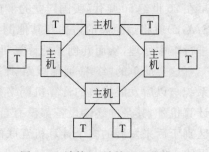

图 8.2　计算机-计算机网络模型

3. 标准、开放的计算机网络阶段

虽然已有大量各自研制的计算机网络正在运行和提供服务,但仍存在不少弊病,主要原因是这些各自研制的网络没有统一的网络体系结构,难以实现互联。这种自成体系的系统称为"封闭"系统。为此,人们迫切希望建立一系列的国际标准,渴望得到一个"开放"的系统。这也是推动计算机网络走向国际标准化的一个重要因素。

正是出于这种动机,开始了对"开放"系统互联的研究。国际标准化组织于 1984 年正式颁布了一个称为"开放系统互联基本参考模型"(open system interconnection basic reference model)的国际标准 ISO 7498,简称 OSI 参考模型或 OSI/RM。OSI/RM 由 7 层组成,所以也称为 OSI 七层模型。OSI/RM 的提出,开创了一个具有统一的网络体系结构、遵循国际标准化协议的计算机网络新时代。

OSI 标准不仅确保了各厂商生产的计算机间的互联,也促进了企业的竞争。厂商只有执行这些标准才能有利于产品的销售,用户也可以从不同制造厂商获得兼容的开放的产品,从而大大加速了计算机网络的发展。

4. Internet 的广泛应用与高速、智能网络技术的发展

20 世纪 90 年代网络技术最富有挑战性的话题是 Internet 与高速通信网络技术、接入网、网络与信息安全技术。Internet 作为世界性的信息网络,正在对当今经济、文化、科学研究、教育与人类社会生活发挥着越来越重要的作用。宽带网络技术的发展为全球信息高速公路的建设提供了技术基础。

Internet 是覆盖全球的信息基础设施之一。对于广大 Internet 用户来说,它好像是一个庞大的广域计算机网络。用户可以利用 Internet 实现全球范围的电子邮件、WWW 信息查询与浏览、电子新闻、文件传输、语音与图像通信服务功能。它对推动世界科学、文化、经济和社会的发展有着不可估量的作用。

在 Internet 飞速发展与广泛应用的同时,高速网络的发展也引起人们越来越多的注意。高速网络技术发展表现在宽带综合业务数字网(B-ISDN)、异步传输模式(ATM)、高速局域网、交换局域网与虚拟网络。

Internet 技术在企业内部网中的应用也促进了 Internet 技术的发展,企业 Intranet 之间电子商务活动的开展又进一步引发了 Extranet 技术的发展。Internet、Intranet 与 Extranet 和电子商务已成为当前企业网研究与应用的热点。更高性能的 Internet Ⅱ 也正在发展之中。

信息高速公路的服务对象是整个社会,因此它要求网络无所不在,未来的计算机网络将覆盖所有的企业、学校、科研部门、政府及家庭,其覆盖范围甚至要超过目前的电话通信网。为了支持各种信息的传输,网络必须具有足够的带宽、很好的服务质量与完善的安全机制,支持多媒体信息通信,以满足不同的应用需求。为了有效地保护金融、贸易等商业秘密,保护政府机要信息与个人隐私。网络必须具有足够的安全机制,以防止信息被非法窃取、破坏与损失,网络系统必须具备高度的可靠性与完善的管理功能,以保证信息传输的安全与畅通。毋庸置疑,计算机网络技术的发展与应用必将对 21 世纪世界经济、军事、科技、教育与文化的发展产生重大的影响。

近年来,随着通信技术,尤其是光纤通信技术的发展,计算机网络技术得到了迅猛的发展。网络带宽的不断提高,更加刺激了网络应用的多样化和复杂化,多媒体应用在计算机网络中所占的份额越来越高,同时,用户不仅对网络的传输带宽提出越来越高的要求,对网络的可靠性、安全性和可用性等也提出了新的要求。为了向用户提供更高的网络服务质量,网络管理也逐渐进入了智能化阶段,包括网络的配置管理、故障管理、计费管理、性能管理和安全管理等在内的网络管理任务都可以通过智能化程度很高的网络管理软件来实现。计算机网络已经进入了高速、智能的发展阶段。

8.1.2 计算机网络的基本概念

计算机网络技术是当今计算机科学与工程中正在迅速发展的新兴技术之一,是计算机应用中一个空前活跃的重要领域,同时也是计算机技术、通信技术和自动化技术相互渗透而形成的一门新兴学科。

1. 计算机网络的定义

计算机网络就是通过线路互联起来的自治的计算机集合,确切地讲,就是将分布在不同地理位置上的具有独立工作能力的计算机、终端及其附属设备用通信设备和通信线路连接起来,并配置网络软件,以实现计算机资源共享的系统。

概括起来,一个计算机网络必须具备以下 3 个基本要素。

(1) 至少有两个具有独立操作系统的计算机,且它们之间有相互共享某种资源的需求。

(2) 两个独立的计算机之间必须用某种通信手段将其连接。

(3) 网络中的各个独立的计算机之间要能相互通信,必须制订相互可确认的规范标准或协议。

以上 3 条是组成一个网络的必要条件,三者缺一不可。

在计算机网络中,能够提供信息和服务能力的计算机是网络的资源,而索取信息和请求服务的计算机则是网络的用户。由于网络资源与网络用户之间的连接方式、服务类型及连接范围的不同,从而形成了不同的网络结构及网络系统。

2. 计算机网络的组成

(1) 计算机网络的物理组成

从物理构成上看,计算机网络包括硬件和软件两大部分。从硬件角度看,计算机网络由以下设备构成。

① 两台以上的计算机及终端设备,统称为主机。其中部分主机充当服务器,部分主机充当客户端。

② 前端处理机、通信处理机或通信控制处理机。负责发送、接收数据,最简单的通信控制处理机是网卡。

③ 路由器、交换机等连接设备。交换机将计算机连接成网络,路由器将网络互联,组成更大的网络。

④ 通信线路。将信号从一个地方传送到另一个地方,包括有线线路和无线线路。

计算机网络的软件部分包括协议和应用软件两部分。其中协议是计算机网络的核心,由语法、语义和时序三部分构成。语法部分规定传输数据的格式,语义部分规定所要完成的功能,时序部分规定执行各种操作的条件、顺序关系等。一个完整的协议应完成线路管理、寻址、差错控制、流量控制、路由选择、同步控制、数据分段与装配、排序、数据转换、安全管理、计费管理等功能。应用软件主要包括实现资源共享的软件、方便用户使用的各种工具软件。

(2)计算机网络的逻辑组成

从逻辑功能上来看,将计算机网络划分为资源子网和通信子网。图 8.3 给出了典型的计算机网络结构。

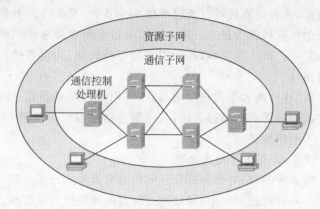

图 8.3　计算机网络的基本结构

资源子网由主机系统、终端、终端控制器、联网外部设备、各种软件资源与信息资源组成。资源子网实现全网的面向应用的数据处理和网络资源共享。通信子网由通信控制处理机(CCP)、通信线路与其他通信设备组成,负责完成网络数据传输、转发等通信处理任务。资源子网相当于计算机系统,通信子网是为了联网而附加上去的通信设备、通信线路等。

从工作方式上看,计算机网络由边缘部分和核心部分组成。其中,边缘部分是用户直接使用的主机,核心部分由大量的网络及路由器组成,为边缘部分提供连通性和交换服务。

3. 计算机网络的功能

计算机技术和通信技术结合而形成的计算机网络,不仅使计算机的作用范围超越了地理位置的限制,而且也增大了计算机本身的威力,被越来越广泛地应用于政治、经济、军事、生产及科学技术的各个领域。计算机网络的主要功能包括如下几个方面。

(1)数据通信

数据通信即数据传送,是计算机网络的最基本功能之一。计算机与计算机之间,能够通过网络快速可靠地相互传输数据、程序和信息。从而使地理位置上分散的信息能进行分级或集中的管理与处理。如电子邮件系统,用户可以将计算机网络作为邮局,向网络上的其他计算机用户发送备忘录、报告和报表等;还可以通过视频软件,在网络上欣赏电影、音乐等多媒体数据,甚至召开网络会议,进行面对面的交流。

（2）资源共享

充分利用计算机系统资源是组建计算机网络的主要目的之一。网络资源包括硬件、软件和数据资源,通过网络用户能够部分或全部地使用计算机网络资源,使计算机网络中的资源互通有无、分工协作,从而大大地提高各种硬件、软件和数据资源的利用率。

如多个用户可以共享一台网络打印机;可以同时访问数据库服务器,存储和快速检索大量数据;可以利用文件服务器的大容量磁盘保存自己的文件。

（3）提高计算机的可靠性和可用性

在单机使用的情况下,硬件故障和单个部件的暂时失效就会引起停机,必须通过替换资源的办法来维持系统的继续运行。但在计算机网络中,每种资源(尤其是程序和数据)可以存放在多个地点,或者计算机可以通过网络互为备份,当某个计算机发生故障后,便可通过网络由别处的计算机代为处理;用户可以通过多种途径来访问网内的某个资源,从而避免单点失效对用户产生的影响,减少用户的等待时间、均衡各计算机的负载,提高系统的可靠性和可用性。

如"新浪"、"搜狐"这样的大型门户网站,往往采用多台服务器通过网络构成"集群",当某台服务器发生故障或访问负担过重时,其他服务器可以代为处理,互为后备,从而保证网民正常、快速、不间断地访问。

（4）提高计算性能,有利于分布式处理

在军事、航天、气象等领域,有很多综合性问题具有大量的计算负载,对计算机的性能提出了很高的要求。在计算机网络中,可以通过一定的算法把问题分解,把计算任务分散到不同的计算机上进行分布处理,并最终得出结果。通过网络可以充分利用计算机的相互协作,提高系统的整体性能,而费用和传统的大型机相比则大为降低。

4. 计算机网络的分类

计算机网络有多种分类标准,按照不同的分类原则,可得到各种不同类型的计算机网络。例如,按通信距离可分为广域网、局域网和城域网;按信息交换方式可分为电路交换网、分组交换网和综合交换网;按网络拓扑结构可分为星状网、树状网、环状网和总线型网;按通信传播方式可分为广播式和点到点式等。

（1）按网络的覆盖范围分类

根据计算机网络所覆盖的地理范围和通信终端之间相隔、信息的传递速率及其应用目的,计算机网络通常被分为广域网、城域网、局域网和接入网。

① 广域网(wide area network,WAN)又称为远程网,是指覆盖范围广、传输速率相对较低、以数据通信为主要目的的网络。广域网的基本特点如下。

- 分布范围广。加入广域网中的计算机通常处在数公里至数千公里的地方。因此,网络所涉及的范围可为市、地区、省、国家乃至全球。
- 数据传输率低。一般为每秒几十兆位(Mb/s)以下。
- 数据传输可靠性随着传输介质的不同而不同。若用光纤,误码率一般在 $10^{-6} \sim 10^{-11}$。
- 广域网常常借用传统的公共传输网来实现,因为单独建造一个广域网极其昂贵。
- 拓扑结构较为复杂,大多采用"分布式网络",即所有计算机都与交换节点相连,从而使网络中任何两台计算机都可以进行通信。

广域网的布局不规则,使得网络的通信控制比较复杂。尤其是使用公共传输网时,要求连接到网上的任何用户都必须严格遵守各种标准和规程。设备的更新和新技术的引用难度较大。广域网可将一个集团公司、团体或一个行业的各部门和子公司连接起来。这种网络一般要求兼容多种网络系统(异构网络),包括多种机型、多种网络标准、多种网络连接设备、多种网络操作系统。

② 城域网(metropolitan area network,MAN)是规模介于局域网和广域网之间的一种较大范围的高速网络,一般覆盖临近的多个单位和城市,从而为接入网络的企业、机关、公司及社会单位提供文字、声音和图像的集成服务。城域网规范由 IEEE 802.6 协议定义。

③ 局域网(local area network,LAN)是指传输距离有限、传输速度较高、以共享网络资源为目的的网络系统。由于局域网投资规模较小,网络实现简单,故新技术易于推广。局域网的特点主要如下:

* 分布范围有限。加入局域网中的计算机通常处在几千米的距离之内,分布在一个学校、一个企业单位,为本单位使用。一般称为"园区网"或"校园网"。
* 有较高的通信带宽,数据传输率高。一般为 1Mb/s 以上,最高已达 1 000Mb/s。
* 数据传输可靠,误码率低。误码率一般为 $10^{-4}\sim10^{-6}$。
* 通常采用同轴电缆或双绞线作为传输介质。跨楼层时使用光纤。
* 拓扑结构简单简洁,大多采用总线、星型和环型等,系统容易配置和管理。网上的计算机一般采用多路控制访问技术或令牌技术访问信道。
* 网络的控制一般趋向于分布式,从而减少了对某个节点的依赖性,避免并减小了一个节点故障对整个网络的影响。
* 通常网络归单一组织所拥有和使用。不受任何公共网络管理机构的规定约束,容易进行设备的更新和新技术的引用,以不断增强网络功能。

使用局域网技术构建的园区网是连接一个或相距不远的多个建筑物间多个工作组的计算机网络。最典型的园区网是连接大学各院系的校园网,其地理覆盖范围一般在一公里到几公里。

④ 接入网(access network,AN)又称为本地接入网或居民接入网。它是近年来由于用户对高速上网需求的增加而出现的一种网络技术。接入网是局域网(或校园网)和城域网之间的桥接区。接入网提供多种高速接入技术,使用户接入到 Internet 的瓶颈得到某种程度上的解决。

(2) 按数据传输的方式分类

根据数据传输方式的不同,计算机网络可以分为"广播网络"和"点对点网络"两大类。

① 广播网络(broadcasting network)中的计算机或设备使用一条共享的通信介质进行数据传播,网络中的所有节点都能收到任何节点发出的数据信息。其传输方式有如下3 种。

* 单播(unicast)。发送的信息中包含明确的目的地址,所有节点都检查该地址。如果与自己的地址相同,则处理该信息;如果不同,则忽略。
* 组播(multicast)。将信息传送给网络中部分节点。

- 广播（broadcast）。在发送的信息中使用一个指定的代码标识目的地址，将信息发送给所有的目标节点。当使用这个指定代码传输信息时，所有节点都接收并处理该信息。

② 点对点网络（point to point network）中的计算机或设备以点对点的方式进行数据传输，两个节点间都可能有多条单独的链路。

以太网和令牌环网都属于广播网，而 ATM 和帧中继网都属于点对点网。

（3）按网络组件的关系分类

按照网络中的各组件的关系来划分，通常有两种类型：对等网络和基于服务器网络。

① 对等网络是网络的早期形式，它使用的典型操作系统有 DOS、Windows 95/98。网络中的各计算机在功能上是平等的，没有客户机、服务器之分，每台计算机既可以提供服务，又可以索取服务。具有各计算机地位平等、网络配置简单、网络的可管理性差等特点。

② 基于服务器网络采用客户机/服务器模式，在这种模式中，服务器给予服务，不索取服务；客户机则是索求服务，不提供服务。具有网络中计算机地位不平等、网络管理集中、便于网络管理、网络配置复杂等特点。

（4）按交换技术分类

按交换技术可以将网络分为线路交换网络、报文交换网络和分组交换网络等类型。

① 线路交换网络。在源节点和目的节点之间建立一条专用的通路用于数据传送，包括建立连接、传输数据和断开连接 3 个阶段。最典型的线路交换网络就是电话网络，该类网络有两大优点，第一是传输延迟小，唯一的延迟是物理信号的传播延迟；第二是一旦线路建立，便不会发生冲突。第一个优点得益于一旦建立物理连接，便不再需要交换开销；第二个优点来自独享物理线路。

电路交换的缺点首先是建立物理线路所需的时间比较长。在数据开始传输之前，呼叫信号必须经过若干个交换机，得到各交换机的认可，并最终传到被呼叫方。

② 报文交换网络。将用户数据加上源地址、目的地址、长度和校验码等辅助信息封装成报文，发送给下个节点。报文交换方式传输的单位是报文，在报文中包括要发送的正文信息和指明收发站的地址及其他控制信息。这种报文交换方式，不需要在两个站之间建立一条专用通路。相反，如果一个站想要发送一个报文给另一站，它只要把一个目的地址附加在报文上，然后发送整个报文即可。报文从发送站到接收站，中间要经过多个节点，在这每个中间节点中，都要接收整个报文，暂存这个报文，然后转发到下一个节点，如此循环往复直至将数据发送到目的节点，故又称存储转发。每个报文可单独选择到达目的节点的路径。这类网络也称为存储—转发网络。

③ 分组交换网络。分组交换网络也称包交换网络，其原理是用户的数据被划分成一个个分组（也称“包”），每个分组包括数据部分、地址、分组编号、校验码等传输控制信息，而且分组的大小有严格的上限，典型的最大长度是 1 000 位到几千位，按存储转发方式传输。分组交换允许每个报文分组走不同的路径，然后在目的节点进行组装，生成完整的报文。分组交换技术是报文交换技术的改进，除具备报文交换网络的优点外，还具有自身的优点：缓冲区易于管理；包的平均延迟更小，网络中占用的平均缓冲区更少；更易标准

化；更适合应用。现在的主流网络基本上都可以看成分组交换网络。

报文交换网络和分组交换网络较电路交换网络具有如下优点：线路利用率高；在接受节点"忙"的时候，可以暂存信息；可建立报文优先级；能够在网络上实现报文的差错控制和纠错处理等。但网络延迟长，不宜进行实时通信。

5．计算机网络的拓扑结构

网络拓扑是由网络节点设备和通信介质构成的网络结构图。在计算机网络中，以计算机作为节点、通信线路作为连线，可构成不同的几何图形，也就是网络的拓扑结构。网络拓扑结构对网络采用的技术、网络的可靠性、网络的可维护性和网络的实施费用都有重大的影响。

常见的网络拓扑结构有总线型、星状、环状、树状和网状等。

（1）总线型拓扑

总线型拓扑（bus topology）采用单根传输线作为传输介质，它将所有入网的计算机通过相应的硬件接口直接接入到一条通信线路上。为防止信号反射，一般在总线两端连有终结器匹配线路阻抗。如 10Base-5、10Base-2 等以太网技术都采用总线型拓扑结构，如图 8.4（a）所示。

所有端节点都连接到传输介质或称总线上。任何一个节点发送的信息都可以沿着介质传播，而且能被所有其他的节点接收。由于所有的节点共享一条公用的传输链路，所以一次只能有一个设备传输数据。通常采用分布式控制策略来决定下一次哪一个节点发送信息。

总线型拓扑的优点是：结构简单，实现容易；易于安装和维护；价格相对便宜，用户节点入网灵活。

总线型拓扑的缺点是：同一时刻只能有两个网络节点相互通信，网络延伸距离有限，网络容纳节点数有限；由于所有节点都直接连接在总线上，因此任何一处故障都会导致整个网络的瘫痪。

（2）星状拓扑

星状拓扑（star topology）是以一个节点为中心的处理系统，各种类型的入网计算机均与该中心节点有物理链路直接相连，其他节点间不能直接通信，通信时需要通过该中心节点转发。星状拓扑以中央节点为中心，执行集中式通信控制策略，因此，中央节点相当复杂，而各个节点的通信处理负担都很小，又称集中式网络。中央控制器是一个具有信号分离功能的"隔离"装置，它能放大和改善网络信号，外部有一定数量的端口，每个端口连接一个端节点。常见的中央节点如 HUB 集线器、交换机等。采用星状拓扑的交换方式有线路交换和报文交换，尤以线路交换更为普遍。

图 8.4（b）中有使用配线架的星状拓扑，配线架相当于中间集中点，可以在每个楼层配置一个，并具有足够数量的连接点，以供该楼层的节点使用，节点的位置可灵活放置。

星状拓扑的优点是结构简单、管理方便、可扩充性强、组网容易。利用中央节点可方便地提供网络连接和重新配置；且单个连接点的故障只影响一个设备，不会影响全网，容易检测和隔离故障，便于维护。

星状拓扑的缺点是属于集中控制，主节点负载过重，如果中央节点产生故障，则全网

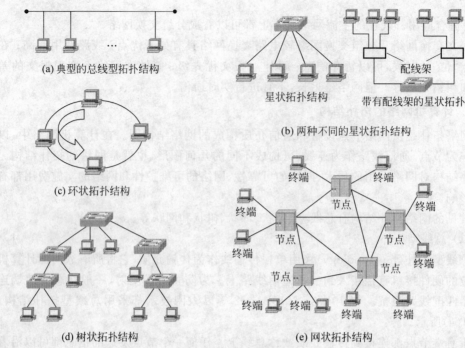

(a) 典型的总线型拓扑结构

星状拓扑结构   带有配线架的星状拓扑

配线架

(b) 两种不同的星状拓扑结构

(c) 环状拓扑结构

(d) 树状拓扑结构

(e) 网状拓扑结构

图 8.4　网络拓扑结构

不能工作,所以对中央节点的可靠性和冗余度要求很高。

（3）环状拓扑

环状拓扑（ring topology）是将各台联网的计算机用通信线路连接成一个闭合的环。图 8.4(c)是一个点到点的环路,每台设备都直接连接到环上,或通过一个分支电缆连到环上。在环状结构中,信息按固定方向流动,或按顺时针方向,或按逆时针方向,如 Token Ring 技术、FDDI 技术等。

环状拓扑结构的优点是一次通信信息在网中传输的最大传输延迟是固定的、每个网上节点只与其他两个节点有物理链路直接连接。因此,传输控制机制较为简单,实时性强。

环状拓扑结构的缺点是环中任何一个节点出现故障都可能会终止全网运行,因此可靠性较差。为了克服可靠性差的问题,有的网络采用具有自愈功能的双环结构,一旦一个节点不工作,可自动切换到另一环路上工作。此时,网络需对全网进行拓扑和访问控制机制进行调整,因此较为复杂。

（4）树状拓扑

树状拓扑（tree topology）是从总线拓扑演变而来,它把星状拓扑和总线型拓扑结合起来,形状像一棵倒置的树,顶端有一个带分支的根,每个分支还可以延伸出子分支,如图 8.4(d)所示。

在这种拓扑中,有根存在,当节点发送时,根接收该信号,然后再重新广播发送到全网。

树状拓扑的优点易于扩展和故障隔离,树状拓扑的缺点是对根的依赖性太大,如果根发生故障,则全网不能正常工作,对根的可靠性要求很高。

（5）网状拓扑

网状结构分为全连接网状拓扑和不完全连接网状拓扑两种形式,如图 8.4(e)所示。

在全连接网状拓扑中,每一个节点和网中其他节点均有链路连接。在不完全连接网状拓扑中,两节点之间不一定有直接链路连接,它们之间的通信,依靠其他节点转接。

这种网络的优点是节点间路径多,碰撞和阻塞可大大减少,局部的故障不会影响整个网络的正常工作,可靠性高;网络扩充和主机入网比较灵活、简单。但这种网络关系复杂,建网和网络控制机制复杂。广域网中一般用不完全连接网状结构。

以上介绍的是最基本的网络拓扑结构,在组建局域网时常采用星状、环状、总线型和树状拓扑结构。树状和网状拓扑结构在广域网中比较常见。但是在一个实际的网络中,可能是上述几种网络结构的混合。

在选择拓扑结构时,主要考虑的因素有安装的相对难易程度、重新配置的难易程度、维护的相对难易程度、通信介质发生故障时受到影响设备的情况等及费用。

6. 计算机网络的应用

计算机网络在资源共享和信息交换方面所具有的功能是其他系统所不能替代的。计算机网络所具有的高可靠性、高性能价格比和易扩充性等优点,使它在工业、农业、交通运输、邮电通信、文化教育、商业、国防及科学研究等各个领域、各个行业获得了越来越广泛的应用。计算机网络的应用范围实在太广泛,本节仅能涉及一些带有普遍意义和典型意义的应用领域。

(1)办公自动化。办公自动化系统,按计算机系统结构来看是一个计算机网络,每个办公室相当于一个工作站。它集计算机技术、数据库、局域网、远距离通信技术及人工智能、声音、图像、文字处理技术等综合应用技术之大成。是一种全新的信息处理方式。办公自动化系统的核心是通信,其所提供的通信手段主要为数据/声音综合服务、可视会议服务和电子邮件服务。

(2)远程教育。远程教育是一种利用在线服务系统,开展学历或非学历教育的全新的教学模式。远程教育可以提供几乎大学中所有的课程,学员们通过远程教育,同样可得到正规大学从学士到博士的所有学位。这种教育方式,对于已从事工作而仍想获得高学位的人士特别有吸引力。

远程教育的基础设施是电子大学网络。电子大学网络的主要作用是向学员提供课程软件及主机系统的使用,支持学员完成在线课程,并负责行政管理、合作协同等。这里所指的软件除系统软件之外,包括计算机辅助教学软件。计算机辅助教学软件一般采用对话和引导式的方式指导学生学习,发现学生错误还具有回溯功能,从根本上解决了学生学习中的困难。

(3)电子银行。电子银行也是一种在线服务系统,是一种由银行提供的基于计算机和计算机网络的新型金融服务系统。电子银行的功能包括金融交易卡服务、自动存取款作业、销售点自动转账服务、电子汇款与清算等,其核心为金融交易卡服务。金融交易卡的诞生标志着人类交货方式从物物交换、货币交换到信息交换的又一次飞跃。

围绕金融交易卡服务,产生了自动存取款服务,自动取款机及自动存取款机也应运而生。自动取款机与自动存取款机大多采用联网方式工作,现已经由原来的一行联网发展到多行联网,形成覆盖整个城市、地区,甚至全国的网络,全球性国际金融网络也正在建设之中。

电子汇款与清算系统可以提供客户转账、银行转账、外币兑换、托收、押汇信用证、行间证券交易、市场查证、借贷通知书、财务报表、资产负债表、资金调拨及清算处理等金融通信服务。由于大型零售商店等消费场所采用了终端收款机(POS),从而使商场内部的资金及时清算成为现实。销售点的电子资金转账是 POS 与银行计算机系统联网而成的。

当前电子银行服务又出现了智能卡(IC)。IC 卡内装有微处理器、存储器及输入/输出接口,实际上是一台不带电源的微型电子计算机。由于采用 IC 卡,持卡人的安全性和方便性大大提高了。

(4) 证券及期货交易。证券及期货交易由于其获利巨大、风险巨大,且行情变化迅速,投资者对信息的依赖显得格外重要。金融业通过在线服务计算机网络提供证券市场分析、预测、金融管理、投资计划等需要大量计算工作的服务,提供在线股票经纪人服务和在线数据库服务(包括最新股价数据库、历史股价数据库、股指数据库以及有关新闻、文章、股评等)。

(5) 校园网。校园网是在大学校园区内用以完成大中型计算机资源及其他网内资源共享的通信网络。一些发达国家已将校园网确定为信息高速公路的主要分支。无论在国内还是国外,校园网的存在与否,是衡量该院校学术水平与管理水平的重要标志,也是提高学校教学、科研水平不可或缺的重要支撑环节。

共享资源是校园网基本的应用,人们通过网络更有效地共享各种软、硬件及信息资源,为众多的科研人员提供一种崭新的合作环境。校园网可以提供异型机联网的公共计算环境、海量的用户文件存储空间、昂贵的打印输出设备、能方便获取的图文并茂的电子图书信息,以及为各级行政人员服务的行政信息管理系统和为一般用户服务的电子邮件系统。

(6) 企业网络。集散系统和计算机集成制造系统是两种典型的企业网络系统。

集散系统实质上是一种分散型自动化系统,又称为以微处理机为基础的分散综合自动化系统。集散系统有分散监控和集中综合管理两方面的特征,而更将"集"字放在首位,更注重全系统信息的综合管理。20 世纪 80 年代以来,集散系统逐渐取代常规仪表,成为工业自动化的主流。工业自动化不仅体现在工业现场,也体现在企业的事务行政管理上。集散系统的发展及工业自动化的需求,导致一个更庞大、更完善的计算机集成制造系统(CIMS)的诞生。

集散系统一般分为三级:过程级、监控级与管理信息级。集散系统是将分散于现场的以微机为基础的过程监测单元、过程控制单元、图文操作站及主机(上位机)集成在一起的系统。已采用了局域网技术,将多个过程监控、操作站和上位机互连在一起,使通信功能增强、信息传输速度加快、吞吐量加大,为信息的综合管理提供了基础。因为 CIMS 具有提高生产率、缩短生产周期等一系列极具吸引力的优点,所以已经成为未来工厂自动化的方向。

(7) 智能大厦和结构化综合布线系统。智能大厦是近十年来新兴的高技术建筑形式,它集计算机技术、通信技术、人类工程学、楼宇控制、楼宇设施管理于一身,使大楼具有高度的适应性(柔性),以适应各种不同环境与不同客户的需要。智能大厦是以信息技术为主要支撑的,这也是其具有"智能"之名称的由来。有人认为具有 3A 的大厦,可视为智能大厦。所谓 3A 就是 CA(通信自动化)、OA(办公自动化)和 BA(楼宇自动化)。概括起来,可以认为智能大厦除有传统大厦功能之外,主要必须具备下列基本构成要素:高舒适的工作环境、高效率的管理信息系统和办公自动化系统,先进的计算机网络、远距离通信网络及楼宇自动化。

　　智能大厦及计算机网络的信息基础设施是结构化综合布线系统(structure cabling system,SCS)。在建设计算机网络系统时,SCS 系统是整个计算机网络系统设计中不可分割的一部分,它关系到日后网络的性能、投资效益、实际使用效果及日常维护工作。SCS 系统是指在一个楼宇或楼群中的通信传输网络能连接所有的话音、数字设备,并将它们与交换系统相连,构成一个统一、开放的结构化布线系统。在 SCS 系统中,设备的增减、工位的变动,仅需通过跳线简单插拔即可而不必变动布线本身,从而大大方便了管理、使用和维护。

8.2　计算机网络体系结构

　　网络体系结构是从体系结构的角度来研究和设计计算机网络体系,其核心是网络系统的逻辑结构和功能分配定义,即描述实现不同计算机系统之间互连和通信的方法及结构,是层和协议的集合。通常采用结构化设计方法,将计算机网络系统划分成若干功能模块,形成层次分明的网络体系结构。

8.2.1　计算机网络的层次结构

　　计算机网络系统是一个十分复杂的系统。将一个复杂系统分解为若干个容易处理的子系统,然后分而治之,逐个加以解决,这种结构化设计方法是工程设计中常用的手段。分层就是系统分解的最好方法之一。

　　为了能够使分布在不同地理且功能相对独立的计算机之间组成网络实现资源共享,计算机网络系统需要设计和解决许多复杂的问题,包括信号传输、差错控制、寻址、数据交换和提供用户接口等一系列问题。计算机网络体系结构是为了简化这些问题的研究、设计与实现而抽象出来的一种结构模型。这种结构模型,也采用层次模型。在层次模型中,往往将系统所要实现的复杂功能分化为若干个相对简单的细小功能,每一项分功能以相对独立的方式去实现。

1. 计算机网络的分层模型

　　将上述分层的思想运用于计算机网络中,就产生了计算机网络的分层模型。图 8.5 给出了计算机网络分层模型的示意图,该模型将计算机网络中的每台终端抽象为若干层,每层实现一种相对独立的功能。

　　在图 8.5 所示的一般分层结构中,n 层是 $n-1$ 层的用户,又是 $n+1$ 层的服务提供者。$n+1$ 层虽然只直接使用了 n 层提供的服务,实际上它通过 n 层还间接地使用了 $n-1$ 层及以下所有各层的服务。

　　层次结构的好处在于使每一层实现一种相对独立的功能。每一层不必知道下面一层是如何实现的,只要知道下层通过层间接口提供的服务是什么及本层向上层提供什么样

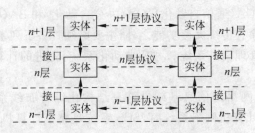

图 8.5　网络分层模型示意

的服务,就能独立地设计。系统经分层后,每一层次的功能相对简单且易于实现和维护。此外,若某一层需要作改动或被替代时,只要不去改变它和上、下层的接口服务关系,则其他层次都不会受其影响,因此具有很大的灵活性。分层结构还有利于交流、理解和标准化。

计算机网络各层次结构模型及其协议的集合称为网络的体系结构。体系结构是一个抽象的概念,它精确定义了网络及其部件所应实现的功能,但这些功能究竟用何种硬件或软件方法来实现则是一个具体实施的问题。换言之,网络的体系结构相当于网络的类型,而具体的网络结构则相当于网络的一个实例。

计算机网络都采用层次化的体系结构,计算机网络涉及多个实体间的通信,其层次结构一般以垂直分层模型来表示,这种层次结构的要点可归纳如下:

(1) 除了在物理介质上进行的是实通信之外,其余各对等实体间进行的都是虚通信。

(2) 对等层的虚通信必须遵循该层的协议。

(3) n 层的虚通信是通过 $n/n-1$ 层间接口处 $n-1$ 层提供的服务及 $n-1$ 层的通信(通常也是虚通信)来实现的。

层次结构的划分,一般要遵循以下原则。

(1) 每层的功能应是明确的,并且是相互独立的。当某一层的具体实现方法更新时,只要保持上、下层的接口不变,便不会对邻层产生影响。

(2) 层间接口必须清晰,跨越接口的信息量应尽可能少。

(3) 层数应适中。若层数太少,则多种功能混杂在一层中,造成每一层的协议太复杂;若层数太多,则体系结构太复杂,使描述和实现各层功能变得困难。

这样的层次划分有利于促进标准化,这主要是因为每一层的功能和所提供的服务都已有了准确的说明。

2. 实体与对等实体

每一层中,用于实现该层功能的活动元素被称为实体,包括该层上实际存在的所有硬件与软件,如终端、电子邮件系统、应用程序、进程等。不同终端上位于同一层次、完成相同功能的实体被称为对等实体。

3. 通信协议

在计算机网络系统中,为了保证通信双方能正确、自动地进行数据通信,针对通信过程的各种情况,制订了一整套约定,这就是网络系统的通信协议。通信协议是一套语义和语法规则,用来规定有关功能部件在通信过程中的操作。

两个通信对象在进行通信时,须遵从相互接受的一组约定和规则,这些约定和规则使它们在通信内容、怎样通信及何时通信等方面相互配合。这些约定和规则的集合称为协议。简单地说,协议是通信双方必须遵循的控制信息交换的规则的集合。

一般来说,一个网络协议主要由语法、语义和同步三大要素组成。

语法是指数据与控制信息的结构或格式,确定通信时采用的数据格式、编码及信号电平等。

语义由通信过程的说明构成,规定了需要发出何种控制信息完成何种动作及作出何种应答,对发布请求、执行动作及返回应答予以解释,并确定用于协调和差错处理的控制信息。

同步是指事件实现顺序的详细说明,指出事件的顺序及速度匹配。

由此可见,网络协议是计算机网络不可缺少的组成部分。

4. 服务与接口

在网络分层结构模型中,每一层为相邻的上一层所提供的功能称为服务。n 层使用 $n-1$ 层所提供的服务,向 $n+1$ 层提供功能更强大的服务。n 层使用 $n-1$ 层所提供的服务时并不需要知道 $n-1$ 层所提供的服务是如何实现的,而只需要知道下一层可以为自己提供什么样的服务,以及通过什么形式提供即可。n 层向 $n+1$ 层提供的服务通过 n 层和 $n+1$ 层之间的接口来实现。接口定义下层向其相邻的上层提供的服务及原语操作,并使下层服务的实现细节对上层是透明的。

5. 服务类型

在计算机网络协议的层次结构中,层与层之间具有服务与被服务的单向依赖关系,下层向上层提供服务,而上层调用下层的服务。因此可称任意相邻两层的下层为服务提供者,上层为服务调用者。下层为上层提供的服务可分为两类:面向连接服务和无连接服务。

面向连接服务:面向连接服务以电话系统为模式,它是在数据交换之前,必须先建立连接。当数据交换结束后,则必须终止这个连接。在传送数据时是按序传送的。面向连接服务比较适合于在一定时期内要向同一目的地发送许多报文的情况。

无连接服务:无连接服务以邮政系统为模式。每个报文(信件)带有完整的目的地址,并且每一个报文都独立于其他报文,由系统选定的路线传递。在正常情况下,当两个报文发往同一目的地时,先发的先到。但是,也有可能先发的报文在途中延误了,后发的报文反而先收到。

8.2.2 ISO/OSI 参考模型

开放系统互联基本参考模型是由国际标准化组织制订的标准化开放式计算机网络层次结构模型。该模型是设计和描述网络通信的基本框架。生产厂商根据 OSI 模型的标准设计自己的产品。OSI 模型描述了网络硬件和软件如何以层的方式协同工作进行网络通信。"开放"这个词表示能使任何两个遵守参考模型和有关标准的系统进行互连。

OSI 模型包括了体系结构、服务定义和协议规范三级抽象。OSI 模型的体系结构定义了一个七层模型,用以进行进程间的通信,并作为一个框架来协调各层标准的制订;OSI 模型的服务定义描述了各层所提供的服务、层与层之间的抽象接口和交互用的服务原语、OSI 模型各层的协议规范,精确地定义了应当发送何种控制信息及用何种过程来解释该控制信息。需要强调的是,OSI 模型并非具体实现的描述,它只是一个为制订标准而提供的概念性框架。在 OSI 模型中,只有各种协议是可以实现的,网络中的设备只有与OSI 模型的有关协议相一致时才能互联。

1. OSI 七层模型

简而言之,OSI 参考模型将网络划分为七层,如图 8.6 所示,OSI 七层模型从下到上分别为物理层(physical layer,PH)、数据链路层(data link layer,DL)、网络层(network layer,N)、传输层(也称运输层)(transport layer,T)、会话层(session layer,S)、表示层(presentation layer,P)和应用层(application layer,A)。整个开放系统环境由作为信源和信宿的端开放系统及若干中继开放系统通过物理介质连接构成。这里的端开放系统和中继开放系统,都是国际标准 OSI 中使用的术语。通俗地说,它们就相当于资源子网中的主机和通信子网中的节点机(IMP)。只有在主机中才可能需要包含所有七层的功能,而在通信子网中的 IMP 一般只需要最低三层甚至只要最低两层的功能就可以了。

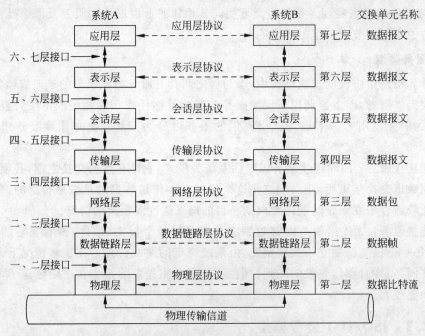

图 8.6 ISO 的 OSI/RM 七层协议模型

2. OSI 模型各层的功能

OSI 模型的每一层都有它自己必须实现的一系列功能,以保证数据包能从源节点传输到目的节点。下面简单介绍 OSI 参考模型各层的功能。

（1）物理层

物理层是 OSI 模型的最底层，也是 OSI 体系结构中最重要的、最基础的一层。物理层并不是指物理设备或物理媒体，而是有关物理设备通过物理媒体进行互联的描述和规定。物理层在链路上透明地传输位。需要完成的工作包括线路配置、确定数据传输模式、确定信号形式、对信号进行编码、连接传输介质。为此定义了建立、维护和拆除物理链路所具备的机械特性、电气特性、功能特性及规程特性。

物理层以比特流的方式传送来自数据链路层的数据，而不去理会数据的含义或格式。同样，它接收数据后直接传给数据链路层。也就是说，物理层只能看见 0 和 1，它没有一种机制用于确定自己所处理的比特流的具体意义，而只与数据通信的机械或电气特性有关。

（2）数据链路层

数据链路层是 OSI 模型的第二层，把不可靠的信道变为可靠的信道。为此，将位组成帧，在链路上提供点到点的帧传输，并进行差错控制、流量控制等。

通常，数据链路层发送一个数据帧后，等待接收方的确认。接收方数据链路层检测帧传输过程中产生的任何问题。没有经过确认的帧和损坏的帧都要进行重传。

（3）网络层

网络层是 OSI 模型的第三层，负责信息寻址和将逻辑地址与名字转换为物理地址。

在网络层，数据传送的单位是包。网络层的任务就是要选择合适的路径和转发数据包，使发送方的数据包能够正确无误地按地址寻找到接收方的路径，并将数据包交给接收方。网络中两节点之间达到的路径可能有很多，应通过哪条路径才能将数据从源设备传送到所要通信的目的设备，在寻找最快捷花费和最低的路径时，必须考虑网络拥塞程度、服务质量、线路的花费和线路有效性等诸多因素。总的来说，网络层负责选择最佳路径。

网络层处于传输层和数据链路层之间，它负责向传输层提供服务，同时负责将网络地址翻译成对应的物理地址。网络层协议还能协调发送、传输及接收设备的能力不平衡的问题，如网络层对数据进行分段和重组，以使得数据的长度能够满足该网络下层数据链路层所支持的最大的数据帧（MTU）的长度。

另外，网络层还需要考虑采用不同的网络层协议的网络之间的互联问题，如 TCP/IP 使用的 IP 协议和 Novell 使用的 IPX 协议之间的互联。

（4）传输层

传输层的功能是保证在不同子网的两台设备间数据包可靠、顺序、无错地传输。在传输层，数据传送的单位是段。传输层负责处理端对端通信，所谓端对端是指从一个终端（主机）到另一个终端（主机），中间可以有一个或多个交换节点。

传输层向高层用户提供端到端的可靠的透明传输服务，为不同进程间的数据交换提供可靠的传送手段。在传输层，一个很重要的工作是数据的分段和重组，即把一个上层数据分割成更小的逻辑片或物理片。换言之，也就是发送方在传输层把上层交给它的较大的数据进行分段后分别交给网络层进行独立传输，从而实现在传输层的流量控制，提高网络资源的利用率。在接收方将收到的分段的数据重组，还原成为原先完整的数据。

另外，传输层的另一主要功能就是将收到的乱序数据包重新排序，并验证所有的分组是否都已被收到。

（5）会话层

会话层是利用传输层提供的端到端的服务，向表示层或会话用户提供会话服务。会话层的主要功能是在两个节点间建立、维护和释放面向用户的连接，并对会话进行管理和控制，保证会话数据可靠传送。

会话过程中，会话层需要决定到底使用全双工通信还是半双工通信。如果采用全双工通信，则会话层在对话管理中要做的工作就很少；如果采用半双工通信，会话层则通过一个数据令牌来协调会话，保证每次只有一个用户能够传输数据。

会话层提供了同步服务，通过在数据流中定义检查点来把会话分割成明显的会话单元。当网络故障出现时，从最后一个检查点开始重传数据。

常见的会话层协议有结构化查询语言（SQL）、远程进程呼叫（RPC）、X-Windows 系统、AppleTalk 会话协议、数字网络结构会话控制协议等。

（6）表示层

在 OSI 模型中，表示层以下的各层主要负责数据在网络中传输时不出错。但数据的传输没有出错，并不代表数据所表示的信息不会出错。表示层专门负责有关网络中计算机信息表示方式的问题。表示层负责在不同的数据格式之间进行转换操作，以实现不同计算机系统间的信息交换。

除了编码外，还包括数组、浮点数、记录、图像、声音等多种数据结构，表示层用抽象的方式来定义交换中使用的数据结构，并且在计算机内部表示法和网络的标准表示法之间进行转换。

表示层还负责数据的加密，以在数据的传输过程对其进行保护。数据在发送端被加密，在接收端解密。使用加密密钥来对数据进行加密和解密。

表示层还负责文件的压缩，通过算法来压缩文件的大小，降低传输费用。

（7）应用层

应用层是 OSI 参考模型中最靠近用户的一层，它直接与用户和应用程序打交道，负责对软件提供接口以使程序能使用网络。与 OSI 参考模型的其他层不同的是，它不为任何其他 OSI 层提供服务，而只是为 OSI 模型以外的应用程序提供服务，如电子表格程序和文字处理程序。包括为相互通信的应用程序或进程之间建立连接、进行同步，建立关于错误纠正和控制数据完整性过程的协商等。应用层还包含大量的应用协议，如虚拟终端协议（Telnet）、简单邮件传输协议（SMTP）、简单网络管理协议（SNMP）、域名服务系统（DNS）和超文本传输协议（HTTP）等。

8.2.3　TCP/IP 参考模型

网络互联是目前网络技术研究的热点之一，并且已经取得了很大的进展。在诸多网络互联协议中，传输控制协议/互联网协议（Transmission Control Protocol/Internet Protocol，TCP/IP）是一个使用非常普遍的网络互联标准协议。TCP/IP 协议是美国国防部高级计划研究局 DARPA 为实现 ARPANET（后来发展为 Internet）而开发的，也是很多大学及研究所经过多年的研究及商业化的结果。目前，众多的网络产品厂家都支持

TCP/IP 协议，TCP/IP 协议已成为一个事实上的工业标准。

Internet 上的 TCP/IP 协议之所以能迅速发展，不仅仅是因为它是美国军方指定使用的协议，更重要的是它恰恰适应了世界范围内数据通信的需要。TCP/IP 协议具有以下几个特点。

① 开放的协议标准，可以免费使用，并且独立于特定的计算机硬件与操作系统。

② 独立于特定的网络硬件，可以运行在局域网、广域网，更适用于 Internet 中。

③ 统一的网络地址分配方案，使得整个 TCP/IP 设备在网中都具有唯一的地址。

④ 标准化的高层协议，可以提供多种可靠的用户服务。

1. TCP/IP 四层模型

协议分层模型包括两方面的内容：一是层次结构，二是各层功能的描述。TCP/IP 的层次数比 OSI 参考模型的七层要少。TCP/IP 参考模型可以分为 4 个层次：应用层、传输层、互联层、主机—网络层，如图 8.7 所示。

其中，应用层与 OSI 的应用层相对应，传输层与 OSI 的传输层相对应，互联层与 OSI 的网络层相对应，网络接口层与数据链路层及物理层相对应。在 TCP/IP 参考模型中，对 OSI 的表示层、会话层没有对应的协议。

TCP/IP 是一组协议的代名词，它还包括许多别的协议，组成了 TCP/IP 协议族。一般来说，TCP 提供传输层服务，而 IP 提供网络层服务。TCP/IP 的体系结构与 ISO 的 OSI 七层参考模型的对应关系如图 8.7 所示。

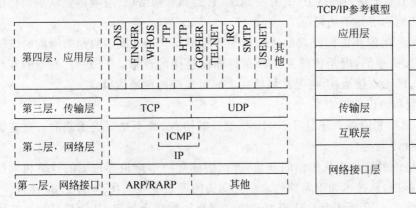

图 8.7　TCP/IP 模型及与 OSI 参考模型

2. TCP/IP 参考模型各层的功能

（1）网络接口层

网络接口层是 TCP/IP 模型的最底层，负责接收从互联层交来的 IP 数据报，并将 IP 数据报通过底层物理网络发送出去，或者从底层物理网络上接收物理帧，抽出 IP 数据报，交给互联层。主机—网络层使得采用不同技术和网络硬件之间能够互连，它包括属于操作系统的设备驱动器和计算机网络接口卡，以处理具体的硬件物理接口。

（2）互联层

互联层负责独立地将分组从源主机送往目标主机，涉及为分组提供最佳路径的选择和交换功能,并使这一过程与它们所经过的路径和网络无关。TCP/IP 模型的互联层在功能上非常类似于 OSI 参考模型中的网络层,即检查网络拓扑结构,以决定传输报文的最佳路由。

（3）传输层

传输层的作用是在源节点和目的节点的两个对等实体间提供可靠的端到端的数据通信。为保证数据传输的可靠性,传输层协议也提供了确认、差错控制和流量控制等机制。传输层从应用层接收数据,并且在必要的时候把它分成较小的单元,传递给互联层,并确保到达对方的各段信息正确无误。

（4）应用层

应用层为用户提供网络应用,并为这些应用提供网络支撑服务,把用户的数据发送到低层,为应用程序提供网络接口。由于 TCP/IP 将所有与应用相关的内容都归为一层,所以在应用层要处理高层协议、数据表达和对话控制等任务。

3. 两种体系结构的比较

OSI 和 TCP/IP 参考模型有很多共同之处,两者都以协议栈的概念为基础,并且协议栈中的协议相互独立,而且两个模型中都采用了层次结构的概念,各个层的功能也大体相似。例如,在两个模型中,传输层及传输层以上的各层都为希望进行通信的进程提供了一种端到端的与网络无关的服务。除了这些基本的相似之处以外,两个模型也有着许多不同的地方。

首先,OSI 模型有七层,而 TCP/IP 只有四层,它们都有网络层（或者称互联层）、传输层和应用层,但其他的层并不相同。

其次,在于无连接的和面向连接的通信范围有所不同。OSI 模型的网络层同时支持无连接和面向连接的通信,但是传输层上只支持面向连接的通信。TCP/IP 模型的互联层只有一种模式,即无连接通信,但是在传输层上同时支持两种通信模式。

（1）OSI 模型和协议的缺点

不管是 OSI 模型和协议。还是 TCP/IP 模型及其协议,都不是完美无缺的。对它们都有不少评论和批评意见。

OSI 模型和协议的设计者从工作的开始,就试图建立一个全世界范围的计算机网络都要遵循的统一标准,从技术角度希望追求一种完美的理想境界。在 20 世纪 80 年代末,这个领域中的大多数专家都认为 OSI 模型及协议将会统领整个世界,从而把其他的技术和标准都排除出局。但事实却与人们预想的相反,这种情况并没有发生。

造成 OSI 协议不能流行的原因之一是模型和协议自身的缺陷。大多数人都认为 OSI 参考模型的层次数量与内容可能是最佳的选择,其实并非如此,其中的会话层和表示层这两层几乎是空的,而另外的数据链路层和网络层包含的内容太多,有很多的子层插入,每个子层都有不同的功能。OSI 参考模型及相应的服务定义和协议都极其复杂,它们很难实现,有些功能,如编址、流控制和差错控制,都会在每一层上重复出现,这必然会降低系统的效率。

造成 OSI 协议不能流行的另一个原因是它的协议出现时机晚于 TCP/IP 协议。当 OSI 协议出现的时候,与之竞争的 TCP/IP 协议已经被广泛地应用于大学和科研机构,许多厂商已经在陆续地提供符合 TCP/IP 的相关产品,这些厂商并不想再支持第二个协议栈。因此,OSI 模型和协议在它诞生之初就缺乏市场与商业动力,也成为它没有能够达到预想目标的重要原因。

(2) TCP/IP 模型和协议的缺点

TCP/IP 模型和协议模型和协议也有自身的缺陷。首先,该模型并没有清楚地区分哪些是规范、哪些是实现,TCP/IP 参考模型没有很好地做到这一点,这使得在使用新技术来设计新网络的时候,TCP/IP 模型的指导意义显得不大,而且 TCP/IP 模型不适合于其他非 TCP/IP 协议族。

其次,TCP/IP 模型的网络接口层并不是常规意义上的一层,它是定义了网络层与数据链路层的接口,接口和层的区别是非常重要的,而 TCP/IP 模型却没有将它们区分开来。总体上,TCP/IP 协议在 20 世纪 70 年代诞生以来,经实践检验其成功业绩已经赢得了大量的用户和投资。TCP/IP 协议的成功促进了 Internet 的蓬勃发展,Internet 的发展又进一步扩大了 TCP/IP 协议的影响。TCP/IP 不仅在学术界争取了一大批用户,而且越来越受到计算机产业的青睐。

相比之下,OSI 模型与协议显得有些曲高和寡。人们虽有良好愿望,指望网络标准化,但 OSI 迟迟没有相对应的成熟产品推出,也妨碍了第三方厂家开发相应的硬件和软件,从而影响了 OSI 的发展。

8.2.4 TCP/IP 协议族

Internet 将世界各地各种各样的物理网络互连起来,构成一个整体。然而,单纯的物理网络互连还不能形成真正的 Internet,互联起来的计算机网络还需要有相应的软件才能相互通信,而 TCP/IP 就是 Internet 的核心。

TCP/IP 是 Internet 的基本协议。事实上,TCP/IP 是个协议族,是由一系列支持网络通信的协议组成的集合。作为 Internet 的核心协议,TCP/IP 定义了网络通信的过程,更为重要的是,它定义了数据单元所采用的格式及它所包含的信息。TCP/IP 及相关协议形成了一套完整的系统,详细地定义了如何在支持 TCP/IP 的网络上处理、发送和接收数据。

TCP/IP 协议于 20 世纪 70 年代开始被研究和开发,经过不断的应用和发展,目前已被广泛用于各种网络中,它既可用于组成局域网,也可用于构造广域网。可以说,TCP/IP 协议的逐步发展为 Internet 的形成奠定了基础。反之,Internet 的应用同样促进了 TCP/IP 协议的发展。目前,TCP/IP 协议已成为事实上的国际标准。ISO/OSI 模型、TCP/IP 模型及协议的对比如图 8.8 所示。

1. 网络接口层协议

TCP/IP 协议不包含具体的物理层和数据链路层,只定义了网络接口层作为物理层与网络层的接口规范。这个物理层可以是广域网,如 X.25 公用数据网;也可以是局域网,如 Ethernet、Token-Ring 和 FDDI 等。任何物理网络只要按照这个接口规范开发网络接口驱动程序,都能够与 TCP/IP 协议集成起来。网络接口层处在 TCP/IP 协议的最底层,主要负责管理为物理网络准备数据所需的全部服务程序和功能。

ISO/OSI模型		TCP/IP协议				TCP/IP模型
应用层	文件传输协议(FTP)	远程登录协议(Telnet)	电子邮件协议(SMTP)	网络文件服务协议(NFS)	网络管理协议(SNMP)	应用层
表示层						
会话层						
传输层	TCP		UDP			传输层
网络层	IP	ICMP	ARP	RARP		互联层
数据链路层	Ethernet IEEE 802.3	FDDI	Token-Ring/ IEEE 802.5	ARCnet	PPP/SLIP	网络接口层
物理层						

图 8.8   ISO/OSI 与 TCP/IP 模型对应关系示意

2. IP 协议

IP 协议是网际层定义的协议,其主要功能包括将上层数据(如 TCP 数据、UDP 数据)或同层的其他数据(如 ICMP 数据)封装到 IP 数据报中;将 IP 数据报传送到最终目的地;为了使数据能够在链路层上进行传输,对数据进行分段;确定数据报到达其他网络中的目的地的路径。

IP 协议软件的工作流程为:当发送数据时,源计算机上的 IP 协议软件必须确定目的地是在同一个网络上,还是在另一个网络上。IP 协议通过执行这两项计算并对结果进行比较,才能确定数据到达的目的地。如果两项计算的结果相同,就将数据的目的地确定为本地,否则,目的地应为远程的其他网络。如果目的地在本地,那么 IP 协议软件就启动直达通信;如果目的地是远程计算机,那么 IP 协议必须通过网关(或路由器)进行通信,在大多数情况下,这个网关应当是默认网关。当源 IP 协议完成了数据报的准备工作时,它就将数据报传递给网络访问层,网络访问层再将数据报传送传输介质,最终完成数据帧发往目的计算机的过程。

当数据抵达目的计算机时,网络访问层首先接收该数据。网络访问层要检查数据帧有无错误,并将数据帧送往正确的物理地址。假如数据帧到达目的地时正确无误,网络访问层便从数据帧的其余部分中提取有效数据,然后将它一直传送到帧层次类型域指定的协议。在这种情况下,可以说数据有效负载已经传递给了 IP 协议。

IP 协议所提供的服务通常被认为是无连接的和不可靠的。事实上,在网络性能良好的情况下,IP 协议传送的数据能够完好无损地到达目的地。所谓无连接的传输,是指没有确定目标系统在已做好接收数据准备之前就发送数据。与此相对应的就是面向连接的传输(如 TCP),在该类传输中,源系统与目的系统在应用层数据传送之前需要进行三次握手。至于不可靠的服务,是指目的系统不对成功接收的分组进行确认,IP 协议只是尽可能地使数据传输成功。但是只要需要,上层协议必须实现用于保证分组成功提供的附加服务。

由于 IP 协议只提供无连接、不可靠的服务,所以把差错检测和流量控制之类的服务授权给了其他的各层协议,这正是 TCP/IP 协议能够高效率工作的一个重要保证。这样,可以根据传送数据的属性来确定所需的传送服务以及客户应该使用的协议。例如,传送大型文件的 FTP 会话就需要面向连接的、可靠的服务(因为如果稍有损坏,就可能导致整个文件无法使用)。

3. ARP 和 RARP

ARP(Address Resolution Protocol,地址解析协议)及 RARP(反地址解析协议)是驻留在网际层中的另一个重要协议。ARP 的作用是将 IP 地址转换为物理地址,RARP 的作用是将物理地址转换为 IP 地址。

4. ICMP

ICMP(Internet Control Message Protocol,Internet 控制信息协议)是另一个比较重要的网际层协议,用于在 IP 主机、路由器之间传递控制消息。控制消息是指网络通不通、主机是否可达、路由是否可用等网络本身的消息。这些控制消息虽然并不传输用户数据,但是对于用户数据的传递起着重要的作用。由于 IP 协议是一种尽力传送的通信协议,即传送的数据报可能丢失、重复、延迟或乱序传递,所以 IP 协议需要一种避免差错并在发生差错时报告的机制。

ICMP 协议定义了 5 种差错报文(源抑制、超时、目的不可达、重定向、要求分段)和 4 种信息报文(回应请求、回应应答、地址屏蔽码请求、地址屏蔽码应答)。IP 协议在需要发送一个差错报文时要使用 ICMP 协议,而 ICMP 协议也是利用 IP 协议来传送报文的。ICMP 协议还可以用于测试 Internet,以得到一些有用的网络维护和排错的信息。例如,用于检查网络通不通的 Ping 命令就是利用 ICMP 报文测试目标是否可达,它发送一个 ICMP 回声请求消息给目的地并报告是否收到所希望的 ICMP 回声应答。

5. TCP 和 UDP

传输层上的主要协议是 TCP 协议和 UDP 协议,还有一些别的协议,如用于传送数字化语音的 NVP 协议。

(1) TCP 协议

TCP 是传输层的一个主要协议,当一个用户想给其他用户发送一个文件时,TCP 协议先把该文件分成一个个小数据包,并加上一些特定的校验信息,然后 IP 协议再在数据包上标上地址信息,形成可在 Internet 上传输的 TCP/IP 数据包。当 TCP/IP 数据包到达目的地后,接收方计算机首先去掉地址标志,利用 TCP 协议的校验信息对数据进行检查,如果发现有损坏的数据包,就要求发送端重新发送被损坏的数据包,确认无误后再将各个数据包重新组合成原文件。

图 8.9 说明了 TCP 协议与 IP 协议的关系。图中,两台主机通过两个网络和一个路由器进行通信。从 TCP 协议来看,只是两台主机间的一种连接,两台主机间的数据传输是通过调用 IP 协议来完成的。TCP 协议除了提供多个端口保证多进程通信外,主要提供端到端的面向连接的可靠的流服务。

从应用程序的角度看,TCP 协议提供的服务有如下特征。

① 点对点的通信。TCP 协议是在网络层提供的服务基础上,提供一个直接从一台计算机上的应用到另一台远程计算机上的应用连接。由于每一个 TCP 协议连接有两个

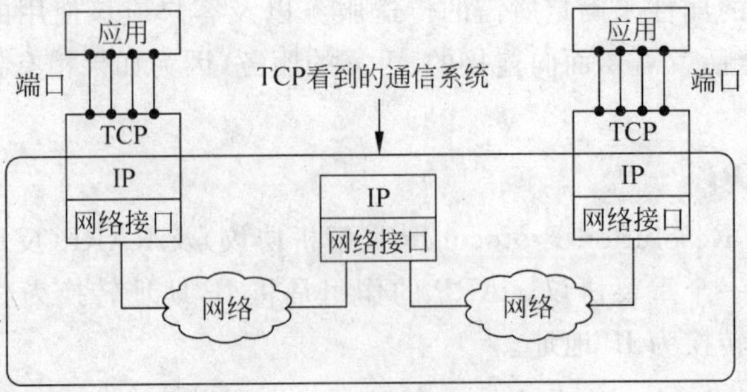

图 8.9　TCP 与 IP 的关系

端点,所以是一种端对端的协议。

② 虚电路连接。TCP 协议提供面向连接的服务,一个应用程序必须首先请求一个到目的地的连接,然后才使用该连接传输数据。由于该连接是通过软件实现的,所以是虚连接。

③ 全双工通信。一个 TCP 协议连接允许任何一个应用程序在任何时刻发送数据,使数据在该 TCP 协议的任何一个方向上流动。因此,TCP 连接是由两个"半连接"组成的。

④ 面向数据流的服务。当两个应用程序传输大量数据时,是以 8 位一组的数据流形式进行的。这种数据流是无结构的,既不提供记录式的表示法,也不确保数据传递到接收端应用进程时保持与发送端有同样的尺寸。因此,使用数据流的应用程序必须在开始连接之前就了解数据流的内容并对格式进行协商。

⑤ 有缓冲的传输。当建立一个 TCP 连接时,连接的每一端分配一个缓冲区来保存输入的数据。通常把缓冲区中的空闲部分称为窗口。当交付的数据不够填满一个缓冲区时,流服务提供"推"的机制,应用程序可以用该机制进行强迫传送。

（2）TCP 协议的可靠性

TCP 是一种面向连接的协议,该协议可以保证客户端和服务端的连接是可靠的、安全的,所以大多数程序采用 TCP 协议。TCP 协议通过下面的方法来获得可靠性。

① TCP 协议连接的建立/释放与三次握手。

TCP 协议的三次握手建立连接的过程如下。

第 1 次握手:源主机发一个带本次连接序号的请求。

第 2 次握手:目的主机收到请求后,如同意连接,则发回一个带本次连接序号和源主机连接序号的确认。

第 3 次握手:源主机收到含两次初始序号的应答后,再向目的主机发一个带两次连接序号的确认。

目的主机收到确认,双方建立连接。由于连接是由软件完成的,所以称为虚连接。在释放连接时,TCP 协议也要采用三次握手方式。

② 确认和超时重传机制。确认就是目的主机每收到一个正确分组,即向源主机回送一个确认。

超时重传的基本思想是,设定一个时间片,如果一个 TCP 段在规定的时间片内收不到确认,就重传该分组。

③ 流量与拥塞控制。TCP 协议采用滑动窗口进行流量和拥塞控制。TCP 协议的流量控制"窗口"是一种可变窗口。当接收方用户由于没有及时取走滞留在 TCP 缓冲区的数据时,由于占用了系统资源,窗口将变小;当接收方用户取走在 TCP 缓冲区中的数据时,由于释放了系统资源,窗口将变大。也就是说,TCP 协议允许随时改变窗口大小。不仅可以提供可靠的传输,还可以提供很好的流量控制。

(3) UDP 协议

UDP 是一种不可靠的、无连接的协议,在发送时无须建立连接,仅仅向应用程序提供了一种发送封装的原始 IP 数据报的方法。因为 UDP 协议是依靠 IP 协议来传送报文的,因而它的服务和 IP 一样是不可靠的。这种服务不用确认,不对报文排序,也不进行流量控制,因此,UDP 报文可能会出现丢失、重复、失序等现象。因此,基于 UDP 协议的应用程序必须自己解决可靠性问题。

UDP 协议的优点在于高效率,通常用于交易型应用,一次交易只有一来一往两次报文交换。很多的实时应用(如 IP 电话、实时视频会议等)要求源主机以恒定的速度发送数据,并且允许在网络发生拥塞时丢失一些数据,但却不允许数据有太大的时延,UDP 正好适合这种要求。UDP 常用于一次性传输数据量较小的网络应用,如 SNMP、DNS 等应用数据的传输。因为对于这些一次性传输数据量较小的网络应用,若采用 TCP 服务,则所付出的关于连接建立、维护和拆除的开销是非常不合算的。

(4) TCP/UDP 端口号的分配方法

TCP/IP 模型采用了协议端口号来区分使用 TCP 或 UDP 的各个应用程序,通过网络地址和端口号的组合达到唯一标识的目的,即套接字。套接字使用 IP 地址(进出主机的路径)、协议号(所使用的传输层协议)和端口号(标识应用程序)组合的唯一标识,形成服务器主机和客户机之间的虚拟连接。

协议端口号的分配有两种基本方式。一种称为统一分配,是静态分配方式,由中央管理机构分配端口号。这些端口也称"保留端口"。这种端口号一般都小于 1 024。它们基本上都被分配给了已知的应用协议。目前,这一类端口的端口号分配已经被广大网络应用者接受,形成了标准,在各种网络的应用中调用这些端口号就意味着使用它们所代表的应用协议。TCP 与 UDP 的标准端口号是各自独立编号的,是所有采用 TCP/IP 协议的标准服务器必须遵守的。

保留端口之外的其他端口称为自由端口。自由端口由本地主机随机分配,用于区别一台主机中的多个进程。要知道另一台机器上的端口号,就必须送出一个请求报文询问,目的主机回答后,把正确的端口号送回来。称为动态绑定。这种端口的端口号一般都大于 1 024。这一类的端口没有固定的使用者,它们可以被动态地分配给应用程序使用。

TCP 协议和 UDP 协议都允许 16 位的端口值,分别能够提供 65 536 个端口。

6. 应用层协议

随着计算机网络的广泛应用,人们也已经有了许多相同的基本应用需求。为了让不同平台的计算机能够通过计算机网络获得一些基本相同的服务,也就应运而生了一系列应用级的标准,实现这些应用的标准专用协议被称为应用级协议。相对于 OSI 参考模型来说，它们处于较高的层次结构，所以也称为高层协议。应用层协议有 NFS、Telnet、SMTP、DNS、SNMP 和 FTP 等。

8.3　计算机网络互联

网际互联的目的是使一个网络上的用户能访问其他网络上的资源，使不同网络上的用户互相通信和交换信息，这不仅有利于资源共享，也可以从整体上提高网络的可靠性。要实现互联，必须做到以下几点。

(1) 在网络之间至少提供一条物理上连接的链路，并且有对这条链路的控制规程。

(2) 在不同网络的进程之间提供合适的路由实现数据交换。

(3) 有一个始终记录不同网络使用情况并维持该状态信息的统一的计费服务。

(4) 在提供以上服务时，尽可能不对互联在一起的网络体系结构做任何修改。

互联的网络在体系结构、层次协议及网络服务等方面或多或少存在差异。对于异构网来说（如各种类型的局域网）差异更大。这种差异可能表现在寻址方式、路由选择、最大分组长度、网络接入机制、用户接入控制、超时控制、差错恢复方法、状态报告方法、服务（面向连接服务还是无连接服务）、管理方式等诸方面的不同。要实现网际互联，就必须消除网络间的差异，这些都是网际互联要解决的问题。

数据在网络中是以"包"的形式传递的，但不同网络的"包"的格式不同。因此，在不同的网络间传送数据时，就需要网络间的连接设备充当"翻译"的角色，即将一种网络中的"信息包"转换成另一种网络的"信息包"。

信息包在网络间的转换，与 OSI 的七层模型关系密切。如果两个网络间的差别程度小，则需转换的层数也少。如以太网与以太网互联，因为它们属于一种网络，数据包仅需转换到 OSI 的第二层（数据链路层），所需网间连接设备的功能也简单（如网桥）；若以太网与令牌环网相连，数据信息需转换至 OSI 的第三层（网络层），所需中介设备也比较复杂（如路由器）；如果连接两个完全不同结构的网络 TCP/IP 与 SNA，其数据包需做全部 7 层的转换，需要的连接设备也最复杂（如网关）。

8.3.1　网络传输介质互联设备

网络线路与用户节点具体衔接时，常用到的器件或设备有 T 形连接器、收发器、屏蔽或非屏蔽双绞线连接器 RJ-45、RS-232 接口（DB-25）、DB-15 接口、VB35 同步接口、网络接口单元、调制解调器。

T 形连接器与 BNC 接插件同是细同轴电缆的连接器，它对网络的可靠性有着至关重要的影响。同轴电缆与 T 形连接器是依赖于 BNC 接插件进行连接的，BNC 接插件有手工安装和工具型安装之分，用户可根据实际情况和线路的可靠性进行选择。

RJ-45 非屏蔽双绞线连接器有 8 根连针，在 10Base-T 标准中，仅使用 4 根，即第 1 对双绞线使用第 1 针和第 2 针，第 2 对双绞线使用第 3 针和第 6 针（第 3 对和第 4 对作备用）。具体使用时可参照厂家提供的说明书。

DB-25(RS-232)接口是目前微机与线路接口的常用方式。

DB-15 接口用于连接网络接口卡的 AUI 接口,可将信息通过收发器电缆送到收发器,然后进入主干介质。

VB35 同步接口用于连接远程的高速同步接口。

终端匹配器(也称终端适配器)安装在同轴电缆(粗缆或细缆)的两个端点上,它的作用是防止电缆无匹配电阻或阻抗不正确。无匹配电阻或阻抗不正确,则会引起信号波形反射,造成信号传输错误。

调制解调器的功能是将计算机的数字信号转换成模拟信号或反之,以便在电话线路或微波线路上传输。调制是把数字信号转换成模拟信号;解调是把模拟信号转换成数字信号,它一般通过 RS-232 接口与计算机相连。

8.3.2　网络物理层设备

物理层的互联设备有中继器和集线器。

1. 中继器

中继器是连接网络线路的一种装置,常用于两个网络节点之间物理信号的双向转发工作。中继器是最简单的网络互联设备,主要完成物理层的功能,负责在两个节点的物理层上按位传递信息,完成信号的复制调整和放大功能,以此来延长网络的长度。

在一种网络中,每一网段的传输媒介均有其最大的传输距离,如细缆最大网段长度为185m,粗缆为 500m,双绞线为 100m,超过这个长度,传输介质中的数据信号就会衰减。中继器可以“延长”网络的距离,在网络数据传输中起到放大信号的作用。数据经过中继器,不需进行数据包的转换。中继器连接的两个网络在逻辑上是同一个网络。

网络标准中都对信号的延迟范围作了具体的规定,中继器只能在此规定范围内进行有效的工作,否则会引起网络故障。以太网络标准中就约定了一个以太网上只允许出现5 个网段,最多使用 4 个中继器,而且其中只有 3 个网段可以挂接计算机终端。

中继器的主要优点是安装简单、使用方便、价格相对低廉。它不仅起到扩展网络距离的作用,还可以将不同传输介质的网络连接在一起。中继器工作在物理层,对于高层协议完全透明。

2. 集线器

集线器可以说是一种特殊的中继器,作为网络传输介质间的中央节点,它克服了介质单一通道的缺陷。以集线器为中心的优点是:当网络系统中某条线路或某节点出现故障时,不会影响网上其他节点的正常工作。

集线器可分为无源集线器、有源集线器和智能集线器。无源集线器只负责把多段介质连接在一起,不对信号作任何处理,每一种介质段只允许扩展到最大有效距离的一半。有源集线器类似于无源集线器,但它具有对传输信号进行再生和放大从而扩展介质长度的功能。智能集线器除具有有源集线器的功能外,还可将网络的部分功能集成到集线器中,如网络管理、选择网络传输线路等。

集线器技术发展迅速,已经出现交换技术(在集线器上增加了线路交换功能)和网络分段方式,提高了传输带宽。

随着计算机技术的发展,集线器又分为切换式、共享式和堆叠共享式 3 种。

(1) 切换式集线器

一个切换式集线器重新生成每一个信号并在发送前过滤每一个包,而且只将其发送到目的地址。切换式集线器可以使 10Mb/s 和 100Mb/s 的站点用于同一网段中。

(2) 共享式集线器

共享式集线器提供了所有连接点的站点间共享一个最大频宽。例如,一个连接着几个工作站或服务器的 100Mb/s 共享式集线器所提供的最大频宽为 100Mb/s,与它连接的站点共享这个频宽。共享式集线器不过滤或重新生成信号,所有与之相连的站点必须以同一速度(10Mb/s 或 100Mb/s)工作。所以共享式集线器比切换式集线器的价格便宜。

(3) 堆叠共享式集线器

堆叠共享式集线器是共享式集线器中的一种,当它们级连在一起时,可看成是网中的一个大集线器。当 6 个 8 口的集线器级连在一起时,可以看做是 1 个 48 口的集线器。

8.3.3 数据链路层设备

数据链路层的互联设备有网桥和交换机。

1. 网桥

当一个单位有多个 LAN,或一个 LAN 由于通信距离受限无法覆盖所有的节点而不得不使用多个局域网时,需要将这些局域网互联起来,以实现局域网之间的通信。使用网桥可扩展局域网的范围。最简单的网桥有两个端口,复杂些的网桥可以有更多的端口。网桥的每个端口与一个网段(这里所说的网段就是普通的局域网)相连。

网桥也称桥接器,是连接两个局域网的存储转发设备,用它可以完成具有相同或相似体系结构网络系统的连接。一般情况下,被连接的网络系统都具有相同的逻辑链路控制规程(LLC),但媒体访问控制协议(MAC)可以不同。

网桥是数据链路层的连接设备,准确地说,它工作在 MAC 子层上。网桥在两个局域网的数据链路层(DDL)间按帧传送信息。

网桥检查帧的源地址和目的地址,如果目的地址和源地址不在同一个网络段上,就把帧转发到另一个网络段上;若两个地址在同一个网络段上,则不转发,所以网桥能起到过滤帧的作用。网桥的帧过滤特性很有用,当一个网络由于负载很重而性能下降时,可以用网桥把它分成两个网络段并使得段间的通信量保持最小。例如,把分布在两层楼上的网络分成每层一个网络段,段中间用网桥相连,这样的配置可以最大限度地缓解网络通信繁忙的程度,提高通信效率。同时,由于网桥的隔离作用,一个网络段上的故障不会影响到另一个网络段,从而提高了网络的可靠性。

2. 交换机(交换器)

交换机是一个具有简化、低价、高性能和高端口密集特点的交换产品,它是按每一个包中的 MAC 地址相对简单地决策信息转发,而这种转发决策一般不考虑包中隐藏的更深的其他信息。交换机转发数据的延迟很小,操作接近单个局域网性能,远远超过了普通桥接的转发性能。交换技术允许共享型和专用型的局域网段进行带宽调整,以减轻局域网之间信息流通出现的瓶颈问题。

交换机的工作过程为：当交换机从某一节点收到一个以太网帧后，将立即在其内存中的地址表(端口号-MAC 地址)进行查找，以确认该目的 MAC 的网卡连接在哪一个节点上，然后将该帧转发至该节点。如果在地址表中没有找到该 MAC 地址，也就是说，该目的 MAC 地址是首次出现，交换机就将数据包广播到所有节点。拥有该 MAC 地址的网卡在接收到该广播帧后，将立即作出应答，从而使交换机将其节点的"MAC 地址"添加到 MAC 地址表中。

交换机的 3 种交换技术为端口交换(用于将以太模块的端口在背板的多个网段之间进行分配、平衡)、帧交换(处理方式：直通交换——提供线速处理能力，交换机只读出网络帧的前 14 字节，便将网络帧传送到相应的端口上；存储转发——通过对网络帧的读取进行验错和控制；碎片丢弃——检查数据包的长度是否够 64 字节，如果小于 64 字节，说明是假包，则丢弃该包，否则发送该包)和信元交换(采用长度固定的信元交换)。

8.3.4 互联层和应用层设备

1. 路由器

路由器是一种典型的网络层设备。它在两个局域网之间按帧传输数据，在 OSI/RM 之中被称为中介系统，完成网络层中继或第三层中继的任务。路由器负责在两个局域网的网络层间按帧传输数据，转发帧时需要改变帧中的地址。

(1) 原理与作用

路由器是用于连接多个逻辑上分开的网络，所谓逻辑网络，是指一个单独的网络或者一个子网。当数据从一个子网传输到另一个子网时，可通过路由器来完成。因此，路由器具有判断网络地址和选择路径的功能，它能在多网络互联环境中建立灵活的连接，可用完全不同的数据分组和介质访问方法连接各种子网，路由器只接受源站或其他路由器的信息，属网络层的一种互联设备。它不关心各子网使用的硬件设备，但要求运行与网络层协议相一致的软件。路由器分本地路由器和远程路由器，本地路由器是用来连接网络传输介质的，如光纤、同轴电缆、双绞线；远程路由器是用来连接远程传输介质，并要求相应的设备，如电话线要配调制解调器，无线要通过无线接收机、发射机。

一般来说，异种网络互联与多个子网互联都应采用路由器来完成。

路由器的主要工作就是为经过路由器的每个数据帧寻找一条最佳传输路径，并将该数据有效地传送到目的站点。由此可见，选择最佳路径的策略即路由算法是路由器的关键所在。为了完成这项工作，在路由器中保存着各种传输路径的相关数据——路由表，供路由选择时使用。路径表中保存着子网的标志信息、网上路由器的个数和下一个路由器的名字等内容。路径表可以是由系统管理员固定设置好的，也可以由系统动态修改，可以由路由器自动调整，也可以由主机控制。

路由器和网桥间最本质的差别是：网桥工作在 OSI 参考模型的第二层(链路层)，而路由器工作在第三层(网络层)。网桥根据路径表转发或过滤信息包，而路由器则依靠其路由表和其他路由器为每一个信息包选择最佳路径。路由器的智能性更强，当某一链路不通时，路由器会选择一条好的链路完成通信。另外，路由器有选择最短路径的能力。路由器比较适合于大型、复杂的网络连接,其传输信息的速度比网桥要慢,因为网桥在把数据从源端向目的端转发时,仅仅依靠链路层的帧头中的信息(MAC 地址)作为转发的依据。而路由器除了分析链路层的信息外,主要依据网络层包头中的信息(网络地址)转发信息,需要消耗更多的 CPU 时间。正是由于路由器工作在网络的更高层,所以可以减少其对特定网络技术的依赖性,扩大了路由器的适用范围。另外,路由器具有广播包抑制和子网隔离功能,而网桥没有。

(2) 路由器的功能

① 在网络间截获发送到远地网段的报文,起转发的作用。

② 选择最合理的路由,引导通信。为了实现这一功能,路由器要按照某种路由通信协议,查找路由表,路由表中列出整个互联网络中包含的各个节点,以及节点间的路径情况和与它们相联系的传输费用。如果到特定的节点有一条以上路径,则基于预先确定的准则选择最优(最经济)的路径。由于各种网络段和其相互连接情况可能发生变化,因此,路由情况的信息需要及时更新,这是由所使用的路由信息协议规定的定时更新或者按变化情况更新来完成的。网络中的每个路由器按照这一规则动态地更新它所保持的路由表,以便保持有效的路由信息。

③ 路由器在转发报文的过程中,为了便于在网络间传送报文,按照预定的规则把大的数据包分解成适当大小的数据包,到达目的地后再把分解的数据包包装成原有形式。

④ 多协议的路由器可以连接使用不同通信协议的网络段,作为不同通信协议网络段通信连接的平台。

⑤ 路由器的主要任务是把通信引导到目的地网络,然后到达特定的节点站地址。后一个功能是通过网络地址分解完成的。例如,把网络地址部分的分配指定成网络、子网和区域的一组节点,其余的用来指明子网中的特别站。分层寻址允许路由器对有很多个节点站的网络存储寻址信息。

在广域网范围内的路由器按其转发报文的性能可以分为两种类型,即中间节点路由器和边界路由器。尽管在不断改进的各种路由协议中,对这两类路由器所使用的名称可能有很大的差别,但所发挥的作用却是一样的。

中间节点路由器在网络中传输时,提供报文的存储和转发。同时根据当前的路由表所保持的路由信息情况,选择最好的路径传送报文。由多个互联的 LAN 组成的公司或企业网络一侧和外界广域网相连接的路由器,就是这个企业网络的边界路由器。它从外部广域网收集向本企业网络寻址的信息,转发到企业网络中有关的网络段;并且集中企业网络中各个 LAN 段向外部广域网发送的报文,对相关的报文确定最好的传输路径。

2. 网关

网关是连接两个协议差别很大的计算机网络时使用的设备。它可以将具有不同体系结构的计算机网络连接在一起。在 OSI/RM 模型中,网关属于最高层(应用层)的设备。

在 OSI 模型中网关有两种:一种是面向连接的网关,另一种是无连接的网关。当两个子网之间有一定距离时,往往将一个网关分成两半,中间用一条链路连接起来,我们称之为半网关。

网关不能完全归结为一种网络硬件,它们应该是能够连接不同网络的软件和硬件的结合产品。特别要说明的是,它们可以使用不同的格式、通信协议或结构连接起两个系统。网关实际上通过重新封装信息以使它们能被另一个系统读取。为了完成这项任务,网关必须能够运行在 OSI 模型的几个层上。网关必须同应用通信,建立和管理会话,传输已经编码的数据,并解析逻辑和物理地址数据。

网关可以设在服务器、微型机或大型机上。由于网关具有强大的功能并且大多数时候都和应用有关,它们比路由器的价格要贵一些。另外,由于网关的传输更复杂,它们传输数据的速度要比网桥或路由器低一些。正是由于网关较慢,它们有造成网络堵塞的可能。常见的网关有如下几种。

(1) 电子邮件网关。该网关可以从一种类型的系统向另一种类型的系统传输数据。例如,电子邮件网关可以允许使用 Eudora 电子邮件的人与使用 Group Wise 电子邮件的人相互通信。

(2) IBM 主机网关。这种网关可以在一台个人计算机与 IBM 大型机之间建立和管理通信。

(3) Internet 网关。该网关允许并管理局域网和 Internet 间的接入,可以限制某些局域网用户访问 Internet,反之亦然。

(4) 局域网网关。这种网关可以使运行于 BSI 模型不同层上的局域网网段间相互通信。路由器甚至只用一台服务器就可以充当局域网网关。局域网网关也包括远程访问服务器,它允许远程用户通过拨号方式接入局域网。

主要的网关协议如下。

(1) 网关—网关协议(Gateway to Gateway Protocol,GGP)。它主要进行路由选择信息的交换。

(2) 外部网关协议(Exterior Gateway Protocol,EGP)。它是用于两个自治系统(局域网)之间选择路径信息的交换。自治系统采用 EGP 向 GGP 通报内部路径。

(3) 内部网关协议(Routing Information Protocol,RIP)。其中的 HELLO 协议、GATED 协议是讨论自治系统内部各网络路径信息的机制。

8.4 Internet 及其应用

Internet 是世界上规模最大、覆盖面最广、拥有资源最丰富、影响力最大、自由度最大且最具影响力的计算机互联网络,它将分布在世界各地的计算机采用开放系统协议连接在一起,用来进行数据传输、信息交换和资源共享。

从技术角度看,Internet 本身不是某一种具体的物理网络技术,它是能够互相传递信息的众多网络的一个统称,或者说它是一个网间网,只要人们进入了这个网络,就是在使用 Internet。连入 Internet 的计算机网络种类繁多,形式各异,且分布在世界各地,因此,需要通过路由器(IP 网关)并借助各种通信线路或公共通信网络把它们连接起来。由于实现了与公用电话网的互联,个人用户入网十分方便,只要有电话和调制解调器即可,这也是 Internet 迅速普及的原因之一。Internet 由美国的 ARPANET 网络发展而来,因此,它沿用了 ARPANET 使用的 TCP/IP 协议,它是实现 Internet 连接性和互操作性的关键,由于 TCP/IP 协议非常有效且使用方便,许多操作系统都支持它,无论是服务器还是个人计算机都可安装使用。

8.4.1　域名

任何一个连在 Internet 上的主机或路由器,都有一个唯一的层次结构的名字,即域名。域名采用层次结构的基于“域”的命名方案,域名只是一个逻辑概念,并不反映出计算机所在的物理地点。

域名由若干个分量组成,各分量之间用“.”分隔,其格式为

　　　　n 级域名 … 二级域名 … 顶级域名

各分量分别代表不同级别的域名。每一级的域名都由英文字母和数字组成(长度不过 63 个字符,并且不区分大小写),级别最低的域名写在最左边,而级别最高的顶级则写在最右边。一个完整的域名长度不超过 255 个字符。

现在顶级域名有 3 类。

(1) 国家顶级域名,如 cn(中国)、us(美国)、uk(英国)等。有一些地区也有顶级域名,如 hk(乔港)。

(2) 国际顶级域名,采用 int,国际性的组织可在 int 下注册。

(3) 通用顶级域名,如 com(公司企业)、net(网络服务)、edu(教育机构)等。

在国家顶级域名下注册的二级域名均由该国家自行确定。我国则将二级域名划分为类别域名和行政区域名两大类。其中类别域名 6 个,分别为 ac(科研机构)、com(商业企业)、edu(教育机构)、gov(政府部门)、net(网络服务商)和 org(非营利组织)。行政域名 34 个,用于我国的各省、自治区、直辖市,如 bj(北京)、sh(上海)等。

Internet 的域名空间是一种层次型的树状结构。一级是最高级的顶级域名节点,在顶级域节点下面是二级域节点,最下面的就是接入 Internet 的主机。域名分为两种:一种是网络域名,它只是用来表示是一个网络域;另一种则是主机域名,它用来表示一台具体的主机。如 ecust. edu. cn 是一个网络域名,表示华东理工大学这个子域,而 www. ecust . edu. cn 则是一个主机域名,表示在 ecust. edu. cn 域中主机名为 www 的一台主机。在 Internet 的域名空间中,非叶节点都是网络域名,而叶节点则是主机域名。

同一子域中的主机拥有相同的网络域名,但是不能有相同的主机名;在不同子域中的主机可以使用相同的主机名,但是其网络域名又不相同。因此,Internet 中不存在域名完全相同的两台主机。最后强调两点:一是 Internet 的名字空间是按照机构的组织来划分的,与物理的网络无关,同 IP 地址空间中的子网也没有关系;二是允许一台主机拥有多个不同的域名,即允许多个不同的域名映射到同一个 IP 地址。

8.4.2　IP 地址

为了使 Internet 的主机在通信时能够相互识别,Internet 的每一台主机都分配有一个唯一的 IP 地址,是由 IP 协议提供的一种 Internet 通用的地址格式,该地址目前的版本是 IPv4,由 32 位的二进制数表示,用于屏蔽各种物理网络的地址差异。IP 地址由 IP 地

址管理机构进行统一管理和分配,保证 Internet 上运行的设备(如路由器、主机等)不会产生地址冲突。

在 Internet 上,IP 地址指定的不是一台计算机,而是计算机到一个网络的连接。因此,具有多个网络连接的 Internet 设备就应具有多个 IP 地址,如路由器。

IP 地址是第三层地址,所以有时又称为网络地址,该地址是随着设备所处网络位置不同而变化的,即设备从一个网络被移到另一个网络时,其 IP 地址也会相应地发生改变。也就是说,IP 地址是一种结构化的地址,其可以提供关于主机所处的网络位置信息。

1. IP 地址的结构、分类与表示

(1) IP 地址的结构

一个互联网包括了多个网络,而一个网络又包括了多台主机,因此,Internet 是具有层次结构的。Internet 使用的 IP 地址也采用了层次结构,IP 地址以 32 位二进制位的形式存储于计算机中,32 位的 IP 地址结构由网络 ID 和主机 ID 两部分组成。其中,网络 ID(又称为网络标识、网络地址、网络号)用于标识 Internet 中的一个特定网络,标识该主机所在的网络,而主机 ID(又称为主机地址、主机号)则标识该网络中的一个特定连接,在一个网段内部,主机 ID 必须是唯一的。IP 地址的编址方式携带了位置信息,通过一个具体的 IP 地址,马上就能知道它位于哪个网络。正是因为网络标识所给出的网络位置信息才使得路由器能够在通信子网中为 IP 分组选择一条合适的路径,寻找网络地址对于 IP 数据报在 Internet 中进行路由选择极为重要。地址的选择过程就是通过 Internet 为 IP 数据报选择目标地址的过程。

由于 IP 地址包含了主机本身和主机所在的网络的地址信息。所以在将一个主机从一个网络移到另一个网络时,主机 IP 地址必须进行修改,否则,就不能与 Internet 上的其他主机正常通信。

(2) IP 地址的表示

在计算机内部,IP 地址使用 32 位二进制数表示。例如,11000000.10101000.00000001. 01100100。为了表示方便,国际运行一种"点分十进制表示法",即将 32 位的 IP 地址按字节分为 4 段,高字节在前,每个字节用十进制数表示,并且各字节之间用圆点隔开,表示成 w.x.y.z。这样 IP 地址表示成了一个用点号隔开的 4 组数字,每组数字的取值范围只能是 0~255。上面用二进制数表示的 IP 地址可以用点分十进制 192.168.1.100 表示。

(3) IP 地址的分类

为适应不同规模的网络,可将 IP 地址分类,称为有类地址。每个 32 位的 IP 地址的最高位或起始几位标识地址的类别。InterNIC 将 IP 地址分为 A、B、C、D 和 E 五类,如图 8.10 所示。其中 A、B、C 类被作为普通的主机地址,D 类用于提供网络组播服务或作为网络测试之用,E 类保留给未来扩充使用。每类地址中定义了它们的网络 ID 和主机 ID 各占用 32 位地址中的多少位,就是说每一类中,规定了可以容纳多少个网络,以及这样的网络中可以容纳多少台主机。

A 类地址用来支持超大型网络。A 类 IP 地址仅使用第一个 8 位组标识地址的网络部分,其余的 3 个 8 位组用来标识地址的主机部分。用二进制表示时,A 类地址的第 1 位(最左边)总是 0。因此,第 1 个 8 位组的最小值为 00000000(十进制数为 0),最大值为

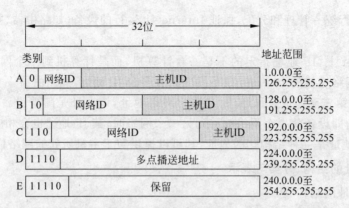

图 8.10　IP 地址的组成

01111111（十进制数为 127）。但是 0 和 127 两个数保留使用,不能用做网络地址。任何
IP 地址第 1 个 8 位组的取值范围从 1～126 都是 A 类地址。

　　B 类地址用来支持中大型网络。B 类 IP 地址使用 4 个 8 位组的前 2 个 8 位组标识地
址的网络部分。其余的 2 个 8 位组用来标识地址的主机部分。用二进制表示时,B 类地
址的前 2 位（最左边）总是 10。因此,第 1 个 8 位组的最小值为 10000000（十进制数为
128）,最大值为 10111111（十进制数为 191）。任何 IP 地址第 1 个 8 位组的取值范围从
128～191 都是 B 类地址。

　　C 类地址用来支持小型网络。C 类 IP 地址使用 4 个 8 位组的前 3 个 8 位组标识地址
的网络部分。其余的 1 个 8 位组用来标识地址的主机部分。用二进制表示时,C 类地址
的前 3 位（最左边）总是 110。因此,第 1 个 8 位组的最小值为 11000000（十进制数为
192）,最大值为 11011111（十进制数为 223）。任何 IP 地址第 1 个 8 位组的取值范围从
192～223 都是 C 类地址。

　　D 类地址用来支持组播。组播地址是唯一的网络地址,用来转发目的地址为预先定
义的一组 IP 地址的分组。因此,一台工作站可以将单一的数据流传送给多个接收者。用
二进制表示时,D 类地址的前 4 位（最左边）总是 1110。D 类 IP 地址的第 1 个 8 位组的范
围是从 11100000 到 11101111,即从 224 到 239。任何 IP 地址第 1 个 8 位组的取值范围
从 224～239 都是 D 类地址。

　　Internet 工程任务组保留 E 类地址作为科学研究使用。因此 Internet 上没有发布
E 类地址使用。用二进制表示时,E 类地址的前 4 位（最左边）总是 1111。E 类 IP 地址的
第 1 个 8 位组的范围是从 11110000 到 11111111,即从 240 到 255。任何 IP 地址第 1 个
8 位组的取值范围从 240～255 都是 E 类地址。

　　2. 保留 IP 地址

　　在 IP 地址中,有些 IP 地址是被保留作为特殊之用的,不能用于标识网络设备。

　　（1）网络地址

　　用于表示网络本身,具有正常的网络号部分,主机 ID 部分为全"0"的 IP 地址代表一
个特定的网络,即作为网络标识之用,如 102.0.0.0、137.1.0.0 和 197.10.1.0 分别代表
了一个 A 类、B 类和 C 类网络。

（2）广播地址

IP 协议规定，主机 ID 为全 1 的 IP 地址是保留给广播用的。广播地址又分为两种：直接广播地址和有限广播地址。

如果广播地址包含一个有效的网络号和一个全"1"的主机号，那么称之为直接广播（directed broadcasting）地址。在 Internet 中，任意一台主机均可向其他网络进行直接广播，如 C 类地址 211.91.192.255 就是一个直接广播地址。Internet 上的一台主机如果使用该 IP 地址为数据报的目的 IP 地址，那么这个数据报同时发送到 211.91.192.0 网络上的所有主机。直接广播在发送前必须知道目的网络的网络号。

32 位全为 1 的 IP 地址（255.255.255.255）用于本网广播，该地址叫作有限广播（limited broadcasting）地址。有限广播将广播限制在最小的范围内。在主机不知道本机所处的网络时（如主机的启动过程中），只能采用有限广播方式，通常由无盘工作站启动时使用，希望从网络 IP 地址服务器处获得一个 IP 地址。

（3）回送地址

A 类网络地址 127.0.0.0 是一个保留地址，也就是说任何一个以 127 开头的 IP 地址（127.0.0.0～127.255.255.255）是一个保留地址，用于网络软件测试以及本地机器进程间通信。这个 IP 地址叫作回送地址（loop back address），最常见的表示形式为 127.0.0.1。

在每个主机上对应于 IP 地址 127.0.0.1 有个接口，称为回送接口（loop back interface）IP 协议规定，无论什么程序，一旦使用回送地址作为目的地址时，协议软件不会把该数据包向网络上发送，而是把数据包直接返回给本机。表 8.1 列出了所有特殊用途地址。

表 8.1　特殊用途地址

网络部分	主机部分	地址类型	用　　途
Any	全"0"	网络地址	代表一个网段
Any	全"1"	广播地址	特殊网段的所有节点
127	Any	回环地址	回环测试
全"0"		所有网络	路由器指定默认路由
全"1"		广播地址	本网段所有节点

由此可见，每一个网段都会有一些 IP 地址不能用做主机的 IP 地址。例如，C 类网段 211.81.192.0，有 8 个主机位，因此有 2^8 个 IP 地址，去掉一个网络地址 211.81.192.0，一个广播地址 211.81.192.255 不能用做标识主机，那么共用 $2^8 - 2$ 个可用地址。A、B、C 类的最大网络数目和可以容纳的主机数信息参见表 8.2。

表 8.2　关于 A、B、C 类的最大网络数和可容纳的主机数

网络类	最大网络数	每个网络可容纳的最大主机数目
A	$2^7 - 2 = 126$	$2^{24} - 2 = 16\,777\,214$
B	$2^{14} - 2 = 16\,382$	$2^{16} - 2 = 65\,534$
C	$2^{21} - 2 = 2\,097\,150$	$2^8 - 2 = 254$

3. IP 编址

（1）标准编址方法

见 IP 地址分类及保留 IP 地址。

（2）子网编址方法

为了解决 IP 地址资源短缺的问题，同时也为了提高 IP 地址资源的利用率，引入了子网划分技术。子网划分（sub networking）是指由网络管理员将一个给定的网络分为若干个更小的部分，这些更小的部分被称为子网（subnet）。当网络中的主机总数未超出所给定的某类网络可容纳的最大主机数，但内部又要划分成若干个分段（segment）进行管理时，就可以采用子网划分的方法。为了创建子网，网络管理员需要从原有 IP 地址的主机位中借出连续的高若干位作为子网络 ID，如图 8.11 所示。也就是说，经过划分后的子网因为其主机数量减少，已经不需要原来那么多位作为主机 ID 了，从而可以将这些多余的主机位用做子网 ID。

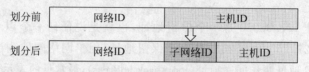

图 8.11　子网划分示意

（3）子网掩码

前面讲过，网络标识对于网络通信非常重要。但引入子网划分技术后，带来的一个重要问题就是主机或路由设备如何区分一个给定的 IP 地址是否已被进行了子网划分，从而能正确地从中分离出有效的网络标识（包括子网络号的信息）。通常，将未引进子网划分前的 A、B、C 类地址称为有类别的 IP 地址，对于有类别的 IP 地址，显然可以通过 IP 地址中的标识位直接判定其所属的网络类别并进一步确定其网络标识。但引入子网划分技术后，这个方法显然是行不通了。例如，一个 IP 地址为 102.2.3.3，已经不能简单地将其视为一个 A 类地址，而认为其网络标识为 102.0.0.0。因为若是进行了 8 位的子网划分，则其就相当于一个 B 类地址且网络标识成为 102.2.0.0；如果是进行了 16 位的子网划分，则又相当于一个 C 类地址并且网络标识成为 102.2.3.0；若是其他位数的子网划分，则甚至不能将其归入任何一个传统的 IP 地址类中，即可能既不是 A 类地址，也不是 B 类或 C 类地址。换言之，引入子网划分技术后，IP 地址类的概念已不复存在。对于一个给定的 IP 地址，其中用来表示网络标识和主机号的位数可以是变化的，取决于子网划分的情况。将引入子网技术后的 IP 地址称为无类别的 IP 地址，并因此引入子网掩码的概念来描述 IP 地址中关于网络标识和主机号位数的组成情况。

子网掩码通常与 IP 地址配对出现，其功能是告知主机或路由设备，IP 地址的哪一部分代表网络号部分，哪一部分代表主机号部分。子网掩码使用与 IP 地址相同的编址格式，即 32 位长度的二进制比特位，也可分为 4 个 8 位组并采用点分十进制来表示。但在子网掩码中，与 IP 地址中的网络位部分对应的位取值为"1"，而与 IP 地址主机部分对应的位取值为"0"。这样通过将子网掩码与相应的 IP 地址进行求"与"操作，就可决定给定的 IP 地址所属的网络号（包括子网络信息）。例如，102.2.3.3/255.0.0.0 表示该地址中

的前 8 位为网络标识部分,后 24 位表示主机部分,从而网络号为 102.0.0.0;而 102.2.3.3/
255.255.247.0 则表示该地址中的前 21 位为网络标识部分,后 11 位表示主机部分。显
然,对于传统的 A、B 和 C 类网络,其对应的子网掩码应分别为 255.0.0.0、255.255.0.0
和 255.255.255.0。表 8.3 给出了 C 类网络进行不同位数的子网划分后其子网掩码的变
化情况。

表 8.3 C 类进行子网划分后的子网掩码

划分位数	2	3	4	5	6
子网掩码	255.255.255.192	255.255.255.224	255.255.255.240	255.255.255.248	255.255.255.252

为了表达的方便,在书写上还可以采用诸如"X.X.X.X/Y"的方式来表示 IP 地址与
子网掩码,其中每个"X"分别表示与 IP 地址中的一个 8 位组对应的十进制值,而"Y"表示
子网掩码中与网络标识对应的位数。如上面提到的 102.2.3.3/255.0.0.0 也可表示为
102.2.3.3/8,而 102.2.3.3/255.255.247.0 则可表示为 102.2.3.3/21。

（4）下一代 IP——IPv6

IP 协议是 Internet 中的关键协议。现在广泛使用的 IPv4 是在 20 世纪 70 年代末期
设计的,无论从计算机技术的发展还是从 Internet 的规律和网络的传输速率来看,IPv4
都已经不适用了。其中最主要的问题就是 32 位的 IP 地址空间已经无法满足迅速膨胀的
Internet 规模。为此,LETF 在 1992 年 6 月就提出要制订下一代的 IP。由于此前已经推
出 IPv5,但未获广泛认同和应用,因此最后正式定名为 IPv6。

IPv6 的主要目标如下。

① 扩大 IP 地址空间,即使地址利用率不高,也能支持上百亿台主机。

② 减小路由选择表的长度,提供路由选择速度。

③ 简化协议,使路由器处理分组更迅速。

④ 提供更好的安全性。

⑤ 增加对服务类型的支持,特别是实时的多媒体数据。

⑥ 通过定义范围来支持多点播送的实现。

⑦ 主机可以在不改变其 IP 地址的情况下实现漫游。

⑧ 协议保留未来发展的余地。

⑨ 允许新旧协议共同存在一个时期。

1995 年以后 IETF 陆续公布了一系列有关 IPv6 的协议、编址方法、路由选择及安全
等问题的 RFC 文档。IPv6 所引进的主要变化如下。

① IPv6 把 IP 地址长度增加到 128 位,使地址空间增大了 296 倍。它可以为地球上
每平方米的面积分配一千多个 IP 地址,这个近似无限的地址空间可以保证 IP 地址的分
配不会再出现过去的窘迫局面。

② 灵活的 IP 报文头部格式。IPv6 采用一种全新的报文格式,使用一系列固定格式
的扩展头部取代了 IPv4 中可变长度的选项字段。IPv6 中选项部分的出现方式也有所变
化,使路由器可以简单地跳过选项而不做任何处理,加快了报文处理的速度。

③ 简化协议,加快报文转发。IPv6 简化了报文头部格式,将字段从 IPv4 的 13 个减

少到 7 个,报文分段也只是在源主机进行,这些简化使路由器可以更快地完成对报文的处理和转发,提高了吞吐量。

④ 提高安全性。鉴于 IPv4 中出现的种种安全问题,IPv6 全面考虑和支持协议的安全功能,身份认证和隐私权是 IPv6 的关键特性。

⑤ 支持更多的服务类型。如支持对网络资源的预分配,以实现实时视频传输等要求,保证提供一定带宽和时延的应用。

⑥ 允许协议继续演变,增加新的功能,使之适应未来技术的发展。

8.4.3　Internet 服务

作为全世界最大的国际性计算机网络的 Internet,为全球的科研界、教育界和娱乐界等方方面面提供了极其丰富的信息资源和最先进的信息交流手段。在 Internet 上,时刻传送着大量的各种各样的信息,从电影、实况转播到最尖端的科学研究等无所不包,当然信息最多的还是科技信息,如计算机软件、科技论文、图书馆/出版社目录、最新科技动态、电子杂志、产品推销和网络新闻等。而这些内容均可由 Internet 服务来为用户提供。

使用传输控制协议或用户数据报协议时,Internet IP 可支持 65 535 种服务,这些服务是通过各个端口到名字实现的逻辑连接。

本节主要介绍 Internet 的高层协议,如域名服务、远程登录服务、电子邮件服务、WWW 服务和文件传输服务等。

1. 文件传输服务

文件传输协议(FTP)用来在计算机之间传输文件。由于 Internet 是一座装满了各种计算机文件的宝库,其中有免费和共享的软件、各种图片、声音、图像和动画文件,还有书籍和参考资料等,如果希望将它们下载到你的计算机上,其中最主要的方法之一是通过文件传输协议来实现,因此它是 Internet 中广为使用的一种服务。

FTP 是文件传输的最主要工具。FTP 是一种实时的联机服务功能,它支持将一台计算机上的文件传到另一台计算机上。它几乎可以传送任何类型的文件,如文本文件、二进制可执行文件、图形文件、图像文件、声音文件、数据压缩文件等。

通常,一个用户需要在 FTP 服务器中进行注册,即建立用户账号,在拥有合法的登录用户名和密码后,才有可能进行有效的 FTP 连接和登录。对于 Internet 中成千上万个 FTP 服务器来说,这就给提供 FTP 服务的管理员带来很大的麻烦,即需要为每一个使用 FTP 的用户提供一个账号,这样做显然是不现实的。实际上,Internet 的 FTP 服务是一种匿名 FTP 服务,它设置了一个特殊的用户名——anonymous,供公众使用,任何用户都可以使用这个用户名与提供这种匿名 FTP 服务的主机建立连接,并共享这个主机对公众开放的资源。

匿名 FTP 的用户名是 anonymous,而密码通常是 guest 或者是使用者的 E-mail 地址。当用户登录到匿名 FTP 服务器后,其工作方式与常规 FTP 相同。通常,出于安全的目的,大多数匿名 FTP 服务器只允许下载文件,而不允许上传文件。也就是说,用户只能从匿名 FTP 服务器复制所需的文件,而不能将文件复制到匿名 FTP 服务器上。此外,匿名 FTP 服务器中的文件还加入一些保护性措施,确保这些文件不能被修改和删除,同时也可以防止计算机病毒的侵入。

　　FTP 是基于客户端/服务器模式的服务系统,它由客户端软件、服务器软件和 FTP 通信协议 3 部分组成。FTP 客户端软件运行在用户计算机上,在用户装入 FTP 客户端软件后,便可以通过使用 FTP 内部命令与远程 FTP 服务器采用 FTP 通信协议建立连接或文件传送;FTP 服务器软件运行在远程主机上,并设置一个名叫 anonymous 的公共用户账号,向公众开放。

　　FTP 在客户端与服务器的内部建立两条 TCP 连接:一条是控制连接,主要用于传输命令和参数(端口号为 21);另一条是数据连接,主要用于传送文件(端口号为 20)。FTP 服务器不断在 21 号端口上侦听用户的连接请求,当用户使用用户名 anonymous 和密码 guest 或者用户 E-mail 地址进行登录时,用户即发出连接请求,这样控制连接便建立起来,此时,用户名和密码将通过控制连接发送给服务器;服务器接收到这个请求后,便进行用户识别,然后向客户回送确认或拒绝的应答信息;用户看到登录成功的信息后,便可以发出文件传输的命令;服务器从控制连接上接收到文件名和传输命令(如 get 后),便在 20 号端口发起数据连接,并在这个连接上将文件名所指明的文件传输给客户。只要用户不使用 close 或者其他命令关闭连接,便可以继续传输其他文件。

　　Internet 上有许多公用的免费软件,允许用户无偿转让、复制、使用和修改。由于现在越来越多的政府机构、公司、大学、科研机构将大量的信息以公开的文件形式存放在 Internet 中,因此,使用 FTP 几乎可以获取任何领域的信息。

2. 远程登录服务

　　远程登录服务是在 Telnet 协议的支持下,将用户计算机与远程主机连接起来,在远程计算机上运行程序,将相应的屏幕显示传送到本地机器,并将本地的输入送给远程计算机。由于这种服务基于 Telnet 协议且使用 Telnet 命令进行远程登录,故称为 Telnet 远程登录。Telnet 使用的是 TCP 端口,其端口号一般为 23。

　　Telnet 是基于客户端/服务器模式的服务系统,它由客户软件、服务器软件及 Telnet 通信协议三部分组成。远程计算机又称为 Telnet 主机或服务器,本地计算机作为 Telnet 客户端来使用,它起到远程主机的一台虚拟终端的作用,用户通过它可以与主机上的其他用户一样共同使用该主机提供的服务和资源。当用户使用 Telnet 登录远程主机时,该用户必须在这个远程主机上拥有合法的账号和相应的密码,否则远程主机将会拒绝登录。在运行 Telnet 客户程序后,首先应该建立与远程主机的 TCP 连接,从技术上讲,就是在一个特定的 TCP 端口(端口号一般为 23)上打开一个套接字,如果远程主机上的服务器软件一直在这个周知的端口上侦听连接请求,则这个连接便会建立起来,此时用户的计算机就成为该远程主机的一个终端,便可以进行联机操作了,即以终端方式为用户提供人机界面。然后将用户输入的信息通过 Telnet 协议便可以传送给远程主机,主机在周知的 TCP 端口上侦听到用户的请求并处理后,将处理的结果通过 Telnet 协议返回给客户程序。最后客户端接收到远程主机发送来的信息,并经过适当的转换显示在用户计算机的屏幕上。

3. 简单邮件传送协议

　　电子邮件服务是 Internet 所有信息服务中用户最多和接触面最广泛的一类服务。电子邮件的收发过程和普通信件的工作原理非常相似。所不同的是电子邮件传送的不是具体的实物而是电子信号,因此它不仅可以传送文字、图形,也可寄送动画或程序。

电子邮件是一种通过计算机网络与其他用户进行联系的快速、简便、高效、价廉的现代化通信手段。如果要想使用 E-mail,必须首先拥有一个电子邮箱,它是由 E-mail 服务提供者为其用户建立在 E-mail 服务器磁盘上的专用于存放电子邮件的存储区域,并由 E-mail 服务器进行管理。用户使用 E-mail 客户软件在自己的电子邮箱里收发电子邮件。电子邮件地址的一般格式:用户名@主机名,如 fqzhang@china.com。

E-mail 系统基于客户端/服务器模式,整个系统由 E-mail 客户软件、E-mail 服务器和通信协议三部分组成。在 TCP/IP 网络上的大多数邮件管理程序使用 SMTP 协议来发信,且采用 POP 协议(常用的是 POP3)来保管用户未能及时取走的邮件。

简单邮件传送协议(SMTP)和用于接收邮件的 POP3 协议均要利用 TCP 端口。SMTP 所用的端口号是 25,POP3 所用的端口号是 110。

4. DNS 域名服务

由于在 Internet 上用 IP 地址来区分机器,所以当使用者输入域名后,浏览器必须先到一台包含域名和 IP 地址相互对应关系的数据库的主机中去查询这台计算机的 IP 地址,而这台被查询的主机则称为域名服务器(domain name server,DNS)。如果找到,则传回这台主机的 IP 地址;否则,系统就会提示 DNS NOT FOUND(没找到 DNS 服务器)。

当应用进程需要将一个主机域名映射为 IP 地址时,就调用域名解析函数,解析函数将待转换的域名放在 DNS 请求中,以 UDP 报文方式发给本地域名服务器(使用 UDP 是为了减少开销)。本地的域名服务器在查找域名后,将对应的 IP 地址放在应答报文中返回。应用进程获得目的主机的 IP 地址后即可进行通信。若域名服务器不能回答该请求,则此域名服务器就暂时成为 DNS 中的另一个客户,直到找到能回答该请求的域名服务器为止。

每一个域名服务器都管理着一个 DNS 数据库,保存着一些域名到 IP 地址的映射关系。同时域名服务器还必须具有连向其他域名服务器(通常是其上级域名服务器)的信息,这样当遇到本地不能进行解析的域名时,就会向其他服务器转发该解析请求。

Internet 中的域名服务器系统也是按照域名的层次来安排的。每一个域名服务器都只对域名体系中的一部分进行管辖。共有以下 3 种不同类型的域名服务器。

(1) 本地域名服务器(local name server)

在 Internet 域名空间的任何一个子域都可以拥有一个本地域名服务器,本地域名服务器中通常只保存属于本子域的域名——IP 地址对。一个子域中的主机一般都将本地域名服务器配置为默认域名服务器。

当一个主机发出域名解析请求时,这个请求首先被送往默认的域名服务器。本地域名服务器通常距离用户比较近,一般不超过几个路由的距离。当所要解析的域名属于同一个本地子域时,本地域名服务器立即就能将解析到的 IP 地址返回给请求的主机,而不需要再去查询其他的域名服务器。

(2) 根域名服务器(root name server)

目前在 Internet 上有十几个根域名服务器,大部分在北美洲。当一个本地域名服务器不能基于本地 DNS 数据库响应某个主机的解析请求查询时,它就以 DNS 客户的身份向某一根域名服务器查询。若根域名服务器有被查询主机的信息,就发送 DNS 应答报文给本地域名服务器。然后本地域名服务器再应答发出解析请求的主机。

可能根域名服务器中也没有所查询的域名信息,但它一定知道某个保存有被查询主机名字映射的授权域名服务器的 IP 地址。通常根域名服务器用来管辖顶级域,它并不直接对顶级域下面所属的所要域名进行转换,但它一定能够找到下面的所有二级域名的域名服务器,以此类推,一直向下解析。直到查询到所请求的域名。

(3) 授权域名服务器(authoritative name server)

每一个主机都必须在授权域名服务器处登记,通常一个主机的授权域名服务器就是它所在子域的一个本地域名服务器。为了更可靠地工作,一个主机应该有至少两个授权域名服务器。许多域名服务器同时充当本地域名服务器和授权域名服务器。授权域名服务器总是能够将其管辖的主机名转换为该主机的护地址。

Internet 允许各个单位根据单位的具体情况将本单位的域名划分为若干个域名服务器管辖区。而一般就在各管辖区中设置相应的授权域名服务器。管辖区是域的子集。

在域名系统中,常见的顶级域名是以组织模式划分的。例如,www.ibm.com 的顶级域名为 com,用户由此可以推知它是一家公司的网站地址。除了组织模式顶级域名之外,其他的顶级域名对应于地理模式。例如,www.tsinghua.edu.cn 的顶级域名为 cn,可以推知它是中国的网站地址。表 8.4 显示了常见的顶级域名及其含义。

表 8.4　常见的顶级域名

组织模式 顶级域名	含　义	地理模式 顶级域名	含　义
com	商业组织	cn	中国
edu	教育机构	hk	中国香港
gov	政府部门	mo	中国澳门
mil	军事部门	tw	中国台湾
net	主要网络支持中心	us	美国
org	上述以外的组织	uk	英国
int	国际组织	jp	日本

顶级域的管理权被分派给指定的管理机构,各管理机构对其管理的域继续进行划分,即划分成二级域并将二级域名的管理权授予其下属的管理机构,如此层层细分,就形成了层次状的域名结构。

Internet 的域名由 Internet 网络协会负责网络地址分配的委员会进行登记和管理。全世界现有 3 个大的网络信息中心:INTER-NIC 负责美国及其他地区;RIPE-NIC 负责欧洲地区;APNIC 负责亚太地区。中国互联网络信息中心(China Internet Network Information Center,CNNIC)负责管理我国顶级域名 cn,负责为我国的网络服务商(internet service provider,ISP)和网络用户提供 IP 地址、自治系统 AS 号码和中文域名的分配管理服务。

8.4.4　WWW 和浏览器

WWW 即万维网（world wide web）服务，又称为 Web 服务，是目前 TCP/IP 互联网上最方便和最受欢迎的信息服务类型，是 Internet 上发展最快同时又使用最多的一项服务，目前已经进入广告、新闻、销售、电子商务与信息服务等诸多领域，它的出现是发展中的一个里程碑。

1. WWW 的基本概念

WWW 由遍布在 Internet 中的被称为 WWW 服务器（又称为 Web 服务器）的计算机组成。Web 是一个容纳各种类型信息的集合，从用户的角度看，WWW 由庞大的、世界范围的文档集合而成，简称为页面。

用户使用浏览器总是从访问某个主页开始的。由于页中包含了超链接，因此可以指向另外的页，这样就可以查看大量的信息。

WWW 是网络应用的典范，它可让用户从 Web 服务器上得到文档资料，它所运行的模式叫作客户机/服务器（client/server）模式。用户计算机上的 WWW 客户程序就是通常所用的浏览器，WWW 服务器则运行服务器程序让文档驻留。WWW 客户程序向服务器程序发出请求，服务器程序向客户程序送回客户所要的文档。

（1）网页

网页又称"Web 页"，它是浏览 WWW 资源的基本单位。每个网页对应磁盘上一个单一的文件，其中可以包括文字、表格、图像、声音、视频等。

一个 WWW 服务器通常被称为"Web 站点"或者"网站"。每个这样的站点中都有许许多多的 Web 页作为它的资源。

（2）主页

WWW 是通过相关信息的指针链接起来的信息网络，由提供信息服务的 Web 服务器组成。在 Web 系统中，这些服务信息以超文本文档的形式存储在 Web 服务器上。在每个 Web 服务器上都有一个主页，它把服务器上的信息分为几大类，通过主页上的链接来指向它们，其他超文本文档称为网页，通常也把它们称为页面或 Web 页。主页反映了服务器所提供的信息内容的层次结构，通过主页上的提示性标题（链接指针），可以转到主页之下的各个层次的其他页面，如果用户从主页开始浏览，可以完整地获取这一服务器所提供的全部信息。

（3）超文本

超文本文档不同于普通文档，其最主要的特点是文档之间的链接。互相链接的文档可以在同一个主机上，也可以分布在网络的不同主机上，超文本就因为有这些链接才具有更好的表达能力。用户在阅读超文本信息时，可以随意跳跃一些章节，阅读下面的内容，也可以从计算机里取出存放在另一个文本文件中的相关内容，甚至可以从网络上的另一台计算机中获取相关的信息。

（4）超媒体

就信息的呈现形式而言，除文本信息以外，还有语音、图像和视频（或称动态图像）等，这些统称为多媒体。在多媒体的信息浏览中引入超文本的概念，就是超媒体。

（5）超级链接

在超文本/超媒体页面中，通过指针可以转向其他的 Web 页，而新的 Web 页又指向另一些 Web 页的指针……这样一种没有顺序、没有层次结构，如同蜘蛛网般的链接关系就是超链接。

2. WWW 的服务原理

WWW 服务采用客户/服务器工作模式，客户机即浏览器，服务器即 Web 服务器，它以超文本标记语言（HTML）和超文本传输协议（HTTP）为基础，为用户提供界面一致的信息浏览系统。信息资源以页面（也称网页或 Web 页面）的形式存储在 Web 服务器上（通常称为 Web 站点），这些页面采用超文本方式对信息进行组织，页面之间通过超链接连接起来。这些通过超链接连接的页面信息既可以放置在同一主机上，也可放置在不同的主机上。超链接采用统一资源定位符（URL）的形式。WWW 服务原理是用户在客户机通过浏览器向 Web 服务器发出请求，Web 服务器根据客户机的请求内容将保存在服务器中的某个页面发回给客户机，浏览器接收到页面后对其进行解释，最终将图、文、声等并茂的画面呈现给用户。

（1）客户机/服务器模式

客户机/服务器结构（client/server，C/S）是一种分布式处理体系结构。这是网络软件运行的一种形式，通常，采用客户机/服务器结构的系统，有一台或多台服务器及大量的客户机。服务器配备大容量存储器并安装数据库系统，用于数据的存放和数据检索；客户机安装专用的软件，负责数据的输入、运算和运输。服务器通常采用高性能的 PC、工作站或小型机，并采用大型数据库系统，如 Oracle、Sybase、Informix 或 SQL Server。客户机需要安装专用的客户机软件。

客户机/服务器的工作原理是：客户机与服务器之间采用网络协议（如 TCP/IP、IPX/SPX）进行连接和通信，由客户机向服务器发出请求，服务器响应请求，并进行相应服务。

客户机/服务器模式的优点主要如下。

① 能充分发挥客户端 PC 的处理能力，很多工作可以在客户机处理后再提交给服务器。对应的优点就是客户机响应速度快。

② 客户机/服务器融合了大型机的强大功能和中央控制及 PC 的低成本和较好的处理平衡。

③ 客户机/服务器为任务的集中/局部分布提供了一种新的方法，这种体系能够使用户对数据完整性、管理和安全性进行集中控制。在缓解网络交通和主机负荷及满足用户需要方面，客户机/服务器体系提供了良好的解决方案。

客户机/服务器模式的缺点主要如下。

① 只适用于局域网。而随着 Internet 的飞速发展，移动办公和分布式办公越来越普及，这需要我们的系统具有扩展性。这种方式远程访问需要专门的技术，同时要对系统进行专门的设计来处理分布式的数据。

② 客户机需要安装专用的客户机软件。首先涉及安装的工作量，其次任何一台计算机出问题，如病毒、硬件损坏，都需要进行安装或维护。特别是有很多分部或专卖店的情

况,不是工作量的问题,而是路程的问题。还有,系统软件升级时,每一台客户机需要重新安装,其维护和升级成本非常高。

③ 对客户机的操作系统一般也会有限制。可能适用于 Windows 2000 或 Windows XP,却不适用于微软新的操作系统等,更不用说 Linux、UNIX 了。

(2) 浏览器/服务器模式

浏览器/服务器(browser/server,B/S)模式是随着 Internet 技术的兴起,对客户机/服务器模式的一种变化或者改进的结构。在这种结构下,用户工作界面是通过 WWW 浏览器来实现,极少部分事务逻辑在浏览器端(browser)实现,但是主要事务逻辑在服务器端(server)实现,形成所谓三层结构。这样就大大简化了客户机的载荷,减轻了系统维护与升级的成本和工作量,降低了用户的总体成本(TCO)。

在浏览器/服务器模式中,客户机运行浏览器软件。浏览器以超文本形式向 Web 服务器提出访问数据库的要求,Web 服务器接受客户机的请求后,将这个请求转化为 SQL 语法,并交给数据库服务器,数据库服务器得到请求后,验证其合法性,并进行数据处理,然后将处理后的结果返回给 Web 服务器,Web 服务器再一次将得到的所有结果进行转化,变成 HTML 文档形式,转发给客户机浏览器以友好的 Web 页面形式显示出来。

浏览器/服务器结构的优点如下。

① 在系统的性能方面,浏览器/服务器模式占有优势的是其异地浏览和信息采集的灵活性。任何时间、任何地点、任何系统,只要可以使用浏览器上网,就可以使用浏览器/服务器模式的终端。

② 浏览器/服务器模式与客户机/服务器模式相比,则大大简化了客户机,只要客户机能上网就可以。对于浏览器/服务器模式而言,开发、维护等几乎所有工作也都集中在服务器端,当企业对网络应用进行升级时,只需更新服务器端的软件就可以,这减轻了异地用户系统维护与升级的成本。

浏览器/服务器模式结构的缺点如下。

① 采用浏览器/服务器模式,客户机只能完成浏览、查询、数据输入等简单的功能,绝大部分工作由服务器承担,这使得服务器的负担很重。

② 与浏览器/服务器模式相比,客户机/服务器模式发展历史更为"悠久"。从技术成熟度及软件设计、开发人员的掌握水平来看,客户机/服务器模式应是更成熟、更可靠的。

在系统安全维护上,浏览器/服务器模式则略显不足,尤其是浏览器/服务器模式得考虑数据的安全性和服务器的安全性,毕竟现在的网络安全系数并不高。

3. 统一资源定位符

(1) 统一资源定位符的格式

统一资源定位符(uniform resource locator,URL)是对可以从 Internet 上得到的资源的位置和访问方法的一种简洁的表示。URL 给资源的位置提供一种抽象的识别方法,并用这种方法给资源定位。只要能够给资源定位,系统就可以对资源进行各种操作,如存取、更新、替换和查找其属性。

上述的资源是指在 Internet 上可以被访问的任何对象,包括文件目录、文件、文档、图像、声音等,以及与 Internet 相连的任何形式的数据。

URL 相当于一个文件名在网络范围的扩展。因此,URL 是与 Internet 相连的机器上的任何可访问对象的一个指针。由于对不同对象的访问方式不同(如通过 WWW、FTP 等),所以 URL 还指出读取某个对象时所使用的访问方式。URL 的一般形式为

<URL 的访问方式>: //<主机域名>:<端口>/<路径>

其中,<URL 的访问方式>用来指明资源类型,除了 WWW 用的 HTTP 协议之外,还可以是 FTP、News 等。<主机域名>表示资源所在机器的主机名字,是必需的。主机域名可以是域名方式,也可以是 IP 地址方式。<端口>和<路径>则有时可以省略。<路径>用以指出资源在所在机器上的位置,包含路径和文件名,通常"目录名/目录名/文件名",也可以不含有路径。例如,南通职业大学的 WWW 主页的 URL 就表示为: http://www.ntvc.edu.cn/default.html。

在输入 URL 时,资源类型和服务器地址不分字母的大小写,但目录和文件名则可能区分字母的大小写。这是因为大多数服务器安装了 UNIX 操作系统,而 UNIX 的文件系统区分文件名的大小写。

(2) 使用 HTTP 的 URL

对于 WWW 网站的访问要使用 HTTP 协议。HTTP 的 URL 的一般形式如下:

http://<主机域名>: <端口>/<路径>

HTTP 的默认端口号是 80,通常可以省略。若再省略文件的<路径>项,则 URL 就指到 Internet 上的某个主页。例如,要查有关邢台职业技术学院的信息,就可先进入到邢台职业技术学院的主页,其 URL 为 http://www.xtvtc.edu.cn。更复杂一些的路径是指向层次结构的从属页面。例如,http://www.xtvtc.edu.cn/xxzx/index.htm。

用户使用 URL 不仅能够访问 WWW 的页面,而且能够通过 URL 使用其他的 Internet 应用程序,如 FTP、Gopher、Telnet、电子邮件及新闻组等。并且,用户在使用这些应用程序时,只使用一个程序,即浏览器。

4. 超文本传输协议

超文本传输协议(hypertext transfer protocol,HTTP)是用来在浏览器和 WWW 服务器之间传送超文本的协议。HTTP 协议由两部分组成:从浏览器到服务器的请求集和从服务器到浏览器的应答集。HTTP 协议是一种面向对象的协议,为了保证 WWW 客户机与 WWW 服务器之间通信不会产生二义性,HTTP 精确地定义了请求报文和响应报文的格式。

请求报文:从 WWW 客户向 WWW 服务器发送请求报文。

响应报文:从 WWW 服务器到 WWW 客户的回答。

HTTP 会话过程包括 4 个步骤:连接、请求、应答、关闭。如图 8.12 所示。每个 WWW 站点都有一个服务器进程,它不断地监听 TCP 的 80 端口,以便发现是否具有浏览器(即客户进程)向它发出连接建立请求,一旦监听到连接建立请求并建立了 TCP 连接之后,浏览器就向服务器发出浏览某个页面的请求,服务器接着就返回所请求的页面作为响应。最后,TCP 连接就被释放了。在浏览器和服务器之间的请求和响应的交互,必须

按照规定的格式并遵循一定的规则。这些格式和规则就是 HTTP。

图 8.12　HTTP 会话过程

WWW 以客户机/服务器模式进行工作。运行 WWW 服务器程序并提供 WWW 服务的机器被称为 WWW 服务器,在客户端,用户通过一个被称为浏览器的交互式程序来获得 WWW 信息服务。常用到的浏览器有 Mosaic、Netscape 和微软的 IE。

用户浏览页面的方法有两种:一种方法是在浏览器的地址窗口中输入所要找的页面的 URL;另一种方法是在某一个页面中单击一个可选部分,这时浏览器自动在 Internet 上找到所要链接的页面。

对于每个 WWW 服务器站点都有一个服务器监听 TCP 的 80 端口,看是否有从客户机(通常是浏览器)过来的连接。当客户机的浏览器在其地址栏里输入一个 URL 或者单击网页上的一个超链接时,网页浏览器就要检查相应的协议以决定是否需要重新打开一个应用程序,同时对域名进行解析以获得相应的 IP 地址。然后,以该 IP 地址并根据相应的应用层协议即 HTTP 所对应的 TCP 端口与服务器建立一个 TCP 连接。连接建立之后,客户机的浏览器使用 HTTP 协议中的"GET"功能向 WWW 服务器发出指定的 WWW 页面请求,服务器收到该请求后将根据客户机所要求的路径和文件名使用 HTTP 协议中的"PUT"功能将相应 HTML 文档回送到客户机,如果客户机没有指明相应的文件名,则由服务器返回一个默认的 HTML 页面。页面传送完毕则中止相应的会话连接。

习题与思考

一、填空题

1. 从宏观上看,计算机网络包括_____、_____和_____;从逻辑上看,计算机网络包括_____和_____。

2. 资源子网包括_____、_____和_____;通信子网是由网络节点和传输介质组成,包括_____、_____和_____。

3. 计算机网络的功能主要体现在_____、_____、_____和_____几个方面。

4. 计算机网络按其覆盖范围大小可分为_____、_____和_____三大类;按使用的交换技术来分,计算机网络又可分为_____、_____、_____等。

5. OSI/RM 参考模型共分成 7 层_____、_____、_____、_____、_____、_____和_____。

6. TCP/IP 协议是 OSI 七层模型的简化,它分为 4 层,即_____、_____、

_____和_____。

7. Internet 主要有 _____、_____、_____、_____、_____、_____、_____等相关协议。

8. 通信子网的功能是_____、_____和_____。

9. 资源子网的功能是_____、_____、_____和_____。

10. 计算机网络不仅传输计算机数据,也可以实现 _____、_____、_____、_____等综合传输,构成综合服务数字网络,为社会提供更广泛的应用服务。

二、判断题

1. 计算机网络是计算机技术与通信技术紧密结合的产物,是计算机通信网络发展的高级阶段。   (   )

2. Internet 遵循的是 OSI 参考模型。   (   )

3. 以太网是一种广域网。   (   )

4. TCP/IP 模型和 OSI 七层模型完全不相关。   (   )

5. TCP/IP 模型的网络接口层和 OSI 模型的网络层一致。   (   )

6. TCP 和 UDP 都是运行在传输层的协议。   (   )

7. 每个网卡都有自己唯一的 MAC 地址。   (   )

8. 第三层交换机是实现路由功能的基于硬件的设备。   (   )

三、简答题

1. 什么是计算机网络?它是如何分类的?

2. 简述 TCP/IP 模型和及其协议。

3. 什么是 OSI 参考模型?试比较 OSI 和 TCP/IP 两种模型。

4. 试分析 TCP 与 UDP 的主要异同点。

5. 解释客户机/服务器模型。在 TCP/IP 协议族中哪个层实现这个模型?

第 9 章
多媒体技术基础

9.1　多媒体技术概述

　　多媒体技术作为现代科学技术的一个最新成就，已经成为当今备受关注的一个热点技术。它以五彩缤纷的静态或动态图像、悦耳的音乐、动听的解说走进我们的生活，改变着我们的生活方式，理解和掌握多媒体技术也就成为现代人生活必备的基本素质。通过本章的学习你将走进多媒体世界，感受多媒体技术的魅力，理解多媒体技术的概念、特征、应用价值与意义，了解多媒体技术的发展历史与发展趋势。

9.1.1　多媒体的基本概念

　　通常所说的"多媒体"并不是指多媒体信息本身，而主要是指处理和应用它的整套软、硬件技术。多媒体技术是近年来全球信息化发展比较热门的技术，由于它不仅能处理数据与文本，而且还能处理图形、图像、声音等信息，它所处理的信息量大且实用性强，更符合人们的时间需要，所以能够迅速发展。

1. 数据、信息与媒体

　　数据是记录描述客观世界的原始数字。信息是主观的、数据是客观的，单纯的数据本身并无实际意义，只有经过解释后才能成为有意义的信息。

　　媒体（medium）在计算机领域有两种含义：一是指存储信息的实体，如磁盘、光盘、磁带、半导体存储器等，中文常译为媒质；二是指传递信息的载体，如数字、文字、声音、图形和图像等，中文译作媒介，多媒体技术中的媒体是指后者。从这个意义上看，媒体在计算机领域中的理解是比较狭义的。

数据、信息与媒体三者之间有以下关系。

（1）有格式的数据才能表达信息含义。媒体的种类不同其所具有的格式也不同，只有对格式能够理解，才能对其承载的信息进行表述。

（2）不同的媒体所表达的信息程序也是不同的。每种媒体都有自己本身承载的信息形式特征，而人们对不同种类信息的接受程序也不同，便产生了差异。

（3）媒体之间的关系也代表着信息。媒体的多样化关键不在于能否接收多种媒体的信息，而在于媒体之间的信息表示的合成效果。多种媒体来源于多个感觉通道，其效果远远超出各个媒体单独表达时的效果。

（4）媒体是可以进行相互转换的。媒体转换是指媒体形式从一种转换为另外一种，同时信息的损失总是伴随媒体的转换过程的。

"媒体"的概念范围是相当广泛，根据原国际电报电话咨询委员会（现改称为国际电信联盟标准化部门，ITU-T）对媒体的定义，"媒体"可分为下列五大类。

① 感觉媒体（perception medium）是指能直接作用于人们的感觉器官，从而能使人产生直接感觉的媒体。包括视觉类媒体（位图图像、图形、符号、文字、视频、动画等）、听觉类媒体（语音、音乐、音效等）、触觉类媒体（指点、位置跟踪、力反馈与运动反馈等）、味觉类媒体、嗅觉类媒体等。

人类感知信息的途径有：视觉，是人类感知信息的最重要的途径，人类从外部世界获取信息的 70%～80% 是从视觉获得；听觉，人类从外部世界获取信息的 10% 是通过听觉获得的；嗅觉、味觉、触觉，通过嗅觉、味觉、触觉获得的信息量约占 10%。

② 表示媒体（representation medium）是指为了加工、处理和传送感觉媒体而人为研究、构造出来的一种媒体。借助于此种媒体，便能更有效地存储感觉媒体或将感觉媒体从一个地方传送到另一个地方。表示媒体包括各种编码方式如语音编码、文本编码、静止图像和运动图像编码等。

③ 显示媒体（presentation medium）是指用于通信中使电信号和感觉媒体之间产生转换用的媒体。如输入、输出设施：包括键盘、鼠标器、话筒、喇叭、显示器、打印机等。

④ 存储媒体（storage medium）是指用于存储表示媒体的物理介质，以方便计算机加工和调用信息。如纸张、磁带、磁盘、光盘等。

⑤ 传输媒体（transmission medium）是指用来将表示媒体从一个地方传输到另一个地方的物理介质，是通信的信息载体。常用的有双绞线、同轴电缆、光缆和微波等。

在上述的各种媒体中，表示媒体是核心。计算机处理媒体信息时，首先通过显示媒体的输入设备将感觉媒体转换成表示媒体，并存放在存储媒体中，计算机从存储媒体中获取表示媒体信息后进行加工、处理；最后利用显示媒体的输出设备将表示媒体还原成感觉媒体。此外，通过传输媒体，计算机也可将从存储媒体中得到的表示媒体传送到网络中的另一台计算机。图 9.1 表示计算机与媒体的这些关系。

2. 多媒体

"多媒体"一词译自英文单词"multimedia"，而该词又是由 multiple 和 media 复合而成，核心词是媒体。与多媒体对应的一词是单媒体（monomedia），从字面上看，多媒体是由单媒体复合而成的。人类在信息交流中要使用各种信息载体，多媒体就是指多种信息

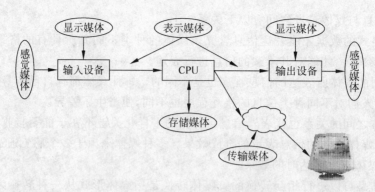

图 9.1 各种媒体之间的关系

载体的表现形式和传递方式。这些信息媒体包括：文字、声音、图形、图像、动画、视频等。

多媒体技术是指能够同时获取、处理、编辑、存储和展示两个以上不同类型信息媒体，使它们建立起逻辑联系，并能进行加工处理的技术。加工处理主要是指对这些媒体的录入、对信息压缩和解压缩、存储、显示、传输等。"多媒体"常常不是指多种媒体本身，而主要是指处理和应用它的一整套技术。因此，"多媒体"实际上就常常被当作"多媒体技术"的同义语。常见的多媒体信息类型如表 9.1 所示。

表 9.1 常见的多媒体信息类型及其特点

信息类型	特　　点	适 用 情 况
文本	文本是以文字和各种专用符号表达的信息形式，它是现实生活中使用得最多的一种信息存储和传递方式	对知识的描述性表示，如阐述概念、定义、原理和问题及显示标题、菜单等内容
图像	它是决定一个多媒体软件视觉效果的关键因素	图像是多媒体软件中最重要的信息表现形式之一
动画	动画是利用人的视觉暂留特性，快速播放一系列连续运动变化的图形图像，也包括画面的缩放、旋转、变换、淡入淡出等特殊效果	通过动画可以把抽象的内容形象化，使许多难以理解的教学内容变得生动有趣。合理使用动画可以达到事半功倍的效果
声音	声音是人们用来传递信息、交流感情最方便、最熟悉的方式之一	在多媒体课件中，按其表达形式，可将声音分为讲解、音乐、效果三类
视频	视频具有时序性与丰富的信息内涵，常用于交代事物的发展过程	视频非常类似于我们熟知的电影和电视，有声有色，在多媒体中充当起重要的角色

表示媒体的各种编码数据在计算机中都是以文件的形式存储的，是二进制数据的集合，文件的命名遵循特定的规则，一般由主文件名和扩展名两部分组成，主名与扩展名之间用"."隔开，扩展名表示文件的类型。

3. 多媒体的特征

多媒体技术是指利用计算机技术把文本、图形、图像、声音、动画和电视等多种媒体综合起来，使多种信息建立逻辑连接，并能对它们进行获取、压缩、加工处理、存储，集成为一个具有交互性的系统。多媒体技术的内涵、范围及所涉及的技术极其广泛，其主要特性如下。

（1）多样性。主要表现在信息媒体的多样化。多样性使得计算机处理的信息空间范围扩大，不再局限于数值、文本或特殊对待的图形和图像，可以借助于视觉、听觉和触觉等多感觉形式实现信息的接收、产生和交流。

（2）集成性。主要表现在多媒体信息（文字、图形、图像、语音和视频等信息）的集成和操作这些媒体信息的软件和设备的集成。多媒体信息的集成是将各种信息媒体按照一定的数据模型和组织结构集成为一个有机的整体。

（3）交互性。这是多媒体应用有别于传统信息交流媒体的主要特点之一。传统信息交流媒体只能单向、被动地传播信息，而多媒体技术引入交互性后则可实现人对信息的主动选择、使用、加工和控制。

（4）非线性。多媒体技术的非线性特点将改变人们传统循序性的读写模式。以往人们读写方式大都采用章、节、页的框架，循序渐进地获取知识，而多媒体技术将借助超文本链接的方法，把内容以一种更灵活、更具变化的方式呈现给读者。

（5）实时性。这是指在人的感官系统允许的情况下进行多媒体处理和交互。当人们给出操作命令时，相应的多媒体信息都能够得到实时控制。

（6）信息使用的方便性。用户可以按照自己的需要、兴趣、任务要求、偏爱和认知特点来使用信息，获取图、文、声等信息表现形式。

（7）信息结构的动态性。用户可以按照自己的目的和认知特征重新组织信息，即增加、删除或修改节点，重新建立链接等。

4．超文本与超媒体

（1）超文本

超文本是一种文本，与一般的文本文件的差别主要是组织方式不同，它是将文本中遇到的一些相关内容通过链接组织在一起，用户可以很方便地阅览这些相关内容。超文本是一种文本管理技术，它以节点为单位组织信息，在节点与节点之间通过表示它们之间关系的链加以连接，构成特定内容的信息网络。节点、链和网络是超文本所包含的三个基本要素。

① 节点。超文本中存储信息的单元，由若干个文本信息块（可以是若干屏、窗口、文件或小块信息）组成。节点大小按需要而定。

② 链。建立不同节点（信息块）之间的联系。每个节点都有若干个指向其他节点或从其他节点指向该节点的指针，该指针称为链。链通常是有向的，即从链源（源节点）指向链宿（目的节点）。链源可以是热字、热区、图元、热点或节点等。一般链宿都是节点。

③ 网络。由节点和链组成的一个非单一、非顺序的非线性网状结构。

文本中的词、短语、图像、声音剪辑或影视剪辑之间的链接，或者其他的文件、超文本文件的链接，称为超链接（热链接）。词、短语、图像、声音剪辑或影视剪辑和其他的文件通常被称为对象或者文档元素，因此超链接是对象之间或者文档元素之间的链接。建立相互链接的这些对象不受空间位置的限制，它们可以在同一个文件内也可以在不同的文件之间，还可以通过因特网与世界上的任何一台联网计算机上的文件建立链接关系。

（2）超媒体

用超文本方式组织和处理多媒体信息就是超媒体。超媒体不仅包含文字，而且还可以包含图形、图像、动画、声音和影视图像片段,这些媒体之间也是用超链接组织的。超媒体与超文本之间的不同是,超文本主要是以文字的形式表示信息,建立的链接关系主要是文句之间的链接关系。超媒体除使用文本外,还使用图形、图像、动画、声音或影视片段等多种媒体来表示信息,建立的链接关系是图形、图像、动画、声音或影视片段等多种媒体之间的链接关系。

可见,超媒体是超文本和多媒体在信息浏览环境下的结合。它是对超文本的扩展,除了具有超文本的全部功能以外,还能够处理多媒体和流媒体信息。在技术学上,人们把用数据库管理多媒体信息的方法称为多媒体数据库;用超文本技术来管理多媒体信息,其对应的名词就是超媒体。形象地说,超媒体=超文本+多媒体。它是以多媒体方式呈现的相关文件信息,意指多媒体超文本(multimedia hypertext)。

超媒体系统包括如下方面。

① 编辑器。可以帮助用户建立、修改信息网络的节点和链。对于不同的用户,超媒体系统给予不同的修改能力。有的用户可能没有任何编辑能力,只能播放;有的用户可以增加注释和标记路径;而对于创作者则拥有所有的编辑功能,包括建立、修改、删除等。

② 导航工具。超媒体系统支持两种形式的查询。一种是向数据库那样基于条件的查询,另一种是交互式沿链走的查询。当节点多的时候,后一种查询必须有导航工具,否则会迷路。

③ 超媒体语言。能以一种程序设计的方法描述超媒体网络的构造、节点和其他各种属性。总之,对于大量的多媒体数据创作、整理与更新来说,利用超媒体语言可以方便建立多媒体信息系统。

5. 多媒体计算机

多媒体计算机技术是指运用计算机综合处理多种媒体信息(文本、声音、图形、图像、动画等)的技术,包括将多种信息建立逻辑连接,进而集成一个具有交互性的系统并具有交互性。具有这类能力的计算机称为多媒体计算机。

简单地说,多媒体计算机能综合处理声、文、图信息,并具有集成性和交互性。

从开发和生产厂商以及应用的角度出发,多媒体计算机可以分成如下两大类。

(1) 电视计算机。它是由家电制造厂商研制的,是将 CPU 放到家电中,通过编程控制管理电视机、音响。

(2) 计算机电视。它是由计算机厂商研制的,采用微处理器作为 CPU,具有视频图形适配器、光盘驱动器、音响设备及扩展的多媒体家电系统。

9.1.2　多媒体系统

多媒体系统是指利用计算机技术和数字通信技术来处理和控制多媒体信息的系统,如电视节目、动画片、多媒体教学系统、多媒体视频会议系统、多媒体出版物、多媒体数据库系统等。

1. 多媒体系统的组成

多媒体系统的组成如图 9.2 所示,共分 6 层,第一、第二层构成多媒体计算机的硬件系统,其余 4 层是软件系统。

多媒体系统外围设备包括各种媒体的输入/输出设备和网络。按功能划分为视频/音频输入设备、视频/音频播放设备、人机交互设备及存储设备。

多媒体核心软件系统包括多媒体设备硬件驱动程序和支持多媒体功能的操作系统。多媒体操作系统是整个多媒体计算机系统的核心,其功能是负责多媒体环境下多个任务的调动,保证音频、视频同步控制及信息处理的实时性,提供多媒体信息的各种操作与管理,支持实时数据采集,同步播放多媒体数据处理流程。

图 9.2 多媒体系统的组成

多媒体素材制作工具用于采集和处理各种媒体数据的工具软件,如声音录制和编辑软件、图像扫描和处理、动画生成和编辑、视频采集和编辑等。

多媒体编辑创作系统是完成将分散的多媒体素材按节目创意的要求集成为一个完整的融合了图、文、声、像等多种表现形式并具有交互的多媒体作品的创作工具。常见的有 Authorware、Director、FrontPage 等。

多媒体应用系统是在多媒体创作平台上设计开发的面向应用领域的软件系统,及支持特定应用的多媒体软件系统。前者如邮局的多媒体查询系统,后者如会议电视系统、视频点播系统等。

2. 多媒体计算机的硬件组成

(1) 多媒体计算机的构成

多媒体个人计算机(multimedia personal computer,MPC),是能够输入、输出并综合处理文字、声音、图形、图像和动画等多种媒体信息的计算机。它将计算机软/硬件技术、数字化声像技术和高速通信网络技术等结合起来构成一个整体,使多媒体信息的获取、加工、处理、传输、存储和展示集于一体。简单地说,多媒体计算机就是一种具有多媒体信息处理功能的个人计算机,如图 9.3 所示。

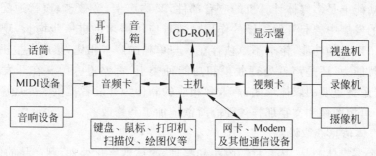

图 9.3 多媒体计算机的组成

多媒体计算机与一般 PC 机的主要区别在于多媒体计算机具有对音频、图形、图像和视频等信息的处理能力。具体地说,有以下几个方面。

① 音频信号处理功能。标准的多媒体计算机有一块音频处理卡,它具有丰富的音频信号处理功能,包括录制、处理和重放声波信号及用 MIU 技术合成音乐的功能等。

② 图形功能。多媒体计算机有较强的图形处理功能,在 VGA 显示硬件和 Windows 软件的配合下,多媒体计算机可以产生色彩丰富、形象逼真的图形,并可以在此基础上实现一定程度的 3D 动画效果。

③ 图像处理功能。多媒体计算机通过 VGA 接口卡和显示器可以生动、逼真地显示静止图像。

④ 视频处理功能。多媒体计算机对视频图像的处理功能较强,能实时录制和压缩视频图像,并能高质量地播放已压缩好的视频图像。

（2）多媒体计算机的主要特征

① 具有 CD-ROM 驱动器。CD-ROM 是多媒体技术普及的基础,它是最经济、最实用的数据信息载体。

② 输入手段丰富。多媒体计算机的输入手段很多,用于输入各种媒体内容。除了常用的键盘和鼠标以外,一般还具备扫描输入、手写输入和文字识别输入等。

③ 输出种类多、质量高。多媒体计算机可以多种形式输出多媒体信息。例如,音频输出、投影输出、视频输出及帧频输出等。

④ 显示质量高。由于多媒体计算机通常配备先进的高性能图形显示卡和质量优良的显示器,因此图像的显示质量比较高。高质量的显示品质为图像、视频信号、多种媒体的加工和处理提供了不失真的参照基准。

⑤ 具有丰富的软件资源。多媒体计算机的软件资源必须非常丰富,以满足多媒体素材的处理及其程序的编制需求。

3. 多媒体硬件设备

（1）多媒体接口卡

多媒体接口卡是建立、制作和播放多媒体应用程序必不可少的硬件设施。根据多媒体系统获取、编辑音频或视频的需要,将多媒体接口卡插接在计算机上,以解决各种媒体数据的输入、输出问题。常用的接口卡有声卡、语音卡、视频压缩卡、视频捕获卡、视频播放卡、图形加速卡、光盘接口卡、图像扫描仪接口卡等。

多媒体功能卡是多媒体计算机的应有部件,又称声卡、音效卡、声音适配卡。声卡在多媒体技术的发展中曾起开路先锋的作用。随着应用需求的进一步增长,现在大多数主机板上集成了声卡的功能,声卡不单独存在。与单独的声卡相比,集成在主机板上的声卡不论从抗干扰能力,还是声音处理效果和功能种类上,都略逊一筹。在开发多媒体产品时,语音和音乐是重要的媒体形式,声卡和相应的软件为开发者提供了处理声音的工具和手段,使声音可像图像和文字那样被随心所欲地加工和修改。

（2）多媒体信息获取设备

开发一个多媒体产品,从素材的收集和整理,媒体数字化处理,到产品的保存、打印输出和演示,除了具备一台基本配置的多媒体计算机外,还需要一些专门完成特定工作的设备。由于这些设备不属于多媒体计算机的基本配置,因此被叫作"扩展设备"。扩展设备几乎包括了所有对多媒体产品的开发起一定作用的设备,只要经济条件允许,都可以纳入多媒体计算机的系统配置清单中。在多媒体产品的开发过程中,具有代表性的扩展设备有扫描仪、数码相机、触摸屏。

① 扫描仪(scanner)是 20 世纪 80 年代出现的一种光、机、电一体化的高科技产品,它可以通过扫描将图片、文稿等转换成计算机能够识别和处理的图像文件。这里的图片可以是照片、绘画、插图等。

扫描仪由 3 个部分组成:光学成像部分、机械传动部分、转换电路部分。这 3 部分相互配合,将反映光学特征的光学信号转换为电信号,再由电信号转变为计算机可以识别的数字信号。光学成像部分包括光源、光路和镜头,用于生成被扫描图像的光学信息。机械传动部分包括控制电路、步进电机、扫描头、导轨等,用于控制扫描仪的机械动作。转换电路部分包括光电转换部件、模/数转换处理电路,这部分是扫描仪的核心,用于将光学信号转换为相应的电信号。

扫描仪的性能指标主要有分辨率、灰度级、色彩数、扫描速度和扫描幅面等。

a. 扫描仪分辨率表示扫描仪的精度,体现扫描仪对图像细节的表现能力。分辨率习惯以像素/英寸(dot per inch,dpi)来表示,即每英寸长度上所含有的像素个数。扫描仪的水平分辨率取决于 CCD 元件的数量,一般由 CCD 的数目除以扫描仪的横幅英寸数而得到;垂直分辨率取决于取样率,即 CCD 每前进一英寸感受到的光信号的次数。通常,扫描仪的垂直分辨率会比水平分辨率高一倍。将水平与垂直分辨率联合起来就构成了扫描仪的分辨率。一般而言,扫描仪的分辨率越高,图像的像素越多,质量越好,但转换后的文件越大。目前市场上分辨率为 $600 \times 1\,200$(dpi)的扫描仪比较普及,$1\,200 \times 2\,400$(dpi)的扫描仪正在兴起,生产厂商正在研制 $2\,400 \times 4\,800$(dpi)的扫描仪。$600 \times 1\,200$(dpi)的扫描仪可满足一般用户基本要求。

b. 扫描仪灰度级表示图像的亮度层次范围,即图像颜色的深浅,灰度级越多,扫描图像的层次越丰富。通常有 16 级(4 位)灰度和 256 级(8 位)灰度两种,也有一些手持式扫描仪只有 2 级灰度,即只能区分黑与白。

c. 扫描仪色彩数表示彩色扫描仪所能产生的颜色范围,通常用每个像素的颜色的数据位(bit)来表示。例如真彩色图像指 24 位颜色,可表示 224 种不同的颜色。彩色扫描仪的色彩数一般在 18~36 位,位数越多,扫描得到的图像色彩越鲜艳、越真实。实际上,彩色扫描仪的扫描图像是以红、绿、蓝(RGB)三原色合成而形成的,图像中每一点的颜色都是以这三原色的灰度来表示。以 24 位真彩色为例,每一种红、绿、蓝原色的灰度为 8 位,即 256 级灰度,这三种原色合成以后即可得到像素的 24 位真彩色。24 位的彩色扫描仪在扫描灰度图像时可达到 256 级灰度。

d. 扫描速度是衡量扫描仪性能优劣的一个重要指标。在保证扫描精度的前提下,扫描速度越高越好。扫描速度主要与扫描分辨率、扫描颜色模式和扫描幅面有关,扫描分辨率越低,幅面越小,单色,扫描速度越快。在 600dpi、256 级灰度等级的条件下,扫描一幅图像所需的时间一般为 1~3min,最快的不到 1min。

e. 扫描幅面表示扫描仪可以接受的最大原稿尺寸。手持式扫描仪的最大幅面宽度为 10.5cm,平板式扫描仪的幅面通常为 A4 或 A4 加长,而滚筒式扫描仪的幅面范围是 A3~A0。

② 数码照相机是一种数字成像设备。在制作多媒体产品时,数码照相机是输入设备,可以方便地摄取数字图片供使用。数码相机中保存的照片不是实际的影像,而是一个

个数字文件,其存储体不是传统的胶片,而是数字化存储器件。用数码相机拍摄的图像可以通过计算机的串行口或 SCSI、USB 接口从相机传送到计算机中,利用计算机进行处理或在 Internet 上发布。数码照相机的分类方法很多,各有其特点。按照所采用的图像传感器分类,数码相机可分为线阵 CCD 相机、面阵 CCD 相机和 CMOS 相机;按照价格可分为低档相机、中档相机和高档相机;按照使用对象可分为家用型相机、商用型相机和专业型相机;按照机身结构可分为单反相机、简易型相机和长焦相机。

单反数码相机指的是单镜头反光数码相机,即 Digital(数码)、Single(单独)、Lens(镜头)、Reflex(反光)。单反数码相机的一个很大的特点就是可以交换不同规格的镜头,这是单反相机天生的优点,是普通数码相机不能比拟的。长焦数码相机指的是具有较大光学变焦倍数的机型,而光学变焦倍数越大,能拍摄的景物就越远。

数码照相机技术指标如下。

a. 像素。它指的是数码相机的分辨率,是由相机里光电传感器上的光敏元件数目所决定的,一个光敏元件对应一个像素。因此像素数越多,意味着光敏元件越多,也就意味着拍摄出来的相片越细腻。

b. 文件格式。数码相机在存储其所拍摄的照片时有多种不同的影像文件格式,不同的文件格式对数码影像的压缩率是不同的。常见的影像文件格式有 RAW、TIFF、JPEG 等。

c. 分辨率。它是指单位图像线性尺寸中所包含的像素数目,通常以像素/英寸(dpi)为计量单位。数码相机分辨率的高低决定了所拍摄影像最终能打印出的照片大小,或在计算机显示器上所能显示的画面大小。数码相机分辨率的高低,取决于相机中 CCD 芯片上像素的多少,像素越多,分辨率越高。

d. 连续拍摄。对于数码相机来说,连续拍摄不是它的强项。由于"电子胶卷"从感光到将数据记录到内存的过程进行得并不是太快,所以拍完一张照片之后,不能立即拍摄下一幅照片。两张照片之间需要等待的时间间隔就成为数码相机的另一个重要指标。越高级的相机,间隔越短,连续拍摄的能力越强。

③ 数码摄像机是将光信号通过 CCD 转换为电信号,再经过模拟数字转换,以数字格式将信号保存在磁带、闪存卡、DVD-RW 光盘或硬盘上的一种摄像记录设备。在数码影像系统中,数码相机和数码摄像机同为数码影像的输入设备,其作用都是生成数码影像,区别在于数码相机主要用于拍摄静态图片,数码摄像机主要用于拍摄连续图片,生成影像。

④ 数字摄像头又称为网络摄像机(web-camera),它是一种新型的多媒体计算机外部输入设备和网络设备。其工作原理大致为:景物通过镜头(LENS)生成的光学图像投射到图像传感器表面上,然后转为电信号,经过 A/D 转换后变为数字图像信号,再送到数字信号处理芯片(DSP)中加工处理,再通过 USB 接口传输到电脑中处理,通过显示器就可以看到图像了。它的技术指标包括像素、USB 接口规范、视频捕捉速度及调焦和快门。

⑤ 触摸屏(touch panel)技术产生于 20 世纪 70 年代,最先应用于美国的军事,此后,该项技术逐渐向民用移转,并且随着电子技术、网络技术的发展和 Internet 应用的普及,新一代触摸屏技术和产品相继出现,其坚固耐用、反应速度快、节省空间、易于交流等许多

优点得到大众的认同。目前,这种最为轻松的人机交互技术已经被推向众多领域,除了应用于个人便携式信息产品之外,还广泛应用于家电、公共信息(如电子政务、银行、医院、电力等部门的业务查询等)、电子游戏、通信设备、办公室自动化设备、信息收集设备及工业设备等。触摸屏的引入改善了人与计算机的交互方式。

触摸屏的本质是传感器,它由触摸检测部件和触摸屏控制器组成。触摸检测部件安装在显示器屏幕前面,用于检测用户触摸位置,接受后送触摸屏控制器;触摸屏控制器的主要作用是从触摸点检测装置接收触摸信息,并将它转换成触点坐标送给 CPU,同时能接收 CPU 发来的命令并加以执行。

常见的触摸屏类型如下。

a. 电阻式触摸屏。电阻触摸屏的主要部分是一块与显示器表面非常配合的电阻薄膜屏,在强化玻璃表面分别涂上两层 OTI 透明氧化金属导电层。利用压力感应进行控制。当手指触摸屏幕时,两层导电层在触摸点位置就有了接触,电阻发生变化。在 X 和 Y 两个方向上产生信号,然后传送到触摸屏控制器。控制器侦测到这一接触并计算出 (X,Y) 的位置,再根据模拟鼠标的方式运作。电阻式触摸屏不怕尘埃、水及污垢影响,能在恶劣环境下工作。但由于复合薄膜的外层采用塑胶材料,抗爆性较差,使用寿命受到一定影响。

b. 电容式触摸屏。这种触摸屏是利用人体的电流感应进行工作的,在玻璃表面贴上一层透明的特殊金属导电物质,当有导电物体触碰时,就会改变触点的电容,从而可以探测出触摸的位置。但用戴手套的手或手持不导电的物体触摸时没有反应,这是因为增加了更为绝缘的介质。电容触摸屏能很好地感应轻微及快速触摸、防刮擦,不怕尘埃、水及污垢影响,适合恶劣环境下使用。但由于电容随温度、湿度或环境电场的不同而变化,故其稳定性较差。

此外还有红外线式触摸屏和表面声波触摸屏。

(3) 多媒体信息存储设备

信息爆炸造成的直接"后果"就是人们对存储需求的进一步提高。根据记录方式不同,信息存储装置大致可以分为磁、光两大类。其中磁记录方式历史悠久,应用也很广泛。而采用光学方式的记忆装置,因其容量大、可靠性好、存储成本低廉等特点,越来越受到世人瞩目。从磁介质到光学介质是信息记录的飞跃,多媒体是传播信息的最佳方式,光介质则是多媒体信息存储与传播的最佳载体。无论是磁介质还是光介质,目前都在各自的领域发挥着巨大作用。

(4) 多媒体输出设备

多媒体输出设备有显示器、打印机等。

显示适配器也称显卡、视频卡、图形显示适配器等。它是主机与显示器之间连接的"桥梁",显示适配器的基本作用是将系统中主处理器送来的数据处理成显示器认识的格式,再送到显示器形成图像。显示适配器插在主板的 ISA、PCI、AGP 扩展插槽中。现在也有一些主板是集成显示适配器的。现在普遍使用的显示适配器都已经是图形加速卡,它拥有自己的图形函数加速器,能够提供图形函数的计算能力。

显示器分为 CRT 显示器和 LCD 显示器。阴极射线管(简称 CRT)显示器是目前使用比较广泛的多媒体计算机输出设备,CRT 显示器的基本电路结构包括电源电路、场扫描电路、行扫描电路、视频放大电路、控制(调整)电路和 CRT。彩色显像管屏幕上的每一个像素点都由红、绿、蓝 3 种颜色组合而成,由 3 束电子束分别激活这 3 种颜色的磷光涂料,以不同强度的电子束调节 3 种颜色的明暗程度就可得到所需的颜色,这非常类似于绘画时的调色过程。CRT 显示器的主要性能指标包括:

① 分辨率就是屏幕图像的精密度,是指显示器所能显示的点数的多少,显示器可显示的点数越多,画面就越精细,同样的屏幕区域内能显示的信息也越多,以分辨率为 $1\,024\times768$(dpi)的屏幕来说,即每一条水平线上包含有 $1\,024$ 个像素点,共有 768 条线。

② 点距是指 RGB 三色荧光点组的距离,单位为毫米,点距越小,显示器显示图形越清晰。

③ 刷新率就是每秒屏幕刷新的次数,屏幕的刷新率较低,像素点开始变暗的时候又马上转到高亮度,就造成了闪烁和抖动,眼睛容易疲劳。70Hz 的刷新频率是显示器稳定工作的最低要求。

④ 视频带宽指每秒钟电子枪扫描过的总像素数。带宽值越大,每行中可含的独立像素点越多,分辨率越高。

⑤ 最大可视面积是屏幕上可以显示画面的最大范围,为屏幕的对角线长度,以英寸为单位。

液晶显示器的性能指标包括:分辨率是指屏幕上每行有多少像素点、每列有多少像素点,一般用矩阵行列式来表示。现在 LCD 的分辨率一般是 800×600(dpi)的 SVGA 显示模式和 $1\,024\times768$(dpi)的 XGA 显示模式;LCD 刷新频率是指显示帧频,刷新频率过低,可能出现屏幕图像闪烁或抖动;视角是指人们观察显示器的范围,它用垂直于显示器平面的法向平面角度来度量。DSTN 液晶显示器为 60°,TFT 液晶显示器则为 160°;LCD 的响应时间愈小愈好,它反映了液晶显示器各像素点对输入信号反应的速度。

打印机是由微型计算机、精密机械和电气装置构成的机电一体化的高科技产品,是各种类型的计算机系统中能实现硬拷贝输出的外部设备,通过它可以将电脑处理的文件、数据和图片打印出来。打印机的种类很多,其分类方法也很多。有按工作原理分的、按打印输出方式分的、按行业分的、按用途分的、按价格分的等。目前常用的打印机为彩色打印机有彩色喷墨打印机、彩色激光打印机和热升华打印机等。

9.2 多媒体处理技术

9.2.1 音频信息处理技术

多媒体技术的特点是计算机交互式综合处理声、文、图信息。声音是携带信息的重要媒体。娓娓动听的音乐和解说,使静态图像变得更加丰富多彩。音频和视频的同步,使视频图像更具真实性。传统计算机与人交互是通过键盘和显示器,人们通过键盘或鼠标输入,通过视觉接收信息。而今天的多媒体计算机是为计算机增加音频通道,采用人们最熟悉、最习惯的方式与计算机交换信息。我们希望能为计算机装上"耳朵"(麦克风),让计算机听懂、理解人们的讲话,这就是语音识别;设计师为计算机安上"嘴巴"和"乐器"(扬声器),让计算机能够讲话和奏乐,这就是语音和音乐合成。

随着多媒体信息处理技术的发展及计算机数据处理能力的增强,音频处理技术越来越受到重视,并得到了广泛的应用。例如,视频图像的配音、配乐、背景音乐;可视电话、电视会议中的话音;游戏中的音响效果;虚拟现实中的声音模拟;用声音控制 Web,电子读物的有声输出。

1. 模拟音频和数字音频

(1) 模拟音频

声音是通过空气传播的一种连续的波,称为声波。声波在时间和幅度上都是连续的模拟信号,通常称为模拟声音(音频)信号。人们对声音的感觉主要有音量、音调和音色 3 个指标。

音量(也称响度),指声音的强弱程度,取决于声音波形的幅度,即取决于振幅的大小和强弱。人对声音频率的感觉表现为音调的高低,取决于声波的基频。基频越低,给人的感觉越低沉,频率高则声音尖锐。音色由混入基音(基波)的泛音(谐波)所决定,每种声音又都有其固定的频率和不同音强的泛音,从而使得它们具有特殊的音色效果。人们能够分辨具有相同音高的钢琴和小号声音,就是因为它们具有不同的音色。一个声波上的谐波越丰富,音色越好。

对声音信号的分析表明,声音信号由许多频率不同的信号组成,通常称为复合信号,而把单一频率的信号称为分量信号。声音信号的一个重要参数就是带宽,它用来描述组成声音的信号的频率范围。PC 处理的音频信号主要是人耳能听得到的音频信号,它的频率范围是 $20\text{Hz} \sim 20\text{kHz}$。在多媒体技术中处理的信号主要是音频信号。要处理的声音媒体可分为三类。

① 波形声音。它包含了所有声音形式,这是因为计算机可以将任何声音信号通过采样、量化、编码进行传输,在需要的时候,还可以将其恢复。

② 语音。它一般指人说话的话音,它不仅是一种波形声音,而且还通过语气、语速、语调携带更加丰富的信息。这些信息往往可以通过特殊的软件进行抽取,所以把它作为一种特殊的媒体单独研究。

③ 音乐。音乐是一种符号化了的声音,这种符号就是乐谱,乐谱则是转变为符号媒体形式的声音。

声音信号的两个基本参数是幅度和频率。幅度是指声波的振幅,通常用动态范围表示,一般以分贝(dB)为单位来计量。频率是指声波每秒钟变化的次数,用 Hz 表示。人们把频率小于 20Hz 的声波信号称为亚音信号(也称次音信号),频率范围为 $20\text{Hz} \sim 20\text{kHz}$ 的声波信号称为音频信号,高于 20kHz 的信号称为超音频信号(也称超声波)。

为了记录和保存声音信号,先后诞生了机械录音(以留声机、机械唱片为代表)、光学录音(以电影胶片为代表)、磁性录音(以磁带录音为代表)等模拟录音方式,20 世纪七八十年代开始进入了数字录音的时代。

(2) 数字音频

数字音频主要包括两类:波形音频和 MIDI 音频。

声音信号是一种模拟信号,计算机要对它进行处理,必须将它转换成为数字声音信号,即用二进制数字的编码形式来表示声音。最基本的声音信号数字化方法是取样—量化法,就是把声音数据写成计算机的数据格式,即把模拟量表示的音频信号转换成由许多二进制数 1 和 0 组成的数字音频信号。

2. 音频的采样和量化

将连续的模拟音频信号转换成有限个数字表示的离散序列(即实现音频数字化),在这一处理技术中,涉及音频的采样、量化和编码。

(1)采样。采样是把时间连续的模拟信号转换成时间离散、幅度连续的信号。在某些特定的时刻获取声音信号幅值叫作采样,由这些特定时刻采样得到的信号称为离散时间信号。一般都是每隔相等的一小段时间采样一次,其时间间隔称为取样周期,它的倒数称为采样频率。采样定理是选择采样频率的理论依据,为了不产生失真,采样频率不应低于声音信号最高频率的两倍。因此,语音信号的采样频率一般为 8kHz,音乐信号的采样频率则应在 40kHz 以上。采样频率越高,可恢复的声音信号分量越丰富,其声音的保真度越好。

(2)量化。量化处理是把在幅度上连续取值(模拟量)的每一个样本转换为离散值(数字量)表示,因此量化过程有时也称为 A/D 转换(模/数转换)。量化后的样本是用二进制数来表示的,二进制数位数的多少反映了度量声音波形幅度的精度,称为量化精度,也称为量化分辨率。例如,每个声音样本若用 16 位(2 字节)表示,则声音样本的取值范围是 0～65 536,精度是 1/65 536;若只用 8 位(1 字节)表示,则样本的取值范围是 0～255,精度是 1/256。量化精度越高,声音的质量越好,需要的存储空间也越多;量化精度越低,声音的质量越差,而需要的存储空间越少。

连续幅度的离散化通过量化来实现,把信号的强度划分成一小段一小段,如果幅度的划分是等间隔的,就称为线性量化,否则就称为非线性量化,如图 9.4 所示。

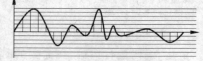

图 9.4　声音的采样和量化

(3)编码。经过采样和量化处理后的声音信号已经是数字形式了,但为了便于计算机的存储、处理和传输,还必须按照一定的要求进行数据压缩和编码,即选择某一种或者几种方法对它进行数据压缩,以减少数据量,再按照某种规定的格式将数据组织成为文件。

经过数字化处理之后的数字声音的主要参数如表 9.2 所示。

表 9.2　数字化处理之后的数字声音的主要参数

参　数	说　　明
采样频率	表示每秒内采样的次数。采样的 3 个标准频率分别为 44.1kHz、22.05kHz 和 11.05kHz
量化位数	反映度量声音波形幅度的精度。声音信号的量化精度一般为 8 位、12 位或 16 位
声道数目	单声道一次产生一组声音波形数据,双声道则一次同时产生两组声音波形数据
数据率	表示每秒钟的数据量,以 Kb/s 为单位
压缩比	同一段时间间隔内的音频数据压缩前的数据量与压缩后的数据量之比。压缩比通常小于 1

3. 数字音频的文件格式

数字声音在计算机中存储和处理时,其数据必须以文件的形式进行组织,所选用的文件格式必须得到操作系统和应用软件的支持。

(1) Wave 文件(.WAV)。微软公司的音频文件格式,它来源于对声音模拟波形的采样。用不同的采样频率对声音的模拟波形进行采样可以得到一系列离散的采样点,以不同的量化位数(8 位或 16 位)把这些采样点的值转换成二进制数,然后存入磁盘,这就产生了声音的 WAV 文件,即波形文件。利用该格式记录的声音文件能够和原声基本一致,质量非常高,但文件数据量大。

(2) Module 文件(.MOD)。该格式的文件里存放乐谱和乐曲使用的各种音色样本,具有回放效果明确、音色种类无限等优点。

(3) MPEG 文件(.MP3)。现在最流行的声音文件格式,因其压缩率大,在网络可视电话通信方面应用广泛,但和 CD 唱片相比,音质不能令人非常满意。

(4) RealAudio 文件(.RA)。这种格式具有强大的压缩量和极小的失真,它也是为了解决网络传输带宽资源而设计的,因此主要目标是压缩比和容错性,其次才是音质。

(5) MIDI 文件(.MID/.RMI)。它是目前较成熟的音乐格式,实际上已经成为一种产业标准,其科学性、兼容性和复杂程度等各方面,远远超过前面介绍的所有标准。General MIDI 就是最常见的通行标准。作为音乐工业的数据通信标准,MIDI 能指挥各音乐设备的运转,而且具有统一的标准格式,能够模仿原始乐器的各种演奏技巧甚至无法演奏的效果,而且文件的长度非常小。.RMI 可以包括图片标记和文本。

(6) Voice 文件(.VOC)。Creative 公司波形音频文件格式,也是声霸卡使用的音频文件格式。每个 VOC 文件由文件头块和音频数据块组成。文件头包含一个标识版本号和一个指向数据块起始的指针。数据块分成各种类型的子块。

(7) Sound 文件(.SND)。NeXT Computer 公司推出的数字声音文件格式,支持压缩。

(8) Audio 文件(.AU)。Sun Microsystems 公司推出的一种经过压缩的数字声音文件格式,是 Internet 上常用的声音文件格式。

(9) AIFF 文件(.AIF)。Apple 计算机的音频文件格式。Windows 的 Convert 工具可以把 AIF 格式的文件换成 WAV 格式的文件。

(10) CMF 文件(.CMF)。Creative 公司的专用音乐格式,与 MIDI 差不多,音色、效果上有些特色,专用于 FM 声卡,但其兼容性很差。

4. 声音的表示

计算机中的数字声音有两种表示方法:波形声音和合成声音。波形声音也称为自然声音,通过对实际声音的波形信号进行数字化(取样和量化)而获得,它能高保真地表示现实世界中任何客观存在的真实声音。例如,44.1kHz×16 位的 CD 质量的声音,8kHz×8 位的数字语音等。波形声音的数据量比较大。"合成声音"使用符号(参数)对声音进行描述,然后通过合成的方法生成声音。例如,MIDI 音乐(用符号描述的乐器演奏的音乐声音)、合成语音(用声母、韵母或清音、基音频率等参数描述的语音)等。虽然符号化的声音表示方法所产生的声音没有自然声那么真实、逼真，但数据量要比波形声音小得多（2～3个数量级），而且能产生自然界中不存在的声音，其编辑处理也比波形声音更加方便一些。

多媒体系统中对数字声音的处理是与应用密切相关的，涉及多方面的声音信息处理技术，大致包括声音的获取、重建与播放，数字声音的编辑处理，数字声音的存储与检索，数字声音的传输，数字语音与文本的相互转换等。

（1）波形声音

波形声音信息是一个用来表示声音振幅的数据序列，它是通过对模拟声音按一定间隔采样获得的幅度值，再经过量化和编码后得到的便于计算机存储和处理的数据格式。声音信号数字化后，其数据传输率（每秒位数）与信号在计算机中的实时传输有直接关系，而其总数据量又与计算机的存储空间有直接关系。未经压缩的数字音频数据传输率可按下式计算：

$$数据传输率(b/s) = 采样频率(Hz) \times 量化位数(b) \times 声道数$$

其中，数据传输率以每秒位（b/s）为单位；采样频率以赫兹（Hz）为单位；量化以位（b）为单位。波形声音经过数字化后所需占用的存储空间可用如下公式计算：

$$声音信号数据量 = 数据传输率 \times 持续时间 / 8(B)$$

（2）语音合成

① 语音合成目前主要是指从文本到语音的合成，也称为文语转换。采用文语转换的方法输出语音，应预先建立语音参数数据库、发音规则库等。需要输出语音时，系统按需求先合成语音单元，再按语音学规则或语言学规则连接成自然的语流。文语转换的参数数据库不随发音时间增长而加大，但规则库却随语音质量的要求而增大。语音合成有多方面的应用，例如，海量查询与声讯服务、航班动态查询、电话报税、有声 E-mail 等，这些业务都需要以准确、清晰的语音通过电话进行操作提示并提供查询结果。一般来说，对合成的语音要求能够做到：可听懂、自然、延迟时间短、速度可控制等。

文语转换原理上一般分成两步，第一步先将文字序列转换成音韵序列；第二步再由语音合成器生成语音波形。其中，第一步涉及语言学处理，如分词、字音转换等，以及一整套有效的韵律控制规则；第二步需要使用语音合成技术，能按要求实时合成高质量的语音流。

从合成采用的技术来说，语音合成可分为发音参数合成、声道模型参数合成和波形编辑合成。

② 音乐合成。音乐是用乐谱进行描述，由乐器演奏而成的。乐谱的基本组成单元是音符，最基本的音符有 7 个，所有不同音调的音符少于 128 个。音符代表的是音乐，音乐与噪声的区别主要在于它们是否有周期性。乐音的波形随着时间作周期性变化，噪声则不然。音乐的要素有音调、音色、响度和持续时间。音调是指声波的基频，基频低，声音低沉；基频高，声音高昂。不同乐器有不同的音色，音色是由声音的频谱决定的。响度即声音的强度。一首乐曲中每一个乐音的持续时间是变化的，从而形成旋律。音乐可以使用电子学原理合成出来（生成相应的波形），各种乐器的音色也可以进行模拟。

5. 声音素材的采集和制作

声音素材的采集和制作可以有以下几种方式。

（1）利用一些软件光盘中提供的声音文件。

（2）通过计算机中的声卡，从麦克风中采集语音生成 WAV 文件。

（3）通过计算机声卡的电子乐器数字接口（music instrument digital interface，MIDI），从带 MIDI 输出的乐器中采集音乐，形成 MIDI 文件；或用连接在计算机上的 MIDI 键盘创作音乐，形成 MIDI 文件。

（4）使用专门的软件抓取 CD 或 VCD 光盘中的音乐，生成声源素材后利用声音编辑软件对声源素材进行剪辑、合成，最终生成所需的声音文件。

网上有不少专门用于声音编辑的软件，如 Cool Edit Pro/2000、Sound Forge、Wave Edit、Gold Wave 等声音编辑器，对声音的录制和编辑的功能都很强大。

9.2.2 图形、图像信息的处理

图形、图像是使用最广泛的一类媒体。人们之间的交流，大约有 80% 是通过视觉媒体实现的，其中图形、图像占据着主导地位。

1. 位图图像信息的获取与矢量图形的生成

在计算机屏幕上显示的文本和画面通常有两种表示形式，一种称为几何图形或矢量图形，简称图形；另一种称为点阵图像或位图图像。

（1）位图图像

位图图像是指用像素点来描述的图。图像一般是用摄像机或扫描仪等输入设备捕捉实际场景画面，离散化为空间、亮度、颜色（灰度）的序列值，即把一幅彩色图或灰度图分成许许多多的像素（点），每个像素用若干二进制位来指定该像素的颜色、亮度和属性。位图图像在计算机内存中由一组二进制位组成，这些位定义图像中每个像素点的颜色和亮度。屏幕上一个点也称为一个像素，显示一幅图像时，屏幕上的一个像素也就对应于图像中的某一个点。根据组成图像的像素密度和表示颜色、亮度级别的数目，又可将图像分为二值图（黑白图）和彩色图两大类，彩色图还可以分为真彩色图、伪彩色图等。图像适合于表现比较细腻，层次较多，色彩较丰富，包含大量细节的图像，并可直接、快速地在屏幕上显示出来。但占用存储空间较大，一般需要进行数据压缩。

描述一幅图像需要使用图像的属性。图像的属性包含分辨率、像素深度、真/伪彩色、图像的表示法和种类等。

① 分辨率包括显示分辨率、图像分辨率和像素分辨率。

显示分辨率是指显示屏最大显示区域水平和垂直方向上能够显示出的像素数目。例如，显示分辨率为 1 024×768 表示显示屏分成 768 行（垂直分辨率），每行（水平分辨率）显示 1 024 个像素，整个显示屏就含有 796 432 个显像点。屏幕能够显示的像素越多，说明显示设备的分辨率越高，显示的图像质量越高。

图像分辨率是指组成一幅图像的像素密度，也是用水平和垂直的像素表示，即用每英寸多少点（dpi）表示数字化图像的大小。例如，用 200dpi 来扫描一幅 2×2.5（英寸）的彩色照片,那么得到一幅 400×500 个像素点的图像。它实质上是图像数字化的采样间隔,由它确立组成一幅图像的像素数目。对同样大小的一幅图,如果组成该图的图像像素数目越多,则说明图像的分辨率越高,图像看起来就越逼真;反之,则图像显得越粗糙。因此,不同的分辨率会造成不同的图像清晰度。

图像分辨率与显示分辨率是两个不同的概念。图像分辨率确定的是组成一幅图像像素数目,而显示分辨率确定的是显示图像的区域大小。它们之间的关系是:图像分辨率大于显示分辨率时,在屏幕上只能显示部分图像;图像分辨率小于屏幕分辨率时,图像只占屏幕的一部分。

像素分辨率是指一个像素点的长和宽的比例。像素点尽可能长宽相等,使之成为正方形,否则图像就会变形。

② 图像深度是指存储每个像素所用的位数,它也是用来度量图像的色彩分辨率的。像素深度确定彩色图像的每个像素可能有的颜色数,或者确定灰度图像的每个像素可能有的灰度级数。它决定了彩色图像中可出现的最多颜色数,或灰度图像中的最大灰度等级。如一幅图像的图像深度为 b 位,则该图像的最多颜色数或灰度级为 2^b 种。显然,表示一个像素颜色的位数越多,它能表达的颜色数或灰度级就越多。例如,只有 1 个分量的单色图像,若每个像素有 8 位,则最大灰度数目为 $2^8 = 255$;一幅彩色图像的每个像素用 R、G、B 这 3 个分量表示,若 3 个分量的像素位数分别为 4、4、2,则最大颜色数目为 $2^{4+4+2} = 2^{10} = 1024$,就是说像素的深度为 10 位,每个像素可以是 2^{10} 种颜色中的一种。表示一个像素的位数越多,它能表达的颜色数目就越多,它的深度就越深。

③ 真彩色是指组成一幅彩色图像的每个像素值中,有 R、G、B 这 3 个基色分量,每个基色分量直接决定显示设备的基色强度,这样产生的彩色称为真彩色。例如,用 RGB 8∶8∶8 方式表示一幅彩色图像,也就是 R、G、B 分量都用 8 位来表示,可生成的颜色数就是 224 种,每个像素的颜色就是由其中的数值直接决定的。这样得到的色彩可以反映原图像的真实色彩,一般认为是真彩色。通常,在一些场合把 RGB 8∶8∶8 方式表示的彩色图像称为真彩色图像或全彩色图像。

④ 为了减少彩色图形的存储空间,在生成图像时,对图像中不同色彩进行采样,产生包含各种颜色的颜色表,即彩色查找表。图像中每个像素的颜色不是由 3 个基色分量的数值直接表达,而是把像素值作为地址索引在彩色查找表中查找这个像素实际的 R、G、B 分量,将图像的这种颜色表达方式称为伪彩色。需要说明的是,对于这种伪彩色图像的数据,除了保存代表像素颜色的索引数据外,还要保存一个色彩查找表(调色板)。色彩查找表可以是一个预先定义的表,也可以是对图像进行优化后产生的色彩表。常用的 256 色的彩色图像使用了 8 位的索引,即每个像素占用 1 字节。

(2) 位图的特性

位图记录由像素所构成的图像,数据量大,文件也较大,位图表达的图像逼真,处理高质量彩色图像时对硬件平台要求较高;位图缺乏灵活性,因为像素之间没有内在联系而且它的分辨率是固定的。把图像缩小,再恢复到它的原始大小时,图像就变得模糊不清。解决位图消耗大量的存储器的方法有使用海量数据存储器和使用数据压缩技术。

（3）矢量图形

矢量图形是用一系列计算机指令来描述和记录的一幅图的内容,即通过指令描述构成一幅图的所有直线、曲线、圆、圆弧、矩形等图元的位置、维数和形状,也可以用更为复杂的形式表示图像中的曲面、光照、材质等效果。矢量图法实质上是用数学的方式(算法和特征)来描述一幅图形图像,在处理图形图像时根据图元对应的数学表达式进行编辑和处理。在屏幕上显示一幅图形图像时,首先要解释这些指令,然后将描述图形图像的指令转换成屏幕上显示的形状和颜色。编辑矢量图的软件通常称为绘图软件,如适于绘制机械图、电路图的 AutoCAD 软件等。这种软件可以产生和操作矢量图的各个成分,并对矢量图形进行移动、缩放、叠加、旋转和扭曲等变换。编辑图形时将指令转变成屏幕上所显示的形状和颜色,显示时也往往能看到绘图的过程。由于所有的矢量图形部分都可以用数学的方法加以描述,从而使得计算机可以对其进行任意放大、缩小、旋转、变形、扭曲、移动、叠加等变换,而不会破坏图像的画面。但是,用矢量图形格式表示复杂图像(如人物、风景照片),并要求很高时,将需要花费大量的时间进行变换、着色、处理光照效果等。因此,矢量图形主要用于表示线框型的图画、工程制图和美术字等。多数 CAD 和 3D 造型软件使用矢量图形作为基本的图形存储格式。

矢量图的特点如下:

① 图形是对图像进行抽象的结果,它使用图形指令集合取代原始图像,去掉不相关的信息,并在格式上进行变换。图形分为二维图形和三维图形两大类。

② 图形压缩后不变形。矢量图的优点是充分利用了输出器件的分辨率,尺寸可以任意变化而不损失图像的质量。矢量集合只是简单地命令输出设备创建一个给定大小的图形物体,并采用尽可能多的"点"。可见,输出器件输出的"点"越多,同样大小的图形就越光滑。

③ 局部处理不影响其他部分。由于构成矢量图的各个部件是相对独立的,因而在矢量图中可以只编辑修改其中某一单个物体而不影响图中的其他物体。图形的矢量化使得图中的各个部分可以分别作出控制。

2. 矢量图形与位图图像的区别

矢量图形和位图图像都是静止的,与时序无关,二者比较如表 9.3 所示。

表 9.3　矢量图形与位图图像的比较

对比项目	矢 量 图 形	位 图 图 像
分解难易	图形是用一组指令来描述画面的直线、圆、曲线等,而图像是用画面中每个像素的颜色和亮度来描述的。所以图形很容易分解成不同单元,分解后的成分有明显的界限	图像分解较难,各成分之间的分界往往有模糊之处,有些区间很难区分属于哪个部分,彼此平滑地连接在一起。同时图形可以随意缩小、放大不会失真,而图像则不能
文件大小	矢量图文件的大小主要取决于图形的复杂程度	位图占用的存储器空间比较大。影响位图大小的因素主要有两个:图像分辨率和像素深度。分辨率越高,即组成一幅图的像素越多,则图像文件越大;像素深度越深,就是表达单个像素的颜色和亮度的位数越多,图像文件就越大

续表

对比项目	矢量图形	位图图像
显示速度	尤其对于复杂图形,使用矢量图形计算机要花费很长的时间去计算每个对象的大小、位置、颜色等特性。矢量图侧重于绘制、创造	矢量图与位图相比,显示位图文件比显示矢量图文件要快。位图偏重于获取、复制;矢量图和位图之间可以用软件进行转换,由矢量图转换成位图采用光栅化技术,这种转换也相对容易;由位图转换成矢量图用跟踪技术,这种技术在理论上说是容易,但在实际中很难实现,对复杂的彩色图像尤其如此

3. 图形图像的转换

图形和图像之间在一定的条件下可以转换,如采用光栅化(点阵化)技术可以将图形转换成图像;采用图形跟踪技术可以将图像转换成图形。一般可以通过硬件(输入/输出设备)或软件实现图形和图像之间的转换。

将一张工程图纸用扫描仪输入到 Photoshop,它就变成图像信息(点位图);当用数字化仪将它输入到 AutoCAD 后,它就变成图形信息(矢量图)。也就是说,同一个对象既可被作为图形处理,也可以作为图像处理。将一个对象用扫描仪扫进计算机变成图像信息,再用一定的软件(如 Corel-Trace、Photoshop 的轮廓跟踪)人工或自动地勾勒出它的轮廓,这个过程称为向量化。将图像转换为图形的过程必然会丢失许多细节,所以通常适用于工程绘图领域。

如果用 AutoCAD 软件作好了一张图,用绘图仪或打印机将它输出,这时计算机必须先将图形转换为打印机的扫描线,这个过程称为光栅化,也就是图形转换为图像的过程。如果用 Photoshop 软件作好了一张图,用打印机将它输出,可以得到较多的层次和细节,如果用绘图仪输出,就必然会丢失许多图像的细节。

图形和图像都是以文件的形式存放在计算机存储器中,也可以通过应用软件实现文件格式之间的转换,达到图形和图像之间的转换。转换并不表示可以任意互换,实际上许多转换是不可逆的,转换的次数越多,丢失的信息就越多,特别是图形和图像之间的转化。例如,当将一个 BMP 格式文件转化为 GFF、TIFF 等格式时问题还不大,但如果将它转化为 DFF 等格式时就丢失了许多细节,甚至像一个矩形中间的填充色块,都用几条线表示。又如,将一个 AutoCAD 的 DWG 文件转化为 DFF 时问题还不大,但如果将它转化为 GFF、TIFF 时,就必须要考虑分辨率和彩色数。这两个参数决定了最终图像文件的大小和它的使用价值。总之,从本质上讲,各种不同的文件格式是在对不同性质的处理对象或同一对象的不同处理侧面采用一种最为科学、合理和方便的描述方法。应该根据处理对象的特点选择或转化为相应的文件格式,以及选择相应的输入/输出设备。

4. 图像的获取

将现实世界的景物或物理介质上的图文输入计算机的过程称为图像的获取。在多媒体应用中的基本图像可通过不同的方式获得,一般来说,可以直接利用数字图像库的图像,可以利用绘图软件创建图像,可以利用数字转换设备采集图像。

数字转换设备可以把采集到的图像转换成计算机能够记录和处理的数字图像数据。

例如,对印刷品、照片或照相底片等进行扫描,用数字相机或数字摄像机对选定的景物进行拍摄等。从现实世界中获取数字图像所使用的设备通常称为图像获取设备。一幅彩色图像可以看做二维连续函数 $f(x,y)$,其彩色 f 是坐标 (x,y) 的函数。从二维连续函数到离散的矩阵表示,同样包含采样、量化和编码的数字化过程。数字转换设备获取图像的过程实质上是信号扫描和数字化的过程,它的处理步骤大体分为如下三步。

(1)采样。在 x,y 坐标上对图像进行采样(也称为扫描),类似于声音信号在时间轴上的采样要确定采样频率一样。在图像信号坐标轴上的采样也要确定一个采样间隔,这个间隔即为图像分辨率。有了采样间隔,就可以逐行对原始图像进行扫描。首先设 y 坐标不变,对 x 轴按采样间隔得到一行离散的像素点 x_n 及相应的像素值。使 y 坐标也按采样间隔由小到大变化,就可以得到一个离散的像素矩阵 $[x_n,y_n]$,每个像素点有一个对应的色彩值。简单地说,将一幅画面划分为 $m×n$ 个网格,每个网格称为一个取样点,用其亮度值来表示。这样,一幅连续的图像就转换为以取样点值组成的一个阵列(矩阵)。

(2)量化。将扫描得到的离散的像素点对应的连续色彩值进行 A/D 转换(量化),量化的等级参数即为图像深度。这样,像素矩阵中的每个点 (x_n,y_n) 都有对应的离散像素值 f_n。

(3)编码。把离散的像素矩阵按一定方式编成二进制码组。最后,把得到的图像数据按某种图像格式记录在图像文件中。

5. 图像文件的格式

图像格式是指计算机中存储图像文件的方法,它们代表不同的图像信息——矢量图形还是位图图像、色彩数和压缩程度。图形图像处理软件通常会提供多种图像文件格式,每一种格式都有它的特点和用途。在选择输出的图像文件格式时,应考虑图像的应用目的及图像文件格式对图像数据类型的要求。下面简单介绍几种常用的图像文件格式,如表 9.4 所示。

表 9.4 几种常见的图像文件格式

格式类型	图像特点说明
PSD 格式	PSD 是 Photoshop 特有的图像文件格式,支持 Photoshop 中所有的图像类型。它可以将所编辑的图像文件中的所有有关图层和通道的信息记录下来
BMP 格式	BMP 是 DOS 和 Windows 兼容计算机系统的标准 Windows 图像格式。BMP 格式支持 RGB、索引色、灰度和位图色彩模式,但不支持 Alpha 通道。彩色图像存储为 BMP 格式时,每一个像素所占的位数可以是 1 位、4 位、8 位或 32 位,相对应的颜色数也从黑白一直到真彩色
JPEG 格式	JPEG 是一种有损压缩格式,将图像保存为 JPEG 格式时,可以指定图像的品质和压缩级别。JPEG 格式会损失数据信息,因此,在图像编辑过程中需要以其他格式(如 PSD 格式)保存图像,将图像保存为 JPEG 格式只能作为制作完成后的最后一步操作
TIFF 格式	TIFF 是一种应用非常广泛的位图图像格式,几乎被所有绘画、图像编辑和页面排版应用程序所支持。TIFF 格式常常用于在应用程序之间和计算机平台之间交换文件,它支持带 Alpha 通道的 CMYK、RGB 和灰度文件,不带 Alpha 通道的 Lab、索引色和位图文件也支持 LZW 压缩
GIF 格式	GIF 格式可以极大地节省存储空间,因此常常用于保存作为网页数据传输的图像文件。该格式不支持 Alpha 通道,最大的缺点是最多只能处理 256 种色彩,不能用于存储真彩色的图像文件。但 GIF 格式支持透明背景,可以较好地与网页背景融合在一起

9.2.3 图像的彩色空间表示及其转换

颜色是创建图像的基础,在计算机上使用颜色需要一套特定的记录和处理颜色的技术。颜色是通过光被人们感知的,物体由于内部物质的不同,受光线照射后,产生光的分解现象,一部分光线被吸收,其余的被反射或投射出来,成为人们所见的物体的颜色。所以,颜色和光有密切关系,同时还与被光照射的物体有关,并与观察者有关。

1. 颜色的描述与度量

彩色光作用于人眼,使之产生彩色视觉。颜色的实质是一种光波。纯颜色通常使用光的波长来定义,用波长定义的颜色叫光谱色。人们已经发现,用不同波长的光进行组合时可以产生相同颜色的感觉。除了用波长来对颜色进行描述外,还可以通过大脑对不同颜色的感觉来描述颜色,这些感觉由国际照明委员会(CIE)做了定义,用颜色的 3 个特性来区分颜色,分别是色调、饱满度和明度,它们是颜色所固有的并且是截然不同的特性。

色调是指颜色的类别,如红色、绿色和蓝色等不同颜色就是指色调。由光谱分析可知,不同波长的光呈现不同的颜色,人眼看到一种或多种波长的光时所产生的彩色感觉,反映出颜色的类别。某一物体的色调取决于它本身辐射的光谱成分或在光的照射下所反射的光谱成分对人眼刺激的视觉反应。

饱和度是指某一颜色的深浅程度(或浓度)。对于同一种色调的颜色,其饱和度越高,则颜色越深,如深红、深绿、深蓝等;其饱和度越低,则颜色越淡,如淡红、淡绿、淡黄等。高饱和度的深色光可掺入白色光被冲淡,降为低饱和度的淡色光。因此,色饱和度可认为是某色调的纯色掺入白色光的比例。例如,一束高饱和度的蓝色光投射到屏幕上会被看成深蓝色光,若再将一束白色光投射到屏幕上并与深蓝色重叠,则深蓝色变成淡蓝色,而且投射的白色光越强,颜色越淡,即饱和度越低。相反,由于在彩色电视屏幕上的亮度过高,则色饱和度降低,颜色被冲淡,这时可以降低亮度(白光)而使色饱和度增大,颜色加深。

明度(亮度)指的是光作用于人眼时引起的明暗程度感觉,是指彩色明暗深浅程度。一般来说,对于发光物体,彩色光辐射的功率越大,亮度越高;反之,亮度越低。对于不发光的物体,其亮度取决于吸收或者反射光功率的大小。就白、黑、灰色而言,白色最亮,黑色最暗,灰色则居中。在不太严格的场合,明度也可以成亮度。如果由明到暗,制作一系列代表不同等级亮度(称为灰阶)的灰色方块,则某个有色方块的亮度,可以在同一白光照射下,忽略其色彩与饱和度属性,依靠视觉比较,找出亮暗感觉相近的灰色方块,而以该灰色方块的亮度为其亮度。

2. 三基色的原理

现代颜色视觉理论中的三色学说认为人眼的锥状细胞是由红、绿、蓝 3 种感光细胞组成的,自然界中的任何一种颜色都可以由 R、G、B 这 3 种颜色值之和来确定,它们构成一个三维的 RGB 矢量空间。这就是说,R、G、B 的数值不同混合得到的颜色就也就是光波的波长不同。

从理论上讲,任何一种颜色都可用 3 种基本颜色按不同的比例混合得到。3 种颜色的光强越强,到达我们眼睛的光就越多,它们的比例不同,我们看到的颜色也就不同,没有光到达眼睛,就是一片漆黑。当三基色按不同强度相加时,总的光强增强,并可得到任何一种颜色。某一种颜色和这 3 种颜色之间的关系可描述为:颜色=R(红色的百分比)+G(绿色的百分比)+B(蓝色的百分比)。

当然,三基色的选择不是唯一的,可以选择其他 3 种颜色为三基色。但是,3 种颜色必须是相互独立的,即任何一种颜色都不能由其他两种颜色合成。由于人眼对红、绿、蓝3 种颜色的光最敏感,由这 3 种颜色相配所得的彩色范围也最广,所以一般都选这 3 种颜色作为基色,把 3 种基色光按不同比例相加称为相加混色。由红、绿、蓝三基色进行相加混色的情况如下:

$$红色+绿色=黄色$$
$$红色+蓝色=品红$$
$$绿色+蓝色=青色$$
$$红色+绿色+蓝色=白色$$
$$红色+青色=绿色+品红+蓝色+黄色=白色$$

凡是两种色光混合而成白光,则这两种色光互为补色。

3. 彩色空间表示

彩色空间是指彩色图像所使用的颜色描述方法,也称为彩色模型。在 PC 机和多媒体系统中,表示图形和图像的颜色常常涉及不同的彩色空间,如 RGB 彩色空间、CMY 彩色空间、YW 彩色空间等。不同的彩色空间对应不同的应用场合,各有其特点。因此,数字图像的生成、存储、处理及显示时对应不同的彩色空间。从理论上讲,任何一种颜色都可以在上述彩色空间中精确地进行描述。

(1) RGB 颜色空间

计算机中的彩色图像一般都用 R、G、B 分量表示,彩色显示器通过发射出 3 种不同强度的电子束,使屏幕内侧覆盖的红、绿、蓝荧光材料发光而产生色彩。这种彩色的表示方法称为 RGB 彩色空间表示法。因为彩色显示器的输入需要 R、G、B 彩色分量,通过 3 个分量的不同比例,在显示屏幕可合成任意所需要的颜色。所以无论多媒体系统中间过程采用什么形式的彩色空间表示,最后的输出一定要转换成 RGB 彩色空间表示。

(2) CMYK 颜色空间

在 RGB 彩色空间中,不同颜色的光是通过相加混合实现的,而彩色打印的纸张是不能发射光线的,因而彩色打印机就不能采用 RGB 颜色来打印,它只能使用能够吸收特定的光波而反射其他光波的油墨或颜料来实现。用油墨或颜料进行混合得到的彩色称为相减混色。之所以称为相减混色,是因为减少(吸收)了人眼识别颜色所需要的反射光。根据三基色原理,油墨或颜料的三基色是青(cyan)、品红(magenta)和黄(yellow)。可以用这 3 种颜色的油墨或颜料按不同比例混合成任何一种由油墨或颜料表现的颜色,这种彩色表示方法称为 CMY 彩色空间。但是由于目前制造工艺还不能造出高纯度的油墨,CMY 相加的结果实际是一种暗红色。因此还需要加入一种专门的黑墨来调和。

喷墨打印机是按照 CMYK 方式工作,它其中装着 CMYK 四色的墨盒(个别型号会更多但工作原理相同),和印刷机类似。只要是在印刷品上看到的图像,就是 CMYK 模式表现的。

（3）YUV 和 YIQ 彩色空间

电视系统中用 YUV 和 YIQ 模型来表示的彩色图像。

在现代彩色电视系统中，通常采用三管彩色摄像机或彩色 CCD 摄像机，它把摄得的彩色图像信号，经过分色、放大和校正得到 R、G、B 三基色，再经过矩阵变换得到亮度信号 Y、色差信号 U(R-Y) 和 V(B-Y)，最后发送端将这 3 个信号分别进行编码，用同一信道发送出去。这就是常用的 YUV 彩色空间。电视图像一般都是采用 Y、U、V 分量表示，即一个亮度分量(Y)和两个色差(U 和 V)分量表示。由于亮度和色度是分离的，解决了彩色和黑白显示系统的兼容问题。如果只有 Y 分量而没有 U、V 分量，那么所表示的图像是黑白灰度图像。

PAL 彩色电视制式中使用 YUV 模型；NTSC 彩色电视制式中使用 YIQ 模型，其中 Y 表示亮度，I、Q 是两个彩色分量，它们与 U、V 不同(但可以相互转换)。

（4）HSI 色彩空间

HSI 色彩空间是从人的视觉系统出发，用色调（hue）、色饱和度（saturation 或 chroma）和亮度（intensity 或 brightness）来描述色彩。采用 HSI 彩色空间减少彩色图像处理的复杂性，增加快速性，它更接近人对彩色的认识和解释。在图像处理和计算机视觉中的大量算法，都可以在 HIS 空间中方便地使用。它们可以分开处理而且是互相独立的，因此 HIS 彩色空间可以大大简化图像分析和处理的工作量。

RGB、HSI、YUV、CMYK 等不同的色彩空间只是同一物理量的不同表示法，因而它们之间存在着相互转换关系，这种转换可以通过数学公式的运算而得。

9.2.4　动画和视频信息处理

1. 动画的基本概念

动画是将静态的图像、图形及图画等按一定时间顺序显示而形成连续的动态画面。从传统意义上说，动画是通过在连续多格的胶片上拍摄一系列画面，并将胶片以一定的速度放映，从而产生动态视觉的技术和艺术。电影放映的标准是每秒放映 24 帧(画面)，每秒遮挡 24 次，刷新率是每秒 48 次。计算机动画是采用连续播放静止图像的方法产生景物运动的效果，即使用计算机产生图形、图像运动的技术。画的内容不仅实体在运动，而且色调、文理、光影效果也可以不断改变。计算机生成的动画不仅可记录在胶片上，而且还可以记录在磁带、磁盘和光盘上，放映时不仅使用计算机显示器显示，而且可以使用电视机屏幕显示及使用投影仪投影到银幕的方法显示。

动画的本质是运动。根据运动的控制方式可将计算机动画分为实时动画和矢量动画两种。根据视觉空间的不同，计算机动画可分为二维动画和三维动画。

（1）实时动画和矢量动画

实时动画采用各种算法来实现运动物体的运动控制。采用的算法有运动学算法、动力学算法、反向运动学算法、反向动力学算法和随机运动算法等。在实时动画中，计算机对输入的数据进行快速处理，并在人眼察觉不到的时间内将结果随时显示出来。实时动画的响应时间与许多因素有关，如动画图像大小、动画图像复杂程度、运算速度快慢(计算机)及图形的计算是采用软件还是硬件等。

矢量动画是由矢量图衍生出的动画形式。矢量图是利用数学函数来记录和表示图形线条、颜色、尺寸、坐标等属性，矢量动画通过各种算法实现各种动画效果，如位移、变形和变色等。也就是说，矢量动画是通过计算机的处理，使矢量图产生运动效果形成的动画。使用矢量动画，可以使一个物体在屏幕上运动，并改变其形状、大小、颜色、透明度、旋转角度及其他一些属性参数。矢量动画采用实时绘制的方式显示一幅矢量图，当图形放大或缩小时，都保持光滑的线条，不会影响质量，也不会改变文件的容量。

（2）二维动画和三维动画

二维动画是对传统动画的一个改进，它不仅具有模拟传统动画的制作功能，而且可以发挥计算机所特有的功能，如生成的图像可以拷贝、粘贴、翻转、放大缩小、任意移位以及自动计算等。图形、图像技术都是计算机动画处理的基础。图像是指用像素点组成的画面，而图形是指几何形体组成的画面。在二维动画处理中，图像技术有利于绘制实际景物，可用于绘制关键帧、画面叠加、数据生成；图形技术有利于处理线条组成的画面，可用于自动或半自动的中间画面生成。

三维画面中的景物有正面，也有侧面和反面，调整三维空间的视点，能看到不同的内容。二维画面则不然，无论怎么看，画面的内容是不变的。三维与二维动画的主要区别在于采用不同的方法获得动画中的景物运动效果。三维动画的制作过程不同于传统动画制作。根据剧情的要求，首先要建立角色、实物和景物的三维数据模型，再对模型进行光照着色（真实感设计），然后使模型动起来，即模型可以在计算机控制下在三维空间中运动，或近或远，或旋转或移动，或变形或变色等，最后对运动的模型重新生成图像再刷新屏幕，形成运动图像。

建立三维动画物体模型称为造型，也就是在计算机内生成一个具有一定形体的几何模型。在计算机中大致有线框模型、表面模型和实体模型 3 种形式来记录一个物体的模型。

三维动画的处理需要综合使用上述 3 种模型。一般情况下，先用线框模型进行概念设计，再将线框模型处理成表面模型以方便显示，使用实体模型进行动画处理。同一形体的 3 种模型可以相互转换。

物体模型只有通过光和色的渲染，才能产生自然界中常见的真实物体效果，这在动画中称为着色（真实感设计）。对物体着色是产生真实感图形图像的重要过程，它涉及物体的材质、纹理及照射的光源等方面。

三维动画处理的基本目的是控制形体模型的运动，获得运动显示效果。其处理过程中涉及建立线框模型、表面模型和实体模型。此外，一个好的三维动画应用系统能够将形体置于指定的灯光环境中，使形体的色彩在灯光下生成光线反映和阴影效果。运动物体不仅表现为几何位置改变，还带有光、色、受力、碰撞及物体本身的变形等。动画控制也称为运动模拟。首先，计算机要确定每个物体的位置和相互关系，建立其运动轨迹和速度，选择运动形式（平移、旋转和扭曲等）。然后，需确定物体形体的变态方式和变异速度。当光源确定好之后，调整拍摄的位置、方向、运动轨迹及速度，就可以显示观看画面效果。

三维动画最终要生成一幅幅二维画面,并按一定格式记录下来,这个过程称为动画生成。动画生成后,可以在屏幕上播放,也可以录制在光盘或录像带上。

视频信息是指会运动的数字图像。视频由一幅幅单独的画面(称为帧)序列组成,这些画面以一定的速率连续地投射在屏幕上,就可以看到活动的影像。

普通的视频信号和音频一样都是模拟的,因此,必须经过数字化过程,再将数字化视频信号经过编码成为电视信号,才能录制到录像带上或在电视上播放。

2. 模拟视频和数字视频

(1) 模拟视频原理

电视系统传播的信号是模拟信号,电视信号记录的是连续的图像或视像及伴音(声音)信号。电视信号通过光栅扫描的方法显示在荧光屏(屏幕)上,扫描从荧光屏的顶部开始,一行一行地向下扫描,直至荧光屏的最底部,然后返回顶部,重新开始扫描。这个过程产生的一个有序的图像信号的集合,组成了电视图像中的一幅图像,称为一帧,连续不断的图像序列就形成了动态视频图像。水平扫描线所能分辨出的点数称为水平分辨率,一帧中垂直扫描的行数称为垂直分辨率。一般来说,点越小,线越细,分辨率越高。每秒钟所扫描的帧数就是帧频,一般在每秒 25 帧时人眼就不会感觉到闪烁。彩色电视系统采用相加混色,使用 RGB 作为三基色进行配色,产生 R、G、B 这 3 个输出信号。RGB 信号可以分别传输,也可以组合起来传输。根据亮色度原理,任何彩色信号都可以分解为亮度和色度。

(2) 数字视频

视频信息是指活动的、连续的图像序列。一幅图像称为一帧,帧是构成视频信息的基本单元。在多媒体应用系统中,视频以其直观和生动等特点得到广泛的应用。视频与动画一样,是由一幅幅帧序列组成,这些帧以一定的速率播放,使观看者得到连续运动的感觉。计算机的数字视频是基于数字技术的图像显示标准,它能将模拟视频信号输入计算机进行数字化视频编辑制成数字视频。全屏幕视频是指显示的视频图像充满整个屏幕,能以 30 帧/秒的速度刷新画面,使画面不会产生闪烁和不连贯的现象。模拟视频信号进入计算机,首先需要解决模拟视频信息的数字化问题。与音频数字化一样,视频数字化的目的是将模拟信号经模/数转换和彩色空间变换等过程,转换成计算机可以显示和处理的数字信号。由于电视和计算机的显示机制不同,因此要在计算机上显示视频图像需要作许多处理。例如,电视是隔行扫描,计算机的显示器通常是逐行扫描;电视是亮度(Y)和色度(C)的复合编码,而 PC 的显示器工作在 RGB 空间;电视图像的分辨率和显示屏的分辨率也各不相同等。这些问题在电视图像数字化过程中都需考虑。一般对模拟视频信息进行数字化采取如下方式。

① 先从复合彩色电视图像中分离出彩色分量,然后数字化。目前市场上的大多数电视信号都是复合的全电视信号,如录像带、激光视盘等存储设备上的电视信号。对这类信号的数字化,通常是将其分离成 YIJV、YIQ 或 RGB 彩色空间的分量信号,然后用 3 个 A/D 转换器分别进行数字化。这种方式称为复合数字化。

② 先对全彩色电视信号数字化,然后在数字域中进行分离,以获得 YUV、YIQ 或 RGB 分量信号。用这种方法对电视图像数字化时,只需一个高速 A/D 转换器。这种方

式称为分量数字化。

视频信息数字化的过程比声音复杂一些,它是以一幅幅彩色画面为单位进行的。分量数字化方式是使用较多的一种方式。电视信号使用的彩色空间是 YUV 空间,即每幅彩色画面有亮度(Y)和色度(U,V)3 个分量,对这 3 个分量需分别进行取样和量化,得到一幅数字图像。由于人眼对色度信号的敏感程度远不如对亮度信号那么灵敏,所以色度信号的取样频率可以比亮度信号的取样频率低一些,以减少数字视频的数据量。

3. 数字视频的文件格式

(1) AVI 格式

AVI(audio video interleaved)是微软公司开发的一种符合 RIFE 文件规范的数字音频与视频文件格式,多数操作系统直接支持。AVI 格式允许视频和音频交错在一起同步播放,支持 256 色和 RLE 压缩,但 AVI 文件并未限定压缩标准。因此,AVI 文件格式只是作为控制界面上的标准,不具有兼容性,用不同压缩算法生成的 AVI 文件,必须使用相同的解压缩算法才能播放出来。AVI 文件目前主要应用在多媒体光盘上,用来保存电影、电视等各种影像信息,有时也出现在因特网上,供用户下载、欣赏新影片的片段。

(2) Flic 文件(.FLI/.FLC)

Flic 文件是 Autodesk 公司在其出品的 Autodesk Animator/Animator Pro/3D Studio 等 2D/3D 动画制作软件中采用的彩色动画文件格式。其中,.FLI 是最初基于 320×200(像素)分辨率的动画文件格式;.FLC 是.FLI 的进一步扩展,采用了更高效的数据压缩技术,其分辨率也不再局限于 320×200(像素)。Flic 文件采用行程编码(RLE)算法和 Delta 算法进行无损的数据压缩,具有较高的数据压缩率。

(3) GIF 文件(.GIF)

GIF 是 CompuServe 公司推出的一种高压缩比的彩色图像文件。GIF 格式采用无损压缩方法中效率较高的 LZW 算法,主要用于图像文件的网络传输。考虑到网络传输的实际情况,GIF 图像格式除了一般的逐行显示方式之外,还增加了渐显方式。也就是说,在图像传输过程中,用户可以先看到图像的大致轮廓,然后随着传输过程的继续而逐渐看清图像的细节部分,从而适应了用户的观赏心理。目前因特网上大量采用的彩色动画文件多为这种 GIF 格式。

(4) RealVideo 文件(.RM /.rmvb)

RealVideo 文件是 Real Networks 公司开发的一种新型流式视频文件格式,包含在 Real Networks 公司所制订的音频视频压缩规范 RealVideo 中,主要用来在低速率的广域网上实时传输活动视频影像。可以根据网络数据传输速率的不同而采用不同的压缩比率,从而实现影像数据的实时传输和实时播放。RealVideo 除了可以以普通的视频文件形式播放之外,还可以与 RealVideo 服务器相配合,在数据传输过程中一边下载一边播放视频影像,而不必像大多数视频文件那样,必须先下载然后才能播放。

(5) MPEG 文件

MPEG 文件格式是运动图像压缩算法的国际标准,包括 MPEG 视频、MPEG 音频和 MPEG 系统(视频、音频同步)3 个部分。MPEG 压缩标准是针对运动图像设计的,其基本方法是:单位时间内采集并保存第一帧信息,然后只存储其余帧对第一帧发生变化的部分,从而达到压缩的目的。MPEG 的平均压缩比为 50∶1,最高可达 200∶1,压缩效率非常高,同时图像和音响的质量也非常好,并且在 PC 上有统一的标准格式,兼容性相当好。

(6) QuickTime 文件(.MOV/.QT)

QuickTime 是 Apple 公司开发的一种音频、视频文件格式,用于保存音频和视频信息,具有先进的视频和音频功能,被 Apple Mac OS,Windows 等主流平台支持。QuickTime 文件支持 25 位彩色,支持 RLE、JPEG 等领先的集成压缩技术,提供多种视频效果,并配有提供了 200 多种 MIDI 兼容音响和设备的声音装置。新版本的 QuickTime 进一步扩展了原有功能,包含了基于 Internet 应用的关键特性,能够通过 Internet 提供实时的数字化信息流、工作流与文件回放功能。此外,QuickTime 还采用了 QuickTime VR (QTVR)技术的虚拟现实技术,用户通过鼠标或键盘的交互式控制,可以观察某一地点周围 360°的景象,或者从空间任何角度观察某一物体。QuickTime 以其领先的多媒体技术和跨平台特性、较小的存储空间要求、技术细节的独立性及系统的高度开放性,得到广泛的认可和应用。

9.2.5　多媒体数据压缩技术

多媒体信息包括文本、数据、声音、动画、图像、图形及视频等多种媒体信息。经过数字化处理后其数据量是非常大的,如果不进行数据压缩处理,计算机系统就无法对它进行存储和交换。如果按照像素点及其深度映射的图像数据大小采样,可用下面的公式估算数据量:

图像数据量＝图像的水平方向像素×垂直方向像素数×图像深度/8(B)

下面是几个未经压缩的数字化信息的例子。

印在 B5 纸上的文件,用中等分辨率(300dpi)的扫描仪采样,其数据量约为 52.9MB/页。

双通道立体声激光唱盘(CD-A),每秒钟采样的数据量为 $44.1 \times 10^3 \times 16 \times 2 = 1.41$(MB)。

数字电视图像中的 SIF(source input format)格式,每帧数据量为 2 028KB,每秒数据量为 60.8MB。CCIR(consultive committee for international radio)格式,每幅数据量为 9.95MB,每秒数据量为 248.8MB。

陆地卫星遥感图片按每天 30 幅计算,其数据量为 6.36GB,而每年的数据量则高达 2 300GB。

数据量巨大带来的问题:要求提高存储器的容量,增加通信干线的信道传输率,提高计算机的速度。单纯靠扩大存储器的容量、增加通信干线的传输率及提高计算机 CPU 速度的办法是不现实的。

1. 多媒体数据压缩编码的可能性

图像、音频和视频这些媒体具有很大的压缩潜力。因为在多媒体数据中,存在着空间冗余、时间冗余、结构冗余、知识冗余、视觉冗余、图像区域的相同性冗余、纹理的统计冗余等。它们为数据压缩技术的应用提供了可能的条件。数据压缩技术就是研究如何利用数据的冗余性来减少数据量的方法。

数据压缩是以一定的质量损失为前提的,按照某种方法从给定的信源中推出已简化的数据表述。这里所说的质量损失一般都是在人眼允许的误差范围之内,压缩前后的图像如果不做非常细致的对比是很难觉察出两者的差别的。处理一般是由两个过程组成:一是编码过程,即将原始数据经过编码进行压缩,以便存储与传输;二是解码过程,此过程对编码数据进行解码,还原为可以使用的数据。

2. 多媒体数据压缩编码的分类

多媒体数据压缩的方法根据不同的依据可产生不同的分类。

(1) 常用的压缩编码方法根据质量是否有损失可以分为两大类,一类是无损压缩法(冗余压缩法);另一类是有损压缩法(熵压缩法)、有失真压缩法。

有损压缩法压缩了熵,会减少信息量,因为熵定义为平均信息量,而损失的信息是不能再恢复的,因此这种压缩是不可逆的。冗余压缩法去掉了数据中的冗余,但这些冗余值是可以重新插入到数据中的,因此冗余压缩法是可逆的。

由于冗余压缩法不会产生失真,在多媒体技术中一般用于文本、数据压缩,它能保证百分之百地恢复数据。但这种方法的压缩比较低,如 LZ 编码、游程编码、Huffman 编码的压缩比一般在 2∶1～5∶1。熵压缩法由于允许一定程度上的失真,可用于对图像、声音、动态视频等数据压缩,如采用混合编码的 JPEG 标准,它对自然景物的灰度图像,一般可压缩几倍到几十倍,而对于彩色图像,压缩比将达到几十倍到上百倍。采用 ADPCM 编码的声音数据,压缩比通常也能达到 4∶1～8∶1。压缩比最高的是动态视频数据,采用混合编码的 DVI 多媒体系统,压缩比通常可达 100∶1～200∶1。

(2) 按照其作用域在空间域或频率域上分为空间方法、变换方法和混合方法。

(3) 根据是否自适应分为自适应性编码和非自适应性编码。

(4) 根据编码后产生的码词长度是否相等,数据编码又可分为定长码和变长码两类。

衡量一种数据压缩技术的好坏有如下 3 个重要指标。

(1) 压缩比要大,即压缩前后所需要的信息存储量之比要大。

(2) 实现压缩的算法要简单,压缩、解压速度要快,尽可能做到实时压缩/解压。

(3) 恢复效果要好,要尽可能地恢复原始数据。

9.3 多媒体技术的应用

多媒体技术是一种实用性很强的技术,它一出现就引起了许多相关行业的关注,由于其社会影响和经济影响都十分巨大,相关的研究部门和产业部门都非常重视产品化工作,因此多媒体技术的发展和应用日新月异,产品更新换代的周期很快。多媒体技术及其应用几乎覆盖了计算机应用的绝大多数领域,而且还开拓了涉及人类生活、娱乐、学习等方面的新领域。

9.3.1 多媒体电子出版物

多媒体电子出版物(multimedia CD-ROM title)是把多媒体信息经过精心组织、编辑及存储在光盘上的一种电子图书。根据中国新闻出版署在《电子出版物管理暂行规定》(1996 年 3 月)中对电子出版物下的定义:电子出版物指以数字代码方式将图、文、声、像等信息存储在磁、光、电介质上,通过计算机或者具有类似功能的设备阅读使用,用以表达思想、普及知识和积累文化,并可复制发行的大众传播媒体。电子出版物的媒体形态有软磁盘(FD)、只读光盘(CD-ROM)、交互式光盘(CD-I)、图文光盘(CD-G)、照片光盘(photo-CD)、集成电路卡(IC card)等。

1. 多媒体电子出版的分类

一般出版物主要分为如下几类:传统的出版物;以缩微胶片、录音带、录像带等为代表的非纸面出版物;以电、磁、光等为信息载体的数字信息存储形式的电子出版物;以图、文、声、像等多种形式表现并且由计算机及其网络对这些信息以内在的统一方式进行存储、传送、处理及再利用的电子出版物即为多媒体电子出版物。

多媒体电子出版物包括电子图书、电子期刊、电子新闻报纸、电子手册与说明书、电子公文或文献、电子图画、广告、电子声像制品等。

2. 多媒体电子出版物的特点

电子出版物的出现和迅速发展,不仅将改变传统图书的出版、阅读、收藏、发行和管理方式,甚至对人们传统的文化观念也将产生巨大的影响。电子出版物能较好地满足信息时代对信息获取、积累及使用的要求,代表了出版业的发展方向。

(1) 从信息载体上看,纸质出版物的容量小、体积大、成本高、复制困难、不易保存,同时制造纸张要消耗大量自然资源,并且在造纸过程中容易对自然环境产生较大的污染;电子出版物具有容量大、体积小、成本低、易于复制和保存、消耗的资源很少、对环境的污染较小等特点。一张光盘可以存储几百本长篇小说。

(2) 从信息结构上看,纸质出版物中的概念是平面的,字典、百科全书、观光导游、地图都是把文字和图片印在平面的纸张上呈现出来。文字有文字的目录,图表有图表的目录,内容较庞杂的书还加上书后的索引、词汇解释等辅助阅读的篇章,但始终受文字描述的限制。如果这些信息能用超媒体技术加以有机的立体组合,并把音频和视频信息集成进来,配以科学的导航系统,图、文、声、像并茂,则是一种十分理想的"阅读"机制。电子出版物中媒体种类多,可以集成文本、图形、图像、动画、视频和音频等多媒体信息,有灵活的导航。

(3) 从交互性上看,由于多媒体技术的应用,教育、娱乐题材的电子出版物,能建立起良好的交互环境,而传统图书则无法做到。

(4) 从检索手段上看,传统读物靠的是手翻目视,既费时又费力,而且可靠性差,而电子出版物则是利用计算机的处理能力,提供科学而快速的检索、查找与追踪功能,帮助读者在信息海洋中迅速查找所要的内容。

(5) 从发行方式上看,除了传统的出售方式外,还有联机检索和联机浏览等新方式,成本低。

3. 制作电子出版物的注意事项

(1) 熟练掌握各种多媒体著作工具及其功能和特点

开发制作人员应该掌握各种多媒体著作工具,并充分认识其软件功能的"弹性"特点。以 Authorware 为例,使用 Authorware 开发多媒体应用有 3 个层次:第一层次是适用于普通用户的基本制作方式,主要使用 Authorware 提供的十几个功能图标,无须编程即可开发一般的多媒体应用；第二层次是面向中、高级使用人员的函数与变量，能否熟练掌握Authorware提供的函数与变量，是开发者用好Authorware并最大限度地发挥它强大功能的关键所在；第三层次是面向专业程序员的扩展模块，它为Authorware提供了无限的功能延伸。

（2）提高多媒体素材的数字化水平

多媒体资源的数字化主要是指图片扫描、录音数字化、视频采集等。有的光盘中存在图片模糊不清、音频带有杂音、视频断断续续、色彩不好等情况。造成这些问题的原因很多，如原始资源质量不好、硬件档次低、对多媒体资源数字化所用的相应软件掌握得不熟练、经验不够丰富等。

（3）参考、交流和吸取成功的经验和失败的教训

在国内，光盘开发时间较短，尚处在探索时期，没有太多成功的经验可供借鉴，因此同行之间的交流、参考国外一些成功的光盘，可以避免或少走弯路。还应该注重改善光盘的交互功能，给用户充分的自主权，让用户参与其中。比如，不强制用户看完某一部分，并能让用户参与其中等。

（4）严格测试，保证质量

现在市场上的很多光盘都或多或少地存在一些问题，如死机、病毒、文件冲突、安装问题、调色板问题、视频音频和MIDI无法正常播放等。造成这些问题的原因除了硬件、运行平台及开发环境外，主要就是对光盘在不同环境下测试不彻底等。同时应注意文字脚本质量，切忌东拼西凑，一些问题必须聘请专家，确保多媒体资源的准确性、完整性和权威性。

多媒体电子出版是一个崭新的领域，要想取得成功，必须在管理、信息、科技、销售等几个方面下功夫。

9.3.2 多媒体会议系统

多媒体会议系统（multimedia conferencing system）是一种以多媒体形式支持多方通信和协同工作的应用系统。其基本特征是：通过计算机远程地参加会议或交流；合作工作不受地理位置分离的限制；通信涉及多个参与者站点之间的连接，以及在这些连接之上的操作；会话可以通过视频、音频及共享应用空间来进行。根据通信节点的数量，视频会议系统可分为点对点视频会议系统和多点视频会议系统。

1. 视频会议系统的基本功能

（1）在视频会议系统工作时，将图像、声音在各会议点间进行实时传输、接收。

（2）视频显示的转换控制可有以下3种模式。

① 语音激活模式（语音控制模式）。它是自动模式，特征是会议的"视频源"根据与会者的发言情况来转换。多媒体会议系统从多个会场终端送来的数据流中提取音频信号，在语音处理器中进行电平比较，选出电平最高的音频信号，将最响亮的语音发言人的图像与语音信号广播到其他的会场。

② 主席控制模式。在这种模式下，与会的任意一方均可能作为会议的主席，会议主席行使会议的控制权。通过令牌可以控制会议的视频源，指定为某个与会方。

③ 讲课模式(强制显像控制模式-演讲人控制模式)。演讲人通过编解码器向多媒体会议系统请求发言。编解码器给多媒体会议系统一个请求信号,若多媒体会议系统认可,便将它的图像、语音信号播放到所有与多媒体会议系统相连接的会场终端。所有分会场均可观看分会场的情况,而主会场则可有选择地观看分会场的情况。

(3) 在对图像质量要求较低的场合,可利用音频线路传送低分辨率的黑白图像。在要求较高的场合,则采用更先进的数据压缩技术。

2. 视频会议系统的主要技术特点

(1) 它依靠数字通信网络,利用多点控制器多媒体会议系统将分布在各地的用户组织为一个或多个"会议",实现会议(主、分)会场之间的实时动态图像、语音的传输、交换、处理和实时再现。

(2) 会议使用的多媒体信息在数字通信网中占有的带宽一般为 $64Kb/s \sim 2.08Mb/s$,远远低于广播电视的带宽,所以这里要采用专门的视频图像和语音的编解码器。

(3) 在对会议的动态图像和语音的质量要求上,以满足开会的基本要求为准(例如,能看清各个会场的主要坐席的人物形象和所展示的文件资料,能听清楚各位发言人的声音等),显然广播电视的质量要求要低。

(4) 视频会议的关键问题是"多媒体信息的数字化压缩和解压缩"。

数字化压缩的必要性:视频会议系统必须对音频、视频信号进行实时性数字化处理和传输,其数据非常大。

要实现视频会议系统的功能要求,就必须解决好两个特殊的问题:首先是多媒体会议信息传输的实时性,其次是它只能利用比广播电视传输窄得多的带宽(视频会议占用的信道通常不超过 $2Mb/s$)进行信息传输。由此可见,视频会议系统首先面临的关键技术问题是:如何根据视频会议系统指标,选择合理的数字化压缩方案。

3. 视频会议系统的服务质量及资源管理

视频会议系统是一种分布式多媒体信息管理系统,或称分布式多媒体通信系统。它不仅仅要求能够快速传送视频、音频和数据,而且要求要能满足一定的服务质量,如视频和音频连续媒体,必须保证在明确规定的时间无差错地传送给用户,以便在终端系统播放具备良好的质量。

视频会议系统需要高数据吞吐量、实时性、服务质量保证。

视频会议系统的服务质量是满足视频会议系统需求的核心问题,视频会议系统要把用户的服务请求映射成预先规定的服务质量参数,进而与系统和网络资源对应起来,通过资源的分配和调度满足用户的应用需要。资源的分配和调度可以选用资源的静态管理和动态管理去完成。资源的静态管理包括:服务质量的协商和解释、资源许可、资源的保留和分配及资源的释放。资源的动态管理包括进程管理、缓冲区管理、传输率和流量控制及差错控制。

4. 视频会议系统的安全保密

视频会议系统最后一个组成部分是安全保密系统,它也是视频会议的一个重要的问题。安全保密系统的主要组成部分是加密模块和解密模块,加密模块是将会议终端用户数据加密形成加密后的数据在网络上传输,解密模块接收加密数据进行解密得到用户数据。加密和解密模块的核心是密钥的生成和管理,密钥生成的核心是加密算法,加密算法不包含在国际标准的建议中,它由视频会议系统设计者研制或选用。

从应用角度来看,一个安全密码系统应包含如下功能。

(1)秘密性。密文对非法接收者来说,不可被译。

(2)可验证性。可验证信息来源的合法性,检验信息是否伪造。

(3)完整性。可检验信息是否被更改、取代或删除。

(4)不可否认性。发送方对发送的信息不可否认。

9.3.3 流媒体技术

流媒体是指在网络中使用流式传输技术的连续时基媒体,而流媒体技术是指把连续的影像和声音信息经过压缩处理之后放到专用的流服务器上,让浏览者一边下载一边观看、收听,而不需要等到整个多媒体文件下载完成就可以即时观看和收听的技术。流媒体融合了多种网络及音/视频技术,在网络中要实现流媒体技术,必须完成流媒体的制作、发布、传播和播放等环节。

流媒体是指在网络中使用流式传输技术进行传输的连续时基媒体,如音频数据流或视频数据流,而不是一种新的媒体。流媒体技术并不是单一的技术,它是融合流媒体数据的采集、压缩、存储、传输以及网络通信等多项技术之后所产生的技术。

流媒体给 Internet 带来的变化是巨大的,对于用户来讲,观看流媒体文件与观看传统的音/视频文件在操作上几乎没有任何差别。唯一有区别的就是在影音品质上,由于流媒体为了解决带宽问题及缩短下载时间,而采用了较高的压缩比,因此用户感受不到很高的图像和声音质量。

1. 流式传输

流媒体的传输一般采用建立在用户数据报协议(User Datagram Protocol,UDP)之上的实时传输协议和实时流协议 RTP/RTSP 来传输实时的影音数据。RTP 是针对多媒体数据流的一种传输协议,它被定义为在一对一或一对多的传输情况下工作,提供时间信息和实现流同步。RTSP 协议定义了一对多应用程序如何有效地通过 IP 网络传送多媒体数据。

流式传输定义很广泛,现在主要指通过网络传送媒体(如视频、音频)的技术总称。其特定含义为通过 Internet 将影视节目传送到 PC 机。实现流式传输有两种方法:实时流式传输和顺序流式传输。

顺序流式传输是顺序下载,在下载文件的同时用户可观看再线媒体,在给定时刻,用户只能观看已下载的那部分,而不能跳到还未下载的前头部分,顺序流式传输不像实时流式传输在传输期间根据用户连接的速度做调整。由于标准的 HTTP 服务器可发送这种形式的文件,也不需要其他特殊协议,它经常被称为 HTTP 流式传输。顺序流式文件是放在标准 HTTP 或 FTP 服务器上,易于管理,基本上与防火墙无关。顺序流式传输不适合长片段和有随机访问要求的视频,如讲座、演说与演示。它也不支持现场广播,严格来说,它是一种点播技术。

实时流式传输指保证媒体信号带宽与网络连接配匹,使媒体可被实时观看到。实时流式传输需要特定的服务器,这些服务器允许用户对媒体发送进行更多级别的控制,因而系统设置、管理比标准 HTTP 服务器更复杂。实时流式传输还需要特殊的网络协议,这些协议在有防火墙时有时会出现问题,导致用户不能看到一些地点的实时内容。

2. 流媒体系统的组成

流媒体系统通过某种流媒体技术,完成流媒体文件的压缩生成,经过服务器发布,然后在客户端完成流媒体文件的解压播放的整个过程。因此,一个流媒体系统一般由三部分组成,流媒体开发工具,用来生成流式格式的媒体文件;流媒体服务器组件,用来通过网络服务器发布流媒体文件;流媒体播放器,用于客户端对流媒体文件的解压和播放。三者之间通过特定的协议互相通信,并按照特定格式互相交换文件数据。目前应用比较广泛的流媒体系统主要有 Windows Media 系统、Real System 系统和 QuickTime 系统等。

3. 流媒体文件的格式

流媒体文件格式是支持采用流式传播及播放的媒体格式。流式文件格式经过特殊编码,使其适合在网络上边下载边播放,而不是等到下载完整个文件才能播放。为了使客户端接收到的数据包可以重新有序地播放,在实际的网络应用环境,并不包含流媒体数据文件,而是流媒体发布文件,它们本身不提供压缩格式,也不描述影视数据,其作用是以特定的方式安排影视数据的播放。将压缩媒体文件编码成流式文件,必须加上一些附加信息,如计时、压缩和版权信息。

4. 流媒体的应用

(1) 在线直播

随着 Internet 的普及,网络上的资料不再局限于文字和图形,有许多的视频应用需要在网上直播,如世界杯现场直播、春节联欢晚会直播等。对电视台来说,利用流媒体技术实现在线直播,可以最大范围地覆盖观众,能像电视直播一样宣传、广告或满足观众的需求。

(2) 视频点播

随着多媒体技术、通信技术及硬件存储技术的发展,人们已不再满足以往单一、被动的单方向信息获取方式。采用流媒体技术的视频点播(video on demand,VOD)的交互式业务,正受到人们的欢迎。现在网上很多的在线影院基本上都是采用 RealNetworks 公司的 RealSystems 或微软的 Windows Media System。

(3) 远程教育

远程教育系统与传统学校教育相比,突破了时空的限制,增加了学习机会,有利于扩大教育规模、提高教学质量、降低教学成本。学生可以在自己方便的时间、适合的地点,按照自己需要的速度和方式,运用丰富的教学资源来进行学习。目前许多大学都已采用流媒体技术实现了远程教育。

此外,流媒体技术在电子商务、远程医疗和视频会议等许多方面都有成功应用。目前流媒体技术的应用主要有宽带和窄带两种方式。窄带方式包括多媒体新闻直播、远程教学、e-Learning、股评分析和视频会议等；宽带方式包括网络电视、KTV、企业培训和多媒体IDC等。

9.3.4 虚拟现实技术

虚拟现实（virtual reality，VR）技术产生于20世纪60年代，"虚拟现实"一词创始于20世纪80年代，该技术涉及计算机图形学、传感器技术动力学、光学、人工智能及社会心理学等研究领域，是多媒体发展的更高境界。虚拟现实技术是一种基于可计算信息的沉浸式交互环境。具体地说，就是采用以计算机技术为核心的现代高科技生成逼真的视、听、触觉一体化的特定范围的虚拟环境（virtual environment，VE），用户借助必要的设备以自然的方式与虚拟环境中的对象进行交互作用、相互影响，从而产生亲临等同真实环境的感受和体验。

1. 虚拟现实的定义

通常虚拟现实的定义分为狭义和广义两种。

狭义的定义即为一种人机界面（人机交互方式），亦可以称为"自然人机界面"。在此环境中，用户看到的是全彩色主体景象，听到的是虚拟环境中的音响，手（或）脚可以感受到虚拟环境反馈给自己的作用力，由此使用户产生一种身临其境的感觉。亦即人是以与感受真实世界一样的（自然的）方式来感受计算机生成的虚拟世界，具有和相应真实世界里一样的感觉。这里，计算机世界既可以是超越我们所处时空之外的虚构环境，也可以是一种对现实世界的仿真（强调是由计算机生成的，能让人有身临其境感觉的虚拟图形界面）。

广义的定义即为对虚拟想象（三维可视化的）或真实三维世界的模拟。对某个特定环境真实再现后，用户通过接受和响应模拟环境的各种感官刺激，与其中虚拟的人及事物进行交互，使用户有身临其境的感觉。如果不限定真实三维世界（视觉、听觉等都是三维的），那些没有三维图形的世界，但模拟了真实世界的某些特征的，如网络上的聊天室、MUD（网络角色）扮演游戏等，也可称为虚拟世界、虚拟现实。

2. 虚拟现实的关键技术

实物虚化、虚物实化和高性能的计算处理技术是虚拟现实技术的3个主要方面。

实物虚化是现实世界空间向多维信息化空间的一种映射，主要包括基本模型构建、空间跟踪、声音定位、视觉跟踪和视点感应等关键技术，这些技术使得真实感虚拟世界的生成、虚拟环境对用户操作的检测和操作数据的获取成为可能。它具体基于基本模型构建技术、空间跟踪技术、声音跟踪技术、视觉跟踪与视点感应技术。

虚物实化是指确保用户从虚拟环境中获取同真实环境中一样或相似的视觉、听觉、力觉和触觉等感官认知的关键技术。能否让参与者产生沉浸感的关键因素除了视觉和听觉感知外，还有用户能否在操纵虚拟物体的同时，感受到虚拟物体的反作用力，从而产生触觉和力觉感知。力觉感知主要由计算机通过力反馈手套、力反馈操纵杆对手指产生运动阻尼从而使用户感受到作用力的方向和大小。触觉反馈主要是基于视觉、气压感、振动触感、电子触感和神经、肌肉模拟等方法来实现的。

高性能计算处理技术主要包括数据转换和数据预处理技术；实时、逼真的图形图像生成与显示技术；多种声音的合成与声音空间化技术；多维信息数据的融合、数据压缩及数据库的生成；包括命令识别、语音识别，以及手势和人的面部表情信息的检测等在内的模式识别；分布式与并行计算，以及高速、大规模的远程网络技术。

3. 虚拟现实的应用

虚拟现实的应用领域十分广泛，主要在工程设计、计算机辅助设计、数据可视化、飞行模拟、多媒体远程教育、远程医疗、艺术创作、游戏、娱乐等方面。

虚拟现实技术的应用范围很广，诸如国防、建筑设计、工业设计、培训、医学领域。例如，建筑设计师可以运用虚拟现实技术向客户提供三维虚拟模型，而外科医生还可以在三维虚拟的病人身上试行一种新的外科手术。Helsel 与 Doherty 在 1993 年对全世界范围内已经进行的 805 项虚拟现实研究项目作了统计，结果表明：目前虚拟现实技术在娱乐、教育及艺术方面的应用占据主流，达 21.4%；其次是军事与航空，达 12.7%；医学方面达 6.13%；机器人方面占 6.21%；商业方面占 4.96%。另外，虚拟现实技术在可视化计算、制造业等方面也有相当的比重。下面简要介绍其部分应用。

医学方面：虚拟现实技术在医学方面的应用具有十分重要的现实意义。在虚拟环境中，可以建立虚拟的人体模型，借助于跟踪球、HMD、感觉手套，学生可以很容易了解人体内部各器官结构，这比现有的采用教科书的方式要有效得多。另外，在远距离遥控外科手术，复杂手术的计划安排，手术过程的信息指导，手术后果预测及改善残疾人生活状况，乃至新型药物的研制等方面，虚拟现实技术都有十分重要的意义。

娱乐、艺术、教育方面：丰富的感觉能力与 3D 显示环境使得虚拟现实成为理想的视频游戏工具。由于在娱乐方面对虚拟现实的真实感要求不是太高，故近些年来虚拟现实在该方面发展最为迅猛。如美国 Chicago 开放了世界上第一台大型可供多人使用的虚拟现实娱乐系统，其主题是关于 3025 年的一场未来战争；英国开发的称为 Virtuality 的虚拟现实游戏系统，配有 HMD，大大增强了真实感；1992 年的一台称为 Legeal Qust 的系统由于增加了人工智能功能，使计算机具备了自学习功能，大大增强了趣味性及难度，使该系统获该年度虚拟现实产品奖。另外，在家庭娱乐方面虚拟现实也显示出了很好的前景。

作为传输显示信息的媒体，虚拟现实在未来艺术领域方面所具有的潜在应用能力也不可低估。虚拟现实所具有的临场参与感与交互能力可以将静态的艺术（如油画、雕刻等）转化为动态的，可以使观赏者更好地欣赏作者的思想艺术。另外，虚拟现实提高了艺术表现能力，如一个虚拟的音乐家可以演奏各种各样的乐器，手足不便的人或远在外地的人可以在其生活的居室中去虚拟的音乐厅欣赏音乐会等。

对艺术的潜在应用价值同样适用于教育，如在解释一些复杂的系统抽象的概念如量子物理等方面，虚拟现实是非常有力的工具，Lofin 等人在 1993 年建立了一个"虚拟的物理实验室"，用于解释某些物理概念，如位置与速度、力量与位移等。

军事与航天方面：模拟与训练一直是军事与航天工业中的一个重要课题，这为虚拟现实提供了广阔的应用前景。美国国防部高级研究计划局自 20 世纪 80 年代起一直致力于研究称为 SIMNET 的虚拟战场系统，以提供坦克协同训练，该系统可联结 200 多台模拟器。另外,利用虚拟现实技术,可模拟零重力环境,以代替现在非标准的水下训练宇航员的方法。

9.4　多媒体工具

多媒体开发工具是基于多媒体操作系统基础上的多媒体软件开发平台,可以帮助开发人员组织编排各种多媒体数据及创作多媒体应用软件。这些多媒体开发工具综合了计算机信息处理的各种最新技术,如数据采集技术、音频视频数据压缩技术、三维动画技术、虚拟现实技术、超文本和超媒体技术等,并且能够灵活地处理、调度和使用这些多媒体数据,使其能和谐工作,形象、逼真地传播和描述要表达的信息,从而真正成为多媒体技术的灵魂。

9.4.1　多媒体工具概述

多媒体创作系统介于多媒体操作系统与应用软件之间,是支持应用开发人员进行多媒体应用软件创作的工具,故又称为多媒体创作工具。它能够用来集成各种媒体,并可设计阅读信息内容方式的软件。借助这种工具,应用人员可以不用编程也能做出很优秀的多媒体软件产品,极大地方便了用户。与之对应,多媒体创作工具必须担当起可视化编程的责任,它必须具有概念清晰、界面简洁、操作简单、功能伸缩性强等特点。目前,对优秀的多媒体创作工具的判断标准是,应该具备以下8种基本的能力并能够不断进行增强:编辑能力及环境、媒体数据输入能力、交互能力、功能扩充能力、调试能力、动态数据交换能力、数据库功能、网络组件及模板套用能力。

从系统工具的功能角度划分,多媒体创作工具大致可以分为媒体创作软件工具、多媒体节目写作工具、媒体播放工具及其他各类媒体处理工具四类。

1. 媒体创作软件工具

媒体创作软件工具用于建立媒体模型、产生媒体数据。

应用较广泛的有三维图形视觉空间的设计和创作软件,如 Macromedia 公司的 Extreme 3D,它能提供包括建模、动画、渲染及后期制作等诸多功能,直至专业级视频制作。另外,Autodesk 公司的 2D Animation 和 3D Studio(包括 3D Max)等也是很受欢迎的媒体创作工具。而用于 MIDI 文件(数字化音乐接口标准)处理的音序器软件非常多,比较有名的有 Music Time、Recording Session、Master Track Pro 和 Studio for Windows 等;至于波形声音工具,在 MDK(多媒体开放平台)中的 Wave Edit、Wave Studio 等就相当不错。

2. 多媒体节目写作工具

多媒体节目写作工具提供不同的编辑、写作方式。

第一类是基于脚本语言的写作工具,典型的如 ToolBook,它能帮助创作者控制各种媒体数据的播放,其中 OpenScript 语言允许对 Windows 的 MCI(媒体控制接口)进行调用,控制各类媒体设备的播放或录制;第二类是基于流程图的写作工具,典型的如

Authorware 和 IconAuther,它们使用流程图来安排节目,每个流程图由许多图标组成,这些图标扮演脚本命令的角色,并与一个对话框对应,在对话框输入相应的内容即可;第三类写作工具是基于时序的,典型的如 Action,它们是通过将元素和检验时间轴线安排来达到使多媒体内容演示的同步控制。

3. 媒体播放工具

媒体播放工具可以在计算机上进行播放,有的甚至能在消费类电子产品中进行播放。

这一类软件非常多,其中 Video for Windows 就可以对视频序列(包括伴音)进行一系列处理,实现软件播放功能。而 Intel 公司推出的 Indeo 在技术上更进了一步,在纯软件视频播放上,还提供了功能先进的制作工具。

4. 其他各类媒体处理工具

除了三大类媒体开发工具外,还有其他几类软件,如多媒体数据库管理系统、Video-CD 制作节目工具、基于多媒体板卡(如 MPEG 卡)的工具软件、多媒体出版系统工具软件、多媒体 CAI 制作工具、各式 MDK(多媒体开放平台)等。它们在各领域中都受到很大的欢迎。

9.4.2　多媒体处理工具

目前,按照处理对象划分,常见的多媒体处理工具主要有以下几大类:音频编辑软件、图形制作软件、图像处理软件、视频编辑软件、二维动画制作软件、三维动画制作软件。

1. 音频编辑软件

音频编辑软件是为多媒体计算机应用录制、编辑、修改数字化声音的工具软件。在 Windows 环境下的数字化声音文件格式是波形声音文件,通常以 .wav 为扩展名,称为 WAV 文件。随着网络技术和数字压缩技术的发展,Windows 环境下也出现越来越多的其他文件格式,如以 .rm 为扩展名的流式文件和以 .mp3 为扩展名的 MP3 文件,处理这些不同格式的文件需要不同的软件。在这些文件中,WAV 文件是一种最基本的文件格式,因为其他格式的文件通常都是根据一定的需要(如存储或流式传输的需要)由 WAV 文件转换而来的。一个完整的音频编辑软件应包括如下功能。

(1) 音频数据的录制。应能选择不同的录音参数,包括多种采样频率、多种采样大小、录音声道数,以及它们的不同组合。

(2) 音频数据的编辑和回放。对录制或通过打开声音文件得到的数字化声音数据进行播放选块、拷贝、删除、粘贴、声音混合等多种编辑。

(3) 音频数据的参数修改。包括采样频率的修改(不改变声音的间距而延长或缩短声音的播放时间)和格式转换(不改变声音的播放时间而延长或缩短声音的间距)。

(4) 效果处理。包括逆向播放、增减回声、增减音量、增减速度、声音的淡入淡出、交换左右声道等。

(5) 图形化的工作界面。应能按比例把实际的声音波形显示成图形,做了修改后,应能实时显示其变化。

(6) 非破坏式修改。即所有修改都是先在内存上进行,只有进行存储操作后,才能破坏原来的数据。

（7）能以 WAV 格式存储数字化声音数据。

声音的录制和编辑工作可用两种方法来完成。

一种方法是用 Windows 中的 Sound Record(录音程序)。它有录音、插入文件、混合文件、删除部分内容、音量和播放速度的调整等功能。它的功能不强，效果不好，而且，录制的时间很短。

另一种方法是用声卡内附的软件及一些著名软件公司推出的多媒体音频制作编辑软件。目前市场上的声卡实在太多，内附的音频编辑软件也各异，但一般都有很强的录音与编辑功能，录出来的效果一般也不错，如 Creative 的 Voice Editor、微软的 Studio for Windows，特别是一些专业的音频处理软件可以对音频进行编辑并以图形方式显示音频的波形。

2. 图形制作软件与图像处理软件

这类软件主要用来绘图、修图与改图，CorelDraw 就是这种软件。

CorelDraw 是一个功能强大的图形工具包，由多个模块组成，尤其适用于商业图形应用领域，几乎包括了所有的绘图和桌面出版功能：其内建的电子表格可以完成各种统计操作，具有音响效果的动画，"所见即所得"的图文混排、艺术家使用的绘图工具、创造特殊显示效果的镜头过滤器、精心设计的外观界面等。

Adobe 公司开发的 Photoshop 是一种多功能的图像处理软件。它除了能进行一般的图像艺术加工外，还可以进行一些图像的分析计算，如通过图像分析计算能得到两幅相似图像的微小的不同部分。Photoshop 可以不依赖某种图像卡或硬件进行图像处理工作，这大大降低了用户进行图像处理的成本。

另外，微软麾下的 Office 套件 Photo Edit 和 FrontPage 伴侣 Image 等也能为众多多媒体用户分忧。至于图片(图像)浏览软件，DOS 模式下有"德国战车"(Sea)，Windows 环境下有大名鼎鼎的 ACDSee。另外，CompuPic 和 PicView 也是值得考虑的高性能看图软件。这几种软件除了有浏览功能外，还可进行图形(图像)格式、分辨率、色彩数的转换，使用起来也特别方便。

3. 视频编辑工具

视频编辑工具与视频捕获卡配合，先利用视频捕获卡将视频图像输入到计算机中，然后用视频编辑工具将模拟信号转换为数字信号，以 AVI 文件格式存盘，并用视频编辑工具将捕获到的.AVI 文件进行编辑和压缩，实现数字视频的创作，包括捕获、编辑、修饰、压缩 4 个独立步骤。

视频捕获是指从模拟视频图像源捕获影像，其关键在于高宽频带不丢帧的捕获能力，然后编辑捕获的影像，将收集到的其他媒体资料加入编辑的节目，如声音、图形。

修饰的作用是通过切换特殊效果、叠加及加标题，增加影像的表现力，最后生成一个压缩的影像文件。

视频编辑工具主要有微软的 Video for Windows，Adobe 的 Premiere 等。

4. 二维动画制作软件

这类软件具有较强的动画功能,可以播放、制作动画,也可以修图和改图,除了大家熟知的 Flash,这里简单介绍一下 Animator Pro 和 Animo。

Animator Pro 具有二维图像绘制与动画制作功能,可对图像进行变形、旋转、放大、压缩、组装,可进行多帧粘贴选加,实现动画中的动画,能生成一个图的三维运动轨迹,并沿这个轨迹进行平移、旋转、尺寸放缩和路径运动。Animator Pro 还提供了 Poco C 语言,包含了众多的图像和动画的可调用函数,十分方便地用程序方式编辑和修改图像和动画。

Animo 是英国 Cambridge Animation 公司开发的运行于 SGI O2 工作站和 Windows NT 平台上的二维卡通动画制作系统,它具有面向动画师设计的工作界面,扫描后的画稿保持了艺术家原始的线条,它的快速上色工具提供了自动上色和自动线条封闭功能,并和颜色模型编辑器集成在一起提供了不受数目限制的颜色和调色板,一个颜色模型可设置多个"色指定"。它具有多种特技效果,包括灯光、阴影、照相机镜头的推拉、背景虚化、水波等并可与二维动画、三维动画和实拍镜头进行合成。它所提供的可视化场景图可以使动画师只用几个简单的步骤就可完成复杂的操作,提高了工作效率和速度。

5. 三维动画制作软件

美国 Autodesk 公司推出的 3DS Max 是一个三维图形和动画制作软件,通过设置可控制画面的各种色彩、透度、表面花纹的粗细程度及各种反射特性。利用 3DS Max,用户可方便地移动、放大、压缩、旋转甚至改变对象的形态,还可以移动光源、摄像机、聚光灯及摄像镜头的目标,以产生如同电影一般的效果。

Maya 是高端 3D 软件,3DS Max 是中高端软件,虽然 3DS Max 易学易用,但在遇到一些高级要求(如角色动画/运动学模拟)时远不如 Maya 强大。

Maya 软件主要应用于动画片制作、电影制作、电视栏目包装、电视广告、游戏动画制作等。3DS Max 主要应用于动画片制作、游戏动画制作、建筑效果图、建筑动画等。

Maya 的 CG 功能十分全面,如建模、粒子系统、毛发生成、植物创建、衣料仿真等。可以说,从建模到动画,到速度,Maya 都非常出色。Maya 主要是为了影视应用而研发的。

9.4.3 多媒体著作工具

在开发多媒体应用的过程中,多媒体著作工具起着关键的作用。多媒体著作工具提供给设计者一个自动生成程序代码的综合环境,使设计者将文本、图形、图像、动画、声音等多种媒体组合在一起形成完整的节目。

世界上商品化的多媒体著作工具目前已有 80 多个,其中最流行的有 Asymetrix 的 ToolBook 系列,Macromedia 的 Director 和 Authorware,以及可视编程语言 Visual Basic (VB)。

1. 可视编程语言 Visual Basic

Visual Basic 的主要特点如下。

(1) 功能强大、编程灵活、扩展性好。VB 可调用各种多媒体素材,利用多种方法、事件、属性控制媒体对象及链接关系,对个别对象实现精确控制。其扩展性和升级性好。

（2）面向对象，提供丰富的控件。VB 的工具栏提供多种控件，用户直接调用它们创建各种控件。

（3）适用于复杂的多媒体产品制作。由于 VB 功能强大，应用方式灵活，创作简单、快捷，特别适用于控制和计算要求较高的复杂产品。

（4）自编代码，对制作人员要求高。VB 控件的动作方式、内容和链接关系需由制作人员编制。

2. Authorware

Authorware 是一种基于流程图方式的多媒体著作工具，用户不必要求有特别的程序设计能力，只需掌握一些流程图和图标概念及基础设计知识就能使用。它允许跨平台运行，Windows 平台和 Macintosh 平台提供了完全相同的操作环境。它具有多种外部接口，可把各种媒体素材有效地集成在一起，并有丰富的函数与变量。Authorware 5.0 的 Attain 支持的媒体更加丰富，甚至支持 QuickTime VR，只需一步可选中全部图标属性，一次即可输入全部外部素材，并有强大的网络支持。其内置的数据跟踪变量可跟踪学生的学习进度和成绩，是开发教学、培训和远程教学的最佳选择。

3. Director

Director 是基于时间轴的多媒体创作工具，具有高度集成的多媒体数据库、灵活而方便的创作环境、二维动画工业制作标准、标准化的开放接口、数字计量的精度控制及能实现专业级录放产品制作和平滑的跨平台开发等特点。

Director 采用了一种舞台的比喻，形象地把多媒体系统中的每一个对象称为舞台演出中的一个角色，而且还有一张对号入座的卡片，用以同步各种演出活动。

Director 有 4 个功能部件，即 Studio 制作室、Overview 导演室、Lingo 脚本描述语言、X-Object 外部扩展接口。

4. ToolBook

ToolBook 是基于书（book）和页（page）的多媒体著作工具。它把一个多媒体应用系统看成一本书，书上的每一页可包含许多多媒体素材，如按钮、字段、图形、图片、影像等。它有功能强大的面向对象的程序设计语言 Openscript。ToolBook 支持 Windows 动态链接库（DLL）与动态数据交换（DDE），还支持符合 DLE 标准的各种数据对象。新一代的 ToolBook 系列已发展了一系列功能各有特色的著作工具，并对数据库和 Internet 支持很大，既适合于无编程能力的一般用户，也适合于需要编程进行复杂设计的高级用户。

习题与思考

一、选择题

1. 多媒体计算机中的媒体信息是指_____。

    A. 数字、文字　　　　B. 声音、图形　　　　C. 动画、视频　　　　D. A、B、C 都包括

2. 多媒体技术的主要特性是_____。

    A. 多样性　　　　　　　　　　　　　　B. 多样性、集成性

    C. 多样性、集成性、交互性   D. 多样性、集成性、交互性、实时性

3. 要把一台计算机变成多媒体计算机,需要解决的关键技术是_____。

    (1) 视频信号的获取   (2) 多媒体数据压缩编码和解码技术

    (3) 视频音频数据的实时处理和特技   (4) 视频音频数据的输出技术

    A. 仅(1)   B. (1)(2)

    C. (1)(2)(3)   D. 全部

4. 声音是机械振动在弹性介质中的传播的_____。

    A. 电磁波   B. 机械波   C. 光波   D. 声波

5. 在数字音频信息获取与处理过程中,下述顺序_____是正确的。

    A. A/D 变换,采样,压缩,存储,解压缩,D/A 变换

    B. 采样,压缩,A/D 变换,存储,解压缩,D/A 变换

    C. 采样,A/D 变换,压缩,存储,解压缩,D/A 变换

    D. 采样,D/A 变换,压缩,存储,解压缩,A/D 变换

6. 在 YUV 彩色空间中数字化后 Y : U : V 是_____。

    A. 4 : 2 : 2   B. 8 : 4 : 2   C. 8 : 2 : 4   D. 8 : 4 : 4

7. 下面全部是图像文件格式的是_____。

    A. BMP、DOC、BIN、JPEG   B. WRL、GCA、TIFF、EXE

    C. GIF、JPEG、IMG、BMP   D. TIF、TXT、ZIP、HTM

8. 一幅 800×600(像素)大小的真彩色图片所需存储空间大小为_____。

    A. 1 440 000B   B. 480 000B   C. 960 000B   D. 240 000B

二、填空题

1. 根据原国际电报电话咨询委员会(CCITT)对媒体的定义,"媒体"可分为_____、_____、_____、_____和_____。

2. 音色是由声音的_____决定的。

3. 彩色可用_____、_____、_____来描述。其中_____和_____称为色度。

4. YIQ 彩色空间是_____制式采用的,YUV 彩色空间是_____制式采用的。

三、简答题

1. 多媒体计算机的定义是什么?

2. 比较多媒体与超媒体的异同。

3. 什么是音频信息的数字化?

4. 简述三基色原理。

5. 矢量图形与位图图像有何区别?

第 10 章
计算机信息系统安全

[本章学习目标]

知识点：计算机信息安全的基本概念，计算机系统和信息所面临的威胁和各种攻击手段，计算机病毒的基本知识和防护方法，网络安全主要技术与防御策略，信息安全常用技术如加解密技术、身份认证技术、数字签名技术、审计与监控技术、防火墙技术与虚拟专用网等。

重点：计算机信息系统安全面临的威胁，网络攻击的常见形式，信息安全常用技术，计算机病毒的机理和防治，防火墙技术和入侵检测。

难点：计算机病毒的基本知识，网络安全主要技术，信息安全常用技术，计算机病毒的机理，防火墙技术。

技能点：安全防御技术的应用。

10.1 计算机信息系统安全概述

信息安全在信息社会中扮演着极为重要的角色，直接关系到国家安全、经济发展、社会稳定和人们的日常生活。随着人们信息安全意识的提高，以及受病毒及网络黑客侵袭的影响，信息系统的安全问题越来越受到关注，网络安全问题已发展成为一个全球化的问题。

10.1.1 不安全因素和安全威胁

1. 不安全因素

影响计算机信息安全的因素很多，如有意的或无意的、人为的或非人为的等，外来黑客对网络系统资源的非法使用更是影响计算机信息安全的重要因素。归结起来，计算机信息不安全的因素主要有以下几个方面。

（1）天灾人祸

① 自然因素的影响。它包括自然环境和自然灾害的影响。自然环境的影响包括地理环境、气候状况、环境污染状况及电磁干扰等多个方面。自然灾害如地震、水灾、大风、雷电等导致硬件的破坏，进而导致网络通信中断、计算机数据信息丢失和损坏，也可能给计算机网络带来致命的危害。

② 人为因素的影响。它包括人为失误、计算机犯罪行为、安全管理导致的威胁及战争造成的破坏。人为失误是非故意的,但它仍会给计算机网络安全带来巨大的威胁。例如,某网络管理人员违章带电拔插网络服务器中的板卡,导致服务器不能工作,整个网络瘫痪,这期间可能丢失了许多重要的信息,延误了信息的交换和处理,其损失可能是难以弥补的。计算机犯罪行为包括故意破坏网络中计算机系统的硬/软件系统、网络通信设施及通信线路,非法窃听或获取通信信道中传输的信息,假冒合法用户非法访问或占用网络中的各种资源,故意修改或删除网络中的有用数据,盗窃计算机硬件设施、数据信息和服务。

(2) 信息系统自身的脆弱性

计算机信息系统面临着来自人为的和自然的种种威胁,而计算机信息系统本身也存在着一些脆弱性,抵御攻击的能力很弱,自身的一些弱点或缺陷一旦被黑客及犯罪分子利用,攻击计算机信息系统就变得十分容易,并且攻击之后不留下任何痕迹,使得侦破的难度加大。

① 硬件系统的脆弱性。电路板焊点过分密集,极易产生短路而烧毁器件。体积小、重量轻、物理强度差,极易被偷盗或毁坏。电路高度复杂,设计缺陷在所难免,加上有些不怀好意的制造商还故意留有"后门"。计算机是利用电信号对数据进行运算和处理,所产生的电磁辐射会产生信息泄露,并且极易受环境中的电磁干扰而导致出错。电源断电或电源不正常都会导致信息系统的正常工作中断。

② 软件系统的脆弱性。操作系统安全的脆弱性是指操作系统程序的动态链接可以被黑客用来攻击系统或链接计算机病毒程序。操作系统支持网上远程加载程序,这为实施远程攻击提供了技术支持。系统提供了 Debug 与 Wizard,它们可以将执行程序进行反汇编,方便地追踪执行过程。掌握好这两项技术,几乎可以做"黑客"的所有事情。数据库系统的脆弱性是指数据库管理系统的安全必须与操作系统的安全相配套,存储数据的媒体决定了它易于修改、删除和替代。数据信息传输中的脆弱性是指信息传输所用的通信线路易遭破坏,线路电磁辐射引起信息泄露,架空明线易于直接搭线侦听,无线信道易遭到电子干扰。

(3) 计算机病毒

计算机病毒的传染性可以导致计算机中毒,以致计算机内的信息被盗或软/硬件遭到损坏。

(4) 网络自身的脆弱性

ISO 7498 网络协议形成时,基本上没有顾及到安全的问题,后来才加进了 5 种安全服务和 8 种安全机制。

(5) 网络安全管理问题

网络系统缺少安全管理人员,缺少安全管理的技术规范,缺少定期的安全测试与检查,缺少安全监控,是网络最大的安全问题之一。

2. 安全的主要威胁

计算机信息系统安全就是实现计算机信息网络系统的正常运行,确保信息在产生、传输、使用、存储等过程中保密、完整、可用、真实和可控。网络系统的安全威胁主要表现在主机可能会受到非法入侵者的攻击,网络中的敏感数据有可能泄露或被修改,从内部网向公共网传送的信息可能被他人窃听或篡改等。归结起来,网络安全的威胁主要有以下几个方面。

（1）人为的疏忽

人为的疏忽包括失误、失职、误操作等。例如,操作员安全配置不当所造成的安全漏洞,用户安全意识不强,用户密码选择不慎,用户将自己的账户随意转借给他人或与他人共享等都会对网络安全构成威胁。

（2）恶意攻击

恶意攻击是计算机系统所面临的最大威胁,敌人的攻击和计算机犯罪就属于这一类。此类攻击又可以分为以下两种：一种是主动攻击,它以各种方式有选择地破坏信息的有效性和完整性;另一种是被动攻击,它是在不影响网络正常工作的情况下,进行截获、窃取、破译以获得重要机密信息。这两种攻击均对计算机网络造成极大的危害,并导致机密数据的泄露。恶意攻击具有下述特性。

① 智能性。从事恶意攻击的人员大都具有相当高的专业技术和熟练的操作技能。他们的文化程度高,在攻击前都经过了周密预谋和精心策划。

② 严重性。涉及金融资产的网络信息系统被恶意攻击,往往会由于资金损失巨大,而使金融机构、企业蒙受重大损失,甚至破产,同时也给社会稳定带来动荡。如美国资产融资公司计算机欺诈案涉及金额达亿美元之巨,犯罪影响惊动全美。在我国也发生过数起计算机盗窃案,金额从数万元到数百万元人民币不等,给相关部门带来了严重的损失。

③ 隐蔽性。人为恶意攻击的隐蔽性很强,不易引起怀疑,作案的技术难度大。一般情况下,其犯罪的证据存在于软件的数据和信息资料之中,若无专业知识很难获取侦破证据。而且作案人可以很容易地毁灭证据,计算机犯罪的现场也不像传统犯罪现场那样明显。

④ 多样性。随着 Internet 的迅速发展,网络信息系统中的恶意攻击也随之发展变化。由于经济利益的强烈诱惑,近年来,各种恶意攻击主要集中于电子商务和电子金融领域。攻击手段日新月异,新的攻击目标包括偷税漏税,利用自动结算系统洗钱及在网络上进行营利性的商业间谍活动等。

（3）网络软件的漏洞

网络软件不可能十分完善,没有任何缺陷和漏洞,这些漏洞和缺陷恰恰是黑客进行攻击的首选目标。曾经出现过的黑客攻入网络内部的事件大多是由于安全措施不完善导致的。另外,软件的隐秘通道都是软件公司的设计编程人员为了自己方便而设置的,一般不为外人所知,一旦隐秘通道被探知,后果将不堪设想,这样的软件不能保证网络安全。

（4）非授权访问

没有预先经过同意,就使用网络或计算机资源被视为非授权访问,如对网络设备及资源进行非正常使用,擅自扩大权限或越权访问信息等。主要包括假冒、身份攻击、非法用户进入网络系统进行违法操作、合法用户以未授权方式进行操作等。

（5）信息泄露或丢失

信息泄露或丢失是指敏感数据被有意或无意地泄露出去或者丢失,通常包括：在传输中丢失或泄露,例如,黑客利用电磁泄露或搭线窃听等方式截获机密信息,或通过对信息流向、流量、通信频度和长度等参数的分析,进而获取有用的信息。

（6）破坏数据的完整性

破坏数据的完整性是指以非法手段窃得对数据的使用权,删除、修改、插入或重发某些重要信息,以取得有益于攻击者的响应;恶意添加、修改数据,以干扰用户的正常使用。

10.1.2　信息安全的目标

1. 计算机信息系统安全的概念

计算机系统也称计算机信息系统,是由计算机及其相关的和配套的设备、设施(含网络)构成的,并按一定的应用目标和规则对信息进行采集、加工、存储、传输、检索等处理的人机系统。计算机信息安全中的"安全"一词是指将服务与资源的脆弱性降到最低限度。脆弱性是指计算机系统的任何弱点。

国际标准化组织将计算机安全定义为:"为数据处理系统建立和采取的技术和管理的安全保护,保护计算机硬件、软件数据不因偶然和恶意的原因而遭到破坏、更改和泄露。"此概念偏重于静态信息保护。也有人将计算机安全定义为:"计算机的硬件、软件和数据受到保护,不因偶然和恶意的原因而遭到破坏、更改和泄露,系统连续正常运行。"该定义着重于动态意义的描述。

2. 计算机信息系统安全涉及的内容

安全工作的目的就是为了在安全法律、法规、政策的支持与指导下,通过采用合适的安全技术与安全管理措施,维护计算机信息的安全。国务院 1994 年颁布的《中华人民共和国计算机信息系统安全保护条例》第一章第二条指出:"计算机信息系统的安全保护,应当保障计算机及其相关的配套的设备、设施(含网络)的安全,运行环境的安全,保障信息的安全,保障计算机功能的正常发挥,以维护计算机信息系统的安全运行。"

计算机信息安全涉及物理安全(实体安全)、运行安全和信息安全 3 个方面。

（1）物理安全

保护计算机设备、设施(含网络)及其他媒体免遭地震、水灾、火灾、有害气体和其他环境事故(如电磁污染等)破坏的措施、过程。特别是避免由于电磁泄露产生信息泄露,从而干扰他人或受他人干扰。物理安全包括环境安全、设备安全和媒体安全 3 个方面。

（2）运行安全

为保障系统功能的安全实现,提供一套安全措施(如风险分析、审计跟踪、备份与恢复、应急等)来保护信息处理过程的安全。它侧重于保证系统正常运行,避免因为系统的崩溃和损坏而对系统存储、处理和传输的信息造成破坏和损失。运行安全包括风险分析、审计跟踪、备份与恢复、应急 4 个方面。

（3）信息安全

防止信息财产被故意或偶然地非授权泄露、更改、破坏或使信息被非法的系统辨识、控制,即确保信息的完整性、保密性、可用性和可控性。避免攻击者利用系统的安全漏洞进行窃听、冒充、诈骗等有损于合法用户的行为。本质上是保护用户的利益和隐私。信息安全包括操作系统安全、数据库安全、网络安全、病毒防护、访问控制、加密与鉴别 7 个方面。

3. 安全目标

在美国国家信息基础设施(NII)的文献中,给出了安全的 5 个属性,即可用性、可靠性、完整性、保密性和不可抵赖性。这 5 个属性适用于国家信息基础设施的教育、娱乐、医疗、运输、国家安全、电力供给及分配、通信等广泛领域。这 5 个属性定义了信息安全的目标。

(1) 可用性。可用性是指无论何时,只要用户需要,信息系统必须是可用的,也就是说信息系统不能拒绝服务。网络最基本的功能是向用户提供所需的信息和通信服务,而用户的通信要求是随机的、多方面的(话音、数据、文字和图像等),有时还要求时效性。网络必须随时满足用户通信的要求。攻击者通常采用占用资源的手段阻碍授权者的工作。可以使用访问控制机制,阻止非授权用户进入网络,从而保证网络系统的可用性。增强可用性还包括如何有效地避免因各种灾害(战争、地震等)造成的系统失效。

(2) 可靠性。可靠性是指系统在规定的条件下和规定的时间内完成规定功能的概率。可靠性是网络安全最基本的要求之一,网络不可靠,事故不断,也就谈不上网络的安全。目前,对于网络可靠性的研究基本上偏重于硬件可靠性方面。研制高可靠性元器件设备,采取合理的冗余备份措施仍是最基本的可靠性对策。然而,有许多故障和事故与软件可靠性、人员可靠性和环境可靠性有关。

(3) 完整性。完整性指信息不被偶然或蓄意地删除、修改、伪造、乱序、重放、插入等破坏的特性。只有得到允许的人才能修改实体或进程,并且能够判别出实体或进程是否已被篡改,即信息的内容不能被未授权的第三方修改。信息在存储或传输时不被修改、破坏,不出现信息包的丢失、乱序等。

(4) 保密性。保密性是指确保信息不暴露给未授权的实体或进程,即信息的内容不会被未授权的第三方所知。这里所指的信息不但包括国家秘密,还包括各种社会团体、企业组织的工作秘密及商业秘密,个人的秘密和个人私密(如浏览习惯、购物习惯)。防止信息失窃和泄露的保障技术称为保密技术。

(5) 不可抵赖性。不可抵赖性也称不可否认性,是面向通信双方(人、实体或进程)信息真实同一的安全要求,它包括收发双方均不可抵赖。一是源发证明,它提供给信息接收者以证据,这将使发送者谎称未发送过这些信息或者否认它的内容的企图不能得逞;二是交付证明,它提供给信息发送者,以证明接收者谎称未接收过这些信息或者否认它的内容的企图不能得逞。

除此之外,计算机网络信息系统的其他安全属性还包括如下几个方面。

(1) 可控性。可控性就是对信息及信息系统实施安全监控。管理机构对危害国家信息的来往、使用加密手段从事非法的通信活动等进行监视审计,对信息的传播及内容具有控制能力。

(2) 可审查性。可审查性是指使用审计、监控、防抵赖等安全机制,使得使用者(包括合法用户、攻击者、破坏者、抵赖者)的行为有证可查,并能够对网络出现的安全问题提供调查依据和手段。审计是通过对网络上发生的各种访问情况形成记录日志,并对日志进行统计分析,是对资源使用情况进行事后分析的有效手段,也是发现和追踪事件的常用措施。审计的主要对象为用户、主机和节点,主要内容为访问的主体、客体、时间和成败情况等。

10.1.3 计算机系统安全评价标准

1. 国际安全评价标准的发展及其联系

第一个有关信息技术安全评价的标准诞生于 20 世纪 80 年代的美国,就是著名的"可信计算机系统评价准则"(TCSEC,又称橘皮书)。该准则对计算机操作系统的安全性规定了不同的等级。从 90 年代开始,一些国家和国际组织相继提出了新的安全评价准则。1991 年,欧洲共同体发布了"信息技术安全评价准则"(ITSEC)。1993 年,加拿大发布了"加拿大可信计算机产品评价准则"(CTCPEC),CTCPEC 综合了 TCSEC 和 ITSEC 两个准则的优点。同年,美国在对 TCSEC 进行修改补充并吸收 ITSEC 优点的基础上,发布了"信息技术安全评价联邦准则"(FC)。1993 年 6 月,上述国家共同起草了一份通用准则(CC),并将 CC 推广为国际标准。CC 发布的目的是建立一个各国都能接受的通用的安全评价准则,国家与国家之间可以通过签订互认协议来决定相互接受的认可级别,这样能使基础性安全产品在通过 CC 准则评价并得到许可进入国际市场时,不需要再作评价。此外,国际标准化组织(ISO)和国际电工委员会(IEC)也已经制订了上百项安全标准,其中包括专门针对银行业务制订的信息安全标准。国际电信联盟和欧洲计算机制造商协会也推出了许多安全标准。具体如图 10.1 所示。

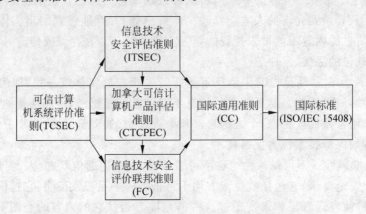

图 10.1 国际安全评价标准的发展及其联系

TCSEC 标准是计算机系统安全评估的第一个正式标准,具有划时代的意义。TCSEC 将计算机系统的安全划分为 4 个等级、7 个级别,如表 10.1 所示。

表 10.1 TCSEC 标准的安全级别

类别	级别	名 称	主 要 特 征
D	D	低级保护	没有安全保护
C	C1	自主安全保护	自主存储控制
	C2	受控存储控制	单独的可查性,安全标识
B	B1	标识的安全保护	强制存取控制,安全标识
	B2	结构化保护	面向安全的体系结构,较好的抗渗透能力
	B3	安全区域	存取监控、高抗渗透能力
A	A	验证设计	形式化的最高级描述和验证

D级是最低的安全级别,拥有这个级别的操作系统就像一个门户大开的房子,任何人都可以自由进出,是完全不可信任的。对于硬件来说,没有任何保护措施,操作系统容易受到损害,没有系统访问限制和数据访问限制,任何人不需任何账户都可以进入系统,不受任何限制可以访问他人的数据文件。属于这个级别的操作系统有 DOS 和 Windows 98 等。

C1 是 C 类的一个安全子级。C1 又称选择性安全保护(discretionary security protection)系统,它描述了一个典型的用在 UNIX 系统上安全级别。这种级别的系统对硬件又有某种程度的保护,如用户拥有注册账号和口令,系统通过账号和口令来识别用户是否合法,并决定用户对程序和信息拥有什么样的访问权,但硬件受到损害的可能性仍然存在。

用户拥有的访问权是指对文件和目标的访问权。文件的拥有者和超级用户可以改变文件的访问属性,从而对不同的用户授予不通的访问权限。

C2 级除了包含 C1 级的特征外,应该具有访问控制环境(controlled access environment)权力。该环境具有进一步限制用户执行某些命令或者访问某些文件的权限,而且还加入了身份认证等级。另外,系统对发生的事情加以审计,并写入日志中,如什么时候开机,哪个用户在什么时候从什么地方登录等。这样通过查看日志,就可以发现入侵的痕迹,如多次登录失败,也可以大致推测出可能有人想入侵系统。审计除了可以记录下系统管理员执行的活动以外,还加入了身份认证级别,这样就可以知道谁在执行这些命令。审计的缺点在于它需要额外的处理时间和磁盘空间。

使用附加身份验证就可以让一个 C2 级系统用户在不是超级用户的情况下有权执行系统管理任务。分级授权使系统管理员能够给用户分组,授予他们访问某些程序的权限或访问特定的目录。

B级中有 3 个级别,B1 级即标志安全保护(labeled security protection),是支持多级安全(如秘密和绝密)的第一个级别,这个级别说明处于强制性访问控制之下的对象,系统不允许文件的拥有者改变其许可权限。

安全级别存在秘密和绝密级别,这种安全级别的计算机系统一般在政府机构中,比如国防部和国家安全局的计算机系统。

B2 级,又叫结构保护(structured protection)级别,它要求计算机系统中所有的对象都要加上标签,而且给设备(磁盘、磁带和终端)分配单个或者多个安全级别。

B3 级,又叫作安全域(security domain)级别,使用安装硬件的方式来加强域的安全,例如,内存管理硬件用于保护安全域免遭无授权访问或更改其他安全域的对象。该级别也要求用户通过一条可信任途径连接到系统上。

A 级,又称验证设计(verified design)级别,是当前橙皮书的最高级别,它包含了一个严格的设计、控制和验证过程。该级别包含较低级别的所有的安全特性。

2. 我国评价标准

国内由公安部主持制订、国家技术标准局于 1999 年 10 月发布的国家标准 GB 17895—1999《计算机信息系统安全保护等级划分准则》,该准则将信息系统安全分为 5 个等级。

第1级为用户自主保护级（GB1安全级），它的安全保护机制使用户具备自主安全保护的能力，保护用户的信息免受非法的读写破坏。

第2级为系统审计保护级（GB2安全级），除具备第一级所有的安全保护功能外，要求创建和维护访问的审计跟踪记录，使所有的用户对自己的行为的合法性负责。

第3级为安全标记保护级（GB3安全级），除继承前一个级别的安全功能外，还要求以访问对象标记的安全级别限制访问者的访问权限，实现对访问对象的强制保护。

第4级为结构化保护级（GB4安全级），在继承前面安全级别安全功能的基础上，将安全保护机制划分为关键部分和非关键部分，对关键部分直接控制访问者对访问对象的存取，从而加强系统的抗渗透能力。

第5级为访问验证保护级（GB5安全级），这一个级别特别增设了访问验证功能，负责仲裁访问者对访问对象的所有访问活动。

主要的安全考核指标有身份认证、自主访问控制、数据完整性、审计、隐蔽信道分析、客体重用、强制访问控制、安全标记、可信路径和可信恢复等，这些指标涵盖了不同级别的安全要求。我国红旗安全操作系统2.0已通过中华人民共和国公安部计算机信息系统产品质量监督检验中心的认证，达到信息安全第3级的要求。

10.1.4　计算机系统安全保护技术

1. 计算机信息系统安全保护的一般原则

计算机信息系统的安全保护难度大、投资高，甚至远远超过计算机信息系统本身的价格。因此，实施安全保护时应根据计算机信息系统的重要性，划分不同的等级，实施相应的安全保护。按照计算机信息系统安全保护的基本思想，计算机信息系统安全保护的基本原则如下。

（1）价值等价原则。我们这里讲的是价值等价，而不是价格等价。计算机信息系统硬/软件费用的总和代表了价格，而它的价值与它处理的信息直接相关。计算机系统的价值与系统的安全等级有关，安全等级是根据价格与处理信息的重要性来综合评估的，是计算机信息系统实际价值的关键性权值。因此，我们在对计算机信息系统实施安全保护时，要看是否值得，对一般用途的少投入，对于涉及国家安全、社会安定等的重要系统要多投入。

（2）综合治理原则。计算机信息系统的安全保护是一个综合性的问题，一方面要采用各种技术手段来提高安全防御能力，如数据加密、口令机制、电磁屏蔽、防火墙技术及各种监视、报警系统等；另一方面要加强法制建设和宣传，对计算机犯罪行为进行严厉的打击。同时也要加强安全管理和安全教育，建立、健全计算机信息系统的安全管理制度，通过多种形式的安全培训和教育，提高系统使用人员的安全技术水平，增强他们的安全意识。

（3）突出重点的原则。《中华人民共和国计算机信息系统安全保护条例》第一章第四条明确规定："计算机信息系统的安全保护工作，重点维护国家事务、经济建设、国防建设、尖端科学技术等重要领域的计算机信息系统的安全。"

（4）同步原则。同步原则是指计算机信息系统安全保护在系统设计时应纳入总体进行考虑，避免在今后增加安全保护设施时造成应用系统和安全保护系统之间的冲突和矛盾，达不到应该达到的安全保护目标。同步的另一层含义是计算机信息系统在运行期间应按其安全保护等级实施相应的安全保护。

2. 计算机信息系统的安全保护技术

计算机信息系统安全保护技术是通过技术手段对实体安全、运行安全、信息安全和网络安全实施保护，是一种主动的保护措施，增强计算机信息系统防御攻击和破坏的能力。

（1）实体安全技术

实体安全技术是为了保护计算机信息系统的实体安全而采取的技术措施。计算机信息系统的实体安全是整个计算机信息系统安全的前提。因此，保证实体的安全是十分重要的。计算机信息系统的实体安全是指计算机信息系统设备及相关设施的安全、正常运行。主要有以下几个方面。

① 接地要求与技术接地分为避雷接地、交流电源接地和直流电源接地等多种方式。避雷接地是为了减少雷电对计算机机房建筑、计算机及设备的破坏，以及保护系统使用人员的人身安全，其接地点应深埋地下，采用与大地良好相通的金属板为接地点，接地电阻应小于 10Ω，这样才能为遭到雷击时的强大电流提供良好的放电路径。交流电源接地是为了保护人身及设备的安全。安全、正确的交流供电线路应该是三芯线，即相线、中线和地线，地线的接地电阻值应小于 4Ω。直流电源为各个信号回路提供能源，常由交流电源经过整流变换而来，它处在各种信号和交流电源交汇的地方，直流电源良好的接地保证安全的需要，其接地电阻要求在 4Ω 以下。

② 防火安全技术。从国内外的情况分析，火灾是威胁实体安全最大的因素。因此，从技术上采取一些防火措施是十分必要的。

③ 防盗技术。防盗技术是防止计算机设备被盗窃而采取的一些技术措施，分为阻拦设施、报警装置、监视装置及设备标记等方面。

（2）运行安全技术

运行安全技术是为了保障计算机信息系统安全运行而采取的一些技术措施和技术手段，分为风险分析、审计跟踪、应急措施和容错技术几个方面。

① 风险分析。风险分析是对计算机信息系统可能遭到攻击的部位及其防御能力进行评估，并对攻击发生的可能性进行预测。

② 审记跟踪。审记跟踪是采用一些技术手段对计算机信息系统的运行状况及用户使用情况进行跟踪记录。

③ 应急措施。无论如何进行安全保护，计算机信息系统在运行过程中都可能发生一些突发事件，导致系统不能正常运行，甚至整个系统瘫痪。因此，在事前做一些应急准备，事后实施一些应急措施是十分必要的。应急准备包括关键设备的整机备份、设备主要配件备份、电源备份、软件备份及数据备份等，一旦事故发生，应立即启用备份，使计算机信息系统尽快恢复正常工作。

④ 容错技术。容错技术是使系统能够发现和确认错误，给用户以错误的提示信息，并试图自动恢复。容错能力是评价一个系统是否先进的重要指标，容错的一种方式是通过软件设计来解决。

（3）信息安全技术

为了保障信息的可用性、完整性、保密性而采用的技术措施称为信息安全技术。为了保护信息不被非法地使用或删改，对其访问必须加以控制，如设置用户权限、使用口令、密码及身份验证等；为了使信息被窃取后不可识别，必须对明文按一定的算法进行数据加密。为了防止信息通过电磁辐射泄露而采取的技术措施主要有四个：一是采用低辐射的计算机设备；二是采用安全距离保护；三是利用噪声干扰方法；四是利用电磁屏蔽使辐射电磁波的能量不外泄。

（4）网络安全技术

计算机网络的目标是实现资源的共享，也正因为要实现共享资源，网络的安全遭到多方面的威胁。网络分为内部网和互联网两个类型，内部网是一个企业、一个学校或一个机构内部使用的计算机组成的网络，互联网是将多个内部网络连接起来，实现更大范围内的资源共享，众所周知的 Internet 是一个国际范围的互联网。

内部网络的实用安全技术有包括：身份验证是对使用网络的终端用户进行识别的验证，以证实他是否为声称的那个人，防止假冒；报文验证包括内容的完整性、真实性、正确性的验证及报文发方和收方的验证；数字签名的目的是为了确信信息是由签名者认可的，使签名者事后不能否认自己的签名，且签名不能被伪造和冒充；信息加密技术能有效地防止信息泄露等。

网络安全技术包括防火墙技术、入侵检测技术、安全扫描技术、内外网隔离技术、反病毒技术等。

3. 计算机信息系统的安全管理

安全管理是计算机信息系统安全保护中的重要环节。《中华人民共和国计算机信息系统安全保护条例》第十二条明确规定："计算机信息系统的使用单位应当建立、健全安全管理制度，负责本单位计算机信息系统的安全保护工作。"这说明计算机信息系统的安全保护责任落到了使用单位的肩上，各单位应根据本单位计算机信息系统的安全级别，做好组织建设和制度建设。

（1）组织建设。计算机信息系统安全保护的组织建设是安全管理的根本保证，单位领导必须重视计算机信息系统的安全保护工作，成立专门的安全保护机构，根据本单位系统的安全级别设置多个专兼职岗位，做好工作的分工和责任落实，绝不能只由计算机信息系统的具体使用部门一家来独立管理。在安全管理机构的人员构成上应做到领导、保卫人员和计算机技术人员的"三结合"。在技术人员方面还应考虑各个专业的适当搭配，如系统分析人员、硬件技术人员、软件技术人员、网络技术人员及通信技术人员等。

（2）制度建设。只有搞好制度建设，才能将计算机信息管理系统的安全管理落到实处，做到各种行为有章可循，职责分明。安全管理制度应该包含以下几个方面的内容：保密制度、人事管理制度、环境安全制度、出入管理制度、操作维护制度、日志管理及交接班制度、计算机病毒防治制度、器材管理制度等。

4. 计算机信息系统的安全教育

对计算机信息系统的攻击绝大多数都是人为的。一种情况是法制观念不强，对计算机信息系统故意破坏的犯罪行为；另一种是安全意识不够、安全技术水平低，在工作中麻痹大意，造成了安全事故。因此，加强安全教育是保护计算机信息系统安全的一个基础工作。

10.2　网络安全模型与安全策略

在实际应用中，需要根据网络信息系统的情况，定义好安全需求，制订相应的安全策略，然后由安全策略来决定采用何种方式和手段来保证网络系统的安全。即首先要弄清楚自己需要什么，制订恰当的满足需求的策略方案，然后才考虑技术上如何实施。

10.2.1　网络安全模型

为了适应网络安全技术的发展，国际标准化组织（ISO）的计算机专业委员会根据开放系统互联参考模型 OSI 制订了一个网络安全体系结构，包括安全服务和安全机制。该模型主要解决网络信息系统中的安全与保密问题，如图 10.2 所示。

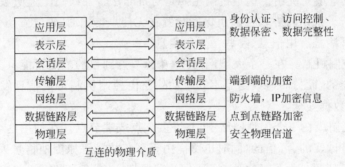

图 10.2　安全服务的层次模型

1. OSI 安全服务

针对网络系统受到的威胁，OSI 安全体系结构要求的安全服务如下：

（1）对等实体鉴别服务。在两个开放系统同等层中的实体建立连接和数据传送期间，为提供连接实体身份的鉴别而规定的一种服务。这种服务防止假冒或重放以前的连接，即防止伪造连接初始化类型的攻击。这种鉴别服务既可以是单向的也可以是双向的。

（2）访问控制服务。可以防止未经授权的用户非法使用系统资源。这种服务不仅可以提供给单个用户，也可以提供给封闭的用户组中的所有用户。

（3）数据保密服务。保护网络中各系统之间交换的数据，防止因数据被截获而造成的泄密。

（4）数据完整性服务。防止非法实体（用户）的主动攻击（如对正在交换的数据进行修改、插入，使数据延时及丢失数据等），以保证数据接收方收到的信息与发送方发送的信息完全一致。

（5）数据源鉴别服务。这是某一层向上一层提供的服务，它用来确保数据是由合法实体发出的，它为上一层提供对数据源的对等实体进行鉴别，以防假冒。

（6）禁止否认服务。防止发送数据方发送数据后否认自己发送过数据，或接收方接收数据后否认自己收到过数据。

2. OSI 安全机制

为了实现上述各种 OSI 安全服务，ISO 建议了以下 8 种安全机制。

（1）加密机制。加密是提供数据保密的最常用方法。与加密机制伴随而来的是密钥管理机制。

（2）数字签名机制。数字签名是解决网络通信中特有的安全问题的有效方法。特别是针对通信双方发生争执时可能产生的安全问题。

（3）访问控制机制。访问控制是按事先确定的规则决定主体对客体的访问是否合法。

（4）数据完整性机制。数据完整性包括两种形式：一种是数据单元的完整性；另一种是数据单元序列的完整性。

（5）交换鉴别机制。交换鉴别是以交换信息的方式来确认实体身份的机制。

（6）业务流量填充机制。这种机制主要是对抗非法者在线路上监听数据并对其进行流量和流向分析。采用的方法一般由保密装置在无信息传输时，连续发出伪随机序列，使得非法者不知哪些是有用信息、哪些是无用信息。

（7）路由控制机制。在一个大型网络中，从源节点到目的节点可能有多条线路，有些线路可能是安全的，而另一些线路是不安全的。路由控制机制可使信息发送者选择特殊的路由，以保证数据安全。

（8）公证机制。在一个大型网络中，有许多节点或端节点。在使用这个网络时，并不是所有用户都是诚实的、可信的，同时也可能由于系统故障等原因使信息丢失、迟到等，这很可能引起责任问题。为了解决这个问题，就需要有一个各方都信任的实体——公证机构，如同一个国家设立的公证机构一样，提供公证服务，仲裁出现的问题。

10.2.2　网络安全策略

物理安全策略和网络访问控制策略是网络安全策略的重要部分。

1. 物理安全策略

物理安全策略的目的是保护计算机系统、网络服务器和打印机等硬件实体和通信链路免受自然灾害、人为破坏和搭线攻击；验证用户的身份和使用权限、防止用户越权操作；确保计算机系统有一个良好的电磁兼容工作环境；建立完备的安全管理制度，防止非法进入计算机控制室和各种偷窃、破坏活动的发生。

抑制和防止电磁泄露（即 TEMPEST 技术）是物理安全策略的一个主要方面。目前主要的防护措施有两类。一类是对传导发射的防护，主要采取对电源线和信号线加装性能良好的滤波器，减小传输阻抗和导线间的交叉耦合；另一类是对辐射的防护，这类防护措施又可分为两种：一是采用各种电磁屏蔽措施，如对设备的金属屏蔽和各种接插件的屏蔽，同时对机房的下水管、暖气管和金属门窗进行屏蔽和隔离；二是干扰的防护措施，即在计算机系统工作的同时，利用干扰装置产生一种与计算机系统辐射相关的伪噪声向空间辐射来掩盖计算机系统的工作频率和信息特征。

2. 网络访问控制策略

网络访问控制策略主要包括入网访问控制、网络的权限控制、目录级安全控制、属性安全控制、网络服务器安全控制、网络监测和锁定控制、网络端口和节点的安全控制、防火墙控制等。

（1）入网访问控制。入网访问控制为网络访问提供了第一层访问控制。它控制哪些用户能够登录到服务器并获取网络资源，控制准许用户入网的时间和准许他们在哪台工作站入网。用户的入网访问控制可分为 3 个步骤：用户名的识别与验证、用户口令的识别与验证、用户账号的默认限制检查。只要这三步中任何一步未通过，该用户便不能进入该网络。

（2）网络的权限控制。网络的权限控制是针对网络非法操作所提出的一种安全保护措施。用户和用户组被赋予一定的权限，例如，网络控制用户和用户组可以访问哪些目录、子目录、文件和其他资源，可以指定用户对这些文件、目录、设备能够执行哪些操作。可以根据访问权限将用户分为系统管理员、一般用户（系统管理员根据他们的实际需要为他们分配操作权限）和审计用户（负责网络的安全控制与资源使用情况的审计）。

（3）目录级安全控制。控制用户对目录、文件、设备的访问。用户在目录一级指定的权限对所有文件和子目录有效，用户还可进一步指定对目录下的子目录和文件的权限。对目录和文件的访问权限一般包括系统管理员权限、读权限、写权限、创建权限、删除权限、修改权限、文件查找权限和存取控制权限。

（4）属性安全控制。当使用文件、目录和网络设备时，网络系统管理员应给文件、目录等指定访问属性。属性安全控制可以将给定的属性与网络服务器的文件、目录和网络设备联系起来。属性安全在权限安全的基础上提供更进一步的安全性。属性往往能控制以下几个方面的权限：向某个文件写数据、复制一个文件、删除目录或文件、查看目录和文件、执行文件、隐含文件、共享、系统属性等。

（5）网络服务器安全控制。网络允许在服务器控制台上执行一系列操作。用户使用控制台可以进行装载和卸载模块，安装和删除软件等操作。网络服务器的安全控制包括可以设置口令锁定服务器控制台，以防止非法用户修改、删除重要信息或破坏数据；可以设定服务器登录时间限制、非法访问者检测和关闭的时间间隔。

（6）网络监测和锁定控制。网络管理员应对网络实施监控，服务器应记录用户对网络资源的访问，对非法的网络访问，服务器应以图形、文字或声音等形式报警，以引起网络管理员的注意。如果不法之徒试图进入网络，网络服务器应会自动记录企图尝试进入网络的次数，如果非法访问的次数达到设定数值，那么账户将被自动锁定。

（7）网络端口和节点的安全控制。网络中服务器的端口往往使用自动回呼设备、静默调制解调器加以保护，并以加密的形式来识别节点的身份。自动回呼设备用于防止假冒合法用户，静默调制解调器用以防范黑客的自动拨号程序对计算机进行攻击。网络还常对服务器端和用户端采取控制，用户必须携带证实身份的验证器（如智能卡、磁卡、安全密码发生器）。在对用户的身份进行验证之后，才允许用户进入用户端。然后，用户端和服务器端再进行相互验证。

（8）防火墙控制。防火墙是一种保护计算机网络安全的技术性措施,是一个用以阻止网络中的黑客访问某个机构网络的屏障,也可称为控制进/出两个方向通信的门槛。在网络边界上通过建立起来的相应网络通信监控系统来隔离内部和外部网络,以阻挡外部网络的侵入。目前主要有包过滤防火墙、代理防火墙和双穴主机防火墙 3 种类型的防火墙。

10.2.3　网络安全技术

网络信息安全强调的是通过技术和管理手段,能够实现和保护信息在公用网络信息系统中传输、交换和存储流通的保密性、完整性、可用性、真实性和不可抵赖性。因此,当前采用的网络信息安全保护技术主要有两种:主动防御保护技术和被动防御保护技术。

1. 主动防御保护技术

主动防御保护技术一般采用数据加密、身份认证、访问控制、虚拟专用网、物理保护及安全管理等技术来实现。

（1）数据加密。数据加密就是按照确定的密码算法将敏感的明文数据变换成难以识别的密文数据,通过使用不同的密钥,可用同一加密算法将同一明文加密成不同的密文。当需要时,可使用密钥将密文数据还原成明文数据,称为解密。这样就可以实现数据的保密性。数据加密被公认为是保护数据传输安全唯一实用的方法和保护存储数据安全的有效方法,它是数据保护在技术上的最后防线。

（2）身份认证。身份认证即身份识别和验证(identification and authentication),是网络安全的重要机制之一,其目的是确定系统和网络的访问者是否是合法用户。主要采用密码、代表用户身份的物品(如磁卡、IC 卡等)或反映用户生理特征的标识(如指纹、手掌图案、语音和视网膜扫描等)鉴别访问者的身份,是对访问者进行授权的前提,也是建立用户审计能力的基础。

（3）访问控制。访问控制是网络安全防范和保护的主要策略,它的主要任务是保证网络资源不被非法使用和非法访问,系统要确定用户对哪些资源(如 CPU、内存、I/O 设备程序和文件等)享有使用权及可进行何种类型的访问操作(如读、写、运行等)。为此,系统要赋予用户不同的权限。

（4）虚拟专用网。虚拟网技术就是在公网基础上进行逻辑分割而虚拟构建的一种特殊通信环境,使其具有私有性和隐蔽性。

（5）物理保护及安全管理。通过制订标准、管理办法和条例,对物理实体和信息系统加强规范管理,减少人为管理因素不力的负面影响。

2. 被动防御保护技术

被动防御保护技术主要有防火墙技术、入侵检测技术、安全扫描技术、口令验证、审计跟踪等。

（1）防火墙技术。防火墙是内部网与 Internet(或一般外网)间实现安全策略要求的访问控制保护,是一种具有防范免疫功能的系统或系统组保护技术,其核心的控制思想是包过滤技术:按照系统管理员预先定义好的规则来控制数据包的出入。

（2）入侵检测技术。入侵检测（intrusion detection）就是通过从计算机网络或计算机系统的若干关键点收集信息并进行分析，从中发现网络或系统中是否有违反安全策略的行为和遭受攻击的迹象，同时作出响应。

（3）安全扫描技术。可自动检测远程或本地主机及网络系统的安全性漏洞点的专用功能程序，可用于观察网络信息系统的运行情况。

（4）口令验证。利用密码检查器中的口令验证程序查验口令集中的薄弱子口令。防止攻击者假冒身份登录系统。

（5）审计跟踪。对网络信息系统的运行状态进行详尽审计，并保持审计记录和日志，帮助发现系统存在的安全弱点和入侵点，尽量降低安全风险。

10.3 信息安全常用技术

10.3.1 数据加密技术

密码学是信息安全的核心，保证电子信息的安全，最有效的办法是使用密码对其加密。现代的计算机加密技术是为了适应网络安全的需要应运而生的，它为我们进行一般的电子商务活动提供了安全保障，如在网络中进行文件传输、电子邮件往来和进行合同文本的签署等。而且在信息通信过程中要保证信息的完整性，可以使用密码技术实施数字签名，进行身份认证，对信息进行完整性校验，这些是当前实际可行的办法。为了保障信息系统和电子信息为授权者所用，可以利用密码进行系统登录管理，存取授权管理则是非常有效的办法。

1. 基本概念

加密技术的基本思想就是伪装信息，使非法接入者无法理解信息的真正含义。

伪装就是对信息进行一组可逆的数学变换。我们称伪装前的原始信息为明文（m），经伪装的信息为密文（c），伪装的过程为加密（E）。用于对信息进行加密的一组数学变换称为加密算法。

为了有效控制加密、解密算法的实现，在这些算法的实现过程中，需要有某些只被通信双方所掌握的专门的、关键的信息参与，这些信息就称为密钥（K）。用做加密的称为加密密钥，用做解密的称为解密密钥。

任何一个加密系统至少包括下面4个组成部分：未加密的报文，也称明文；加密后的报文，也称密文；加密解密设备或算法；加密解密的密钥。

借助加密手段，信息以密文的方式归档存储在计算机中，或通过数据通信网进行传输，因此即使发生非法截取数据或因系统故障和操作人员误操作而造成数据泄露，未授权者也不能理解数据的真正含义，从而达到了信息保密的目的，如图10.3所示。

2. 密码学与密码体制

密码学包括密码设计与密码分析两个方面，密码设计主要研究加密方法，密码分析主要针对密码破译，即如何从密文推演出明文、密钥或解密算法的学问。这两种技术相互依存、相互支持、共同发展。

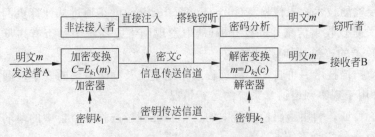

图 10.3　保密通信系统模型

　　加密算法的 3 个发展阶段为古典密码、对称密钥密码(单钥密码体制)、公开密钥密码(双钥密码体制)。这些算法按密钥管理的方式可以分为对称算法与非对称算法两大类,即我们通常所说的对称密钥密码体制和非对称密钥密码体制。

　　(1) 对称密钥密码体制

　　传统密码体制所用的加密密钥和解密密钥相同,或实质上等同(即从一个可以推出另外一个),我们称其为对称密钥、私钥或单钥密码体制。对称密钥密码体制不仅可用于数据加密,也可用于消息的认证,其通信模型如图 10.4 所示。

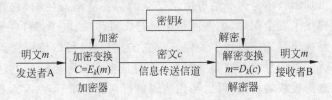

图 10.4　对称密钥密码体制的通信模型

　　对称算法又可分为序列密码和分组密码两大类。序列密码每次加密一位或一字节的明文,也称为流密码。序列密码是手工和机械密码时代的主流方式。分组密码将明文分成固定长度的组,用同一密钥和算法对每一块加密,输出也是固定长度的密文。最典型的就是美国国家标准局颁布的 DES 算法、AES(高级加密标准)算法和欧洲数据加密标准 IDEA 算法。

　　单钥密码体制的优点是安全性高且加、解密速度快;其缺点是进行保密通信之前,双方必须通过安全信道传送所用的密钥。这对于相距较远的用户可能要付出较大的代价,甚至难以实现。

　　例如,在拥有众多用户的网络环境中使 n 个用户之间相互进行保密通信,若使用同一个对称密钥,一旦密钥被破解,整个系统就会崩溃;使用不同的对称密钥,则密钥的个数几乎与通信人数成正比(需要 $n \times (n-1)$ 个密钥)。由此可见,若采用对称密钥,大系统的密钥管理几乎不可能实现。

　　(2) 非对称密钥密码体制

　　与对称加密算法不同,非对称加密算法需要两个密钥:公开密钥和私有密钥。公开密钥与私有密钥是一对,如果用公开密钥对数据进行加密,则只能用对应的私有密钥解密;如果用私有密钥对数据进行加密,那么只有用对应的公开密钥才能解密。因为加密和解密使用的是两个不同的密钥,所以称为非对称加密。

采用双钥密码体制的主要特点是将加密和解密功能分开,因而可以实现多个用户加密的消息只能由一个用户解读,或只能由一个用户加密消息而使多个用户可以解读。非对称加密算法的保密性比较好,它消除了最终用户交换密钥的需要,但加密和解密花费时间长、速度慢,不适合于对文件加密而只适用于对少量数据进行加密。公钥密码体制中,加密和解密算法是不互逆的。尽管入侵者拥有公钥、加密和解密的算法,但是没有私钥也无法解密。

在使用双钥体制时,每个用户都有一对预先选定的密钥:一个是可以公开的,以 k_1 表示;另一个则是秘密的,以 k_2 表示,公开的密钥 k_1 可以像电话号码一样进行注册公布,因此双钥体制又称作公钥体制。最有名的双钥密码体制是 1977 年由 Rivest、Shamir 和 Adleman 3 人提出的 RSA 密码算法。

（3）混合加密体制

实际网络多采用双钥和单钥密码相结合的混合加密体制,即加解密时采用单钥密码,密钥传送则采用双钥密码。这样既解决了密钥管理的困难,又解决了加、解密速度的问题,如图 10.5 所示。

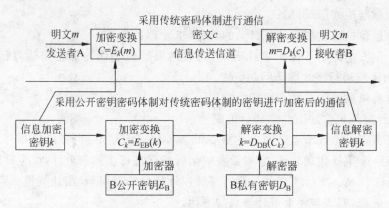

图 10.5　混合加密体制通信模型

3. 数字签名

简单地说,数字签名就是附加在数据单元上的一些数据,或是对数据单元所作的密码变换。这种数据或变换允许数据单元的接收者用以确认数据单元的来源和数据单元的完整性并保护数据,防止他人进行伪造。基于公钥密码体制和私钥密码体制都可以获得数字签名,目前主要是基于公钥密码体制的数字签名。数字签名技术是不对称加密算法的典型应用,其主要功能是保证信息传输的完整性、发送者的身份认证、防止交易中的抵赖发生。

数字签名的应用过程是:数据源发送方使用自己的私钥对数据校验和或其他与数据内容有关的变量进行加密处理,完成对数据的合法"签名",数据接收方则利用对方的公钥来解读收到的"数字签名",并将解读结果用于对数据完整性的检验,以确认签名的合法性。利用数字签名技术将摘要信息用发送者的私钥加密,与原文一起传送给接收者。接收者只有用发送的公钥才能解密被加密的摘要信息,然后用 Hash 函数对收到的原文产生一个摘要信息,与解密的摘要信息对比。如果相同,则说明收到的信息是完整的,在传输过程中没有被修改,否则说明信息被修改过,因此数字签名能够验证信息的完整性。数字签名是个加密的过程,数字签名验证是个解密的过程。

10.3.2　审计技术

1. 审计的概念

审计是对系统内部进行监视、审查,识别系统是否正在受到攻击或机密信息是否受到非法访问,如发现问题后则采取相应措施。审计的目的是测试系统的控制是否恰当,保证与既定策略和操作堆积的协调一致,有助于作出损害评估,以及对在控制、策略与规程中指明的改变作出评估。审计的主要依据是"信息技术安全性评估通用准则 2.0 版"。

审计跟踪提供了一种不可忽视的安全机制,它的潜在价值在于经事后的安全审计可以检测和调查安全的漏洞。已知审计的存在可对某些潜在的侵犯安全的攻击源起到威慑作用。

(1) 审计的具体要求

① 自动收集所有与安全性有关的活动信息,这些活动是由管理员在安装时所选定的一些事件。

② 采用标准格式记录信息。

③ 审计信息的建立和存储是自动的,不要求管理员参与。

④ 在一定安全体制下保护审计记录,例如用根通行字作为加密密钥对记录进行加密,或要求出示根通行字才能访问此记录。

⑤ 对计算机系统的运行和性能影响尽可能地小。

安全审计系统可由如下 3 个部分组成。

- 审计节点。审计节点是网上的重要设备(服务器、路由器、客户机等)。每个节点运行一个审计代理软件,它对设备的运行情况进行监视和审计,产生日志文件。
- 审计工作站。审计工作站是运行特殊审计软件的通用/专用计算机。包含一个或多个进程,实现与网上审计节点的通信。
- 审计信息和审计协议。审计信息和审计协议是描述审计代理存储的审计信息格式和传输规则。

审计系统设计的关键是首先要确定必须审计的事件,建立软件记录这些事件,并将其存储,防止随意访问。审计机构监测系统的活动细节并以确定格式进行记录。对试图(成功或不成功)联机,对敏感文件的读写,管理员对文件的删除、建立、访问权的授予等每一事件进行记录。管理员在安装时对要记录的事件作出明确规定。

(2) 选择审计事件的准则

一般选择可审计事件的准则如下。

① 使用认证和授权机制。对保护的对象或实体的合法或企图非法访问进行记录。

② 记录增加、删除和修改对象的操作。记录对已利用安全服务的对象的改变或删除操作。

③ 记录计算机操作员、系统管理员、系统安全人员采取的与安全相关的行动。保持一个特权人员完成动作的记录。

④ 识别访问事件和它的行动者。识别每次访问事件的起始和结束时间及其行动者。

⑤ 识别例外条件。在事务的两次处理期间,识别探测到的与安全相关的例外条件。

⑥ 能够利用密码变量。记录密钥的使用、生成和消除。

⑦ 能够改变分布环境中单元的配置,保持相关服务器的轨迹。

⑧ 识别任何企图陷害、攻击或闯入(不管成功与否)安全机制的事件。

2. 审计的实现

审计追踪使用的是一个专用文件或数据库,系统自动将用户对数据库所有操作记录在上面,利用审计追踪的信息,就能重现导致数据库现有状况的一系列事件,以找出非法存取数据的人。为了保证连续作用,系统设有两个记录文件,当一个存满后就自动转向另一个。这可以为管理员腾出时间进行备份。

系统的安全审计是通过日志来完成的,日志就是对用户活动的记录,包括用户登录时间、登录地点、用户名、活动类型及结果等。通过检查日志就可以知道是否有人企图闯入系统。

仔细阅读日志,可以帮助人们发现被入侵的痕迹,以便及时采取弥补措施,或追踪入侵者。对可疑的活动一定要进行仔细的分析,如有人在试图访问一些不安全的服务的端口,利用 Finger、FTP 或用 Debug 的手段访问用户的邮件服务器,最典型的情况就是有人多次企图登录到用户的机器上,但多次失败,特别是试图登录到 Internet 上的通用账户。

审计日志本身也需要保护,因为非法用户在进入系统之后通常会抹掉其活动踪迹。应该保证只有管理员才能对日志进行访问。日志记载在本地硬盘,如果有人能控制这台机器,日志就非常容易被操作。可考虑把日志集中存储在安全性更好的日志服务器上。同时应该定时自动备份日志文件,但是如果这些备份仍然是联机的,则也有可能被非法用户找到,可以考虑将审计事件记录同时制成硬拷贝,或将其通过 E-mail 发送给系统管理员来解决。

10.3.3 入侵检测技术

入侵检测系统作为一种积极、主动的安全防护手段,在保护计算机网络和信息安全方面发挥着重要的作用。入侵检测是监测计算机网络和系统以发现违反安全策略事件的过程。入侵检测系统(intrusion detection system,IDS)工作在计算机网络系统中的关键节点上,通过实时地收集和分析计算机网络或系统中的信息,来检查是否出现违反安全策略的行为和遭到袭击的迹象,进而达到防止攻击、预防攻击的目的。

1. IDS 的功能与模型

入侵检测就是监测计算机网络和系统以发现违反安全策略事件的过程。它通过在计算机网络或计算机系统中的若干关键点收集信息并对收集到的信息进行分析,从而判断网络或系统中是否有违反安全策略的行为和被攻击的迹象。完成入侵检测功能的软件、硬件组合便是入侵检测系统。简单来说,IDS 包括 3 个部分:提供事件记录流的信息源,即对信息的收集和预处理;入侵分析引擎;基于分析引擎的结果产生反应的响应部件。

一般来说,IDS 能够完成的活动包括:监控、分析用户和系统的活动;发现入侵企图或异常现象;审计系统的配置和弱点;评估关键系统和数据文件的完整性;对异常活动的统计分析；识别攻击的活动模式；实时报警和主动响应。

入侵检测系统分为 4 个基本组件：事件产生器、事件分析器、响应单元和事件数据库。这种划分体现了入侵检测系统所必须具有的体系结构：数据获取、数据分析、行为响应和数据管理，因此具有通用性。

2. IDS 的类型

随着入侵检测技术的发展，到目前为止出现了很多 IDS,不同的 IDS 具有不同的特征。根据不同的分类标准,IDS 可分为不同的类别。按照信息源划分 IDS 是目前最通用的划分方法。IDS 主要分为两类,即基于网络的 IDS 和基于主机的 IDS。

（1）基于网络的 IDS

基于网络的入侵检测系统使用原始的网络数据包作为数据源,主要用于实时监控网络关键路径的信息,它侦听网络上的所有分组来采集数据,分析可疑现象。基于网络的入侵检测系统使用原始网络包作为数据源。基于网络的 IDS 通常将主机的网卡设成混乱模式,实时监视并分析通过网络的所有通信业务。当然也可能采用其他特殊硬件获得原始网络包。它的攻击识别模块通常使用 4 种常用技术来识别攻击标志。

① 模式、表达式或字节匹配。

② 频率或穿越阀值。

③ 次要事件的相关性。

④ 统计学意义上的非常规现象检测。

其优点是：实施成本低,隐蔽性好,检测速度快,视野更宽,操作系统无关性,攻击者不易转移证据。

其缺点是：只能监视本网段的活动,精确度不高；在交换网络环境下无能为力；对加密数据无能为力；防入侵欺骗的能力也比较差；难以定位入侵者。

（2）基于主机的 IDS

基于主机的 IDS 通过监视与分析主机的审计记录和日志文件来检测入侵。日志中包含发生在系统上的不寻常和不期望活动的证据,这些证据可以指出有人正在入侵或已成功入侵了系统。通过查看日志文件,能够发现成功的入侵或入侵企图,并很快地启动相应的应急响应程序。当然也可以通过其他手段从所在的主机收集信息进行分析。基于主机的 IDS 主要用于保护运行关键应用的服务器。

其优点是：能够检测到基于网络的系统检测不到的攻击,安装、配置灵活,监控粒度更细,监视特定的系统活动,适用于交换及加密环境,不要求额外的硬件。

其缺点是：占用主机的资源,在服务器上产生额外的负载；缺乏平台支持,可移植性差,应用范围受到严重限制。

3. 入侵检测的方法

（1）误用检测

误用检测最适用于已知使用模式的可靠检测,这种方法的前提是入侵行为能按照某种方式进行特征编码。如果入侵者攻击方式恰好匹配上检测系统中的模式库,则入侵者即被检测到。入侵特征描述了安全事件或其他误用事件的特征、条件、排列和关系。

（2）异常检测

异常检测的前提是异常行为包括入侵行为。最理想情况下，异常行为集合等同于入侵行为集合，但事实上，入侵行为集合不可能等同于异常行为集合。

由于现在针对系统和网络的入侵行为越来越多，因此，IDS 的应用越来越广泛。入侵检测作为传统计算机安全机制的补充，它的开发应用增大了网络与系统安全的保护纵深，成为目前动态安全工具的主要研究和开发方向。

10.3.4 防火墙技术

Internet 防火墙是一种装置，它是由软件或硬件设备组合而成，通常处于企业的内部局域网与 Internet 之间，限制 Internet 用户对内部网络的访问及管理内部用户访问外界的权限。

1. 防火墙的作用

防火墙能有效地控制内部网络与外部网络之间的访问及数据传送，从而达到保护内部网络的信息不受外部非授权用户的访问，并过滤不良信息的目的。安全、管理、速度是防火墙的三大要素。

一个好的防火墙系统应具备以下 3 个方面的条件。

（1）内部和外部之间的所有网络数据流必须经过防火墙。否则就失去了防火墙的主要意义了。

（2）只有符合安全策略的数据流才能通过防火墙。这也是防火墙的主要功能——审计和过滤数据。

（3）防火墙自身应对渗透免疫。如果防火墙自身都不安全，就更不可能保护内部网络的安全了。

一般来说，防火墙由以下四大要素组成。

（1）安全策略，它是一个防火墙能否充分发挥其作用的关键。哪些数据不能通过防火墙、哪些数据可以通过防火墙，防火墙应该如何具备部署，应该采取哪些方式来处理紧急的安全事件，如何进行审计和取证的工作等都属于安全策略的范畴。防火墙绝不仅仅是软件和硬件，而且包括安全策略，以及执行这些策略的管理员。

（2）内部网，是指需要受保护的网。

（3）外部网，是指需要防范的外部网络。

（4）技术手段，是指具体的实施技术。

虽然防火墙可以提高内部网的安全性，但是防火墙也有它存在的一些缺陷和不足，有些缺陷是目前根本无法解决的。

（1）为了提高安全性，限制或关闭了一些有用但存在安全缺陷的网络服务，但这些服务也许正是用户所需要的服务，给用户的使用带来不便。

（2）目前防火墙对于来自网络内部的攻击还无能为力。防火墙只对内外网之间的通信进行审计和"过滤"，但对于内部人员的恶意攻击，防火墙无能为力。

（3）防火墙不能防范不经过防火墙的攻击，如内部网用户通过 SLIP 或 PPP 直接进入 Internet。这种绕过防火墙的攻击，防火墙无法抵御。

（4）防火墙对用户不完全透明，可能带来传输延迟、瓶颈及单点失效。防火墙也不能完全防止受病毒感染的文件或软件的传输，由于病毒的种类繁多，如果要在防火墙完成对所有病毒代码的检查，防火墙的效率就会降到不能忍受的程度。

（5）防火墙不能有效地防范数据驱动式攻击。防火墙不可能对所有主机上运行的文件进行监控，无法预计文件执行后所带来的结果。

（6）作为一种被动的防护手段，防火墙不能防范 Internet 上不断出现的新的威胁和攻击。

2. 防火墙的技术原理

防火墙的技术主要有包过滤技术、应用代理网关、状态检测技术等。

（1）包过滤技术

包过滤防火墙一般有一个包检查块（通常称为包过滤器），数据包过滤可以根据数据包头中的各项信息来控制站点与站点、站点与网络、网络与网络之间的相互访问，但无法控制传输数据的内容，因为内容是应用层数据，而包过滤器处在网络层和数据链路层（即TCP 和 IP 层）之间。通过检查模块，防火墙能够拦截和检查所有出站和进站的数据，它首先打开包，取出包头，根据包头的信息确定该包是否符合包过滤规则，并进行一记录。对于不符合规则的包，应进行报警并丢弃该包。

过滤型的防火墙通常直接转发报文，它对用户完全透明，速度较快。其优点是防火墙对每条传入和传出网络的包实行低水平控制；每个 IP 包的字段都被检查，如源地址、目的地址、协议和端口等；防火墙可以识别和丢弃带欺骗性源 IP 地址的包；包过滤防火墙是两个网络之间访问的唯一来源；包过滤通常被包含在路由器数据包中，所以不需要额外的系统来处理这个特征。缺点是不能防范黑客攻击，因为网管不可能区分出可信网络与不可信网络的界限；不支持应用层协议，因为它不识别数据包中的应用层协议，访问控制粒度太粗糙；不能处理新的安全威胁。

（2）应用代理网关

应用代理网关防火墙彻底隔断内网与外网的直接通信，内网用户对外网的访问变成防火墙对外网的访问，然后再由防火墙转发给内网用户。所有通信都必须经应用层代理软件转发，访问者任何时候都不能与服务器建立直接的 TCP 连接，应用层的协议会话过程必须符合代理的安全策略要求。

应用代理网关的优点是可以检查应用层、传输层和网络层的协议特征，对数据包的检测能力比较强；缺点是难以配置，处理速度非常慢。

总之，应用代理防火墙不能支持大规模的并发连接，对速度要求较高的行业不能使用这类防火墙。另外，防火墙核心要求预先内置一些已知应用程序的代理，使得一些新出现的应用在代理防火墙内被无情地阻断，不能很好地支持新应用。

（3）状态检测技术

状态检测技术防火墙结合了代理防火墙的安全性和包过滤防火墙的高速度等优点，在不损失安全性的基础上，提高了代理防火墙的性能。

状态检测防火墙摒弃了包过滤防火墙仅考查 IP 数据包头的相关信息而不关心数据包连接状态变化的缺点，在防火墙的核心部分建立状态连接表，并将进出网络的数据当成一个个的会话,利用状态表跟踪每一个会话状态。状态监测对每一个包的检查不仅根据规则表,更考虑了数据包是否符合会话所处的状态,因此提供了完整的对传输层的控制能力,同时也改进了流量处理速度。因为它采用了一系列优化技术,使防火墙性能大幅度提升,能应用在各类网络环境中,尤其是在一些规则复杂的大型网络上。

10.3.5 虚拟专用网技术

虚拟专用网(virtual private network,VPN)是一种"基于公共数据网,给用户提供一种直接连接到私人局域网感觉的服务"。VPN 极大地降低了用户的费用,而且提供了比传统方法更强的安全性和可靠性。

VPN 可用于不断增长的移动用户接入 Internet,以实现安全连接;可用于实现企业网站之间安全通信的虚拟专用线路,有效地连接到商业伙伴和用户的安全外联网虚拟专用网。

1. VPN 的工作原理

VPN 被定义为通过一个公用网络(通常是 Internet)建立一个临时的、安全的连接,是一条穿过混乱的公用网络的安全、稳定的隧道。VPN 实现的两个关键技术是隧道技术和加密技术。

隧道技术是一种通过使用互联网络的基础设施在网络之间传递数据的方式。使用隧道传递的数据(或负载)可以是不同协议的数据帧或包。隧道协议将这些其他协议的数据帧或包重新封装在新的包头中发送。新的包头提供了路由信息,从而使封装的负载数据能够通过互联网络传递。

被封装的数据包在隧道的两个端点之间通过公共互联网络进行路由。被封装的数据包在公共互联网络上传递时所经过的逻辑路径称为隧道。一旦到达网络终点,数据将被解包并转发到最终目的地。注意,隧道技术是指包括数据封装、传输和解包在内的全过程。

VPN 区别于一般网络互联的关键在于隧道的建立,然后数据包经过加密后,按隧道协议进行封装、传送以保安全性。一般而言,在数据链路层实现数据封装的协议叫第二层隧道协议,常用的有 PPTP、L2TP 等;在网络层实现数据封装的协议叫第三层隧道协议,如 IPSec;另外,Socks V5 协议则在 TCP 层实现数据安全。

2. VPN 的功能及基本要求

(1) VPN 的功能

VPN 至少应能提供如下功能。

① 加密数据,以保证通过公网传输的信息即使被他人截获也不会泄露。

② 信息认证和身份认证,保证信息的完整性、合法性,并能鉴别用户的身份。

③ 提供访问控制,不同的用户有不同的访问权限。

(2) VPN 的基本要求

一般来说,企业在选用一种远程网络互联方案时都希望能够对访问企业资源和信息的要求加以控制,所选用的方案应当既能够实现授权用户与企业局域网资源的自由连接,不同分支机构之间的资源共享;又能够确保企业数据在公共互联网络或企业内部网络上传输时安全性不受破坏。因此，最低限度，一个成功的 VPN 方案应当能够满足以下所有方面的要求。

① 用户验证。VPN 方案必须能够验证用户身份并严格控制只有授权用户才能访问 VPN。另外，方案还必须能够提供审计和计费功能，显示何人在何时访问何种信息。

② 地址管理。VPN 方案必须能够为用户分配专用网络上的地址并确保地址的安全性。

③ 数据加密。对通过公共互联网络传递的数据必须经过加密，确保网络其他未授权的用户无法读取该信息。

④ 密钥管理。VPN 方案必须能够生成并更新客户端和服务器的加密密钥。

⑤ 多协议支持。VPN 方案必须支持公共互联网络上普遍使用的基本协议，以满足互操作的要求。

3. VPN 的分类

根据 VPN 所起的作用，可以将 VPN 分为三类：VPDN、Intranet VPN 和 Extranet VPN。

（1）VPDN。在远程用户或移动雇员和公司内部网之间的 VPN 称为 VPDN。

（2）Intranet VPN。它是指在公司远程分支机构的 LAN 和公司总部 LAN 之间的 VPN。通过 Internet 这一公共网络将公司在各地分支机构的 LAN 连到公司总部的 LAN，以便公司内部的资源共享、文件传递等。

（3）Extranet VPN。它是指在供应商、商业合作伙伴的 LAN 和公司的 LAN 之间的 VPN。由于不同公司网络环境的差异性，该产品必须能兼容不同的操作平台和协议。由于用户的多样性，公司的网络管理员还应该设置特定的访问控制表 ACL（access control list），根据访问者的身份、网络地址等参数来确定其相应的访问权限，开放部分资源给外联网的用户。

10.4　计算机病毒

计算机病毒的防御对网络管理员来说是一个望而生畏的任务。特别是随着病毒越来越高级，情况就变得更加严重。目前，几千种不同的病毒不时地对计算机和网络的安全构成严重威胁。因此，了解和控制病毒威胁显得格外重要，任何有关网络数据完整性和安全的讨论都应考虑到病毒。计算机网络的主要特点是资源共享。一旦共享资源感染病毒，网络各节点间信息的频繁传输会把病毒传染到所共享的机器上，从而形成多种共享资源的交叉感染；网络病毒的迅速传播、再生、发作将造成比单机病毒更大的危害。对于金融等系统的敏感数据，一旦遭到破坏，后果将不堪设想。因此，网络环境下病毒的防治就显得更加重要了。

10.4.1　计算机病毒的基本概念

计算机病毒在《中华人民共和国计算机信息系统安全保护条例》中被明确定义为："编制或者在计算机程序中插入的破坏计算机功能或者破坏数据，影响计算机使用并且能够自我复制的一组计算机指令或者程序代码。"

计算机病毒是一种具有自我复制能力的计算机程序,它不仅能够破坏计算机系统,而且还能够传播、感染到其他的系统,它能影响计算机软件、硬件的正常运行,破坏数据的正确与完整。

1. 计算机病毒的特征

计算机病毒一般具有以下特性。

(1) 计算机病毒的程序性(可执行性)。计算机病毒与其他合法程序一样,是一段可执行程序,但它不是一个完整的程序,而是寄生在其他可执行程序上,因此它享有一切程序所能得到的权力。在病毒运行时,与合法程序争夺系统的控制权。只有当计算机病毒在计算机内得以运行时,才具有传染性和破坏性等活性。

(2) 计算机病毒的传染性。传染性是病毒的基本特征。计算机病毒会通过各种渠道从已被感染的计算机扩散到未被感染的计算机,在某些情况下造成被感染的计算机工作失常甚至瘫痪。

(3) 计算机病毒的潜伏性。一个编制精巧的计算机病毒程序,进入系统之后一般不会马上发作,可以在几周或者几个月内甚至几年内隐藏在合法文件中,对其他系统进行传染,而不被人发现,潜伏性愈好,其在系统中的存在时间就会愈长,病毒的传染范围就会愈大。

(4) 计算机病毒的可触发性。病毒因某个事件或数值的出现,诱使病毒实施感染或进行攻击的特性称为可触发性。为了隐蔽自己,病毒必须潜伏,少做动作。如果完全不动,一直潜伏的话,病毒既不能感染也不能进行破坏,便失去了杀伤力。病毒既要隐蔽又要维持杀伤力,它必须具有可触发性。

(5) 计算机病毒的破坏性。所有的计算机病毒都是一种可执行程序,而这一可执行程序又必然要运行,所以对系统来讲,所有的计算机病毒都存在一个共同的危害,即降低计算机系统的工作效率,占用系统资源,其具体情况取决于入侵系统的病毒程序。

(6) 攻击的主动性。病毒对系统的攻击是主动的,不以人的意志为转移。也就是说,从一定的程度上讲,计算机系统无论采取多么严密的保护措施都不可能彻底地排除病毒对系统的攻击,而保护措施充其量是一种预防的手段而已。

(7) 病毒的针对性。计算机病毒是针对特定的计算机和特定的操作系统的。

(8) 病毒的非授权性。病毒未经授权而执行。病毒具有正常程序的一切特性,它隐藏在正常程序中,当用户调用正常程序时窃取到系统的控制权,先于正常程序执行,病毒的动作、目的对用户是未知的,是未经用户允许的。

(9) 病毒的隐蔽性。病毒一般是具有很高编程技巧、短小精悍的程序。通常附在正常程序中或磁盘较隐蔽的地方,也有个别的以隐含文件形式出现。目的是不让用户发现它的存在。如果不经过代码分析,病毒程序与正常程序是不容易区别开来的。

(10) 病毒的衍生性。这种特性为一些好事者提供了一种创造新病毒的捷径。分析计算机病毒的结构可知,传染的破坏部分反映了设计者的设计思想和设计目的。但是,这可以被其他掌握原理的人以其个人的企图进行任意改动,从而又衍生出一种不同于原版本的新的计算机病毒(又称为变种)。这就是计算机病毒的衍生性。这种变种病毒造成的后果可能比原版病毒严重得多。

（11）病毒的寄生性（依附性）。病毒程序嵌入到宿主程序中，依赖于宿主程序的执行而生存，这就是计算机病毒的寄生性。病毒程序在侵入到宿主程序中后，一般对宿主程序进行一定的修改，宿主程序一旦执行，病毒程序就被激活，从而可以进行自我复制和繁衍。

（12）病毒的不可预见性。从对病毒的检测方面来看，病毒还有不可预见性。不同种类的病毒，它们的代码千差万别。而且病毒的制作技术也在不断提高，病毒对反病毒软件永远是超前的。新一代计算机病毒甚至连一些基本的特征都隐藏了，有时可通过观察文件长度的变化来判别。

2. 计算机病毒的危害

计算机病毒的来源多种多样，有的是计算机工作人员或业余爱好者纯粹为了寻开心而制造出来的，有的则是软件公司为保护自己的产品不被非法复制而制造的报复性惩罚，因为他们发现用病毒比用加密对付非法复制更有效且更有威胁，这种情况助长了病毒的传播。还有一种情况就是蓄意破坏，它分为个人行为和政府行为两种。个人行为多为雇员对雇主的报复行为，而政府行为则是有组织的战略战术手段（据说在海湾战争中，美国国防部的一个秘密机构曾对伊拉克的通信系统进行了有计划的病毒攻击，一度使伊拉克的国防通信陷于瘫痪）。另外，有的病毒还是用于研究或实验而设计的"有用"程序，由于某种原因失去控制扩散出实验室或研究所，从而成为危害四方的计算机病毒。但是，无论病毒来源于什么地方，它们给用户带来的危害不外乎如图 10.6 所示的几种。

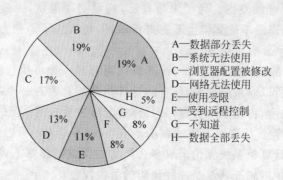

图 10.6　计算机病毒的危害情况

3. 计算机病毒的分类

计算机病毒技术的发展，病毒特征的不断变化，给计算机病毒的分类带来了一定的困难。按照不同的体系可对计算机病毒进行如下分类。

（1）按病毒存在的媒体分类

根据病毒存在的媒体，病毒可以划分为网络病毒、文件病毒、引导型病毒和混合型病毒。

网络病毒：通过计算机网络传播感染网络中的可执行文件。

文件病毒：感染计算机中的文件（如 COM、EXE、DOC 等）。

引导型病毒：感染启动扇区和硬盘的系统引导扇区。

混合型病毒：是上述 3 种情况的混合。例如，多型病毒（文件和引导型）感染文件和引导扇区两种目标，这样的病毒通常都具有复杂的算法，它们使用非常规的办法侵入系统，同时使用了加密和变形算法。

（2）按照计算机病毒侵入的系统分类

① DOS 系统下的病毒：这类病毒出现最早，泛滥于 20 世纪八九十年代。如"小球"病毒、"大麻"病毒、"黑色星期五"病毒等，恐怕有不少人对它们记忆犹新。

② Windows 系统下的病毒：随着 20 世纪 90 年代 Windows 的普及，Windows 下的病毒便开始广泛流行。CIH 病毒就是经典的 Windows 病毒之一。

③ UNIX 系统下的病毒：当前，UNIX 系统应用非常广泛，许多大型系统均采用 UNIX 作为其主要的操作系统，所以 UNIX 环境下的病毒也就随之产生了。

④ OS/2 系统下的病毒：在这种文件格式上实现的病毒并不是很多，不过仍然有少数这种病毒。例如，一个非常简单的、具有重写功能的 OS/2 Myname 病毒。

（3）按照计算机病毒的寄生部位或传染对象分类

① 磁盘引导型病毒：磁盘引导区传染的病毒主要是用病毒的全部或部分逻辑取代正常的引导记录，而将正常的引导记录隐藏在磁盘的其他地方。

② 操作系统型病毒：操作系统型病毒就是利用操作系统中的一些程序及程序模块寄生并传染的病毒，操作系统的开放性和不完善性给这类病毒出现的可能性与传染性提供了方便。"黑色星期五"就是这类病毒。

③ 感染可执行程序的病毒：通过可执行程序传染的病毒通常寄生在可执行程序中，一旦程序被执行病毒就会被激活，病毒程序首先被执行，并将自身驻留内存，然后设置触发条件进行传染。

④ 感染带有宏的文档：宏病毒是一种寄存于文档或模板的宏中的计算机病毒。一旦打开这样的文档，宏病毒就会被激活并转移到计算机上，且驻留在 Normal 模板中。从此以后，所有自动保存的文档都会感染上这种宏病毒，而且，如果其他用户打开了已感染病毒的文档，宏病毒又会转移到该用户的计算机中。

（4）按计算机病毒的链接方式分类

由于计算机病毒本身必须有一个攻击对象才能实现对计算机系统的攻击，并且计算机病毒所攻击的对象是计算机系统可执行的部分。因此，根据链接方式计算机病毒可分为如下几类。

① 源码型病毒：该病毒攻击高级语言编写的程序，在高级语言所编写的程序编译前插入到源程序中，经编译成为合法程序的一部分。

② 嵌入型病毒：这种病毒是将自身嵌入到现有程序中，把计算机病毒的主体程序与其攻击的对象以插入的方式链接。这种计算机病毒是难以编写的，一旦侵入程序体后也较难消除。如果同时采用多态性病毒技术、超级病毒技术和隐蔽性病毒技术，将给当前的反病毒技术带来严峻的挑战。

③ 外壳型病毒：外壳型病毒将其自身包围在主程序的四周，对原来的程序不做修改。这种病毒最为常见，易于编写，也易于发现，一般测试文件的大小即可察觉。

④ 操作系统型病毒：这种病毒用自身的程序加入或取代部分操作系统进行工作，具

有很强的破坏力,可以导致整个系统的瘫痪。"圆点"病毒和"大麻"病毒就是典型的操作系统型病毒。

10.4.2 计算机病毒的基本结构及表现

1. 计算机病毒的逻辑结构

计算机病毒是以现代计算机网络系统为环境存在并发展的,即计算机系统的软/硬件环境决定了计算机病毒的结构,而这种结构能够充分利用系统资源进行活动的最合理体现,如图 10.7 所示。

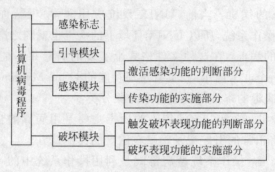

图 10.7　计算机病毒结构

有时也把破坏表现模块中触发条件判断部分作为一个单独的模块,称为触发模块。

(1) 感染标志

有的病毒有一个感染标志,又称病毒签名,但不是所有的病毒都有感染标志。感染标志是一些数字或字符串,它们以 ASCII 码的方式存放在宿主程序里。病毒在感染程序之前,一般要查看其是否带有感染标志,不同病毒的感染标志的位置和内容是不同的。

感染标志不仅被病毒用来决定是否实施感染,还被病毒用来实施欺骗。杀毒软件可以将感染标志作为病毒的特征码之一,也可以利用病毒根据感染标志是否进行感染这一特性,人为地主动在文件中添加感染标志,从而在某种程度上达到病毒免疫的目的。

(2) 引导模块

染毒程序运行时,首先运行的是引导模块。引导模块的基本动作是检查运行的环境,如确定操作系统、内存容量、现行区段、磁盘设置、显示器类型等参数;将病毒引入内存,使病毒处于动态并保护内存中的病毒代码不被覆盖;设置病毒的激活条件和触发条件,使病毒处于可激活状态,以便病毒被激活后根据满足的条件调用感染模块或破坏表现模块。

(3) 感染模块

感染模块是病毒实施感染动作的部分,负责实现病毒的感染机制。其功能是:寻找感染目标,检查目标中是否存在感染标准或设定的感染条件是否满足,如果没有感染标准或条件满足,即进行感染,将病毒代码放入宿主程序。

无论是文件型病毒还是引导型病毒,其感染过程是相似的,分为三步:进驻内存、判断感染条件、实施感染。

感染条件控制病毒的感染动作、感染频率。频繁感染,容易让用户发觉;苛刻的感染条件又让病毒放弃了众多传播机会。

（4）破坏模块

破坏模块负责实施病毒的破坏动作,其内部是实现病毒编写者预定破坏动作的代码。病毒的破坏力取决于破坏模块,破坏模块导致各种异常现象,因此该模块又被称为病毒的表现模块。

计算机病毒的破坏现象和表现症状因具体病毒而异,其破坏行为和破坏程度,取决于病毒编写者的主观愿望和技术能力。

触发条件控制病毒的破坏动作,控制破坏的频率,使病毒在隐蔽的状态下实施感染。病毒的触发条件多种多样,如特定日期触发、特定键盘按键输入等,都可以作为触发条件。

2. 染毒计算机的症状

病毒入侵计算机系统后,会使计算机系统的某些部分发生变化,出现一些异常现象,我们可以根据这些异常现象来判断病毒是否存在。病毒的种类繁多,入侵后引起的异常现象也千奇百怪,因此不可能一一列举。概括地说,可以从屏幕显示、系统声音、系统工作情况、键盘、打印机、文件系统等几个方面发现异常现象。计算机病毒发作前常见的表现如下:

（1）平时运行正常的计算机突然无缘无故地死机

病毒感染了计算机系统后,将自身驻留在系统内并修改了中断处理程序等,引起系统工作不稳定,造成死机现象发生。

（2）操作系统无法正常启动

关机后再启动,操作系统报告缺少必要的启动文件,或启动文件被破坏,使系统无法启动。这很可能是计算机病毒感染系统文件后使文件结构发生变化,无法被操作系统加载、引导。

（3）运行速度明显变慢

在硬件设备没有损坏或更换的情况下,原本运行速度很快的计算机,运行同样应用程序时,速度明显变慢,而且重启后依然很慢。这很可能是计算机病毒占用了大量的系统资源,并且自身的运行占用了大量的处理器时间,造成系统资源不足,运行速度变慢。

（4）以前能正常运行的软件经常发生内存不足的错误

以前能够正常运行的程序在启动的时候显示系统内存不足或者使用其某个功能的时候显示内存不足。这可能是计算机病毒驻留后占用了系统中大量的内存空间,使得可用内存空间减少。

（5）打印和通信发生异常

在硬件没有更改或损坏的情况下,以前工作正常的打印机,近期无法进行打印操作,或打印出来的是乱码;串口设备无法正常工作,比如调制解调器不能拨号。这很可能是计算机病毒驻留内存后占用了打印端口、串行通信端口的中断服务程序,使之不能正常工作。

（6）以前能正常运行的应用程序经常发生死机或者非法错误

在硬件和操作系统没有进行改动的情况下,以前能够正常运行的应用程序产生非法错误和死机的情况明显增加,这可能是由于计算机病毒感染应用程序后破坏了应用程序本身的正常功能,或者是由计算机病毒程序本身存在着兼容性方面的问题造成的。

(7) 系统文件的时间、日期、大小发生变化

这是最明显的计算机病毒感染迹象。计算机病毒感染应用程序文件后,会将自身隐藏在原始文件的后面,文件大小会有所增加,文件的访问、修改日期和时间也会被改成感染时的时间。尤其是对那些系统文件,绝大多数情况下是不会修改它们的,除非是进行系统升级或打补丁。对应用程序使用到的数据文件,文件大小和修改日期、时间可能会改变,并不一定是计算机病毒在作怪。

(8) 运行 Word,打开 Word 文档后,该文件另存时只能以模板方式保存

无法另存为一个 DOC 文档,只能保存成模板文档(DOT)。这往往是打开的 Word 文档中感染了 Word 宏病毒的缘故。

(9) 磁盘空间迅速减少

没有安装新的应用程序,但系统可用的磁盘空间却减少得很快。这可能是由计算机病毒感染造成的。需要注意的是经常浏览网页、回收站中的文件过多、临时文件夹下的文件数量过多过大及计算机系统有过意外断电等情况也可能造成可用的磁盘空间迅速减少。

(10) 网络驱动器卷或共享目录无法调用

无法打开和浏览有读权限的网络驱动器卷、共享目录等,或者对有写权限的网络驱动器卷、共享目录等无法创建、修改文件。虽然目前还很少有纯粹地针对网络驱动器卷和共享目录的计算机病毒,但计算机病毒的某些行为可能会影响对网络驱动器卷和共享目录的正常访问。

(11) 基本内存发生变化

在 DOS 下用 mem /c/p 命令查看系统中内存使用状况的时候可以发现基本内存总字节数比正常的 640KB 要小,一般少 1~2KB。这通常是计算机系统感染了引导型计算机病毒所造成的。

(12) 陌生人发来的电子邮件

收到陌生人发来的电子邮件,尤其是带附件的电子邮件,一定要先查毒。

10.4.3   反病毒技术

病毒的防御措施应该包含两重含义,一是建立法律制度,提高教育素质,从管理方法上防范;二是加大技术投入与研究力度,开发和研制出更新的防治病毒的软件、硬件产品,从技术方法上防范。只有将这两种方法结合起来考虑,才能行之有效地防止计算机病毒的传播。

1. 病毒检测的方法

根据计算机病毒的特点,人们找到了许多检测计算机病毒的方法。但是由于计算机病毒与反病毒是互相对抗发展的,任何一种检测方法都不可能是万能的,综合运用这些检测方法并且在此基础上根据病毒的最新特点不断改进或发现新的方法才能更准确地发现病毒。

（1）外观检测法

外观检测法是病毒防治过程中起着重要辅助作用的一个环节。病毒侵入计算机系统后，会使计算机系统的某些部分发生变化，引起一些异常现象，如屏幕显示的异常现象、系统运行速度的异常、打印机并行端口的异常、通信串行口的异常等。可以根据这些异常现象来判断病毒的存在，尽早地发现病毒，并作适当的处理。

（2）特征代码法

将各种已知病毒的特征代码串组成病毒特征代码数据库。这样，可通过各种工具软件检查、搜索可疑计算机系统（可能是文件、磁盘、内存等）时，用特征代码数据库中的病毒特征代码逐一比较，就可确定被检计算机系统感染了何种病毒。

很多著名的病毒检测工具中广泛使用特征代码法。国外专家认为特征代码法是检测已知病毒的最简单、开销最小的方法。

（3）虚拟机技术

多态性病毒或多型性病毒即俗称的变形病毒。多态性病毒每次感染后都改变其病毒密码，这类病毒的代表是"幽灵"病毒。多态和变形病毒的出现让传统的特征值查毒技术无能为力。之所以造成这种局面，是因为特征值查毒技术是对于静态文件进行查杀的，而多态和变形病毒只有开始运行后才能够显露原形。

（4）启发式扫描技术

病毒和正常程序的区别可以体现在许多方面，比较常见的有：通常一个应用程序在最初的指令是检查命令行输入有无参数项、清屏和保存原来屏幕显示等，而病毒程序则从来不会这样做，它通常最初的指令是直接写盘操作、解码指令，或搜索某路径下的可执行程序等相关操作指令序列。这些显著的不同之处，对于有病毒调试经验的专业人士来说，在调试状态下只需一瞥便可一目了然。启发式代码扫描技术实际上就是把这种经验和知识移植到一个查病毒软件中的具体程序体现。因此，在这里，启发式指的"自我发现的能力"或"运用某种方式或方法去判定事物的知识和技能"。一个运用启发式扫描技术的病毒检测软件，实际上就是以特定方式实现的动态高度器或反编译器，通过对有关指令序列的反编译逐步理解和确定其蕴藏的真正动机。

2. 病毒的防治

有些计算机病毒是非常危险的，当它们传染时会引起无法预料的、灾难性的破坏。例如，这类病毒删除程序、破坏数据、清除系统内存区和操作系统中重要的信息。因此，不仅要预防计算机病毒，而且应当主动发现病毒并及时清除。

（1）切断传播途径，对被感染的硬盘和机器进行彻底的消毒处理，不使用来历不明的软盘、U盘和程序，定期检查机器的存储介质，不随意下载网络广告、邮件等。

（2）安装真正有效的防毒软件或防病毒卡。防毒软件在查毒和杀毒方面起着十分重要的作用。

（3）建立安全管理制度，提高包括系统管理员和用户在内的人员的技术素质和职业道德修养。对重要部门和重要信息，严格做好开机查毒，及时备份数据，这是对付病毒破坏既简单又有效的方法。

（4）提高网络反病毒能力。例如，通过安装病毒防火墙进行实时过滤。对网络服务器中的文件进行频繁的扫描和检测,在工作站安装防病毒卡,加强网络目录和文件访问权限的设置。网络中采用无盘站,限制文件的执行,减少病毒入侵。

　　计算机病毒的防治是一项长期的工作,需要技术手段和管理手段密切结合。

习题与思考

一、填空题

1. 由于黑客的攻击、_____、_____、_____,还有网络内部的威胁等安全问题的根源。网络信息安全主要面临非授权访问、_____、_____、_____和_____。

2. 安全策略通常包括_____和_____两个重要部分。

3. 计算机病毒按链接方式分为_____、_____、_____和_____;按传染方式分为_____、_____和_____。

4. 防火墙是指设置在不同网络或网络安全域之间的一系列部件的组合,防火墙通常使用的安全控制手段主要有_____、_____和_____。

5. 网络信息系统安全的基本需求是_____、_____、_____、_____和_____。

6. 入侵检测技术的分类方法很多,按数据来源可分为_____和_____。

二、判断题

1. 入侵监测系统可以取代防火墙。　　　　　　　　　　　　　　　　　　　（　　）

2. 绝大多数病毒程序,都是由引导模块(亦称安装模块)、传染模块和破坏表现模块这3个基本的功能模块所组成;其工作机理分为引导、传染和破坏表现机理。　　（　　）

3. 密钥是随机的长数列比特数位串,它和算法结合,完成加/解密的过程。　（　　）

4. 所谓密钥空间,是指可能插入密钥的信息值的范围。　　　　　　　　　（　　）

5. 对称算法收/发双方各使用一个密钥。　　　　　　　　　　　　　　　　（　　）

6. 包过滤防火墙一般在路由器上实现。　　　　　　　　　　　　　　　　　（　　）

7. 应用网关防火墙检查所有应用层的信息包,并将检查的内容信息放入决策过程,从而提高网络的安全性。　　　　　　　　　　　　　　　　　　　　　　　　（　　）

8. 代理型防火墙位于客户机与服务器之间,完全阻挡了二者间的数据交流。（　　）

9. 状态检测防火墙基本保持了简单包过滤防火墙的优点,性能比较好,同时对应用是透明的,在此基础上,对于安全性有了大幅提升。　　　　　　　　　　　　　（　　）

10. 入侵检测在不影响网络性能的情况下对网络进行检测,从而提供对内部攻击、外部攻击和误操作的实时保护。　　　　　　　　　　　　　　　　　　　　　　（　　）

三、简答题

1. 什么是计算机信息系统安全? 简要说明计算机信息的安全属性。

2. 简述病毒的作用机理。

3. 简述计算机网络信息系统的安全服务与安全机制。

4. 什么是对称密钥? 什么是非对称密钥? 各有何特点?

5. 简述防火墙的分类及其主要的工作原理。

6. 试比较防火墙和入侵检测系统。

第 *11* 章
计算机行业与职业

[本章学习目标]

知识点：计算机专业人才的需求状况，IT 行业的相关岗位，计算机专业人员的职业道德与职业责任，计算机犯罪，计算机相关的法律、法规。

重点：计算机专业人员的道德要求，计算机犯罪，软件专利权、版权、商标权。

难点：计算机行业相关的法律、法规。

技能点：增强专业责任感和法律法规意识。

11.1 专业岗位与择业

11.1.1 信息时代对计算机人才的需求

在信息化社会中所需要的计算机人才是多方位的，从计算机专业毕业生所从事的工作性质来分，大致上可以将计算机人才分为三类。

（1）研究型人才。主要从事计算机基础理论、新一代计算机及其软件核心技术与产品等方面的研究工作。对这类人才的要求是理论基础扎实、了解科学前沿、研究能力较强、能创造性地应用乃至发展计算机科学理论与技术。研究型人才能主动抓住所从事领域每一时期的发展趋势，同时创造条件，做出一流的研究成果，在基础性、战略性、前瞻性的科学技术问题的发现和创新上取得突破。

（2）工程型人才。主要从事计算机软、硬件产品的开发和实现等工程性工作。对这类人的要求是技术原理的熟练应用，在性能等诸多因素之间和代价之间的权衡能力。工程型人才能够对计算机学科的发展趋势有相当的把握，能游刃有余、自主地学习掌握工作所必需的新原理、新技术和新工具，而不会被层出不穷的新技术、新产品和新工具所迷惑。

（3）应用型人才。主要从事企事业与政府信息系统的建设、管理、运行和维护，以及在计算机企业中从事系统集成、售前/售后服务等信息化类工作。对这类人才的要求是熟悉多种计算机软/硬件系统的工作原理，能从技术上实施和解释信息化系统的构成和配置。

对这 3 种人才的需求呈金字塔结构，如图 11.1 所示。塔尖的是少数精英人才，是企业发展的灵魂；中间的是从事软件生产方面的工程性开发和实现的程序员，他们是企业持续发展的基础；塔的基础是大量的信息化人才，他们在各种企事业单位承担信息化建设的核心任务。

从 IT 企业的岗位职责分析,对计算机人才的需求分为 3 类。

图 11.1　计算机人才需求结构

(1) 技术管理型人才。他们是带领软件开发人员开展工作的骨干和生产管理者。他们必须能够有效地组织产品开发和软件工程项目,发挥技术团队的软件生产力,并达到预期目标。

(2) 研究开发型人才。他们主要从事技术基础理论研究,开发新一代的技术产品及其软件核心技术。对他们的要求是技术理论基础扎实,创新意识和工作能力强,有某一领域技术的深入研究能力和经验。

(3) 工程实现型人才。他们主要从事软件产品或软件工程项目的开发和实现,主要工作在程序员的岗位上。对他们的要求是实践和动手能力强,有独立解决问题的能力,对计算机操作工具和方法的应用技术非常熟练,具备沟通、合作精神、具备持续学习的能力,具备承受压力的素质。

11.1.2　有关职位

与计算机专业相关的职位很多,在 IT 企业中有关职位如下。

(1) 系统分析员。对系统分析员的要求很高,要求具有比较丰富的项目开发经验,能和有关人员一起作出该企业的需求分析并设计满足这些需求的计算机系统的各项配置,能组织开发人员并和开发人员一起实现这个计算机系统。

(2) Web 网站管理员。Web 网站管理员的职责主要是设计、创建、监测及评估更新公司的网站。随着网络的扩展,越来越多的企业使用 Internet 和公司内部局域网,Web 网站管理员的重要性和需求一直在不断增加。Web 网站管理员如能在 Internet 的应用中结合一些美工特长,会更受欢迎。

(3) 数据库管理员。数据库管理员负责企业级数据库的创建、整理、连接及维护内部数据库,此外,还要存取和监控某些外部(包括 Internet 数据库)数据库。作为一个数据库管理员,还需要掌握一些比较专业的数据库技术,如联机分析技术等。

(4) 程序员。程序员的工作是开发一个软件和修改现有软件、书写技术文档(开发过程、用户手册)。作为一个程序员,要熟练掌握至少一种程序设计语言,许多系统分析员往往也是从程序员做起的。

目前,根据开发项目的种类,程序员可以细分为 Web 服务和组件、电子商务应用、移动应用程序、办公自动化应用程序、游戏程序等不同的开发方向。

(5) 网络管理员。网络管理员应能确保当前信息通信系统正常运行及构建新的通信系统时能提出切实可行的方案并监督实施,此外,还要确保计算机系统的安全和个人隐私。在大多数企业中,随着 Internet 在企业通信方面作用的增强,这类职业的重要性也日渐增强。

(6) 认证培训师。许多计算机公司就其产品提供了各种证书,只要通过了这些公司所指定的考试课程,就可以获得这些公司授权的机构颁发的证书。例如,微软公司、Cisco

公司、Oracle 公司等都可以颁发认证证书，这些公司本身也有培训师岗位。计算机认证培训师需要对该公司的产品有深入的了解和丰富的使用经验，同时也应该具备教学经验。

其他能够体现专业特色的职位还有系统架构师、需求工程师、软件测试员、质量保障工程师、产品发布工程师、网络安装调试员、办公自动化应用人员、图形图像制作人员等。

11.2 专业人员的职业道德

11.2.1 道德选择

道德选择是人类有目的活动的一定形式。当某一个人在特定场合面临几种可供选择的行为方案时，依据某种道德标准在不同的价值准则或善恶之间进行自觉、自愿的选择，作出符合一定阶级或社会道德准则的决定，这就是道德选择。在当今这个不断变化的社会中，道德选择不是那么容易做到的，往往要承受来自经济的、职业的和社会的压力，有时这些压力会对我们所信守的道德准则提出挑战。当你遇到道德上的两难境地时，应该考虑自己的行为是否违法，是否违背自己的良心，要认真思考所做的选择最终带来的影响和社会效应，要设身处地地为他人着想。

11.2.2 职业责任

开发计算机软件是一个极具智力挑战的过程，没有一个计算机系统是绝对安全的。我们的社会已经过于依赖计算机技术，当我们把财务处理到分析管理都交给计算机系统时，系统崩溃带来的代价也逐渐增大，因此，计算机从业人员的职责就是尽可能地做好本职工作，要确保每一个程序尽可能正确，尽可能排除错误隐患。

虽然编写计算机软件具有不可思议的复杂性，即使最好的程序员也会写出有错误的程序，但程序员应该明白哪些错误是可以谅解的，哪些错误是由于程序员的疏忽造成而不可原谅的，从而尽量避免。一个尽职的程序员应配合大家对工作进行多次复查以确保自己尽了最大努力来排除出错的可能性。

保守公司秘密是职业责任的另一个重要方面。计算机专业人员有机会接触公司的数据以及操作这些数据的设备，专业人员也具有使用这些数据的知识，而大多数公司几乎都没有检查措施。因此，要保障数据的安全和正确，在一定程度上依赖于计算机专业人员的道德素质。此外，计算机专业人员在离开岗位时不应该带走本人为公司开发的程序，也不应该把公司正在开发的项目告诉别的公司。

11.2.3 软件工程师的道德规范

为了能使软件工程师致力于使软件工程成为一个有益的和受人尊敬的职业，1988 年，IEEE-CS 和 ACM 联合特别工作组在对多个计算机学科和工程学科规范进行广泛研究的基础上，制订了《软件工程师资格和专业规范》，它要求软件工程师坚持以下 8 项道德规范。

(1) 公众。工程师应该始终关注公众的利益，按照与公众的安全、健康和幸福相一致的方式发挥作用。

（2）客户和雇主。软件工程师应当有一个认知，什么是其客户和雇主的最大利益，他们应该总是以职业的方式担当他们的客户或雇主的忠实代理人和委托人。

（3）产品。软件工程师应尽可能地确保他们开发的软件对公众、雇主、客户及用户是有用的，在质量上是可接受的，在时间上要按期完成并且费用合理，同时尽可能没有错误。

（4）判断。软件工程师应完全坚持自己独立自主的专业判断并维护其判断的声誉。

（5）管理。软件工程的管理者和领导者应当通过规范的方式赞成和促进软件管理的发展与维护，并鼓励他们所领导的人员履行个人和集体的义务。

（6）职业。软件工程师应提高他们职业的正直性和声誉，并与公众的兴趣保持一致。

（7）同事。软件工程师应公平、合理地对待他们的同事，并应该采取积极的步骤支持社团的活动。

（8）自身。软件工程师应在他们的整个职业生涯中，积极参与有关职业规划的学习，努力提高从事自己的职业所应该具有的能力，以推进职业规范的发展。

在软件开发的过程中，软件工程师和工程管理人员不可避免地会在某些与工程相关的事务上产生冲突。为了减少和处理这些冲突，1996 年 11 月，IEEE 道德规范委员会制订并批准了《工程师基于道德基础提出异议的指导方针草案》，草案提出了 9 条指导方针。

（1）尽量弄清事实，充分理解技术上的不同观点，而且一旦证实对方的观点是正确的，就要毫不犹豫地接受。

（2）使自己的观点具有较高的职业水准，尽量使其客观并不带个人感情色彩，避免涉及无关的事务和感情冲动。

（3）及早发现问题，尽量在最底层的管理部门解决问题。

（4）在因为某事务而决定单干前，要确保该事务足够重要，值得为此冒险。

（5）利用组织的争端裁决机制解决问题。

（6）当认识到自己处境严峻的时候，应着手制作日志，记录自己采取的每一项措施及时间，并备份重要文件，防止突发事件。

（7）辞职。当在组织内无法化解冲突时，要考虑自己是去是留，选择辞职既有好处也有缺点，在作出决定前要慎重考虑。

（8）匿名。工程师在认识到组织内部存在严重危害，而且公开提请组织的注意可能招致有关人员超出其限度的强烈反应时，对该问题的反映可以考虑采取匿名报告的形式。

（9）组织内部化解冲突的努力失败后，如果工程人员决定让外界人员或机构介入该事件，那么不管他是否决定辞职，都必须认真考虑让谁介入，可能的选择有执法机关、政府官员、立法人员或公共利益组织等。

11.3 计算机法律、法规

11.3.1 计算机软件保护条例

为了保护计算机软件著作权人的权益，调整计算机软件在开发、传播和使用中发生的利益关系，鼓励计算机软件的开发与应用，促进软件产业和国民经济信息化的发展，根据《中华人民共和国著作权法》，制定《计算机软件保护条例》，并于 2002 年 1 月 1 日起施行。

第六条　本条例对软件著作权的保护不延及开发软件所用的思想、处理过程、操作方法或者数学概念等。

第八条　软件著作权人享有下列各项权利：

（一）发表权，即决定软件是否公之于众的权利；

（二）署名权，即表明开发者身份，在软件上署名的权利；

（三）修改权，即对软件进行增补、删节，或者改变指令、语句顺序的权利；

（四）复制权，即将软件制作一份或者多份的权利；

（五）发行权，即以出售或者赠与方式向公众提供软件的原件或者复制件的权利；

（六）出租权，即有偿许可他人临时使用软件的权利，但是软件不是出租的主要标的的除外；

（七）信息网络传播权，即以有线或者无线方式向公众提供软件，使公众可以在其个人选定的时间和地点获得软件的权利；

（八）翻译权，即将原软件从一种自然语言文字转换成另一种自然语言文字的权利；

（九）应当由软件著作权人享有的其他权利。

软件著作权人可以许可他人行使其软件著作权，并有权获得报酬。

软件著作权人可以全部或者部分转让其软件著作权，并有权获得报酬。

第十条　由两个以上的自然人、法人或者其他组织合作开发的软件，其著作权的归属由合作开发者签订书面合同约定。无书面合同或者合同未作明确约定，合作开发的软件可以分割使用的，开发者对各自开发的部分可以单独享有著作权；但是，行使著作权时，不得扩展到合作开发的软件整体的著作权。合作开发的软件不能分割使用的，其著作权由各合作开发者共同享有，通过协商一致行使；不能协商一致，又无正当理由的，任何一方不得阻止他方行使除转让权以外的其他权利，但是所得收益应当合理分配给所有合作开发者。

第十一条　接受他人委托开发的软件，其著作权的归属由委托人与受托人签订书面合同约定；无书面合同或者合同未作明确约定的，其著作权由受托人享有。

第十二条　由国家机关下达任务开发的软件，著作权的归属与行使由项目任务书或者合同规定；项目任务书或者合同中未作明确规定的，软件著作权由接受任务的法人或者其他组织享有。

第十三条　自然人在法人或者其他组织中任职期间所开发的软件有下列情形之一的，该软件著作权由该法人或者其他组织享有，该法人或者其他组织可以对开发软件的自然人进行奖励：

（一）针对本职工作中明确指定的开发目标所开发的软件；

（二）开发的软件是从事本职工作活动所预见的结果或者自然的结果；

（三）主要使用了法人或者其他组织的资金、专用设备、未公开的专门信息等物质技术条件所开发并由法人或者其他组织承担责任的软件。

11.3.2　计算机软件的专利权

在大多数国家,都没有直接把计算机软件纳入专利法的保护范围,因为一开始计算机软件被认为是一种思维步骤。根据各国的专利法,不能成为专利法的保护客体。但在实践中,人们认识到当计算机软件同硬件设备结合为一个整体,软件运行给硬件设备带来影响时,不能因该整体中含有计算机软件而将该整体排除在专利法保护客体范围之外,计算机软件自然而然地应当作为整体的一部分可得到专利法的保护。故在日本 1976 年公布的有关计算机程序发明审查标准第一部分、英国 1977 年公布的对计算机软件的审查方针,及美国 1978 年对计算机软件发明初步形成的 FREEMAN 两步分析法审查法则及它们的后续修改中普遍规定:单独的计算机软件是一种思维步骤,不能得到专利法的保护;和硬件设备或方法结合为一个整体的软件,若它对硬件设备起到改进或控制的作用或对技术方法作改进,这类软件和设备、方法作为一个整体具有专利性。

在国际上,涉及计算机软件专利保护的国际性公约有两个,一个是 1973 年 10 月 5 日签署,1977 年 10 月 7 日生效,1979 年 6 月开始实施的《欧洲专利公约》,它规定对软件专利的审查标准要注重实质,一项同软件有关的发明如果具有技术性就可能获得专利。另一个是 1976 年 6 月 19 日签署,1978 年 1 月 24 日生效的《专利合作条约》,它规定了软件专利的地域性限制:一个软件在他国获得专利的前提是进行专利申请。

有关地址定位、虚拟存储、文件管理、自然语言理解、程序编写自动化等方面的发明创造已经获得了专利。在我国,有关将汉字输入计算机的发明创造也已经获得了专利。

11.3.3　计算机软件的反不正当竞争权

如果一项软件的技术设计没有获得专利权,而且尚未公开,这种技术设计就是非专利的技术秘密,作为软件开发者的商业秘密而受到保护。一项软件的尚未公开的源程序清单,或有关一项软件的尚未公开的设计开发信息,如需求规划、开发计划、整体方案、算法模型、组织结构、处理流程、测试结果等都可以被认为是商业机密。对于商业秘密,其拥有者具有使用权和转让权,也可以将之向社会公开或申请专利。我国 1993 年 9 月颁布的《中华人民共和国反不正当竞争法》第十条规定经营者不得采用下列手段侵犯商业秘密:

（一）以盗窃、利诱、胁迫或者其他不正当手段获取权利人的商业秘密;

（二）披露、使用或者允许他人使用以前项手段获取的权利人的商业秘密;

（三）违反约定或者违反权利人有关保守商业秘密的要求,披露、使用或者允许他人使用其所掌握的商业秘密。

第三人明知或者应知前款所列违法行为,获取、使用或者披露他人的商业秘密,视为侵犯商业秘密。

本条所称的商业秘密,是指不为公众所知悉、能为权利人带来经济利益、具有实用性并经权利人采取保密措施的技术信息和经营信息。

11.3.4 计算机软件的商标权

商标是一种法律用语,是生产经营者在其生产、制造、加工、拣选或者经销的商品或服务上采用的,为了区别商品或服务来源、具有显著特征的标志,一般由文字、图形或者其组合构成。

商标被国际软件行业给予相当重视,有些商标用语用来表示提供软件产品的企业,如IBM、HP、CISCO、联想等;有些商标则用于表示特定的软件产品,如 UNIX、WPS、OS/2等。一般情况下,一个企业的标识或一项软件的名称未必就是商标,然而,当这种标识或名称经商标管理机构获准注册成为商标后,在商标的有效期内,注册者对它享有专利权,未经注册者许可不得再使用它作为其他软件的名称,否则就构成冒用他人商标、欺骗用户的行为。

根据 2001 年 10 月 27 日第九届全国人民代表大会常务委员会第二十四次会议《关于修改〈中华人民共和国商标法〉的决定》第二次修正第五十二条,有下列行为之一的,均属侵犯注册商标专用权:

(一)未经商标注册人的许可,在同一种商品或者类似商品上使用与其注册商标相同或者近似的商标的;

(二)销售侵犯注册商标专用权的商品的;

(三)伪造、擅自制造他人注册商标标识或者销售伪造、擅自制造的注册商标标识的;

(四)未经商标注册人同意,更换其注册商标并将该更换商标的商品又投入市场的;

(五)给他人的注册商标专用权造成其他损害的。

我国知识产权方面的立法开始于 20 世纪 70 年代,目前已形成比较完善的知识产权保护法律体系,主要包括《中华人民共和国著作权法》、《中华人民共和国专利法》、《中华人民共和国商标法》、《出版管理条例》、《电子出版物管理规定》和《计算机软件保护条例》等。在网络管理方面的法规有《互联网 IP 地址备案管理办法》、《中国互联网络域名注册暂行管理办法》、《中文域名注册管理办法(试行)》、《网站名称注册管理暂行办法》及《网站域名注册管理暂行办法实施细则》等。

习题与思考

简答题

1. 谈一谈自己的职业理想。

2. 在未来的职业生涯中你将如何坚守自己的职业道德?

参 考 文 献

[1] 张福炎,孙志挥.大学计算机信息技术教程[M].南京:南京大学出版社,2006

[2] 张彦铎.计算机导论[M].北京:清华大学出版社,2004

[3] 朱顺泉.管理信息系统原理及应用[M].北京:机械工业出版社,2006

[4] 董荣胜.计算机科学与技术方法论[M].北京:人民邮电出版社,2002

[5] J.J.Parsons.计算机文化(英文版)[M].北京:机械工业出版社,2006

[6] 刘淳等.数据库系统原理与应用[M].北京:中国水利水电出版社,2008

[7] 焦华等.数据库技术及应用[M].北京:地质出版社,2007

[8] 王珊,萨师煊.数据库系统概论(第四版)[M].北京:高等教育出版社,2006

[9] 骆耀祖等.计算机导论[M].北京:电子工业出版社,2007

[10] 刘艺等.计算机科学概论[M].北京:人民邮电出版社,2008

[11] 陈明.计算机导论[M].北京:清华大学出版社,2009

[12] 胡圣明,褚华.软件设计师教程[M].北京:清华大学出版社,2009

[13] 张淑平.程序员教程[M].北京:清华大学出版社,2009

[14] 鄂大伟,郭士正.计算机与信息处理技术[M].北京:高等教育出版社,2004

[15] 王昆仑,赵洪涌.计算机科学与技术导论[M].北京:中国林业出版社,北京大学出版社,2006

[16] 钟玉琢.多媒体技术及其应用[M].北京:机械工业出版社,2003

[17] 胡晓峰,吴玲达.多媒体技术教程[M].北京:人民邮电出版社,2002

[18] 《新编多媒体制作及应用教程》编委会.新编多媒体制作及应用教程[M].西安:西北工业大学出版社,2003

[19] 王春红,徐洪祥.网站规划建设与管理维护教程与实训[M].北京:北京大学出版社,2006

[20] 高辉,张玉萍.计算机系统结构[M].武汉:武汉大学出版社,2004

[21] 石磊,雷亮.计算机硬件技术基础[M].北京:北京大学出版社,2009

[22] 施荣华,彭军.计算机硬件技术基础[M].北京:中国铁道出版社,2000

[23] 王日芬等.电子商务网站设计与管理[M].北京:北京大学出版社,2004